“十二五”国家重点图书出版规划项目
亚洲重大地质问题研究系列著作

中国和亚洲邻区主要地质单元显生宙地层格架与对比

金小赤 王乃文 詹立培
赖才根 侯鸿飞 项礼文 著

科学出版社
北京

内 容 简 介

本书内容源自于中国地质调查局“中国和亚洲显生宙地层对比研究”专题的主要成果。与世界上其他大陆主要由前寒武纪克拉通组成的状况不同，亚洲大陆的特点表现在它是在显生宙由一些大小不一的陆块和联结它们的造山带所形成的拼合体。这些陆块在不同的地质历史时期所处的地理和大地构造位置是一个不断变化的动态过程，而每个陆块上所发育的各具特色的地层和生物就是它所经历的地质过程的重要记录。在本书相关研究过程中，作者收集了亚洲不同地区的显生宙地层资料，对其进行判断、分析和提取，对一些关键的地区进行了实地野外考察。在此基础上完成了每个构造-地质单元上的综合柱状图，并按纪编写了该单元的地层发育情况说明。本书对中国和亚洲邻区主要地质单元古生代地层的格架和序列以柱状图和文字叙述的形式予以表示；对亚洲东部地区的中生代地层则以地层对比表的形式予以表达。

本书所提供的大区域地层框架和对比资料，可为了解中国和邻区主要地质单元显生宙地层概况和地质演化简史提供帮助。

图书在版编目（CIP）数据

中国和亚洲邻区主要地质单元显生宙地层格架与对比/金小赤等著．—北京：科学出版社，2015.6

（亚洲重大地质问题研究系列专著）

“十二五”国家重点图书出版规划项目

ISBN 978-7-03-044583-4

Ⅰ.①中…　Ⅱ.①金…　Ⅲ.①显生宙-地层格架-对比研究-中国、亚洲　Ⅳ.①P534.4

中国版本图书馆 CIP 数据核字（2015）第 124255 号

责任编辑：韦　沁／责任校对：张小霞

责任印制：肖　兴／封面设计：王　浩

科学出版社 出版

北京东黄城根北街 16 号

邮政编码：100717

http：//www.sciencep.com

北京通州皇家印刷厂 印刷

科学出版社发行　各地新华书店经销

*

2015 年 6 月第　一　版　　开本：787×1092　1/16

2015 年 6 月第一次印刷　　印张：15

字数：350 000

定价：128.00 元

（如有印装质量问题，我社负责调换）

出版说明

根据世界地质图委员会（CGMW）2004年佛罗伦萨会议决议，在中国地质调查局的全力支持下，从2005年到2012年，由CGMW南亚和东亚分会（挂靠中国地质科学院地质研究所）负责，联合CGMW中东分会、北欧亚分会、海底图分会以及亚欧20个国家100余名地质学家共同编制了世界上第一份海陆地质同时表示的数字化1：500万国际亚洲地质图（IGMA5000）。与此同时，为了解决一些重要地质问题，把编图与专题研究结合起来，我们组织了包括早前寒武纪地质、晚前寒武纪地质、南华系–震旦系、显生宙地层、东亚中生代火山岩、中亚大陆火山岩、花岗岩、蛇绿岩和大地构造等研究项目。《亚洲重大地质问题研究系列著作》就是在这些项目总结报告的基础上撰写的。系列著作各专题从2012年起陆续出版。

亚洲是世界上面积最大、地质结构和演化历史最复杂的一个大陆，有许多挑战性和前沿性的问题急需研究。我们期望系列专著随着研究工作的不断扩展和深化而延续，使其成为了解和研究亚洲地质的重要参考。由于中国位于亚洲的中心位置，本系列著作的出版必将有助于深化对中国地质的认识。

任纪舜

2012年5月10日

前　言

本书内容源自中国地质调查局研究专题“中国和亚洲显生宙地层对比研究”的主要研究成果。世界地质图委员会（Commission for Geological Maps of the World，CGMW）于2005年正式启动了1：500万国际亚洲地质图（International Geological Map of Asia）的编制工作。该项工作是由CGMW副主席任纪舜院士负责，CGMW南亚和东亚分会联合北欧亚分会、中东分会、海底图分会以及亚欧20个国家地质学家参与的大型国际合作项目。中国地质调查局对此国际编图工作鼎力支持，设立了专门项目，由中国地质科学院地质研究所组织实施。为了使地质编图和对亚洲地质的研究相互促进、共同提高，中国地质调查局于2006年启动了多个有关亚洲地质的研究项目，“中国与亚洲地区关键地层划分与对比研究”（编号1212010611801，2009年后为1212010611802）便是其中一个，而“中国和亚洲显生宙地层对比研究”为该项目的一个专题。工作起止时间为2006年1月至2010年12月。

本专题设立的初衷是配合1：500万国际亚洲地质图的编制，收集中国和亚洲地区有关显生宙地层学和沉积演化方面的新资料，结合对关键地区的实地野外地质调查，厘定并建立各地质单元间地层划分、对比关系。在广泛研究的基础上，深入对我国中西部晚古生代—三叠纪地层（特提斯构造域）开展研究，找出对特提斯发展和演化过程有制约作用的地层学、古生物学、沉积学及其他一些有关的地质现象和证据。对东部侏罗纪—白垩纪地层（濒太平洋构造域）开展深入研究，建立亚洲东部不同地区侏罗纪—白垩纪沉积-火山岩序列，划分出沉积-火山旋回，探讨亚洲东部中生代地质演化。然而，要在一个专题的框架内来研究中国及亚洲显生宙的地层问题，是有不小难度的。因此，需要确定出有限的目标，有针对性地解决一些具体问题。

与世界上其他大陆主要由前寒武纪克拉通组成的状况相比，亚洲大陆的特点则表现在它是在显生宙由一些大小不一的陆块和联结它们的造山带所形成的拼合体。亚洲大陆的这一独特性质表明它曾经历了相当复杂的发展和演化过程。亚洲是世界上面积最大、地质结构最复杂的大陆。加之亚洲各国的经济发展和地质学研究历史差别较大，因此对显生宙地层的研究程度和水平也有很大的差别。

日本对其本国显生宙地层的研究历史较长，但该国地层发育不全，以晚古生代以来的地层为主，而且多以条带状或断片状存在，尚有较多对比工作需要进行。朝鲜半岛的地层发育情况虽然整体上同中国的华北相似（也有观点认为南部与扬子相似），但由于以前交流相对较少，一些对比问题还悬而未决。东南亚各国的研究程度差异较大，在矿业较发达的及经济发展较好的地区研究程度较高，其他地方由于研究力量有限，资料则相对贫乏，有相当一部分研究是由欧洲地质学家或与当地地质学家联合研究的，研究的系统性不太高。印度次大陆由于其地质结构相对简单以及有较长的研究历史，因而显生宙地层的划分和对比相对来说比较清楚。中亚和西亚地区地质构造复杂，经济发展很不平衡，地质调查工作多与石油勘探有关，因而研究程度参差不齐，研究的系统性不高。俄罗斯亚洲部分和蒙古国研究有较长的历史，地层资料丰富，但因面积广大、区带繁多，若干地层对比疑难问题长期存在。但是，随着中国的改革开放，以及东亚、南亚和东南亚经济的发展，这些国家地质学家与国际学术界的交往已越来越多，为区域性对比和合作研究创造了条件。

就中国本身而言，不同区域的研究程度也颇有不同。地块上的地层层序比较清楚，研究历史较长，研究也较为深入，对显生宙地层的发育情况已有了一个较为清楚的认识：基本上确定出了有地层记录的时段、地层缺失的时段、不整合面和其他间断面。造山带里地层层序由于当初的沉积环境相当复杂，加之后期受到的扰动较大，情况复杂，研究程度较低，许多地方的地层层序还未理清楚。造山带里相当多的地层有沉积厚度变化大和化石稀少的现象，使时代确定变得很困难。

中国在 20 世纪 80 年代基本上完成了 1∶20 万区域地质填图工作。这一时期，中国的地层古生物工作者的阵容是历史上最强大的，主要由当时地质矿产部所属各研究所、中国科学院南京地质古生物研究所、中国科学院地质研究所、高等院校及省属和产业部门的研究力量组成，出版了大量的系列地层古生物研究成果，对各断代和绝大部分门类古生物都有论述，基本上完成了不同地块上地层格架的搭建工作。90 年代以来，对造山带地层学的研究有了深入，基本上理解了造山带地层发育的特点，摸索出了一些有效的研究方法，并开展了对造山带地层序列的恢复和梳理工作。但目前存在的问题还是比较大的，对造山带中所见到的地层的生成环境（构造环境）以及所代表的地质意义的解释还是相当初步的和探索性的。90 年代末期开始，中国地质调查局在全国开展了新一轮国土资源调查工作，以 1∶25 万区域地质填图为代表性工作。此次地质填图工作获得了许多新区的地层资料，同时对造山带地区的地层调查和研究也有较多的涉猎。

不容忽视的是，虽然经过了几十年的研究工作，对中国这样一个幅员广大、地质构造和演化历史复杂的国家来说，对显生宙地层的研究和对比工作还远未达到精细和全面的状况。不同区域之间和不同断代之间研究程度的差别还是相当明显的。这也为解释中国的构造演化历史增添了不确定性。

从地质历史上看，亚洲主体属劳亚大陆，但其南部则由原属冈瓦纳的陆块组成。亚洲与世界其他大陆的根本不同之点在于：亚洲大陆是在显生宙才形成的一个大陆，它不是由一个陆块为主体而形成的单一大陆，而是由众多陆块和造山带组合而成的复合大陆。亚洲大陆的这一独特性质表明它曾经历了相当复杂的发展和演化过程。冈瓦纳的裂解和亚洲的增生，可以说是理解亚洲显生宙演化历史的关键。显生宙期间，亚洲的构造演化受阿帕拉契亚–古亚洲洋、特提斯–古太平洋、印度洋–太平洋三大全球性动力体系的控制，形成古亚洲、特提斯、环太平洋三大构造域；三大动力体系和三大构造域在这里的叠加、复合，使亚洲成为全球岩石圈结构最复杂的一个大陆。

构成中国大陆以至亚洲大陆的陆块在不同的地质历史时期所处的地理和大地构造位置是一个不断变化的动态过程，而每个陆块上所发育的各具特色的地层和生物就是它所经历的地质过程的重要记录。因此，通过对中国和亚洲显生宙地层的对比研究以及对这些关键物质记录的解读，可获取有关亚洲大陆在显生宙的发展演化和形成过程的重要信息。

中国及亚洲大部分地区的地壳以陆块镶嵌结构为特点，因而中国和亚洲显生宙地层的发育形式多种多样，内容极为丰富。因此，准确地对比不同区块以及缝合带中同一时期的地层，厘定主要区块地层体系与古生物地理区系的空间展布和时间演变关系，为地质图的编制提供地层参照标准就成为最基本和非常耗时的一项工作。由于面积巨大、地质结构复杂以及各国或地区研究程度又参差不齐，无论是地层、岩石，还是构造，其时代划分、对比都存在很多不一致性，因此，中国和亚洲显生宙地层的对比研究是一项内容十分广泛和庞杂的工作，确实有不小的困难。这就需要一切从实际出发，将有限的人力和资金用在关键的地方。

因此，该专题所遵循的指导思想就是通过认真调研，根据已有的研究程度，结合研究人员的实际状况，找出事关亚洲大陆在显生宙演化形成的关键地区和关键过程，确定出有限目标，进行深入研究。对稳定地块和其他研究程度较高的地区，主要通过已有的研究成果和资料来进行分析研究。另外，利用由亚洲众多国家参与编制 1∶500 万国际亚洲地质图的机会，同国外同行进行交流，并参与一些境外的实地野外考察，也起到了事半功倍的效果。

进行中国和亚洲显生宙地层的对比，不是简单地将各地区的地层分别按时代顺序叠置起来，再将相同时代的地层连接起来就可以完事的工作。必须对已有地层资料进行认真细致的分析研究，判断其可靠性，去伪存真，并结合对关键的地区和断代的实地野外考察，以获取扎实、可靠的信息。

在专题执行过程中，作为重点研究对象，先后对西藏的喜马拉雅北坡、拉萨地块、雅鲁藏布江缝合带，云南的保山地块、腾冲地块、昌宁–孟连带，贵州南部和西部，广西的桂林–柳州地区，以及华北的燕辽地区进行了野外地质调查，并对每个地区的多条剖面进行了野外观察和取样。另外，还对湖南和新疆的一些地区的代表剖面进行了野外观察；对岩石样品进行了薄片显微镜观察、X 射线粉末衍射分析、碳–氧同位素分析；磨制了大量有孔虫和䗴类薄片，对该两类生物组合面貌和纵向分布进行了深入研究；对一些岩性合适的样品进行了牙形石化石的分析处理；对所采集到的腕足动物化石进行了鉴定，并对其古地理分布进行了探讨；对关键地区深入研究的成果以论文的形式在地学学术刊物上进行了发表。

专题研究工作中的另一个耗费精力和时间的工作就是收集亚洲不同地区的显生宙的地层资料，对其进行判断、分析和提取，并在此基础上来完成每个构造–地质单元上的综合柱状图和按纪编写地层发育情况说明。

本书对中国和亚洲邻区主要地质单元古生代地层的格架和序列以柱状图和文字叙述的形式进行总结；对亚洲东部地区的中生代地层则以地层对比表的形式予以表达。本书共分两章，编写过程中有所分工，具体情况为，前言由金小赤编写；第 1 章的资料收集和初稿编写工作由项礼文负责寒武系、赖才根负责奥陶系和志留系、侯鸿飞负责泥盆系、詹立培负责石炭系和二叠系，金小赤负责补充资料、修订、统纂成章以及各地质单元柱状图的最后成图工作；第 2 章由王乃文负责编写。书稿全文由金小赤整理、修订、统纂成册。我们感谢史宇坤（南京大学）和黄浩（中国地质科学院地质研究所）在资料收集和整理方面给予的帮助；感谢宋迎年和王美秋（中国地质科学院地质研究所）在柱状图清绘方面的支持。

目　　录

第1章　主要构造-地质单元古生代地层简述与地层柱状图

对中国和亚洲构造-地质单元的划分，不同的学者有不同的方案。但其中大多数单元的圈定和划分基本相同。本专题考虑到工作的性质和任务，采用任纪舜等（1999）的构造-地质单元划分方案作为参考（图1.1）。按大单元（代号为整数）将本章分成若干个节，对每个单元按地层顺序由老到新从寒武系（∈）、奥陶系（O）、志留系（S）、泥盆系（D）、石炭系（C）到二叠系（P）进行描述，并以柱状图示之。单元中若有进一步划分次一级单元者（代号中有连字符），即视情况对次一级单元的地层发育情况进行文字叙述和柱状图展示。有未涉及的次一级单元，在文字中予以说明其是地质单元里的一些层段缺失，还是未找到某些时段沉积记录的资料。对于上、下古生界选择单元内不同地区作为叙述参考的，也予以说明。

本项工作旨在从宏观上对亚洲主要构造-地质单元的地层序列进行总结并编制相应的柱状图，为编制1∶500万国际亚洲地质图以及了解亚洲不同地区概略的地史发育情况提供地层学方面的资料。依据基本上为所能搜集到的公开出版物、交流文献以及编者个人的实际研究经历和所了解到的区域资料。本章可为读者在宏观上了解亚洲古生代地层分布和岩相变化提供帮助。而要深入了解某一构造地质单元或某一区域的地层发育情况和特点，则需研究更大比例尺的区域地质调查资料和图件及专门的研究成果。

1.1　西伯利亚克拉通

任纪舜等（1999）将西伯利亚克拉通划分成西伯利亚地台、阿尔丹（Aldan）地盾及赫斯塔诺夫地块（Stanovoy）（中生代活化带）。西伯利亚克拉通的基底由太古宙和古原古代的变质岩系组成。克拉通的大部分地方覆有里菲纪和显生宙的沉积盖层（地台区）。古老的基底仅出露在阿纳巴（Anabar）地盾、阿尔丹地盾、斯塔诺夫地块以及克拉通边缘的隆起和小地块上，如高娄斯特纳（Goloustnaya）隆起、贝加尔（Baikal）隆起、沙里兹拉盖（Sharizlagai）隆起、比卢萨（Birusa）地块、叶尼塞（Yenisey）隆起和坎尼（Kann）隆起等（Gladkochub *et al.*，2006）。

在此，以西伯利亚地台为例，按系叙述古生代地层的发育情况。

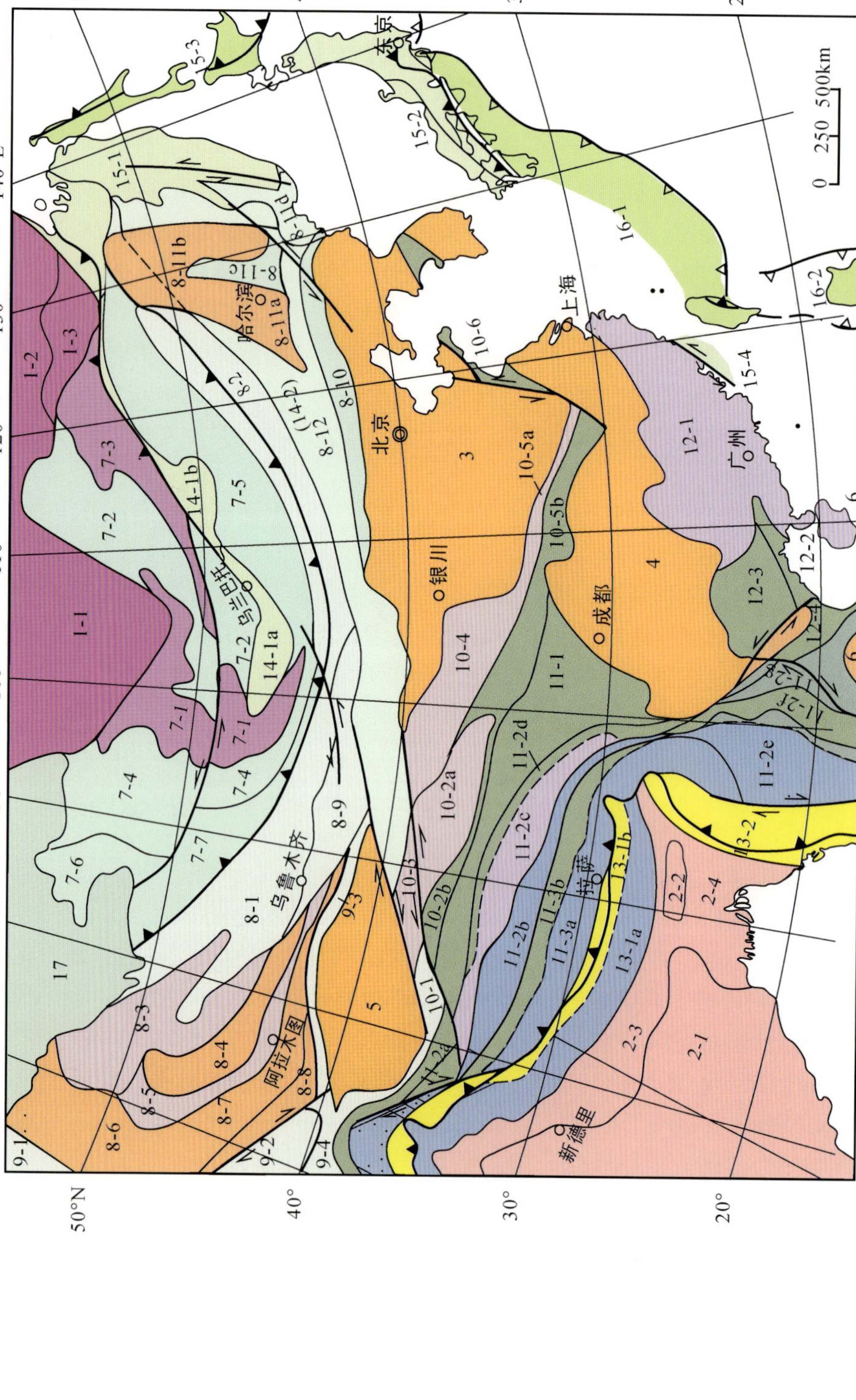

图1.1 中国及邻区主要构造单位（据任纪舜等，1999）

1. 西伯利亚克拉通
   1-1. 西伯利亚地台
   1-2. 阿尔丹地盾
   1-3. 斯塔诺夫地块（中生代活化带）
2. 印度克拉通
   2-1. 印度地盾
   2-2. 西隆凸起
   2-3. 西瓦利克前陆盆地
   2-4. 孟加拉湾盆地
3. 中朝克拉通（中朝准地台）
4. 扬子克拉通（扬子准地台）
5. 塔里木克拉通（塔里木准地台）
6. 印支-南海克拉通（印支-南海准地台）（大部分已消失）
7. 萨彦-额尔古纳造山系
   7-1. 图瓦-蒙古地块
   7-2. 北蒙古-维季姆造山带
   7-3. 雅布洛诺夫地块
   7-4. 西萨彦-湖区造山带
   7-5. 中蒙古-额尔古纳造山带
   7-6. 萨拉伊尔造山带
   7-7. 阿尔泰造山带
8. 天山-兴安造山系
   8-1. 斋桑-准噶尔造山带
   8-2. 南蒙古-兴安造山带
   8-3. 成吉思造山带
   8-4. 巴尔喀什-伊犁地块
   8-5. 纳曼-贾拉依尔造山带
   8-6. 科克切塔夫地块
   8-7. 伊塞克地块
   8-8. 卡拉套-中天山造山带
   8-9. 北天山造山带
   8-10. 温都尔庙造山带
   8-11. 吉黑镶嵌地块
   8-11a. 松花江地块；
   8-11b. 布列亚-佳木斯地块；
   8-11c. 张广才岭造山带；
   8-11d. 兴凯地块
   8-12. 北山-内蒙古-吉林造山带
9. 乌拉尔-南天山造山系
   9-1. 乌拉尔造山带
   9-2. 阿赖造山带
   9-3. 南天山造山带
   9-4. 卡拉库姆地块
10. 昆仑-祁连-秦岭造山系
   10-1. 西昆仑造山带
   10-2. 东昆仑造山带
   10-2a. 加里东带；
   10-2b. 华力西及印支带
   10-3. 阿尔金造山带
   10-4. 祁连造山带
   10-5. 秦岭-大别造山带
   10-5a. 加里东带；
   10-5b. 华力西及印支带；
   10-6. 苏胶-临津造山带
11. 西藏-马来造山系（滇藏造山系）
   11-1. 松潘-甘孜造山带
   11-2. 喀喇昆仑-三江造山带
   11-2a. 喀喇昆仑造山带
   11-2b. 羌塘地块
   11-2c. 昌都地块
   11-2d. 金沙江造山带
   11-2e. 中缅马苏地块
   11-2f. 澜沧江造山带
   11-2g. 普洱地块
   11-3. 改则-密支那造山带
   11-3a. 拉萨地块
   11-3b. 改则-那曲造山带
12. 滇越-华南造山系
   12-1. 华南造山带
   12-2. 钦州造山带
   12-3. 右江造山带
   12-4. 长山造山带
13. 喜马拉雅造山系
   13-1. 喜马拉雅造山带
   13-1a. 喜马拉雅纳布带（推覆带）
   13-1b. 雅鲁藏布缝合带
   13-2. 若开造山带
14. 东北亚造山系
   14-1. 蒙古-鄂霍茨克造山带
   14-1a. 华力西带
   14-1b. 燕山带
   14-2. 北山-内蒙古-吉林造山带
15. 亚洲东缘造山系
   15-1. 锡霍特造山带
   15-2. 佐川造山带
   15-3. 萨哈林-北海道造山带
   15-4. 长乐-南澳剪切带
16. 西太平洋岛弧系
   16-1. 日本-琉球岛弧
   16-2. 台湾-菲律宾岛弧
17. 西西伯利亚盆地

1. 寒武系

寒武系在西伯利亚有着广泛的分布，尤其在东西伯利亚勒拿河、阿姆加河一带，发育完整，化石丰富，顺序清楚，是俄罗斯寒武系建阶和标准的地点（图1.2、图1.3）。下寒武统分为托莫特阶、阿特达斑阶、波托马阶和勒拿阶（狭义）。在阿尔丹河中游，下统几乎全为碳酸盐类沉积，主要为灰岩、白云岩、泥质灰岩、泥灰岩，厚约830m。寒武系与下伏尤多姆组呈整合或平行不融合接触。在阿姆加河，中统阿姆加阶为灰岩、鲕状灰岩、藻灰岩，厚315m；玛依阶为灰岩、藻灰岩、页岩、泥质灰岩，厚度大于200m。上统一般发育不全，仅在其南部 Пеледуй 和 Олекмин 地区有所分布，被称为 Верхиленск 组，为杂色泥灰岩和白云岩，与下伏的中寒武统有一明显的间断接触。西伯利亚北部和西北部寒武系同样有着广泛的分布，如阿纳巴奥列尼克等地区，主要是碳酸盐沉积，在 Намана 河和列拿（Ой-Муран）河一带，下统含有石膏和岩盐的层位。

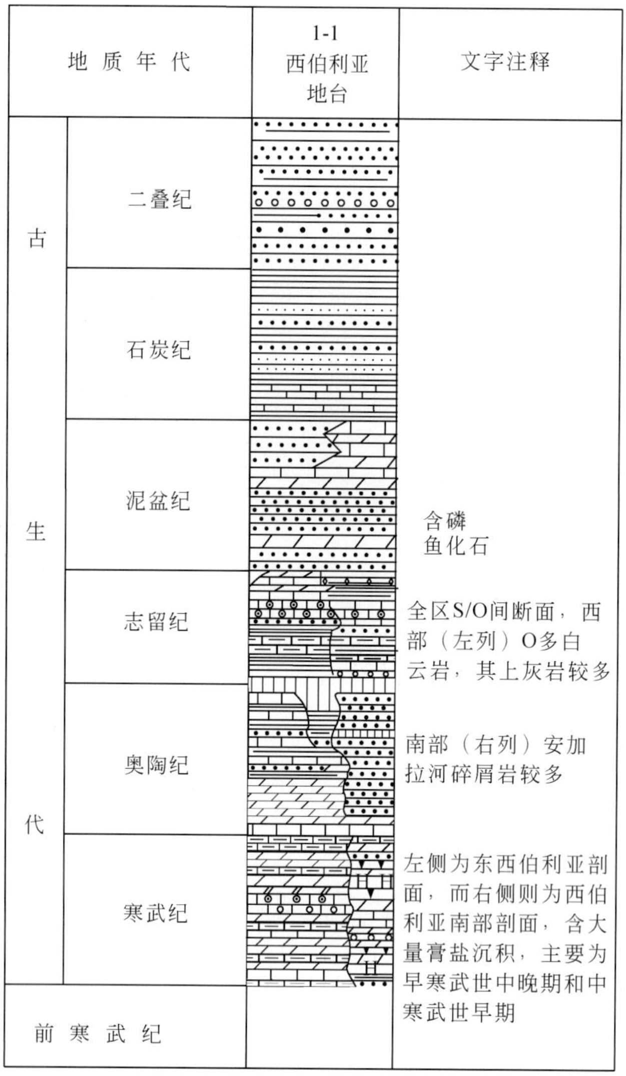

地质年代
1-1
西伯利亚
地台
文字注释
古
生
代
二叠纪
石炭纪
泥盆纪
志留纪
奥陶纪
寒武纪
前寒武纪
含磷
鱼化石
全区S/O间断面，西部（左列）O多白云岩，其上灰岩较多
南部（右列）安加拉河碎屑岩较多
左侧为东西伯利亚剖面，而右侧则为西伯利亚南部剖面，含大量膏盐沉积，主要为早寒武世中晚期和中寒武世早期

图 1.2　西伯利亚地台古生代地层柱状图

图例见图 1.3

在西伯利亚南部安加拉和伊尔库茨克一带，寒武系不但广泛发育，其早寒武世中晚期和中寒武世早期还是重要的膏盐成矿时代，岩盐和石膏层位多、含量大，如 Бельск、Оса、Заярск、Жигалово 等地，露头和钻井内均可见到。现以 Оса 为例说明之：① 最下部 Ушаков 组，为砂岩、页岩、粉砂岩，厚 500m 以上，与下伏的前寒武系为不整合接触；② Мот 组，为白云岩、粉砂岩、泥灰岩，厚 400 ~ 440m；③ Усоль 组，为岩盐、白云岩、石膏，含三叶虫 *Elganellus*，厚 800 ~ 1100m；④ Бель 组，为白云岩、灰岩、石膏、岩盐，含三叶虫 *Bulaiaspis*，厚 275 ~ 400m；⑤ Булай 组，为白云岩，含三叶虫 *Bergeroniaspis*，厚 120 ~ 160m；⑥ 下中统 Ангар 组，为白云岩、石膏、岩盐，含三叶虫 *Pseudoeteraspis*，厚 160 ~ 300m；⑦ 上统 Верхолен 组，为砂岩、白云岩、泥灰岩，下部也含有石膏，厚 500 ~ 700m。从以上各个剖面，都可说明寒武系是主要的膏盐矿产层位。

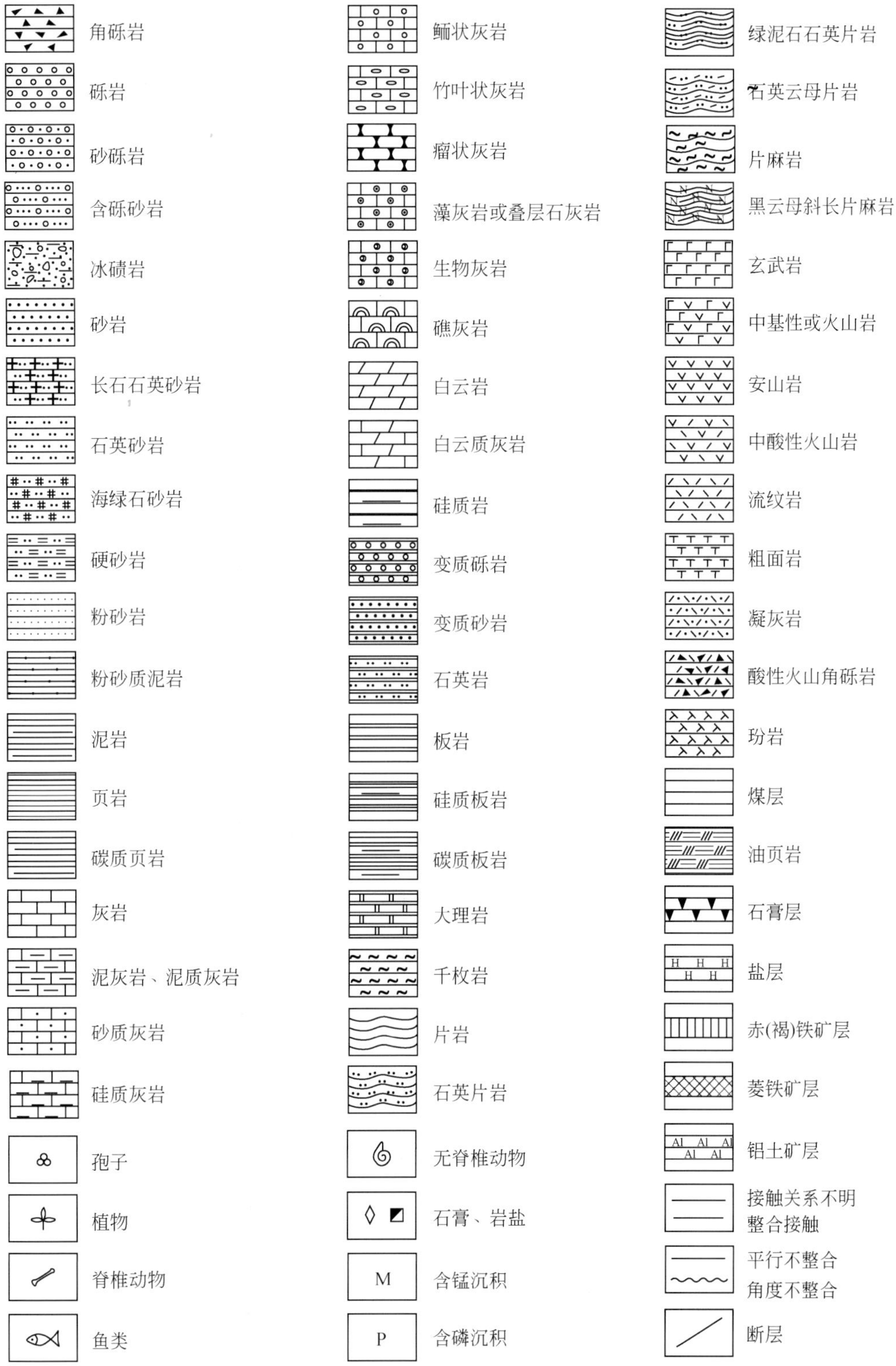
角砾岩
砾岩
砂砾岩
含砾砂岩
冰碛岩
砂岩
长石石英砂岩
石英砂岩
海绿石砂岩
硬砂岩
粉砂岩
粉砂质泥岩
泥岩
页岩
碳质页岩
灰岩
泥灰岩、泥质灰岩
砂质灰岩
硅质灰岩
孢子
植物
脊椎动物
鱼类
鲕状灰岩
竹叶状灰岩
瘤状灰岩
藻灰岩或叠层石灰岩
生物灰岩
礁灰岩
白云岩
白云质灰岩
硅质岩
变质砾岩
变质砂岩
石英岩
板岩
硅质板岩
碳质板岩
大理岩
千枚岩
片岩
石英片岩
无脊椎动物
石膏、岩盐
M
含锰沉积
P
含磷沉积
绿泥石石英片岩
石英云母片岩
片麻岩
黑云母斜长片麻岩
玄武岩
中基性或火山岩
安山岩
中酸性火山岩
流纹岩
粗面岩
凝灰岩
酸性火山角砾岩
玢岩
煤层
油页岩
石膏层
H H H
H H
盐层
赤(褐)铁矿层
菱铁矿层
Al Al Al
Al Al
铝土矿层
接触关系不明
整合接触
平行不整合
角度不整合
断层

图 1.3　柱状图总图例

在阿纳巴背斜四周边缘，最早的早寒武世沉积可能缺失，其底部与前寒武系呈不整合接触。寒武系（以南坡为例）从下而上可分为：① Чабур 组，由灰岩、泥质灰岩、泥灰岩组成，含小壳化石 *Oelandiella*、*Aldanella*，厚 115m；② Пестроцветн 组，下部为红灰岩和泥质灰岩，含小壳化石 *Hyolithes*、*Micromitra*，厚 45m；上部为泥质灰岩和灰岩，含三叶虫 *Hebediscus*、*Calodiscus*、*Pagetiella* 厚 70m；③ Куонам 组，为灰质页岩红色岩系，下部含三叶虫 *Lermontovia*、*Micmacca*、*koutenia*、*Pagetiella*，上部含三叶虫 *Paradoxides*、*Oryctocephalus*、*Triplagnostus*，时代为早—中寒武世；④ 中统 Оленек 组，为灰岩、泥质灰岩、泥灰岩，下部含三叶虫 *Pseudonomocarina*、*Peronopsis*，中上部含三叶虫 *Centropleura*、*Dorypge*，厚 160m；⑤ Зеленоцветн 组，灰岩和泥质灰岩，含三叶虫 *Anomocarina*、*Phalacroma*、*Lejopyse*，厚 300m；⑥ 上统 Згян 组，为灰岩、砂岩、砾岩，含三叶虫 *Bolaspidina*、*Buttsia*，厚 200m；⑦ Мархин 组，为灰岩、白云岩、泥砂质灰岩、砾岩，含三叶虫 *Pterocephalina*、*Ptychopleura*，厚 350m。各统之间基本上皆为连续沉积。

2. 奥陶系

该区多数地域森林茂密、沼泽广布，奥陶系主要沿河谷展布，如库柳姆贝河（Kulyumbe）、Moyero 河、勒拿河（Lena）、石泉通古斯卡河（Podkamennaya）、下通古斯卡河、维柳伊河（Vilyuy）、安加拉河及其支流，即通古斯卡台向斜东西边缘、伊尔库茨克地区和维柳伊台向斜西南（图 1. 2）。该区的区域性阶曾划分见表 1. 1。

表 1. 1　西伯利亚地台奥陶系划分

统	阶	层
上奥陶统	多尔鲍尔阶	—
中奥陶统	曼加泽伊阶	巴克桑层
		切尔托夫层
	克里沃卢茨克阶	库德林层
		基连层
		沃尔金层
下奥陶统	丘尼阶	—
	乌斯季库特阶	—

按 Kanygin 等（1988）材料，保留着克里沃卢茨克超层和曼加泽伊超层，在多尔鲍尔层之上另立 Ketakian 超层（实际上原都包括在多尔鲍尔阶之内），下奥陶统未命名超层，直接划分为七个层。*Didymograptus bifidus* 带之底和 *Pleurograptus linearis* 带之底用作中统和上统之底界。

西伯利亚地台在奥陶纪时为典型陆表海，浅水相沉积占优势，表现为陆源、陆源-碳酸盐岩和碳酸盐岩相交替出现，一般有红层和蒸发岩。特马豆克期（Tremadocian）和弗洛期（Florian）的碳酸盐岩以白云岩为主，其上以石灰岩为主。寒武系与奥陶系为连续沉积，最好的界限剖面位于库柳姆贝河流域（Kulyumbe）。志留系（S）与奥陶系间存在区域性不整合。地方性局部间断，一般多出现在地台南部安加拉河及勒拿河一带的乌斯季库特组与克里沃卢茨克组之间（即原中、下统之间），勒拿河一带克里沃卢茨克组下部一般含磷灰石结核，似乎间接证明与下伏地层间的间断。而曼加泽伊组多分布于地台西部石泉通古斯卡河及图拉一带。在切尔托夫层中含牙形刺 *Polyplacognathus sweeti*、*Phragmodus infexus* 以及腕足类 *Atelelasma carinatus*、*Oepikina tojoni*，大致相当 *Nemagraptus gracilis gracilis* 带。

选择地台西北库柳姆贝河（Kulyumbe）剖面（图1.2柱图左列）、稍南的 Kureyka 河剖面（图1.2柱图中列）和地台西南安加拉河纬向段（latitudinal part of the Angara River）（图1.2柱图右列）作为代表。简述如下：

库柳姆贝河剖面最连续，与寒武系整合接触。最底部为 Uyigur 组，厚250m。上部为灰岩夹白云岩；下部为生物灰岩、鲕粒灰岩和碎屑灰岩夹白云岩。含腕足类 *Apheoorthis khantaiskiensis*，三叶虫 *Dolgeuloma abunda*，笔石 *Dictyonema flabelliforme kulumbeense*，属特马豆克期。Il'tyk 组分三段：下段160m，主要为灰色灰岩夹白云岩，含腕足类，三叶虫 *Apatokephalus nyaicus*，牙形刺 *Cordylodus* aff. *proavus*；中段170m，主要为灰黄色白云岩，其中石灰岩中含腕足类 *Nanorthis hamburgensis*、*Finkelnburgia convexa*，牙形刺 *Drepanodus costatus* 等；上段80m厚，为灰色藻灰岩和生物碎屑灰岩，夹白云岩层，含腕足类，三叶虫 *Biolgina sibirica*，牙形刺 *Scolopodus quadraplicatus*、*Histiodella angulata* 等，被归为 Kimaian 层位，安太庠和郑昭昌（1990）将其与华北区的下马家沟组对比。Il'tyk 组时代属早奥陶世特马豆克晚期至中奥陶世大坪期。Guragir 组（总厚195m）由泥灰岩、砂岩、粉砂岩和白云岩组成，仅顶部10~15m含腕足类 *Angarella jaworowskii*、*Leontiella gloriosa*，牙形刺 *Neocoleodus* sp.，被归为 Vikhorevian 层。Angir 组为灰及黑灰色灰岩，厚35m，含腕足类 *Atelelasma peregrinum*、*Evenkina lenaica*，三叶虫，介形虫，牙形刺 *Phragmodus flexuosus* 等，被归为 Volginian 层。安太庠和郑昭昌（1990）将其与华北区上马家沟组顶部对比，应属达瑞威尔早期沉积。Amarkan 组厚47m，为杂色泥岩、粉砂岩及砂岩，夹少量灰岩，含苔藓虫，介形虫，腕足类 *Lenatoechia*、*Rostricellula*，牙形刺 *Microcoelodus tunguskaensis*、*Bryantodina lenaica*、*Oulodus restrictus*，被归于 Kirensk-Kudrinian 层。安太庠和郑昭昌（1990）称其牙形刺与中国的牙形刺分子很难对比，暂与阁庄组比较。Zagornyi 组总厚可达50m。分三段：下段7m，由粉砂岩、砂岩和灰岩组成，含腕足类，三叶虫，介形虫，牙形刺 *Phragmodus inflexus*、*Polyplacognathus sweeti*、*Oistodus petaloideus*、*Drepanodistacodus victrix*。相当于笔石 *Nemagraptus gracilis* 带，被归于 Tchertovskian 层，应属上奥陶统桑比阶（Sandbian）。中段35m，为黑灰色泥岩夹灰岩，含苔藓虫，腕足类，三叶虫 *Evenkaspis*、*Ceraurinus*，介形虫，牙形刺 *Belodina compressa*、*B. diminutive*、*Culumbodina mangazeica*、*Scandodus serratus*，被归为 Baksanian 层，安太庠和郑昭昌（1990）将其与华北区耀县组和桃曲坡组下部对比，可能已进入上奥陶统凯迪阶下部。而上段为含白铁矿颗粒瘤的泥岩，下部夹生物碎屑灰岩，厚8.6m，含苔藓虫，珊瑚 *Cyrtophyllum densum*、*Favistella alveolata*，腕足类，介形虫和牙形刺 *Bolodina compressa*，被归于 Dolborian 层，仍应属凯迪阶。其上被志留系所覆。

Kureyka 河剖面代表奥陶系层序间有间断。奥陶系 Ust'Munduika 组整合覆于晚寒武统之上，厚90~215m。下部为灰色白云岩，上部是杂色白云质泥岩、页岩和砂质白云岩。

含腕足类 *Angarella jaworowskii*、*Eoorthis wichitaensis*，被归于上寒武统至下奥陶统。其上不整合或假整合覆有 Baikit 组，该组为灰白色钙质石英岩砂岩，仅见腕足类 *Angarella* 和珊瑚 *Cryptolichenaria miranda*，厚 45 ~ 57m，被归于 Vikhorevian 层，应属达瑞威尔早期沉积，即下、中奥陶统之间存在间断。Nerutchand 组不整合覆于 Baikit 组之上，其上又为志留系不整合覆盖。该组厚 25 ~ 60m，典型剖面划分为二段。下段 12.5m，灰黑色至黑色含磷和生物碎屑 - 岩屑砂岩，含腕足类 *Oepikina tojoni*、*Rostricellula transversa*，三叶虫 *Ceraurinus biformis*、*Evenkaspis marina*，被归于 Tchertovskian 层，可能已属晚奥陶世桑比晚期沉积。上段 60m 以上，为灰绿色泥灰岩和泥岩夹薄层灰岩或透镜体，含腕足类 *Leptellina carnata*、*Hesperorthis tricenaria*，苔藓虫，介形虫，牙形刺 *Belodina compressa*、*Drepanodistacodus victrix*、*Falodus prodentatus*，被归于 Baksanian 层，属晚奥陶世凯迪早期沉积。凯迪晚期和赫南特期地层在该处缺失。

安加拉河纬向段剖面碎屑岩较多，发育红层，缺失 Chertovskian 层（即桑比期沉积）。Uust′kut 组主要为灰色砂质、鲕状、叠层状白云岩，局部夹砂岩、砂质灰岩和粉砂岩。在地台西南 Presayan - Angara 河地区厚 200m 左右，化石存于灰岩内。下部含腕足类 *Finkelnburgia*、*Obolus*，头足类 *Paraendoceras*；在顶部含三叶虫 *Ijacephalus conxexus*、*Nyaya orientalis*、*Apatokephalus nyayacus*，头足类 *Clarcoceras angarense* 和牙形刺 *Acanthodus lineatus*、*Cordylodus angulatus*、*C. rotundatus*。按牙形刺对比，安太庠和郑昭昌（1990）将其与中国的南津关组或冶里组比较。故 Uust′kut 组属于特马豆克期地层，与上覆 Iya 组和下伏上寒武统均整合相接。Iya 组厚 150m，为红色砂岩和粉砂岩，具许多波痕和干裂纹，仅含腕足类 *Angarella lopatini*（舌形贝类），被归于 Ugorian 层。Badaranovka 组厚 100 ~ 350m，与上覆和下伏地层整合接触，分为二段：下段 100m，由各种石英砂石夹粉砂岩和钙质砾岩组成，化石丰富，有腕足类 *Angarella jaworowdkii*，腹足类，三叶虫 *Biolgina sibirica*、*Hystricurus secundus*、*Bathyurellus angarensis*、*Carolinites parma*，牙形刺 *Scolopodus quadraplicatus*、*Histiodella angulata* 等，被归为 Kimaian 层。安太庠和郑昭昌（1990）将其与下马家沟组对比，属中奥陶同大坪阶。上段 100m，为砂岩夹粉砂岩和泥岩，腕足类与下段相同，含头足类 *Intejoceras angarense*，牙形刺 *Coleodus mirabilis*、*Neocoleodus dutchtownensis* 等。在 Vikhoreva 河地区，该组最顶部 3m 含更高层位的牙形刺组合，计有 *Cardiodella lyrata*、*C. tumida*、*Polyplacognathus angarense*，被归为 Vikhoravian 层。但安太庠和郑昭昌（1990）将其与上马家沟组比较，应属中奥陶世达瑞威尔期沉积。Mamyr 组划分为两段；下段 40 ~ 46m 厚，为绿灰色泥岩和粉砂岩，夹许多石灰岩结核。其下部 24m（安加拉河地区）含头足类 *Intejoceras angarense*，牙形刺 *Cardiodella tumida*、*C. lyrata*、*Polyplacognathus*；其上部 22m，含腕足类 *Hesperorthis brachiophorus*、*Evenkina lenaica*，三叶虫 *Homotelus lenaensis*，牙形刺 *Phragmodus flexuosus*，分别被归于 Mukteian 层和 Volginian 层。安太庠和郑昭昌（1990）将它们分别与上马家沟组上部和顶部对比，都属于达瑞威尔期沉积。上段 45 ~ 200m 厚，为杂色砂岩，夹樱桃色泥岩和粉砂岩层，含腕足类 *Ectenoglossa derupta*，介形虫，牙形刺 *Stereoconus bicostatus*、*Microcoelodus anomalis*，被归于 Kirensk-Kudrinian 层。总之，Mamyr 组应属中奥陶世达瑞威尔中晚期沉积，整合于 Badaranovka 组之上，被 Bratsk 组不整合所覆，缺失桑比期沉积。Bratsk 组厚 120m，为红色和绿灰色泥岩

和粉砂岩，夹绿灰色和粉红色石英砂岩层，含许多石盐雕刻痕和绿圆斑点。含腕足类 *Glossella*，介形虫，牙形刺 *Acanthodina regalis*、*Drepanodistacodus victrix*、*Scandodus sibiricus*、*Scolopodus consimilis*。该组属晚奥陶世凯迪期沉积，其上（赫南特阶）和其下（桑比阶）均缺失，志留系直覆其上。

3. 志留系

西伯利亚地台志留系分布与奥陶系相仿，但研究较详。地层发育更好的是西部（通古斯卡台向斜），为开阔海，沉积较厚碳酸盐岩，化石丰富。一般兰多维列统和文洛克统以碳酸盐岩沉积占优势，碳酸盐-陆源碎屑岩石较少。西部地区底部多有含笔石页岩出现（厚度向北增大）。罗德洛统以碳酸盐-陆源碎屑沉积为主，常为红色薄层及富集化学溶液的沉积。

志留系与奥陶系间为区域性间断，志留系多覆于曼加泽伊组之上。志留系底部所见笔石属埃隆期，可能缺失鲁丹期沉积。但据 Никифорова 和 Обут（1965）在勒拿河中流的支流剖面中发现，志留系与奥陶系为连续沉积，但缺乏上奥陶纪岩石的化石证据。志留系一般厚 50～750m。

在地台南部伊尔库茨克一带，志留系为半闭塞浅海，仅见兰多维列统的克热姆组（Кежемская），为红色陆源-化学沉积，化石稀少，由砂质岩石、砂质碳酸盐岩及页岩组成，含腕足类、头足类及介形虫等。

西伯利亚地台西部通古斯台卡向斜西北 Имангда 山钻孔剖面（图 1.2 柱图左列）显示：兰多维列统覆于晚奥陶世桑比期的曼加泽伊组灰岩之上，最底部为含笔石页岩，夹极少硅质和泥质灰岩，厚 70～110m，含笔石 *Pristiograptus gregarious*、*Demirastrites triangulates*、*Rastrites longispinus*，显示属埃隆早期，而鲁丹期地层可能缺失。向上泥质灰岩增多，笔石页岩减少或无，厚约 40m，含腕足类 *Dalmanella neocrassa*、*Kulumbella kulumbensis* 及笔石 *Climacograptus* ex gr. *scalaris*，可能仍属埃隆期。兰多维列统上部为灰岩、泥质灰岩和泥灰岩，厚 95～185m，含腕足类 *Eocoelia hemisphaerica*，介形虫 *Sibiritia norilskensis*、*Thrallella* sp.，珊瑚 *Parastriatopora rhizoides* 等，归于特列奇期。文洛克统厚 105～215m，底部为杂色泥岩；下部为石灰岩、泥质灰岩和泥灰岩，夹一层鲕状灰岩，含腕足类 *Camarotoechia nucula*、*Catazyga*? *rara*，介形虫 *Sibiritia kotelnyensis*、*Bollia cordinis*；上部为块状层孔虫-珊瑚层灰岩，有的地方含藻类硅质包体，珊瑚 *Parastriatopora tebenjkovi*、*Subalveolites subulosus*。罗德洛统厚 65m，为泥质及硅质灰岩、暗灰色板状夹块状灰岩及泥灰岩，含介形虫 *Leperditia lumaea*、*Healdianella inornata*。在该剖面稍南的 Рыбной 盆地 Омнутах 河左岸，罗德洛统仅存 18m，由生物灰岩与白云岩和藻灰岩组成，含腕足类 *Protathyris didyma*，介形虫 *Herrmannina nana*。

西伯利亚地台西南（通古斯卡台洼西南），石泉通古斯卡河下游（图 1.2 柱图右列），兰多维列统底部 4m 由砾岩和灰岩组成，含笔石 *Pristiograptus gregarious*，介形虫 *Cystomachelina tiara*，直接覆于奥陶系之上，原归下兰多维列统上部，有可能仍属埃隆早期沉积。兰多维列统中部厚 30～40m，属埃隆期沉积，为灰色泥质灰岩，有时夹粉砂岩，含珊瑚 *Palaeofavosites balticus*、*Mesofavosites fleximurinus*，腕足类 *Stricklandia lens*、*Clorinda undata*、*Plectatrypa imbricate*、*Zygospira duboisi*，介形虫 *Sibiritia wiluiesis*。兰多维列统上部 20 ~ 25m，属特列奇期沉积，为粉砂岩夹石灰岩，最底部有泥质灰岩，含珊瑚 *Palaeofavosites balticus*、*P. alveolaris*、*Subalveolites volutes*，腕足类 *Pentamerus oblongus*、*Eocoelia hemisphaerica*、*Mendacella tungussensis*。文洛克统厚度大于 32m，底部是砾岩与粉砂岩、灰质砂岩、泥岩互层；下部为灰色碎屑灰岩，含珊瑚 *Favosites borealis*、*Multisolenia formosa*、*Parastriatopora undosa*；上部由白云岩、泥灰岩和灰岩组成，含珊瑚 *Favosites borealis*、*Mesosolenia prima*、*Parastriatopora* ex gr. *undosa*、*Subalveolites subulosus*。而在剖面之北，下通古斯卡河（Нжн Тунгуска）下游区，Сухая Тунгуска 河向上 2.5km 的 Дьявольской 河的一个钻孔剖面显示，文洛克统厚 95.3m。下部为灰色层状灰岩和泥岩，底部是砂岩；上部为白云岩，其下部夹有灰岩。罗德洛统厚仅存 47.5m，下部为灰色、近黑色泥岩，过渡为石膏化泥岩、泥质石膏和石膏层；上部为灰色白云岩质泥岩构成的风化壳。

西伯利亚地台志留系最顶部 Тиверский 组（可能相当普里道利统）为含石膏地层，以红色为主，也有杂色或灰色的白云岩、泥岩、泥灰岩、含石膏页岩和石膏层，厚度为 70 ~ 240m。但在西伯利亚地台西北和西部，海相志留系由于海退均缺失，只在某些地方呈孤立状保留，它们常是盐渍化潟湖干枯而成的含石膏和白云岩质岩石（Никифорова и Обут, 1965）。

4. 泥盆系

下泥盆统下部朱保夫斯克组为页岩、粉砂岩和白云质灰岩，含介形虫，厚度为 150 ~ 180m；中部库尔新斯克组也为页岩和粉砂岩，厚度为 60 ~ 85m，底具白云质灰岩，含介形虫、双壳类和鱼化石，鱼化石包括?*Porolepis* sp.、*Siberiaspis plana*、*Putoranaspis prima*。下–中泥盆统拉兹别构尼斯克组为紫红色含磷砂岩，厚 120 ~ 150m，含腕足类 *Lingula* sp.、*Howellella* sp.，鱼化石 *Amphiaspis argos*。中泥盆统下部门杜若夫斯克组为钙质粉砂岩、白云质泥岩，厚 190 ~ 290m，含鱼化石 *Actinolepis* sp.、*Porolepis* sp.；上部包括上部尤克金斯克组，为灰岩、白云岩，厚 30 ~ 50m，含腕足类 *Emenuella* sp.、*Productella* sp.，珊瑚 *Neostringophyllum* sp.。上泥盆统包括两种岩相：① 灰岩–白云岩相含腕足及有孔虫化石，其下所夹粉砂岩中含鱼化石 *Bothriolepis* sp.，厚度大于 500m；② 粉砂岩相夹有泥岩及酸性火山岩，主要含孢子，灰岩中含腕足类 *Atrypa* sp.，厚度大于 1000m，与上覆石炭系整合接触。

在地台东部的勒拿河与维柳伊河之间有零星泥盆系分布，以开木别加斯克剖面为例，中泥盆统肯干勒图乌斯克组为泥岩、粉砂岩、白云岩含石盐及火山岩夹层，厚度大于 630m，主要含孢子化石。上泥盆统卡木代尔斯克组为紫红色砂页岩夹白云岩和火山熔岩，厚度 270m。在别列佐夫斯克区见泥盆系紫红色砂泥岩不整合在奥陶–志留系之上。其南部的斯塔诺夫地块泥盆系全为碎屑岩，局部夹灰岩，厚度不详。

5. 石炭系

石炭系广泛分布于地台北部、西部、南部和中部维柳伊河流域。下石炭统多半是海相碳酸盐岩和碎屑岩，上石炭统为陆相碎屑含煤沉积。下石炭统杜内阶（Tournaisian）在地台的西北部划分为两层：下部称为哈涅利比林层（Ханельбириский гор.），上部名为谢列勃梁层（Серебраяский гор.）；两者岩性均为黏土质页岩、灰岩，含腕足类 *Fusella tornacensis*、*Punctospirifer partitus*，厚 35 ~ 380m。在维柳伊河流域，该套沉积为灰岩夹页岩，含腕足类 *Brachythyris glionensis*、*Balachonia continentalis*。此外，西伯利亚地台杜内阶常见有腕足类 *Dictyoclostus hurlingtonensis*、*Spirifer imbrex*、*Brachythyris suborbicularis*、*Syringothyris typus* 等，属于西伯利亚–北美动物群。下石炭统维宪阶（Visean）在地台北部称童德林组（Тундринская свита）或勃鲁斯组（Брусская свита）。前者为生物碎屑灰岩，厚 140m；后者为钙质页岩、硅质岩和砂岩，含石燕类和珊瑚化石，厚 40 ~ 135m。在维柳伊河流域维宪阶为灰岩夹页岩。下石炭统谢尔普霍夫阶（Serpukhovian）在地台南为恩根昌组（Ангачанская свита），由砂岩和粉砂岩组成，化石稀少，厚 80 ~ 120m。在地台西部，该阶沉积称法季亚尼霍夫组（Фатьяниховская свита），为钙质砂岩，含腕足类 *Schuchertella* sp.、*Camarotochia* sp.、*Neospirifer* sp.。向南，在维柳伊河流域，该组逐渐变为石英砂岩，厚 30 ~ 150m。上石炭统在地台南部比较发育。上统巴什基尔阶（Bashkirian）到莫斯科阶（Moscovian）阶为图沙姆组（Тушамская свита），由砂岩、粉砂岩夹等煤层及泥岩透镜体组成，含植物 *Caenodendron sibiricum*、*Angaropteridium abacanum*，厚 50 ~ 150m。该时期，维柳伊河流域等地区的沉积与图沙姆组类似。上统卡西莫夫阶（Kasimovian）到格舍尔阶（Gzhelian）为利斯特维日宁组（Листвянинская свита），为粉砂岩、泥岩、砂岩，夹可采煤层，含植物 *Koretrophyllites speranskii*、*Angaropteridium kalbicum*、*Noeggerathiapsis theodori*，厚 215 ~ 240m。在地台北部、西部和中部，与该组同层位的沉积也为碎屑碎岩，含可采煤层。

6. 二叠系

西伯利亚地台二叠系广泛分布于下通古斯卡河、石泉通古斯卡河、安加拉河、维柳伊河等流域以及赫塔河与勒拿河之间的地域。通古斯地块两翼二叠系剖面较完整，为陆相碎屑岩含煤沉积。与下伏上石炭统呈整合接触。下统阿瑟尔阶（Asselian）到萨克马尔阶（Sakmarian）地层为克林泰金组（Клитайтинская свита），为砂岩、粉砂岩、泥岩和煤层，产植物 *Noeggerathiopsis subangusta*、*N. dorzavinii*，厚 130 ~ 167m。下统亚丁斯克阶（Artinskian）到空谷阶（Kungurian）地层以布尔古克林组（Бргуклинская свита）为代表。自下而上分为 3 个亚组：下亚组为砂岩夹泥质粉砂岩、粉砂岩、泥岩和煤，含植物 *Koretrophyllites setosus*、*Noeggerathiopsis tebenjkovii*、*Grassinervia tunguskana*，厚 30 ~ 80m。中亚组和上亚组为砂岩、粉砂岩、泥岩和煤层，含植物 *Annulina neuburgiana*、*Noeggerathiopsis latifolia*、*N. magna*，厚 300 ~ 370m。中统划分为两个亚组：下亚组称诺金亚组（Нотинская подсвита），为砂岩、砾岩和粉砂岩，含植物 *Gamophyllites iluiskiensis*、*Noeggerathiopsis arta*、*N. latiforlia*，厚 150 ~ 200m；上亚组称恰普科克金亚组（Чапкоктинский подсвита），为砂岩、粉砂岩、泥岩和煤层，含植物 *Pecopteris anthriscifolia*、*Noeggerathiopsis aequalis*，厚 250m。上统杰加林组（Дегалинская свита）为砂岩、粉砂岩、泥岩、煤，夹碳质泥岩，含植物 *Todites evenkensis*、*Noeggerathiopsis insignis*、*Yavorskia mungatica*，厚 250 ~

300m。在勒拿-赫塔拗陷中部，二叠系与石炭系之间呈不整合关系。下、中二叠统均为砂岩、粉砂岩、泥岩夹薄煤层，含植物 *Noeggerathiopsis*、*phyllotheca*，但局部有海相夹层产有孔虫 *Saccammina arctica*、*Ammodiscus*。上统以粉砂岩、凝灰质砂岩、凝灰岩为主，下部有基性喷发岩，含介形虫 *Darvinula* 及斧足类等。二叠系总厚 870 ~ 2280m。

1.2 印度克拉通

印度克拉通北部的一个构造地质单元为西瓦利克前陆盆地，以具厚的新近纪沉积（西瓦利克磨拉石）为特征。其范围与印度河-恒河冲积平原（Indo-Gangetic Alluvial Plain）的范围大致相当。东北部的西隆（Shillong）凸起为一前寒武纪岩石出露区，四周以断层和周围岩石分开。其与其他地区的构造关系目前仍不十分清楚。孟加拉湾盆地为新近纪以来的具厚沉积物所充填。

印度卡拉通的主体部分，即任纪舜等（1999）所称的印度地盾，以广泛出露前寒武纪古老岩石为特征。显生宙的沉积多以条带状分布，这与大陆的裂陷和大陆边缘沉积盆地的形成有关。

经过长时期的暴露和剥蚀，印度地盾的沉积活动在早二叠世以冰碛和冰海相砾岩开始。与之相伴的沉积还有在陆内条带状裂陷盆地中的河流相以及河湖相沉积。这一向上到下侏罗统的沉积序列被称为冈瓦纳岩系（Gondwana Series）或超群（Supergroup）。

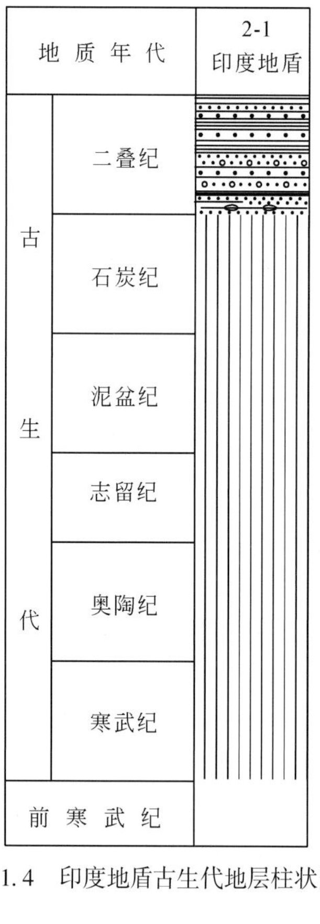

图 1.4 印度地盾古生代地层柱状图

二叠系（印度中部）

印度半岛的二叠系又名下冈瓦纳岩系（图1.4），主要分布于达莫德尔、讷尔默达、默哈讷迪-宋河和戈达瓦里等盆地。在诸多盆地中，以达莫德尔盆地和宋河盆地的下冈瓦纳岩系最有代表性，该系由下而上划分为达尔杰尔组（Talchir）、卡哈尔巴里组（Karharbari）、伯拉格尔组（Barakar）、古尔蒂组（Kulti）和拉尼根杰组（Raniganj）。下二叠统（Asselian—Early Sakmarian）达尔杰尔组代表印度半岛下冈瓦纳岩系最底部层位，不整合覆盖在前寒武纪基底岩系之上，因此这些盆地均缺石炭系沉积。该组下部以漂砾层或冰成杂砾岩为特征，厚15 ~ 60m；中部为页岩与粉砂岩和细砂岩互层：上部为浅绿色页岩；顶部为砂岩或砂岩与页岩互层。本组产植物 *Gangamopteris*、*Paranoclandus*、*Glossopteris*。在宋河盆地，本组有两处剖面，其上部各含一海相层，即乌默里亚海相层和默嫩德勒格尔海相层。前者产腕足类 *Bandoproductus umariensis*、*Trigonotreta narsarhensis*、*Tomiopsis barakarensis*、*Cleiothyridina* sp.，双壳类 *Eurydesma mytiloides*、*Deltopecten lyonsensis*。后一海相层以产双壳类为主，有双壳类 *Eurydesma mytiloides*、*Deltopeeten lyonsensis*，腕足类 *Trigonotreta narsarhensis*。以上两个海相层的动物化石可与西澳大利亚莱昂斯群的动物群对比，因而被视为典型的冈瓦纳相动物群。本组一般厚 100 ~ 200m，但在宋河盆地，厚 400 ~ 800m。下统（Upper Sakmarian—Lower Kungurian）卡哈尔巴里组主要为河流相碳质砂岩、粗砂岩、含砾砂岩及砾岩夹煤和油页岩，产植物 *Gangamopteris*、*Noeggerathiopsis*、*Glossopteris*、*Euryphyllum* 等，厚 60 ~ 120m。下统—中统（Upper Kungurian—Capitanian）伯拉格尔组代表达莫德群下部的含煤岩系。在冈瓦纳各盆地分布广泛，为印度重要的含煤层位。该组岩性为粗砂岩、含砾砂岩、砂岩及粉砂岩和页岩互层，夹煤层，产植物 *Glossopteris*、*Vertebraria* 及淡水双壳类，厚 750 ~ 1100m。上统（Wuchiapingian）古尔蒂组又称哑层或"铁石页岩"。在达莫德尔煤田，本组以含铁质条带或黏土质-菱铁结核的云母质页岩（"铁石页岩"）和中粗粒砂岩为特征，产少量植物化石 *Glossopteris*、*Rhabdotaenia*、*Gangamopteris*、*Vertebraria*，厚 600m。在戈达瓦里盆地，相同层位的莫图尔组则为砂岩夹钙质砂岩，产植物和脊椎动物化石。上统（Changhsingian）拉尼根杰组的岩性为浅灰绿色厚层中细粒砂岩与云母质粉砂岩、页岩和煤层的互层。在拉尼根杰煤田，该组合含煤 12 层，代表达莫德群的上部含煤岩系；富含植物 *Glossopteris*、*Belemnopteris*、*Sphenopteris*，但缺失 *Gangamopteris*、*Noeggerathiopsis* 两属；厚 370 ~ 1130m。在宋河盆地和戈达瓦里盆地，与该组同期异相的沉积称加姆提组（Kamthi）。其岩性为红灰色泥质砂岩、砾岩夹红色页岩；厚 100 ~ 600m，产植物 *Glossopteris*。该组与上覆三叠系呈整合关系。

1.3　中朝克拉通（中朝准地台）

1. 寒武系

寒武系除下统有所缺失外（华北本部普遍缺失早寒武世早期和中期沉积），其他各期沉积分布广而发育俱全（图 1.5）。下部主要为砂页岩等碎屑岩，而中上部为碳酸盐沉积，夹有一些粉砂岩及页岩。从下而上分别称为馒头组、张夏组、崮山组和炒米店组。其下界与前寒武系为假整合或不整合接触，与上覆奥陶系为连续沉积。馒头组为紫红色暗紫色粉砂质页岩，夹少量泥质灰岩和灰岩。含有三叶虫 *Redlichia*、*Shantungaspis*、*Hsuchuangia*、*Bailiella* 等，厚 80 ~ 300m，时代为早寒武世晚期至中寒武世早期。张夏组以灰岩、鲕状灰岩为主，夹少量砂页岩，含三叶虫 *Crepicephalina*、*Taitzuia*，厚度一般为 120 ~ 250m。时代为中寒武世晚期。崮山组以黄绿、紫灰色页岩为主，夹灰岩、竹叶状灰岩、鲕状灰岩，含三叶虫 *Blackwelderia*、*Drepanura*，厚一般为 30 ~ 110m，时代为晚寒武世早期。炒米店组为灰岩、竹叶状灰岩、泥质灰岩，含三叶虫 *Chuangia*、*Kaolishania*、*Ptychaspis*、*Mictosaukia*，厚 50 ~ 350m，时代为晚寒世中晚期。在中朝地台本部某些地区，在馒头组之下，多出一套地层，岩性极为特征，一般均为灰岩、角砾灰岩、沥青质灰岩、云斑状灰岩、豹皮灰岩、膏盐沉积，含三叶虫 *Megapaleolenus*、*Redlichia* 等。厚 20 ~ 120m，在辽宁本溪称碱厂组，辽宁凌源称老庄户组，辽宁大连称大林子组，北京昌平区称昌平组，河南和山东称馒砂洞组，其实可统一称为昌平组或馒砂洞组。

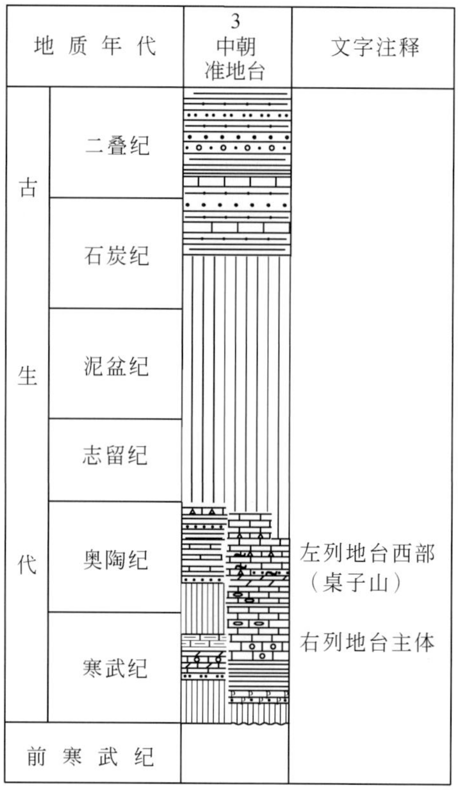

图 1.5　中朝准地台古生代地层柱状图

中朝地台周围地区具有可靠的边缘相沉积，它同样普遍存在相当于昌平组的沉积，并在昌平期之前再有一套特殊的岩性沉积，即含磷岩系，普遍为含磷砾岩、含磷页岩及砂岩、含砂灰岩、白云岩等，磷矿均位于底部，砂质灰岩含三叶虫 *Hsuaspis*、*Longxianaspis*，厚 30 ~ 110m。在吉林通化称黑沟子组，为紫红、灰紫黄绿色胶磷矿页岩和紫红色条带灰岩，含小壳化石 *Linevitus* 和金臂虫，厚 64m。与下伏震旦系青沟子组假整合接触。在辽宁大连称葛屯组，为灰色页岩、砂岩，下部页岩中含磷，厚 38 ~ 65m。在宁夏贺兰山称苏峪口组，在陕西陇县和河南鲁山称辛集组，为含磷岩系，并有可靠的化石 *Hsuaspis* 和 *Longxianaspis*，其上覆即硃砂洞组。在安徽霍邱称猴家山组也是含磷岩系，同样含有 *Hsuaspis*。值得一提的是，在宁夏贺兰山苏峪口组、陕西陇县辛集组、河南鲁山辛集组的下伏地层均为冰碛岩层，两者呈假整合接触。正目观组、罗圈组冰碛层时代现暂认为是震旦纪，但一般说来，它与寒武系关系更为密切，形影相伴，故不排除归入寒武纪的可能。此外，青海大柴旦全吉群内的红铁沟组冰碛层可能也相当于以上冰碛层的层位。

内蒙古桌子山寒武系称馒头组和胡鲁斯台组，馒头组为灰白、灰黄、浅紫色石英砂岩、白云质灰岩、灰岩、砾岩，厚仅 30m。胡鲁斯台组为泥质条带灰岩、砾屑灰岩、鲕状灰岩、白云质灰岩及砂页岩，含三叶虫 *Luaspides* 带、*Pagetia* 带、*Poriagraulos* 带、*Crepicephalina* 带、*Taitzuia* 带及 *Blackweledria* 带，厚 400 ~ 500m，时代从徐庄期至崮山期。馒头组平行整合在震旦系之上，胡鲁斯台组与馒头组为连续沉积，而与上覆的奥陶系二道坎组为平行不整合。

2. 奥陶系

地台主体部分（包括晋冀鲁豫辽吉等地）为典型陆表海，向东北呈缓坡倾斜，吉林中部水体最深（特别是冶里期和亮甲山期）；南部（海河河口—河北曲阳—山西保德一线以南地区）水体较浅，多为咸水潟湖沉积（如三山子组等），膏盐沉积也较多。地台西缘为一凹陷或斜坡带（鄂尔多斯周边），早奥陶世沉积和地台主体部分一样都是碳酸盐岩。从达瑞威尔期前后开始，泥质、砂质碎屑岩增多，部分形成浊积岩和滑塌堆积，横向变化增大，出现了较多扬子区的生物分子，呈现为由稳定地台向西转为活动的更深水的过渡变化。地台东南缘也有一个凹陷盆（朝鲜半岛南部太白山石灰岩高原）（沃川地向斜东北），出现较多泥页岩，近底部有石英岩，但这一过渡区从浅水相到盆地相的变化序列是向西北方面的（安太庠、郑昭昌，1990）。

1）地台主体部分（图 1.5 柱图右列）

奥陶系主要是浅水碳酸盐岩，下与寒武系连续过渡，上为石炭系以假整合覆盖。在北部（海河河口—河北曲阳—山西保德一线以北）地区，通常自下而上划分为冶里组、亮甲山组（或三山子组）、下马家沟组、上马家沟组和峰峰组（在南部或某局部地点也有不同的分层和命名，但均可与此层序对比，不再一一叙述）。在地台中部地区，亮甲山组顶面常有凸凹不平的侵蚀切割面，20cm 至 6m 深，含砾砂岩或砂岩层序充填在侵蚀凹坑之上，此即怀远运动造成的假整合面，但无生物证据显示其明显的地层缺失。这个假整合面之上（亮甲山组顶面）与石炭系之间的一套地层普遍含有三套角砾状灰岩，以它为底划分为 3 个旋回，构成 3 个组级单位。这些角砾状灰岩被认为是震积角砾岩，可作为瞬时对比和组级地层单位划分的依据（段吉业等，2002）。

冶里组为灰色灰岩、泥质灰岩，常具泥质条带或条纹，夹数层页岩及砾屑灰岩，在命名剖面厚 107m，可在 30 ~ 300m 间变化。吉林浑江地区所夹笔石页岩、泥岩的厚度和层数最大，还有瘤状灰岩层。该地是奥陶系底界最好的剖面之一，自下而上识别出 *Rhabdinopora flabelliformis parabola*、*Anisograptus matanensis*、*Psigraptus* 和 *Aorograptus victoriae* 笔石带。其他地区则含大量树笔石类及上述某几个笔石分子，牙形刺、三叶虫、头足类等都很丰富。从北向南沉积水体变浅，至河北曲阳时厚仅 30m，由薄层灰岩与砾屑灰岩互层组成。该组属特马豆克期沉积。

亮甲山组厚 40 ~ 311m，一般下部（在唐山厚 97m）为含燧石条带或结核的厚层灰岩，多夹有极纯质灰岩层（塑料石），广泛发育叠层石丘礁，海绵类，头足类 *Manchuroceras*、*Coreanoceras*。上部（在唐山厚 64m）以白云质灰岩和白云岩为主，底部含牙形刺 *Scalpellodus tersus* 带分子和头足类 *Cyrteothinoceras* 的层段可与华南地区分乡组比较。河北平泉白云岩段 *Scolopodus sunanensis* 牙形刺组合却可能与唐山的下马家沟组底部对比，显示此段白云岩也是穿时体。吉林南部的亮甲山组均由薄层豹皮灰岩（虫迹灰岩）夹叠层石石灰岩或由灰岩夹角砾状灰岩组成，几乎无白云岩，最厚可达 311m，显示其沉积水体较深。此组属弗洛期沉积，底部跨入特马豆克阶顶部。

下马家沟组厚 28 ~ 300m，总体上由灰岩和白云岩组成。中部以豹皮灰岩为主，燧石含量高，化石丰富；上部和下部为泥质灰岩和白云岩互层，底部在地台中部自下而上可见：① 含砾砂岩、砂岩；② 页片状-薄层白云岩、白云质灰岩；③ 角砾状白云质灰岩。但各地发育程度不一。角砾状白云质灰岩分布广泛，被认为是震积角砾岩，可作瞬时地层对比划分用。底部所含三叶虫 *Eoisotelus orientalis*，中上部头足类 *Polydesmia*、*Ordosoceras* 和牙形刺 *Tangshanodus tangshanensis* 较为特征。在唐山剖面该组厚 234m，属中奥陶世大坪期沉积。

上马家沟组厚 57 ~ 370m（在唐山厚 274m），由厚层块状灰岩、豹皮灰岩、白云质灰岩夹白云岩和泥灰岩组成，底部夹角砾状白云质灰岩和白云岩。南部地区含较多层孔虫灰岩。该组化石丰富，牙形刺中 *Eoplacognathus suecicus*、*Acotiodus linxiensis* 为特征；头足类 *Armenoceras teteiwai*、*Discoactinoceras*、*Selkirkoceras*、*Ormoceras suanpanoides* 分布广，层位稳定。在淮北也曾采得笔石 *Didymograptus* cf. *pandus*，属中奥陶世达瑞威尔期沉积。

峰峰组厚数米至 222m（在河北磁县厚 132m），下部为白云质灰岩、角砾状灰岩；上部以深灰、灰黑色泥晶灰岩为主，夹黄色白云质灰岩和膏溶角砾状灰岩，含石膏或石盐假晶。地台中部该组发育完全（河北邯郸、山东中部等地），其他地区仅存下部白云岩段（大连、本溪）或完全缺失（唐山、吉林中部）。上段化石丰富，牙形刺 *Belodina compress*、*Tasmanognathus sishuiensis*，头足类 *Fengfengoceras*、*Badouceras*、*Gonioceras* 最重要。属晚奥陶世桑比期沉积。该组直接为上石炭统本溪组假整合覆盖。

在地台主体部分的南部（海河河口—河北曲阳—山西保德一线以南地区），奥陶纪沉积中，镁含量增高，其中的冶里组和亮甲山组已相变为白云岩，统称为三山子组，一般厚 10 ~ 200m。山东中部三山子组上部含头足类 *Coreanoceras*、*Yehlinoceras* 和叠层石丘礁即亮甲山组南延证据；而井陉、历城以及山西南部的三山子白云岩中，均有 1 ~ 3 层笔石页岩薄层，表明与地台北部冶里组的过渡关系。山东新泰汶南一带的三山子组大体相当于冶里组和亮甲山组沉积。而河北曲阳、井陉三山子组底界已落入寒武系三叶虫 *Tellerina-Calvinella* 带内，在河北峰峰落入三叶虫 *Quadracephallus* 带内，再向南则落入寒武系更低层位内。

2）地台西缘（鄂尔多斯周边）

鄂尔多斯西缘的奥陶系岩相和生物相从纵向和横向上都有变化，自东（近地台主体）向西，显示出由稳定的浅水转变为更活动的深水沉积环境。但整个早奥陶世，甚至包括一些地点的中奥陶世大坪期，仍然和地台主体部分一样沉积了相似的碳酸盐岩，并含相同的生物群，如贺兰山地区的下岭南组和天景山组下部，只是厚度较大。在中奥陶世达瑞威尔期至晚奥陶世凯迪早期阶段，以耀县（陕西）与佘太（内蒙古乌拉特前旗）连线为界，西部区以薄层碎屑岩夹不等量灰岩为主，偶见凝灰岩、硅质岩层，显示复理石建造特点，确认有滑塌堆积（米钵山组、乌拉力克组），具有北大西洋型牙形刺、华南型笔石群。但岩石和生物相转变的起始时间略显差异，越向西越早。连线以东的东部区，生物群总面貌与地台主体部分相同，为北美中大陆型牙形刺，也为碳酸盐岩，但岩石组构由桑比期的厚层灰岩（145m 厚的耀县组）转为凯迪期薄层灰岩（328m 厚的桃曲坡组）或薄层灰岩、砾屑灰岩与凝灰岩构成的复理石建造（富平 610m 厚的金粟山组）。晚奥陶世凯迪中晚期，整个过渡区出现地点更少（仅有陇县背锅山组、耀县桃曲坡组和佘太白彦花山组），以灰岩沉积为主，多含有砾状灰岩或砾屑灰岩，产珊瑚 *Agetolites* 以及北美中大陆型牙形刺 *Yaoxianognathus*、

Tasmanognathus 等。全区上奥陶统不同层位为石炭系以后地层覆盖，至少缺失赫南特期沉积。东、西两侧多与寒武系整合相接，但中间多数地点缺失早奥陶世地层。桌子山地区奥陶系（图 1.5 柱图左列）研究较好，介绍如下（主要据安太庠、郑昭昌，1990）。

三道坎组厚 50 ~ 90m，主要为浅灰色石英砂岩、灰色白云质灰岩和灰岩互层，含头足类 *Pseudowutinoceras*、*Parakogenoceras*，牙形刺 *Aurilobodus leptosomatus*、*Loxodus dissectus* 等，与下伏寒武系假整合相接，大部属中奥陶世大坪早期沉积。桌子山组为厚层灰岩，以头足类 *Actinoceroids* 的大量出现为特征，厚 240 ~ 570m。含头足类 *Polydesmia*、*Ordosoceras*、*Pomphoceras*、*Dideroceras undulatum*，上部还见三叶虫 *Hammatocnemis primitivus*，牙形刺 *Protopanderodus gradatus*、*P. rectus*、*Juanognathus variabilis* 等华南型分子。属中奥陶世大坪晚期至达瑞威尔早期沉积。

克里摩里组厚 80 ~ 292m，为薄层灰岩、瘤状灰岩与黑色页岩不等厚互层，泥质成分向上递增，含 *Amplexograptus confertus* 带和 *Pterograptus elegans* 带笔石；牙形刺为北大西洋型，如 *Periodon* 和 *Protopanderodus* 等深水类型最多，而以 *Eoplacognathus suecicus* 和 *Amorphognathus* 最重要，且含放射虫。属中奥陶世达瑞威尔中期沉积。乌拉力克组厚 36 ~ 183m，为黑色碳质硅质页岩与薄层灰岩不等厚互层，底部为一层厚近 8m 的具重力堆积特征的砾状灰岩。该组产 *Husterograptus teretiusculus* 带笔石和牙形刺 *Pygodus serrus*，顶部出现笔石 *Nemagraptus gracilis* 和牙形刺 *Pygodus anserinus*，属跨中-上奥陶统界线的一个地层单位。

拉什仲组以黄绿色粉砂质页岩与粉砂岩互层为特征，上部偶夹少量生物碎屑灰岩，下部为黑色碳质含笔石页岩。该组厚 168m，含 *Climacograptus bicornis* 带笔石。傅力浦等（1993）疑其为浊积岩，属晚奥陶世桑比期沉积。

公乌素组为薄层灰岩、页岩及砂岩的互层，总厚 65m。下部是 33m 灰绿色页岩，含笔石 *Amplexograptus gansuensis*、*A. disjunctus*，牙形刺 *Protopanderodus insculptus* 及三叶虫等，属晚奥陶世凯迪早期沉积。蛇山组以生物碎屑灰岩与砂质页岩互层为特征，顶部为块状砾状灰岩。该组厚不足 17m，含头足类 *Eurasiaticoceras*、*Anaspyroceras*，牙形刺以 *Tasmanognathus sishuiensis*、*Microcoelodus* 或 *Erismodus* 为特征，为北美中大陆型，属晚奥陶世凯迪早期沉积。蛇山组之下的奥陶系岩组间均为整合相接，它与上覆本溪组为假整合接触。

3）地台南缘朝鲜半岛南部

朝鲜半岛北部的奥陶系与地台主体部分在岩性和生物群方面都一致，不过仅保留了早、中奥陶世沉积。而半岛南部沃川地向斜东北地区的寒武系—奥陶系被划分为斗围峰型（Tuwibong）、旌善型（Chongson）、宁越型和忠州型，代表着从浅水相至盆地相的变化序列，大体从东南向西北依次分布（安太庠、郑昭昌，1990）。即使浅水相斗围峰型奥陶系与地台主体部分相比，也有了更多的泥页岩，底部还有石英岩层，同样只保留了早、中奥陶世沉积，其上为中石炭世所覆盖。现以斗围峰型为主体介绍朝鲜半岛南部奥陶系一般层序。

花折组（Hwajol）下段为灰岩与泥岩互层，厚度小于 100m；中段石英岩由 1 ~ 5m 厚石英岩层与小于 1m 的灰岩相间排列，厚 20m；上段由灰岩与灰岩砾岩互层，厚 60m。自下而上分为 *Prochuangia*、*Chuangia-Kaolishania*、*Dictyites* 和 *Eoorthis* 4 个带，仅最后一个带被归于奥陶系，余者属寒武系。

铜店组（Tongjom）为暗灰色中粒石英岩，偶夹薄层灰岩和硅质灰岩，厚 10 ~ 50m。含 *Pseudokainella iwayai* 等，属特马豆克期沉积。斗务洞组（Tumugol）厚 150 ~ 200m，为灰、灰绿色钙质页岩与灰岩互层，底部有几层蠕虫灰岩及砾岩，下部含 *Asaphellus*，上部有 *Protopliomerops*，仍属特马豆克期沉积。

莫洞组（Maktong）厚 300 ~ 400m，为灰色层状灰岩夹灰色钙质页岩及层内角砾岩。下部含牙形刺 *Clarkella*、*Scolopodus rex huolianzhaiensis*；中上部含头足类 *Manchuroceras*、*Polydesmia*，牙形刺 *Tangshanodus tangshanensis*、*Scolopodus flexilis* 等。属早奥陶世弗洛期至中奥陶世大坪期沉积。

织云山组（Chigunsan）为暗灰色至黑色页岩与蓝灰色灰岩互层，厚 50 ~ 100m，含三叶虫 *Bacilicus*，头足类 *Sactorthoceras*，腕足类 *Rafinesquina* 及牙形刺 *Eoplacognathus suecicus* 等。其上的斗围峰组（Tuwibong）厚 50m，为灰色块状灰岩夹泥质板岩及白云质灰岩，局部有砾岩，含头足类 *Armenoceras tateiwai*、*Discoactinoceras*、*Selkirkoceras yokusense*，牙形刺 *Plectodina onychodonta*、*Aurilobodus serratus* 等。这两个组大体与下马家沟组和上马家沟组对比，属中奥陶世达瑞威尔期沉积。其上为中石炭世寺洞组假整合覆盖。

行迈组（Haengmae）和桧洞里组（Hoedongri）属旌善型寒武系—奥陶系，局限于旌善地区。该区相当于上马家沟组的地层称旌善组（Chongson），由微晶灰岩夹几层白云质灰岩组成，灰岩一般为纹层状，大约 300m 厚，下为断层所切，在该区大部分地区，其上为石炭系所覆。行迈组厚 50 ~ 200m，为砾状灰岩，夹几层隐晶灰岩，砾状灰岩易松散，含少量牙形刺。其上的桧洞里组厚 200m，为蓝灰色、乳白色块状微晶灰岩，夹几层白云质灰岩，含牙形刺 *Tasmanognathus sishuiensis* 等，属晚奥陶世桑比期沉积，可与峰峰组对比。该组时代曾被韩国学者归为志留系，还划分出桧洞里组自下而上的 *Distomodus kentuckyensis* 带和 *Pterospathodus celloni* 带牙形刺。安太庠和郑昭昌（1990）将它的属种各做了订正，指出它的两个带的带化石实属 *Tasmanognathus sishuiensis* 的不同分子。行迈组和桧洞里可与峰峰组比较，属奥陶系。

3. 泥盆系

在中朝准地台主体，泥盆系全部缺失，晚石炭世底层直接假整合于奥陶系之上。但在朝鲜开城地区和黄海北道的兔山金川地区有泥盆系报道，受断层和侵入岩影响，上、下界线不清。因此，仅在此简述，而未在图 1.5 柱图上表示。该套地层统称临津群，自下而上划分为安峡组、扶鸭组和朔宁组。安峡组由砾岩、千枚岩与薄层灰岩组成，灰岩砾石中含腕足类 *Atrypa* sp.、*Schizophoria* sp.、“*Spirifer*” sp.，苔藓虫 *Monotrypa* sp.，厚 600 ~ 800m。扶鸭组下部为灰白色灰岩，含 *Scynidium* sp.，厚 300 ~ 500m；中部为板岩、千枚岩，含海百合茎，450 ~ 500m；上部为变质粉砂岩与板岩互层，厚 200m。朔宁组下部灰绿色板状粉砂岩、千枚岩组成，兔山地区厚达 400m，开城地区灰岩砾石中含 *Atrypa* sp.、*Cyclocyclicus* sp.；上部由板状变质砂岩、黑云母粉砂岩及石英岩组成，夹少量薄层灰岩，厚 380m。

4. 石炭系

本区石炭系上统（Mosovian—Gzhelian）由本溪组和太原组下段组成，为海陆交互相含煤沉积，厚约 73m，平行不整合于奥陶系中统地层（峰峰组）之上，其间缺失晚奥陶世到晚石炭世巴什基尔期的沉积。本溪组为深灰色页岩、砂质页岩夹灰岩及煤层，其底部由紫色铁矿层和铝土矿层组成，含植物 *Neuropteris gigantean*、*Lepidodendron posthumii*，𧊒 *Fusulina*、*Fusulinella*、*Beedeina*、*Pseudostaffella* 等，牙形刺 *Neognathodus bassleri*。太原组下段为灰白色、浅灰色中粗粒-细粒石英砂岩与黑色页岩、砂质页岩中粗粒-细粒石英砂岩、砂质页岩互层，顶部为可采煤层，含植物 *Neuropteris ovata*，腕足类 *Chonetes* sp. 。

5. 二叠系

二叠系下统（Asselian-Sakmarian）太原组中-上段主要为黑色页岩、砂质页岩、灰白色砂岩夹灰岩和煤层，为海陆交互相沉积，是华北地台重要的含煤层位，厚 35 ~ 51m。富产𧊒 *Schwagerina*、*Pseudofusulina*、*Rugosofusulina*、*Chalaroschwagerina*，腕足类 *Dictyoclostus taiyuanfuensis*、*Alexania gratiodentalis*、*Choristites jigulensis*，牙形刺 *Streptognathodus elongates*，植物 *Lepidodendron szeianum*、*Cathaysiodendron incertum*。

二叠系下统（Artinskian—Kungurian）山西组为灰黑色粉砂岩、泥岩、粉砂质泥岩夹煤层，产植物 *Neuropteris ovate*、*Emplectopteridium alatum*，厚 54m。二叠系中统下石盒子组（Roadian—Wordian）为泥岩、细-粗粒砂岩、粉砂岩，产植物 *Annularia stellata*、*Compsopteris wongii*，厚 194m。中-上统（Capitanian—Wuchiapingian）上石盒子组主要为含砾石英砂岩、中-细粒石英砂岩、粉砂岩、粉砂质泥岩，产植物 *Gigantonoclea hallei*、*Lobatonnularia ensifolia*，厚 915m。二叠系上统（Changhsingian）孙家沟组为灰紫、紫红色泥岩粉砂岩、中-细粒长石砂岩，底部为含砾砂岩。

6. 朝鲜半岛的石炭系—二叠系

石炭系—二叠系主要分布于朝鲜半岛北部平南拗陷和半岛南部沃川褶皱带，其中以平安南道发育最佳，层序最全，因此命名为“平安群”。此套地层是朝鲜半岛最重要的含煤岩系，在层位上，完全可与华北地台石炭系—二叠系含煤地层进行对比。平安群自下而上分为 5 个统：红店统、立石统、寺洞统、高坊山统和太子院统，上石炭统（Bashkirian-Moscovian）——红店统（Hongiom Series）由樱红、灰绿、银灰色页岩、粉砂岩、石英砂岩和深灰色灰岩组成，产𧊒 *Fusulina schellwieni*、*F. konnoi*、*F. bocki*、*Pseudostaffella ozawai*、*Millerella kasakstanica*，厚 84 ~ 164m。本统可与华北本溪组对比，它与下伏中奥陶统呈不整合接触。上碳统—下二叠统（Kasimovian—Sakmarian）——立石统（Ripsod Series）为深灰、黑灰、灰色页岩、粉砂岩、灰岩，含多层可采无烟煤，底部为黑、灰黑色石英质粉砂岩或粉砂质页岩，产𧊒 *Pseudoschawagerina moelleri*、*Boultonia willisis*、*B. gracilis*、*Schubertella cylindrica*，植物 *Neuropteris pseudovata*，厚 70m。在平壤盆地，于同一层位中还产𧊒 *Triticites alpine*、*T. longifolia*、*T. chosenensis*。此统可与华北太原组对比。下二叠统（Artinskian—Kungurian）——寺洞统（Sadong Series）由灰、灰白色中粗粒砂岩、灰棕色细砂岩、粉砂岩、黑灰色页岩和碳质页岩组成，夹多层可采无烟煤、矾土岩及灰岩透镜体，此统为主要含煤地层，富含植物化石 *Emplectopteris triangularis*、*Callipteris conferta*、*Callipteridium koraionsis*、*Tingia hamaguchii*、*Tingia elegans*，厚 124 ~ 169m。寺洞统可与华北山西组对比。中-上统（Roadian—Wuchiapingian）——高坊山统（Kobangsan Series）由灰白、灰色砂砾岩，浅绿、黄绿色砂岩、粉砂岩，少量碳质粉砂岩、页岩组成，夹少量薄煤层，底部为灰白色含砾石英砂岩或粗粒石英砂岩，向东粗碎屑减少而变为粉砂岩层。该统产植物 *Lobatannularia ensifolia*、*Pecopteris norinii*、*Neuropteridium coreanicum*、*Gigantopteris nisotinaefolia*、*Chiropteris tanuiformis*，厚 305 ~ 383m，大致可与华北下、上石盒子组对比。上二叠统（Changhsingian）—下三叠统——太子院统（Thaejawon Series）为一套陆相灰绿色碎屑沉积，所以又称绿岩组，由灰绿色砂砾岩、石英砂岩、长石砂岩、页岩、粉砂岩和紫红色粉砂岩组成，化石稀少，仅发现硅化木化石 *Dadoxlon* sp.，厚 704 ~ 770m。在半岛南部沃川褶皱带，石炭系—二叠系也称平安群，自下而上分为红店统、寺洞统、高坊山统和太子院统。红店统产䗴 *Protriticites* sp.、*Fusulinella* sp.，寺洞统为碎屑岩和灰岩和数层可采无烟煤。高坊山统为一套粗碎屑岩夹页岩，含以 *Gigantopteris* 为代表的植物群。太子院统系一套绿色碎屑-粗碎屑岩系。以上所述，表明沃川地区石炭系—二叠系（包括下三叠统）可与平安南道石炭系—二叠系含煤岩系逐统进行对比，也进一步证实朝鲜半岛石炭系—二叠系含煤岩系与华北一样，同为华北地台型沉积。

1.4 扬子克拉通（扬子准地台）

1. 寒武系

扬子准地台是我国寒武系发育最完整的地区之一（图 1.6），各统俱全，以浅海砂页岩和灰岩为主，反映出稳定地台的沉积。寒武系在地台西边的云南东部一带，有大型的磷矿床，最下部称渔户村组，可再分为小歪头山段、中谊村段、大海段。小歪头山段为白云岩、含磷石英砂岩夹燧石条带，含软舌螺 *Anabarites*，厚 8.2m。中谊村段为主要的含磷层位，为蓝灰色白云质硅质磷块岩及浅灰色含磷含海绿石砂质黏土质页岩，含软舌螺 *Anabarites*，厚 11.7m。大海段为灰色含锰磷质石英粉砂岩夹燧石条带，含软舌螺 *Paraglobvrilus*，管壳类 *Siphogvnuchites*，仅厚 2m。震旦系与寒武系的分界就位于小歪头段之底，以小壳化石首现作为生物标志，震旦系与寒武系为连续沉积，再往上为含有我国古老三叶虫 *Parabadiella* 的筇竹寺组，该组为黑色及黄绿色页岩和粉砂岩，夹粉砂质白云岩，厚约 127m。它与下伏的渔户村组之间有不大的沉积间段。筇竹组底部含有钒、铀等稀有元素。继筇竹寺组之后有沧浪铺组、龙王庙组。沧浪铺组为页岩、砂质页岩、砂岩，含三叶虫 *Palaeolenus*，厚 299m。龙王庙组为白云岩、砂质页岩、泥质灰岩，含三叶虫 *Redlichia*，厚 176m。中统为陡坡寺组，为泥质白云岩、粉砂质页岩、细砂岩，含三叶虫 *Kunmingaspis-Kutsingocephalus* 组合，厚 56m。再上为双龙潭组之灰岩夹页岩及细砂岩，厚 200m。双龙潭期之后，有较长的沉积间断。往东至贵州，海水逐渐加深，下统以页岩为主，夹有砂质页岩和泥岩，最下部为牛蹄塘组，黑色页岩为其主要岩性特征，往上称为变马冲组、杷榔组，以碎屑岩为主，最晚期为清虚洞组，以碳酸盐厚层灰岩为主。中统称凯里组和甲劳组，以碎屑岩为主，从中统晚期一直到上统，均为厚层碳酸岩沉积，即著名的娄山关群。在贵州三都、铜仁、湘西凤凰、花垣直至皖南浙西，这一条带被称为江南过渡带，为斜坡相沉积，并有众多的飘浮型的球接子和多节类三叶虫，在浙西下寒武统称荷塘组和大陈岭组，荷塘组主要是石煤层，碳质页岩夹硅质页岩，含三叶虫 *Hunanocephalus*、*Shabaella*，与下伏震旦纪西峰寺组为整合或平行不整合接触，厚度一般较小，可能为沉积上的浓缩层。大陈岭组为白云质灰岩夹硅质条带及结核，含三叶虫 *Changaspis*、*Arthricoctphalites*。中-上统为灰岩、泥质灰岩和页岩，单层厚度较薄，化石极为丰富，与上覆的奥陶系印渚埠组为连续沉积。在整个扬子地台，下统下部普遍出现含磷岩系和黑色碳质页岩，往上页岩颜色变浅，下统的上部以灰岩为主，中-上统贵州北部和湖北三峡以厚层的灰岩和白云岩为其特征，至安徽和浙西灰岩层次变薄，泥质增加，并有页岩夹层的出现。

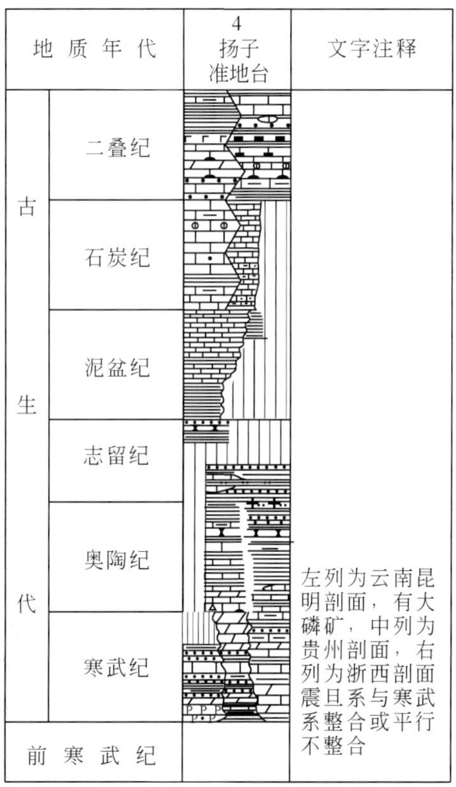

图 1.6　扬子准地台古生代地层柱状图

2. 奥陶系

扬子准地台西侧屹立着康滇古陆。东侧斜列一系列隆起（雪峰隆起、九岭隆起等）构成的江南台隆。南侧黔中隆起缓慢抬升、扩大，至晚奥陶世凯迪（Katian）中期（涧草沟期）已与东、西两侧古陆连为一体——滇黔桂古陆，海域退缩其北侧。总体上，海域从西向东，水体逐渐加深，于东部斜列有一北东向坳槽，分布于黔南三都，经湘西、鄂赣交界至皖南、浙西一带，习惯称江南过渡区。本书把雪峰山以东，包括资水流域等地域已归入华南造山带范畴，余者仍留扬子准地台内。

完整奥陶纪剖面都有相同的3个岩性层段。首先，都以碳酸盐沉积开始，与寒武系连续过渡。其次，晚奥陶世凯迪早期，存在一广布的碳酸盐岩段（宝塔组），可下延至桑比期（四川广元）或更早，也可上伸至赫南特早期（云南巧家大箐组），即便在过渡区湖南桃江，也夹灰岩（磨刀溪组）。最后，在凯迪中期（五峰期），泥硅质、泥砂质沉积发育，蕴藏世界罕见、分异度极高的五峰笔石群。

前人研究表明：稳定地区岩相变化顺序（尤其指早、中奥陶世）为自西向东碎屑岩逐渐减少，泥质和灰质相对增加，以至全部由碳酸盐岩组成；达过渡地区时几乎全为暗色泥硅质沉积。陈朋飞和詹仁斌（2006）具体划分出扬子区大湾组及其同期地层的岩相带，自西向东共11个，有关的为：① 近岸砂质沉积带（滇东红石岸组）；② 近岸砂质、泥质沉积带（四川长宁大官山组、即原双河组）；③ 内陆架泥质、夹碳酸盐沉积带（贵州桐梓湄潭组）；④ 浅外陆架碳酸盐夹泥质沉积带（湖北宜昌大湾组）；⑤ 浅外陆架含铁泥质碳酸盐沉积带（四川秀山紫台组）；⑥ 浅外陆架边缘碳酸盐沉积带（安徽石台里山圩组）；⑦ 深外陆架斜坡泥质夹粉砂质沉积带（安徽宁国组）。

现选湖北宜昌剖面和安徽宁国剖面各代表稳定地区（原扬子区）和过渡区（原江南区）的层序，叙述时顾及整个扬子地台。

1）湖北宜昌剖面

湖北宜昌剖面（图1.6柱图左列）大致代表稳定地区，奥陶系是在碳酸盐局限台地沉积基础上发育形成的，向上经受缓慢海侵，经由陆棚相（宝塔组）到欠补偿盆地相（五峰组），在观音桥期有一快速海退。宜昌奥陶系自下而上包括三游洞群顶部、南津关组、分乡组、红花园组、大湾组、牯牛潭组、庙坡组、宝塔组、临湘组、五峰组和观音桥组（段）等地层单位。

三游洞群或娄山关群：一套厚层块状白云岩、白云质灰岩及少量灰岩，在不少地方发现其顶部有8～80m厚的层段含奥陶纪牙形刺 *Monocostodus sevierensis* 及头足类 *Pseudoectenolites-Xiadongoceras* 带，应归奥陶系。

分乡组、南津关组/桐梓组：桐梓组由白云岩、生物碎屑灰岩及页岩组成，白云岩多居中部，厚60～150m，上、下各属 *Tungtzuella* 带和 *Wanliangtingia* 带。桐梓组基本上相当于分乡组和南津关组。分乡组为深灰色页岩夹灰岩，厚60～70m（三峡和长阳），上部页岩较多，产 *Tungtzuella*、*Acanthograptus sinensis* 等。南津关组上、下段为灰岩，中段为白云岩。该组厚60～100m，含 *Cordylodus angulatus* 带至 *Paltodus deltifer* 带牙形刺。该组下段含 *Dactylocephalus dactyloides*，底有 *Dictyonema yichangense* Wang。它们均属于早奥陶世特马豆克期沉积。

红花园组：在区内分布广，为灰岩和生物碎屑灰岩，常含燧石结核和透镜体。一般厚25～30m，盛产头足类、牙形刺、海绵、三叶虫、腕足类、藻类等，顶界穿时，位于笔石 *deflexus* 带或 *fruticosus* 带之上，属弗洛期沉积。向东称大滩组（和县）或部分相变为泥质瘤状灰岩的里山圩组下部（石台）。

大湾组/湄潭组/双河组/红石崖组：一般为早奥陶世弗洛期至中奥陶世达瑞威尔中期沉积。

牯牛潭组与红花园组间的一套下、中奥陶统地层，其总体走向为南西-北东向，岩相和生物相由西向东呈现着从近岸到远岸沉积的带状分布。湖北宜昌称大湾组，是碳酸盐夹泥质沉积带的代表，该组以绿色或紫红色瘤状泥质灰岩、生物碎屑灰岩为主，夹灰绿或紫红色页岩。典型地区厚48～64m。可明显分为上、中、下3个岩性段：据汪啸风等（1987）在层型剖面下段22.1m［Wang等（2005）称12.97m］为浅灰、灰绿色薄至中厚层瘤状生物灰岩夹少许泥岩，底部含海绿石石灰岩3.5m；中段13.1m为紫红，少许灰绿薄至中层灰岩；上段28m为黄绿、灰绿色薄至中厚层生物瘤状灰岩夹少许灰绿色或黄绿色泥岩。向东至下扬子区多数地点，为泥质灰岩或瘤状灰岩，页岩较少，厚10～50m。向西南至湖北宣恩、川东南（秀山）、黔东北（沿河、都匀）、湘西北，多紫红色，故曾称紫台组，一般厚150m，沿河甘溪最厚265m。大湾组分布区向西逐渐过渡为泥质夹碳酸盐沉积的湄潭组。以页岩、砂岩为主，间夹生物碎屑灰岩或瘤状灰岩。在黔北一般厚180～260m，最厚317m（毕节燕子口）。也可以分为以砂页岩为主的上段，灰岩和以页岩为主的下段。一般底部属 *deflexus* 带，仅桐梓红花园和湄潭官堰为 *filiformis* 带。

湄潭组分布区向西至四川长宁，威远、云南文山一带为砂质、泥质沉积带，在四川长宁称双河组，由黄绿色粉砂质泥岩、灰绿色夹紫红色泥岩、页岩和砂岩组成，厚422.5m，底界已至 *approximatus* 带。更向西至四川普格、宁南，云南巧家、昆明一带已转为砂质沉积的红石崖组。穆恩之和朱兆玲（1979）称，在禄劝地区的红石崖组底部11.6m产 *Tungtzuella*，此处下垂对笔石在下曲对笔石之上出现。以紫红色砂岩为主夹少量页岩，极少灰岩，一般厚60～200m，个别在650m以上（普格324.4m，昆明二村277m，越西196m）。一般底界位于 *deflexus* 带。因含 *Tungtzuella*，最低可至特马豆克晚期。

大湾组、湄潭组、双河组、红石崖组的底界多数在 *eobifidus* 带内（宜昌），而沿河、桐梓湄潭在 *filiformis* 带内，长宁在 *approximatus* 带内，禄劝红石崖组之底已落入 *Tungtzuella* 带，表示这些组的底界是穿时的。覆在其下的寒武系不同层位上，前3个组的顶部均属 *austrodentatus* 带，据陈朋飞和詹仁斌（2006）对该带在长宁、桐梓、沿河和宜昌剖面的测量，厚度各为23.1m、2.5m、75m、7m（即距岩组顶部之下的距离）。

中奥陶统底界生物标志为 *B. ?triangularis*、*M. flabellum* 首现，在黄花场剖面上，位于大湾组底界之上10.57m（下段的上部），位于 *Azygograptus suecicus* 带中间，与 *Belonechitina henryi* 几丁虫带之底相符。

生物群随岩相变异而不同。西部以砂岩为主的红石崖组，主要产三叶虫、腕足类，还有指相化石 *Cruzia*，以泥岩为主的双河组产丰富笔石；泥岩夹灰岩的湄潭组，或灰岩夹泥岩的大湾组，笔石、三叶虫、腕足类、牙形刺、头足类等均丰富。

牯牛潭组/大沙坝组：属达瑞威尔晚期沉积。牯牛潭组在区内分布广泛，为浅紫或青灰色泥晶灰岩，常具瘤状构造，头足类丰富，含 *Diderocercs wahlenbergi* 和 *Eoplacognathus suecicus* 带牙形刺，鄂西厚17～24m。顶部0.83m，头足类 *Ancistroceras* 富集。向东包容在小滩组（和县）里山圩组（石台）等壳相组内。桐梓红花园为1m厚鲕状灰岩；四川长宁大少坝组由泥岩组成，厚49m，可分为 *D. murchisoni* 和 *D. artus* 笔石带，但分布局限。

庙坡组/十字铺组：大都属晚奥陶世桑比期沉积。庙坡组为浅黄、黑灰色泥岩夹数层灰岩透镜体，厚0.18～31m，分布于长江沿岸的局部地区。典型庙坡组底部产笔石

Glyptograptus teretiusculus，其上产牙形刺 *Pygodus anserinus*，笔石 *N. gracilis* 和角石 *Lituites* 较重要。十字铺组为以钙质页岩、泥质灰岩、泥灰岩为主的地层，一般厚 8 ~ 30m，湄潭兴隆场可达 50m。含笔石 *Glyptograptus teretiusculus*、*Gymnograptus linnarssoni*，海林檎 *Sinocystis*，三叶虫 *Calymenesun tingi*，仅分布于黔中古陆东缘和北缘。四川宁南和云南巧家组为团块状灰岩夹泥岩，底部有紫红色鲕状赤铁矿层（4m），总厚 20 ~ 50m，产珊瑚 *Calostylis*、*Yohophyllum*、*Ningnanophyllum*，三叶虫 *Calymenesus tingi*，笔石 *Dicranograptus* sp. 和海林檎 *Sinocystis* 等。沿“康滇古陆”东缘呈南北向分布，也属于桑比期沉积。

宝塔组为浅紫红色泥晶灰岩夹瘤状灰岩，“龟裂纹”发育，上部瘤状灰岩较多。一般厚 30m，松桃可达 80m，可分为 *Hamarodus europaeus* 带和 *Protopanderodus insculptus* 带，中下部 *Sinoceras chinense* 集中。一般归凯迪期早期，底部含 *Lituites* 时底界已落入 *N. gracilis* 带范围，属桑比期。

临湘组（狭义）/汤头组/涧草沟组：均属凯迪期沉积。临湘组由泥质瘤状灰岩或泥灰岩组成，厚 2 ~ 12m，普遍含三叶虫 *Nankinolithus*。涧草沟组分布在贵州东北和北部（围绕黔中古陆），原指 1m 厚砂质页岩（实为泥灰岩），现也包括其下 2m 瘤状泥质灰岩，产腕足类 *Foliomena*、*Kassinella* 和三叶虫 *Nankinolithus*，一般厚 1 ~ 4m，最厚 28m。汤头组为钙质页岩，夹泥灰岩，厚 3 ~ 7m，有典型 *Foliomena* 腕足类动物群，*Nankionlithus* 动物群分异度也高。

五峰组/新岭组：属凯迪期沉积。五峰组为灰、灰黑色碳质、硅质页岩夹钙质、粉砂质页岩。一般厚 3 ~ 5m，不超过 10m。安徽石台新岭组为粉砂岩与页岩互层，厚达 280m，在四川汉源轿顶山，厚 1.58m，以泥灰岩和灰岩为主夹少量页岩，称大渡河组。主要化石都为笔石，从 *complanatus* 带至 *extraordinarius* 带，一般底界位于 *complexus* 带内，最低至 *complanatus* 带中；顶界在 *extraodinarius* 带内变动。

观音桥组：有暗灰色泥质灰岩，或灰岩夹页岩，或页岩 3 种类型，一般厚 1 ~ 2m，从不足 1m 至 17m。以含腕足类 *Hirnantia* 和 *Dalmanitina* 著称，属赫南特期沉积。

龙马溪组/高家边组：其中的黑色或浅黄色页岩含笔石 *N. persculptus* 带的地层也归奥陶系赫南特期内。

2）安徽宁国剖面（图 1.6 柱图右列）

奥陶纪沉积是在寒武纪陆棚沉积环境基础上发育起来的。宁国剖面自下而上包括西阳山组顶部、印渚埠组、宁国组、胡乐组、砚瓦山组、黄泥岗组、新岭组、新开岭组和霞乡组底部等几个地层单位。大致在笔石 *bicornis* 带以前，奥陶系均由含笔石的泥质岩组成，顶部普遍含硅质。砚瓦山组和黄泥岗组与扬子区的宝塔组和临湘组（汤头组等）可对比，只是泥质成分高，同期沉积在湖南桃江还含笔石（磨刀溪组）。黄泥岗组的厚度比临湘组大。五峰期沉积是过渡的，岩相和生物相与扬子区相同的仍称五峰组，而由巨厚砂泥岩韵律组成的浊积岩称新岭组、于潜组和长坞组，而在三山地区（江山、玉山、常山）与长坞组同时异相的三巨山组（灰岩）为台地相沉积，其顶部有古风化壳存在，说明在五峰晚期已抬升并露出水面成为华夏古陆的一部分。江南区的赫南特阶所含腕足类 *Paromalomena* 比典型 *Hirnantia*–*Dalmanitina* 动物群生活的水体要深些。

西阳山组：为灰黑色薄层灰岩或透镜体灰岩与泥灰岩或钙质页岩互层，主体为寒武系。其顶部含 *Staurograptus*、*Hysterolenus* 等奥陶纪化石的部分有5～31m（宁国原青坑组），15.3m（武宁原塘畔组）等，属特马豆克早期沉积。

印渚埠组/白水溪组：以页岩为主，偶夹灰岩结核或透镜体，一般厚300m左右，在安徽境内可至456m，个别达31m；印渚埠组产三叶虫 *Asaphopsis welleri* 及笔石等，属早奥陶世沉积。桃江白水溪组厚69～131m，仅属特马豆克期，底部产笔石 *R. ?taojiangense*，故其底界与奥陶系底界是一致的。

胡乐组、宁国组/烟溪组、桥亭子组：传统上，胡乐组以黑色硅质岩、硅质页岩为主，上部硅质减少，厚25～39m，于潜最厚约113m。烟溪组还夹一些碳质页岩，厚6（桃江）～66m（安化），都包括 *H. teretiusculus*、*N. gracilis*、*D. sinensis* 笔石带。属达瑞威尔晚期至桑比期沉积。传统的宁国组为灰绿、深灰及棕色页岩，顶部常为灰黑色硅质页岩或硅质岩（后一部分曾称为牛上组），底界从 *A. suecicus* 带至 *T. approximatus* 笔石带穿时，厚50（三山地区）～150m，属中奥陶世或者还包括早奥陶世弗洛期沉积。方一亭等（1991）把胡乐组的底界置于 *P. confertus* 带（即 *ellesae*）之底或略高似更合理（即把宁国组含硅质的一段地层都划归胡乐组）。桥亭子组（170～290m）为灰绿、灰紫等色板（页）岩夹粉砂质板岩，顶界含 *austrodentatus* 带笔石。习惯上认为胡乐组的顶界位于 *bicornis* 之顶，只是在常山胡乐组仅顶部1.56m黑色页岩属 *N. gracilis* 带（陈旭等，2004）。而在江山砚瓦山组底部8m内见 *Pygudus anserinus*，因而胡乐组顶界在此已下降于 *N. gracilis* 带中。宁口组和桥亭子组底界均在 *suecicus* 带至 *approximatus* 带间波动。

砚瓦山组/磨刀溪组：砚瓦山组为厚层紫、灰绿色或青灰色瘤状灰岩，江西玉山见下部为构成韵律的砾屑泥晶灰岩，厚4～54m，普遍含头足类 *Sinoceras chinense*，三叶虫 *Paraphillipsinella*、*Cyclopyge*。磨刀溪组为黑、灰绿色泥岩夹含锰灰岩及锰矿层，厚5m，含笔石 *Dicranograptus*、*Climacograptus corona* 等，三叶虫 *Cyclopyge*、*Hammatocnemis* 等。属晚奥陶世凯迪期沉积。

黄泥岗组/南石冲组：均属凯迪早期沉积。南石冲组为深灰色泥岩，上部夹黑色页岩，厚10～28m，含 *Climacograptus*、*Orthograptus*。黄泥岗组是土黄色或杂色含灰岩结核的钙质泥岩、粉砂质泥岩夹泥质瘤状灰岩，一般厚30～60m。普遍含 *Nankinolithus* 三叶虫，宁国、江山、玉山还见 *Foliomena* 腕足群。

五峰组/新岭组/于潜组/长坞组/三巨山组：除最后一个组外，均为含笔石地层。大都归晚奥陶世凯迪晚期沉积。五峰组为黑色碳质板岩和硅质岩，桃红厚6.4～12m，武宁厚30m，含笔石 *D. complexus*、*T. typicus* 等。于潜组为深灰色细砂岩、粉砂岩夹泥岩组成的韵律层，以中型（10～25cm）、大型（25～50m）韵律为主，厚1500m，产笔石 *D. complexus*、*Paraorthograptus*。长坞组为黄绿色页岩、粉砂岩为主夹细砂岩，岩层薄、变化小，构成的小型（1～10cm）韵律为主，厚280m，可至1356m（桐庐），曾报道有 *D.* cf. *complanatus*。在命名剖面中部见 *Normalograptus angustus*，于上部见腕足类 *Tcherskidium*、*Foliomena*。新岭组以大型和巨型（>50cm）韵律为主，由细杂砂岩、粉砂岩和粉砂质页岩夹页岩构成，厚183～678m，产笔石 *Dicellograptus complexus*、*Diceratograptus mirus*。

三巨山组总厚1537m，顶部钙质砂岩夹藻灰岩、瘤状灰岩［相当于赖才根等（1993）

的文昌组]；上部为灰黑色薄层灰岩，含大量珊瑚、头足类、腕足类等各种介壳生物，珊瑚和层孔虫常作造礁生物构成范围不大的点礁式生物层；中部为白色厚层灰岩，产珊瑚 *Sibiriolites*、*Agetolites*；下部为灰黑色灰岩，仅见珊瑚，常发育层状藻礁体。发育有 *Tcherskidium/Sowerbyella*、*Zygospira* 两种腕足类生态群落。

新开岭组/堰口组：属于属赫南特期沉积。堰口组上部为泥岩与粉砂岩，下部是灰白色砂岩，底部常有砾岩，厚10～220m（命名剖面76m），分布面积不广（于潜），产笔石 *N. extraordinarius*，腕足类 *Paromalomena* cf. *polonica*，三叶虫 *Dalmanitina mucronata*。新开岭组在江西武宁为黑色碳质或硅质泥岩，厚1.08m，产三叶虫 *Dalmanitina*，腕足类 *Paromalomena*、*Fardenia*，笔石 *Climacograptus*、*Orthograptus*、*Paraorthograptus*；安徽宁国为黄色中厚层中细粒长石砂岩，含 *Dalmanella*、*Earchia* 等，厚达5m。

上覆霞乡组/周家溪组/梨树窝组/安吉组：这些组均为细碎屑岩沉积，其中含笔石 *Normalograptus persculptus* 带的地层应归入奥陶系赫南特阶内。

3. 志留系

奥陶纪末至志留纪间，华南造山带逐步隆起为陆，志留纪海域缩小，原江南过渡区（如浙西、皖南等地）随之趋于稳定，与上扬子地区结为一个整体，但堆积更多的粗碎屑岩，显示出更近岸的环境。而且滇黔桂古陆向东扩大、川中（成都）隆起和汉南古隆各向北和向南伸延。在靠近古陆的鄂西南（巴东、恩施、宣思）、黔中（贵阳、湄潭、凯里）和川北陕南的一些地点，志留纪兰多维列世早中期、甚至晚期地层超覆于奥陶纪的不同层位上。而广大的扬子地台奥陶系与志留系均为连续过渡，志留系底部岩组常包括有 *Normalograptus persculptus* 带岩段，现应归奥陶系。

完整志留系剖面一般开始都沉积一套含笔石页岩，以龙马溪组为代表，厚20～500m，下部多含黑色硅质或碳质，属滞流深-浅陆棚沉积；下扬子地区以高家边组为代表（包括梨树窝组、霞乡组等），厚千米以上，以粉砂岩和砂岩为主，笔石含量少，属近岸浅陆棚沉积。其延续时限不等，最高可达兰多维列世 *Spirograptus turriculatus* 笔石带（陕西宁强崔家沟组）。随着海平面上升，一般于埃隆晚期逐渐变为含介壳化石的灰岩、泥灰岩或泥岩，或它们被夹于粉砂或页岩之内，以贵州桐梓的石牛栏组（230m）为代表，包括罗惹坪组、小河坝组。转换最早的为贵州石阡，该处香树园组（76m）属埃隆早期、甚至包括鲁丹最晚期沉积，大体位于 *S. turriculatus* 带。扬子准地台内，广泛发育一套以紫红、黄绿、灰绿色等杂色泥岩和粉砂岩为主的海相红层（通称下红层），以258m厚的溶溪组（四川秀山）为代表，包括王家湾组、侯家塘组、清水组等，也可与纱帽组和韩家店组大致对比。化石少而单调，常见浅水波痕和斜层理，为干燥条件下滨岸潮坪环境沉积。大体从特列奇期 *Monoclimacis griestoniensis* 带开始，沉积了一套巨厚碎屑岩，以灰绿色泥岩、粉砂岩为主，夹薄层砂质灰岩和灰岩透镜体，含高分异度、高丰度秀山动物群，以 *Salopinella*、*Spinochonetes*、*Coronocephalus*、*Sichuanoceras* 为特征，分布于地台南缘黔东北-川东南-湘西北凹陷，516m厚的秀山组是其代表，属正常浅海，水深30～60m（BA_3）环境的沉积。地台西部，成层灰岩增多、增厚。以川北、陕南厚148～150m（未包括扬坡湾组）的宁强组为代表，以紫红、蓝灰色泥质灰岩、页岩夹瘤状灰岩、生物礁灰岩，或厚的成层灰岩（云南大关组）为特征，也含秀山动物群分子，但丰度较低。沿广元—宁强一线，水体略浅（30～40m），主要由珊瑚、层孔虫、海百合茎构成几个生物岩礁和生物层。而川西二郎山爆火岩组（164m）下部为深灰色灰岩夹白云岩，产正常浅海腕足类 *Eospirifer*、*Stegerhynchus*、*Striispirifer* 等；中上部是白云岩或白云质灰岩，缺失正常浅海带壳化石，可能属近岸潟湖相。下扬子地区，南京的坟头组（214m）、武宁的夏家桥组（680m）等石英砂岩含量多，泥质胶结为主，含个别秀山动物群分子及 *Sinacanthus*，代表河口三角洲至滨岸沉积。

扬子地台连续沉积的最高地层单位，以特列奇晚期的廻星哨组（142m）（即上红层）为代表，上扬子区与之相当的地层是二郎山的岩子坪组、广元的金台观组、宁强的宁强组顶部，岩性以紫红色粉砂岩、泥岩夹黄绿色同类岩石为主，一般厚 150～250m，含少量三叶虫、腕足类 *Lingula* 及双壳类等，代表干燥条件、近岸浅水潮间带环境。而下扬子地区茅山组（南京 30m，宁国 40～200m）及其同期沉积，如江西修水的西坑组（280m）、浙江富阳唐家坞组（670～1300m）等，均以紫红色石英砂岩、粉砂岩为主，化石稀少，却是无颌类鱼化石（*Xiushuiaspis*、*Sinogaleaspis*、*Galeaspis*）的重要产生层位，属滨岸三角洲甚至河床沉积。此海相红层沉积以后，扬子地台总体抬升为陆，未接收文洛克世沉积，绝大部分地区为二叠系或泥盆系所覆。但准地台西部广元-宁强、川西二郎山和滇东曲靖三处凹陷，再度接受罗德洛世和普里道利世沉积，并超覆于前兰多维列世甚至中寒武世（云南曲靖）地层上。上述三处地层均含牙形刺 *Ozarkodina crispa*，应视为同一时限。它们被泥盆系整合或假整合覆盖。选择云南曲靖层序（图 1.6 柱图左列）示意这一时限情况。关底组厚 506.5m（汪啸风、陈孝红，2005），下段为黄绿、灰绿色页岩、粉砂岩夹泥灰岩；上段为紫红色粉砂岩、页岩和泥岩。盛产腕足类、珊瑚、三叶虫、头足类、双壳类等，化石多来自下段，上段有牙形刺 *Ozarkodina crispa*，属罗德洛世。下与中寒武统双龙潭组假整合接触。妙高组厚 335m，以灰、灰黑色薄层瘤状灰岩为主，间夹黄绿色页岩、粉砂岩，与下伏关底组和上覆玉龙寺组均呈整合接触。化石主要为腕足类，双壳类，三叶虫（*Warburella*）以及珊瑚和牙形刺 *Ozarkodina crispa*、*Hindeodella Pricilla* 等。属罗德洛世晚期至普里道利世早期沉积。玉龙寺组厚 340m，顶、底为厚薄不一的黑色页岩所隔，主要为灰绿等色泥灰岩、白云质灰岩、泥岩和粉砂岩，向上砂质增多，含腕足类、双壳类、头足类及牙形刺 *Ozarkodina crispa*。近底部含三叶虫 *Warburgella rugulosa sinensis*，表明已是泥盆纪开始，但腕足类和牙形刺研究者认为仍属普里道利世中晚期，本书采用此说。玉龙寺组与上覆泥盆系整合相接。

选择四川秀山剖面代表绝大部分扬子地台的志留系层序（图 1.6 柱图右列）。龙马溪组 372m，上部为灰、黄绿等色页岩夹粉砂岩，下部是黑色页岩。含笔石 *Rastrites peregrinus*、*Oktavites communis* 等，下与观音桥层泥灰岩（含 *Dalmanitina*-*Hirnantia* 动物群）整合接触，时限为兰多维列统鲁丹阶至埃隆阶 *Demirastrites convolutes* 带。小河坝组的命名处（川南南川）下部为绿灰色粉砂岩，局部夹灰岩，190m；上部为页岩及粉砂岩，夹薄层灰岩，厚 300m，也产介壳化石。而秀山溶溪的小河坝组（中国科学院南京地质古生物研究所，1979）总厚 343.3m，下部为泥质石英砂岩、粉砂岩、泥岩；上部页岩夹粉砂岩及生物碎屑灰质层等，含笔石 *Pristiograptus xiushanensis*、*Petalolithus*，腕足类 *Striispirifer* *acuminiplicatus*等。小河坝组分布于川南、川东南地区，向西南方向，即黔北、川南和川西南，小河坝组的砂岩等逐渐被石牛栏组灰岩所代替，但顶界比后者高。小河坝组时限属埃隆晚期至特列奇最早期，与上、下伏地层均整合接触。溶溪组厚258m，为一套紫红、黄绿色等杂色粉砂质泥岩、页岩夹粉砂岩，顶、底均以紫红色粉砂质泥岩为界，化石稀少，上部见有三叶虫、腕足类、海百合等，下部见笔石 *Hunanodendrum typicum*。秀山组厚515.7m，以黄绿、蓝灰色泥岩、粉砂岩为主，夹砂质灰岩，富产高分异度介壳化石及笔石 *Stomatograptus sinensis* 等，大致处于兰多维列统特列奇阶 *Monoclimacis griestoniensis* 带至 *Oktavites spiralis* 带间。与上覆、下伏地层均整合接触。廻星哨组厚141.9m，以紫红色粉砂岩为主，化石少而单调，有双壳类、腹足类及翼肢鲎类化石。其上与泥盆系呈假整合接触。其同期沉积物，如广元金台观组、四川二郎山岩坪组却与上覆罗德洛世地层呈假整合接触，图1.6柱图左列仅示此种接触状态。

4. 泥盆系

广西运动（加里东运动）导致扬子准地台大面积抬升，并接受剥蚀。广西运动最终完成了华南褶皱带的褶皱隆起，并和扬子准地台形成一个相对统一的陆块，并在以后的时间里一起移动。泥盆系作为运动后的又一沉积序列的开始，其在扬子准地台和华南褶皱带的情况相似，由于地形的起伏和海侵到达的先后，泥盆纪沉积在不同地点出现的时代并不一致，绝大部分地区缺失早泥盆世沉积，许多地方还缺失中泥盆世早期的沉积。

在中、下扬子地区，中、下泥盆统缺失；晚泥盆世开始的碎屑沉积主要分布于江南古陆北侧，散布于武汉珞珈山及宁镇山脉，称为五通群，为石英砂岩、粉砂岩和石英岩，厚度不等，一般为100～200m；含鱼类 *Remigolepis* sp.，植物 *Leptophloeum rhomblicum*；角度不整合于志留系文洛克统之上。

在扬子准地台的西部（云南昆明及以东地区），下泥盆统翠峰山群（云南昭通一带）下部为灰色、黄色粉砂岩、泥岩，中部为黄绿、紫红色粉砂质泥岩、泥灰岩、细砂岩夹少量薄层灰岩，上部为黄绿、紫红色泥质粉砂岩、粉砂岩及石英岩，普遍含鱼化石 *Yunnanolepis chii*、*Polybranchiaspis liaojiaoshanensis*，植物 *Zosterophyllum myretonianum*、*Drepanophycus spinaeformis*，腕足类 *Lingula* sp. 等。典型地区厚度可达2000m。中泥盆统为海口组，局部地区（昆阳）直接不整合在下寒武统泥、页岩之上。底部以底砾岩开始，向上变成砂岩和粉砂岩，夹少量泥岩；为非海相沉积，含有丰富的沟鳞鱼（*Bothriolepis* spp.）化石，厚度一般数十米到百余米。在沾益西冲，总厚约650m。时代为吉维特期。随着海侵的扩大，海口组向上为宰格组所覆，其岩性为中、厚层灰岩及白云质灰岩、纹层灰岩，厚近400m，时代为晚泥盆世。与上覆石炭纪地层呈平行不整合。在云南昭通一带，翠峰山群非海相碎屑沉积之上发育坡脚组，以含腕足类 *Rostrospirifer tonkinensis* 砂、泥岩为特征，厚50～200m，其上依次为中泥盆统边箐沟组、箐门组。前者为厚层石英砂岩，厚137m，后者为含赤铁矿的砂、泥岩和含 *Bornhardtina* sp. 的灰岩、泥灰岩、细晶百云岩，厚505m，其上为含鸮头贝的曲靖组灰岩整合覆盖。翠峰山群与下伏的志留系一般为连续沉积或假整合接触。

在贵州南部，泥盆纪沉积开始于早泥盆世的布拉格期（Pragian）—埃姆斯期

(Emsian)，以石英砂岩和含铁砂岩为特征（丹林组—舒家坪组）。舒家坪组含腕足类 *Euryspirifer*。中泥盆世艾菲尔期（Eifelian）和吉维特期（Givetian）沉积以灰岩为主（龙洞水组和独山组），化石丰富。但在两期之间有一次海退出现，沉积了一套以砂岩为主的碎屑沉积（邦寨组）。晚泥盆世沉积以灰岩为主（望城坡组、摇梭组、革老河组）。

5. 石炭系

在下扬子区，下石炭统由下向上依次由陈家边组碎屑岩、金陵组灰岩、高骊山组杂色碎屑岩以及和州组泥质灰岩构成，各组之间均有间断，地层连续性差。上石炭统以黄龙组灰岩（Mosicovian—Kasimovian）和船山组灰岩（Gezhelian—Sakmarian）的下部为代表，两组之间有小的间断。上扬子地区石炭纪随着沉积相分异，分别发育岩性明显不同的岩石地层序列，地层连续性较好，以浅海相碳酸盐台地和较深水滞流盆地、深水盆地沉积研究较多。现以贵州为例说明之。

1）浅海相沉积序列

杜内（Tournaisian）早中期沉积（汤粑沟组）为灰至深灰、灰黑色中厚层至厚层球粒灰岩、泥粒-粒泥灰岩及少许亮晶颗粒灰岩，层间时夹 10 ~ 40cm 泥页岩。下部发育瘤状构造，上部常含燧石团块。在黔南，其中上部时夹灰白、灰黄色薄至中厚层石英砂岩、粉砂岩及碳质或粉砂质页岩。汤粑沟组一般厚数米至 274m，富产有孔虫、珊瑚、腕足类、床板珊瑚等化石，以底部深灰色瘤状球粒灰岩出现作为与下伏革老河组的分界。

在杜内晚期至维宪（Visean）早期出现了滨浅海三角洲-三角洲平原沉积（祥摆组），由一系列灰、深灰色中厚层至厚层石英细砂岩-砂岩夹黑色页岩-黑色页岩夹 0.1 ~ 0.3m 的无烟煤及菱铁矿结核等自下而上由粗变细的旋回层序构成。有的砂岩层面见有不对称波痕，页岩时含植物化石碎片；上部厚 58m，为浅海相灰、深灰色中厚层细砂岩夹页岩和少些薄层硅质岩，或与页岩间互，近顶部出现数十厘米厚的灰岩夹层。上部层段产 *Vitiliproductus* sp.、*Delepinea* sp. 等腕足类。该组厚度变化颇大，数米至 396m，在荔波一带甚至厚逾 800 余米。在黔西北威宁地区，黔南独山-惠水一带及荔波至桂北环江等地呈片区分布，往往形成一定规模的煤产区。

从维宪中期到巴什基尔期（Bashikirian）（旧司组、上司组、摆佐组）发育浅海碳酸盐台地沉积为主的序列。旧司组为深灰、灰黑色厚层至巨厚层泥粒-粒泥灰岩及泥页岩，夹少量砂岩、硅质岩及硅质页岩。灰岩含泥质，层间泥质增多，易风化呈页岩状，局部层位含燧石团块，厚数米至近 600m，富产长身贝类，伴有珊瑚及有孔虫等近十种门类化石。上部以富产腕足类 *Pugilis hunanensis* 最为特征。上司组分 3 个岩性段：下灰岩段厚 61m，以深灰、灰黑色厚层粒泥灰岩为主，靠上部逐渐发育窗格构造的泥晶灰岩，绿藻灰岩多见；中砂页岩段厚 31m，为灰黄色厚层石英砂岩，土灰、灰褐色泥页岩，砂质黏土岩夹灰黑色中厚层粒泥灰岩；上灰岩段厚 166m，为灰、深灰色中厚层至厚层粒泥-泥粒灰岩，夹颗粒灰岩、球粒灰岩、泥晶灰岩及少量黄绿色黏土岩。上司组一般厚 115 ~ 470m，富含有孔虫、珊瑚、腕足类、藻类等化石。摆佐组中上部为浅灰、灰白色中厚层至厚层块状灰岩以及白云岩和白云质灰岩，下部为灰至深灰色中厚层白云岩和灰岩，灰岩时含泥质和燧石团块，局部夹少量角砾状灰岩、蓝绿藻灰岩及页岩，富产大长身贝类、珊瑚、菊石、有孔虫和䗴等。本组厚度变化颇大，4～582m，一般为150m左右。

莫斯科期（Moscovian）到卡西莫夫期（Kasimovian）发育浅海碳酸盐台地相生物滩沉积（滑石板组、达拉组）。滑石板组为灰、浅灰至灰白色中厚层至厚层块状灰岩，常夹白云岩或含白云质团块，局部含燧石结核或夹薄层硅质岩，厚数米至500余米，富产菊石、䗴、牙形刺、珊瑚和腕足类等。常以含䗴 *Pseudostaffella* 和腕足类 *Choristites* 的含燧石团块灰岩出现作为滑石板组底界。达拉组为浅灰、灰白色厚层块状灰岩，生物碎屑灰岩，夹灰黑色灰岩团块或灰黑色灰岩，局部层位夹粗晶灰岩。下部常夹白云岩、白云质灰岩及白云质团块。富产䗴、有孔虫、珊瑚、腕足类和牙形刺。达拉组一般厚47～383m。达拉组与滑石板组的岩性分界位置不易识别，仅以纺锤䗴科的䗴出现标志达拉组底界。

格舍尔期（Gzhelian）到早二叠世萨克马尔期（Sakmarian）发育浅海碳酸盐台地相（大多为向上变浅的浅滩）沉积（马平组）。由一系列自下而上浅灰、灰白色中厚层砾屑灰岩，亮晶生物屑（䗴）灰岩，藻灰结核灰岩，藻纹层灰岩，窗格构造泥晶灰岩等旋回层序组成，层序之间时有泥砾岩间夹。一般厚44～100m，最厚处可达221m，富含䗴及珊瑚、菊石、牙形刺等。

2）较深水滞流盆地，深水盆地沉积

杜内期沉积属于较深水滞流盆地相，以王佑组、睦化组和打屋坝组为代表。这三个组都分布于贵州惠水王佑-长顺睦化一带。王佑组厚3.9m，中下部为薄至中层状灰褐色泥质条带灰岩，上部为土黄色瘤状灰岩，富含牙形刺、菊石、三叶虫、腕足类及鱼牙。王佑组底部与下伏晚泥盆代化组之间为连续过渡关系。整合于王佑组之上的睦化组厚13.6m，为深灰、灰黑色中厚层夹薄层泥粒灰岩和亮晶颗粒灰岩，层间含泥质，灰岩可含燧石困块，富含牙形刺、有孔虫、珊瑚及腕足类。打屋坝组厚130m，下部为灰黑色页岩、粉砂质页岩，夹粉砂岩、硅质岩及少量磷质结核；上部薄至中层状，为灰黑色泥岩，泥灰岩夹钙质、硅质页岩，含小型腕足类。该组在区域分布范围最厚可达230m，与下伏睦化组整合接触。

维宪期到格舍尔期沉积以深色薄层灰岩的发育为特征（上如牙组、小浪风关组）。上如牙组上部厚108m，由深灰、灰黑色泥质条带灰岩与深灰色厚层至巨厚层正粒序砾屑颗粒灰岩-泥粒、粒泥灰岩-块状层理泥粒、粒泥灰岩等构成一系列旋回韵律层序，灰岩时含硅质条带，层间含紫灰色泥质物；中下部厚182m，为深灰、灰黑色中厚层至巨厚层夹薄层泥粒-粒泥灰岩，夹紫灰色薄层硅质泥岩和黑色薄层硅质岩，灰岩时含硅质条带。富产牙形刺和有孔虫，时代为维宪期至晚石炭世早期。小浪风关组上部厚38m，以深灰、灰黑色薄至中厚层粒泥灰岩为主，夹泥粒灰岩及少些白云质灰岩和白云岩。时含硅质条带或透镜，层间时夹数毫米紫黑色泥质物；中下部厚120m，以深灰、灰黑色薄至中厚层正粒序泥粒灰岩为主，时与薄层至中厚层粒泥灰岩、泥晶灰岩或泥质条带灰岩及数毫米厚紫灰色泥质物构成旋迴韵律层序。时含硅质条带，局部夹白云质灰岩、白云岩及少许砾屑灰岩。

6. 二叠系

扬子地台是我国二叠系最发育的地区，地层层序清楚，岩相类型多种多样，生物化石极为丰富，也是华南地区重要的含煤地层。本区二叠系下统自下而上划分马平组（中、上部）或砂子塘组（上部）、龙吟组、包磨山组、梁山组和栖霞组，中统划分为茅口组，上统分别划分为峨眉山玄武岩组、龙潭组、汪家寨组（圭山组）、吴家坪组、长兴组或大隆组。

早二叠世早期的沉积可分为碳酸盐岩和碎屑岩夹碳酸盐岩两种类型。下二叠统马平组（Asselian—Artinskian）为碳酸盐岩类型，广泛分布于黔西、黔南、滇东、滇东南和桂西北等地，岩性主要为浅灰、灰白、灰色中厚层状灰岩，燧石灰岩，生物碎屑灰岩，厚 90 ~ 369m，厚者可达 800 余米。含䗴 *Pseudoschwagerina*、*Eoparafusulina*、*Sphaeroschwagerina*、*Staffella*，珊瑚 *Kepingophyllum* 等。下二叠统龙吟组和包磨山组（Sakmarian—Artinskian）为碎屑岩夹碳酸盐岩类型，仅分布于黔西普安、晴隆、郎岱一带，属台盆相沉积，岩性主要为砂岩、粉砂岩、页岩夹灰岩或灰岩透镜体，厚约 800m。产䗴 *Sphaeroschwagerina glomerosa*、*Rubostoschwagerina*、*Psoudofusulina*，珊瑚 *Kepingophyllum*，菊石 *Papanoceras* 等。梁山组（Early Kungurian）在整个扬子地台几乎都有分布，为一套海陆交互相含煤碎屑岩，岩性为砂岩、粉砂岩、泥岩、铝土岩，夹煤层，偶夹灰岩和灰岩透镜体。产植物 *Pecopteris* sp.、*Taeniopteris* sp.，腕足类 *Orthotichia indica*，一般厚 3 ~ 20m，最厚可达 225m。该组在扬子地台西南部与下伏地层马平组或包磨山组显整合接触，其他广大地区则假整合于志留系或不同时代的地层之上。下二叠统栖霞组（Midde—Late Kungurian）和中二叠统茅口组（Roadian—Wordian—Capitanian）均为碳酸盐岩台地相为主的沉积，东康滇古陆与江南古陆之间的广阔地区均有分布，反映当时扬子地台发生了大规模海侵。虽然都是以灰岩、燧石灰岩为主的碳酸盐岩沉积，但是由于黔中水下隆起起了阻隔作用，南北岩相产生了比较明显的差异。隆起之北为局限台地相，岩性多为泥晶灰岩，底部常有眼球状泥灰岩条带。栖霞组以含䗴 *Nankinella*、*Pisolina*、*Schwagerina* 为特征，一般厚 42 ~ 255m；茅口组则以含腕足类 *Cryptospirifer omeishanensis*，䗴 *Chusenella conicocylinclrica* 为特征，一般厚 50 ~ 600m。隆起之南为开阔台地相沉积物，以浅海生物灰岩为主。栖霞组以含䗴 *Misellina claudiae* 动物群为特征，厚 50 ~ 248m；茅口组则以产䗴 *Cancellina*、*Pseudodolina*、*Neoschwagerina* 等动物群为特征，厚 76 ~ 80m。卡匹敦期（Capitnian），南部和北部海水交流畅通，岩相趋于一致，因此都发育了 *Yabeina*、*Neomisella* 动物群。卡匹敦晚期，受东吴动物的强烈影响，扬子地台普遍上升，茅口组灰岩遭受不同程度的剥蚀。

上二叠统峨眉山玄武岩组系卡匹敦晚期至吴家坪（Wuchiapingian）早期火山喷发的岩流，近海处玄武岩组底部可能有海相生物化石。主要分布于康滇古陆东侧的雷波-宣威和珙县-盘县-弥勒两个沉积区，最远可达华蓥山地区，厚度从数米到 3200m，平均度 700m，最厚可达 5000m。该组与下伏茅口组呈假整合接触。宣威组（Wuchiapingian-Changhsingian）为陆相砂岩、页岩、黏土岩含煤沉积，呈南北向分布于雷波-宣威沉积区，带条北部厚 5 ~ 78m，条带南部厚 250 ~ 270m。产植物 *Gigantopteris*、*Gigantonoclea*、*Lobatannularia*。龙潭组（Wuchiapingian）有两种差异不大的沉积类型：一种以陆相为的主的碎屑含煤沉积，偶夹海相灰岩、泥灰岩，厚 60 ~ 600m，产植物 *Gigantopteris nicotianaefolis*，腕足类 *Chonetes*，主要分布于珙县-盘县-弥勒的狭长地带。另一种龙潭组为海陆交互相碎屑岩与碳酸盐岩含煤沉积，分布于成都-重庆-贵阳沉积区。含䗴 *Codonofusiella lui*，腕足类 *Tyloplecta yangtzeensis*，植物 *Gigantopteris nicotianaefolis*，厚60～142m。龙潭组自西向东，灰岩夹层逐渐增多，最终演变为吴家坪灰岩。汪家寨组（圭山组）（Changhsingian）是长兴组灰岩的相变的一种类型，为海陆交互相的砂岩、粉砂岩、黏土岩含煤与灰岩互层。产菊石 *Pseudotirolites*，䗴 *Palaeofusulina nana*，腕足类 *Spinomarginifera kueichowensis*，植物 *Gigatopteris dictyophylloides*，厚20～90m。与下伏龙潭组为连续沉积。吴家坪组（Wuchiapingian）可分为下段王坡页岩和上段吴家坪灰岩段，在绵竹（川西北）-酉阳（渝东南）-都匀（黔东南）和广元（川北）-建始（鄂西）-大冶（鄂东南）两个沉积区均有分布。王坡页岩段由黏土岩、页岩、粉砂岩组成，夹煤层（或煤线）及泥灰岩，产腕足类 *Cathaysia*，双壳类 *Aviculopecten*，植物 *Stigmaria*，厚1～20m。该组属滨海相偶夹浅海相沉积。吴家坪灰岩段主要为灰岩、燧石灰岩、硅质灰岩夹硅质岩及页岩，厚30～175m，以产䗴 *Codonofusiella schuberteloides*，珊瑚 *Liangshanophyllum wengchengensis*，腕足类 *Tyloplecta yangtzeensis* 为特征。在广元-建始-大冶沉积区，吴家坪灰岩段上部或顶部相变为硅质岩相，含菊石 *Anderssonoceras*、*Prototoceras*，由台地相变为浅海盆地相。长兴组（Changhsingian）属于开阔台地相沉积，分布于绵竹-酉阳-都匀沉积区，岩性为燧石灰岩、白云质灰岩夹硅质灰岩及硅质岩，厚78～191m。含䗴 *Palaeofusulina sinensis*，珊瑚 *Waagenophyllum*，腕足类 *Spinomargifera kueichowensis*。大隆组（Changhsingian）与长兴组互为相变关系，仅分布于广元-建始-大冶沉积区，其岩性为硅质岩、硅质泥岩、粉砂质泥岩，夹灰岩；厚10～50m，产菊石 *Rotodiscoceras*、*Pleuronodoceras*、*Pseudotirolites*、*Tapashanites*，腕足类 *Paryphella*、*Crurithyris*。该组为典型浅海盆地相的产物。

综观所述，可以看出，晚二叠世吴家坪中晚期扬子地台的沉积相自西向东有规律地发生变化，以康滇古陆东缘为起点，自西向东依次为陆相碎屑含煤沉积、陆相碎屑为主的海陆交互相含煤沉积、海相为主的海陆交互相含煤沉积、浅海碳酸盐岩台地相沉积。长兴期，在扬子地台大致仍然继承了此相变规律，但是分布于绵竹-酉阳-都匀一带的长兴组灰岩向西北和东北方向相变为硅质岩，属大隆组。

经过对比，贵州普安-晴隆和贵州遵义两地区二叠系地层及生物群颇有代表性，现叙述如下。

1）贵州晴隆-普安一带

下二叠统沙子塘组（上部）（Asselian）为灰岩夹泥灰岩，以产䗴 *Sphaeroschwagerina constans* 为特征，厚244m，与下伏上石炭统为整合接触。龙吟组（Sakmarian）下部为灰褐、黑色泥质、砂质页岩夹少量石英砂岩及泥质灰岩；上部为黄褐色石英砂岩、粉砂岩、黏土岩及碳质页岩，含䗴 *Sphaeraschwagerina glomerosa*，菊石 *Papanoceras*，厚250～350m。包磨山组（Artinskian）为棕色石英砂岩、浅灰色灰岩，夹页岩、泥灰岩，产䗴 *Rubostoschwagerina schellwieni*，珊瑚 *Kepingophyllum irregulare*，腕足类 *Dictyoclostus uralicus*，厚450m。下二叠统梁山组（Early Kungurian）为石英砂岩、页岩夹碳质页岩及煤层，局部夹灰岩，厚80m。栖霞组（Middle—Late Kungurian）为灰、深灰色灰岩、燧石结核灰岩夹少量白云质灰岩，产䗴 *Misellina omlis*、*Maklaya*、*Parafusulina*，厚205m。中二叠统茅口组（Roadian—Capitanian）为浅灰色块状灰岩含燧石结核，下部夹白云质灰岩，产䗴

Cancellina、*Pseudodoliolina*、*Presumatrina*、*Neoschwagerina*、*Chusenella sinensis*、*Sumatrina*、*Yabeina*、*Neomesellina*，珊瑚 *Ipciphyllum*，厚 280m。

上二叠统峨眉山组（Early Wuchiapingian）为玄武岩夹砂岩、页岩，厚 100m，与下伏茅口组为假整合接触。龙潭组（Middle—Late Wuchiapingian）为粉砂岩、泥岩、页岩、泥灰岩夹煤层，产腕足类 *Edriosteges poyangensis*，植物 *Lobatannularia*、*Gigantopteris*，厚 380m。凉风坡组（Changhsingian）下部为灰岩，含燧石团块，中部为泥岩、粉砂岩、硅质灰岩、泥质灰岩，上部为结核灰岩，产䗴 *Palaeofusulina sinensis*、*P. minima*，菊石 *Rotodiscoceras*、*Pleuronodoceras*、*Pseudotirolites*，腕足类 *Paryphella sulcatifera*、*Peltichia zigzag*，厚 26m 以上。与上覆地层下三叠统飞仙关组呈整合接触。

2）贵州遵义一带

下统梁山组（Early Kungurian）为浅灰、灰黑色砂质页岩、铝土质页岩；产䗴 *Nankinella orbicularia*，腕足类 *Orthotichia* sp.、*Chaoina reticulata*，厚 1.5m。与下伏志留系下统龙马溪组呈假整合接触。栖霞组（Middle—Late Kungurian）为灰色厚层至块状结晶灰岩，上部夹燧石结核，产䗴 *Nankinella orbicularia*、*Schwagerina chihsiaensis*，珊瑚 *Polythecalis*、*Hayasakaia*，厚 136m。中二叠统茅口组（Roadian—Wordian）下段为灰、深灰色中厚-厚层块状灰岩、泥质灰岩、泥灰岩，底部为瘤状泥质灰岩，产䗴 *Chusenella*、*Schwagerina*、*Nankinella*，腕足类 *Cryptaspirifer omeishanensis*、*Monticulifera sinensis*；上段为浅灰、深灰色厚层块状灰岩，常夹含白云质斑块灰岩，产䗴 *Chusenella conicocylindrica*、*Pseudodoliolina*，珊瑚 *Ipciphyllum*，腕足类 *Neoplicatifera huangi*、*Uncisteges crenulata*。该组厚 173m。

上二叠统龙潭组（Wuchiapingian）为灰、灰黄色页岩、砂质页岩，夹砂岩、灰岩及煤层、黄铁矿，产腕足类 *Leptodus nobilis*、*Tyloplecta yangtzeensis*、*Squamularia grandis*，植物 *Gigantopteris* sp.、*Lobatannularia heianensis*，厚 112m，与下伏中二叠统茅口组为假整合接触。长兴组（Chmghsingian）为深灰、灰色中至厚层燧石灰岩，偶夹钙质页岩，顶为厚约 0.5m 的黄色泥岩、泥质泥岩夹燧石层。产䗴 *Palaeofusulina sinensis*、*P. wangi*，腕足类 *Oldhamina* sp.。与上覆的下三叠统夜郎组为整合接触。

1.5　塔里木卡拉通（塔里木准地台）

1. 寒武系

塔里木地区寒武系主要出露在柯坪、乌什、叶城等地，是典型的稳定沉积（图 1.7），以浅海砂岩、页岩、白云岩为主，中统和上统具紫红色石膏化的泥质沉积，在沉积和生物群上均类似于扬子克拉通。在柯坪地区，它与下伏的震旦系奇格布拉克组呈整合接触，与上覆的奥陶系下丘里塔格群也为连续沉积。寒武系下统从下而上依次为：① 玉尔吐斯组，为海绿石砂岩、砂质灰岩、页岩、白云岩，底部为灰黑色含磷硅质砂岩，含牙形刺 *Protohertzina*，软舌螺 *Anabarites*，厚 12 ~ 25m；② 肖尔布拉克组，为厚层白云岩、白云质灰岩及灰岩，含三叶虫 *Shizhudiscus*、*Kepingaspis*、*Metaredlichioides*，厚 108 ~ 166m；③ 吾松格尔组，为灰、黄褐、杏黄色薄层灰岩、钙质粉砂岩、瘤状灰岩及泥质灰岩，含三叶虫 *Drepanopyge*、*Paokannia*，厚 115 ~ 136m。中统下部称沙依里克组，为灰色燧石灰岩、泥质灰岩夹竹叶状灰岩，含三叶虫 *Kunmingaspis*、*Chittidilla*，厚 39 ~ 93m。中统上部和上统称阿瓦塔格群，为黄色泥质灰岩、灰色燧石灰岩、白云岩及紫红色石膏化泥岩及泥质粉砂岩，厚 143 ~ 200m。

在库鲁克塔格发育有完整的寒武系，下统下部称西大山组，以出现火山岩为其特征，以安山玢岩、凝灰质砂岩为主，底部有硅质岩、灰岩、砂岩及磷块岩，总厚 37 ~ 652m。与下伏的震旦系汗格尔乔克组平行不整合接触。往上为莫合尔群，为薄层灰岩及钙质页岩，包含从 *Metaredlichioides* 带至 *Irvingella* 带的三叶虫化石，时代从早寒武世中期至晚寒武世中期（长山期），厚 79 ~ 329m。上部为上寒武统突尔沙克塔格群，可能包括一些奥陶世早期沉积，为厚层灰岩夹薄层灰岩和泥灰岩，含三叶虫 *Hedinaspis*、*Lotagnostus*，厚度大于 250m。与上覆的巷古勒塔格组呈整合接触。

2. 奥陶系

塔里木盆地大部分为沙漠覆盖，中心部分为稳定的塔里木地台占据，但在地表，下古生界仅于其西北缘巴楚和柯坪地区发现，主要是浅海碳酸盐岩（寒武系—奥陶系）和碎屑岩（志留系）沉积。其东北缘库鲁克塔格地区为地台边缘的一个东西向槽盆，以兴地断裂（兴地—阔克苏达坂连线）为界，划分为南、北两带。奥陶纪时南带却尔却克地区为复理石式碎屑岩沉积；北带乌里格孜塔格地区为较深水（斜坡相）深色微层理发育的碳酸盐岩沉积。图 1.7 柱图自左至右的 1 到 4 列分别代表柯坪、巴楚、却尔却克和乌里格孜塔格地区的岩柱。

柯坪和巴楚早奥陶世特马豆克阶蓬莱坝组为浅灰、灰白色白云岩夹砂屑、砾岩灰岩及硅质条带，厚 122m，已识别出 *Monocostatus sevierensis* 至 *Paltodus deltifer* 几个牙形刺带，属半闭塞碳酸盐台地环境，整合覆于晚寒武世阿瓦塔格组之上。而弗洛期至大坪期的鹰山组已转为开阔台地沉积，由灰色层状、藻凝块泥晶灰岩夹砂屑灰岩和层纹灰岩组成，厚 141 ~ 163m，含 *Serratognathodus diversus* 带和 *Paroistodus originalis* 带牙形刺及三叶虫 *Megalaspides*。从达瑞威尔期前后开始，柯坪和巴楚两地岩相发生变化，在巴楚转向以厚层砾屑、砂屑灰岩为主，下部夹葵盘石灰岩（一间房组）、上部夹紫红色砂屑灰岩和鲕状灰岩（吐木休克组和良里塔格组）为特征的台地边缘碳酸盐隆起带上的生物礁、滩相。具体如下：一间房组仅 54m，以厚层砾屑、砂屑灰岩及葵盘石灰岩为特征，含 *Protocycloceras wangi* 及 *Aphetoceras*，还属大坪期（Dapingian）沉积。而吐木休克组厚 130m，下部为砂屑灰岩；中部为紫红色瘤状砂屑灰岩；上部为灰及深灰色砾屑和生物屑灰岩。含头足类 *Dideroceras wahlenbergi*、*Meitanoceras*、*Lituites*、*Trilacinoceras*，牙形刺 *Pygodus serra*、*P. anserinus*、*Baltoniodus variabilis* 带，属中奥陶世达瑞威尔期至晚奥陶世桑比期沉积。良里塔格组为灰白色厚层砾屑、鲕粒砂屑灰岩及藻灰岩，厚 61m，顶部未出露。含三叶虫 *Dulanospis*、牙形刺 *Belodina*，属凯迪早期沉积。在柯坪，随着水体加深，转向以泥质灰岩为主（大湾沟组）的台缘斜坡，岩性剧变为厚仅 14m 的含笔石黑色页岩夹薄层灰岩及硅质条带（萨尔干组）的滞留缺氧盆地沉积，并为含紫红色瘤状泥屑灰岩（坎岭组和其浪组）的深陆棚相和以黑、深灰色碳质、

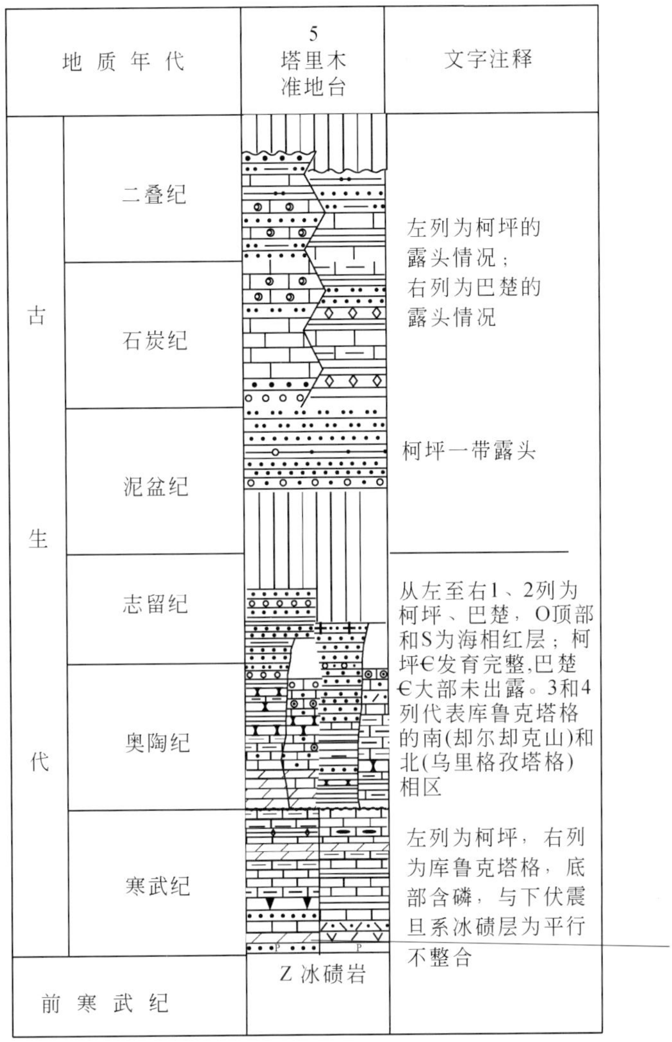

图 1.7　塔里木准地台古生代地层柱状图

钙质、粉砂质页岩夹泥屑灰岩为主（因干组）的台地斜坡相所代替。具体如下：大湾沟组厚 15 ~ 22m，为浅灰色薄层含泥质灰岩，中部夹生屑灰岩，含头足类 *Dideroceras wahlenbergi*，牙形刺 *Baltoniodus* aff. *navis*、*Amorphognathus variabilis*、*Eoplacognathus suecicus* 带，时代相当中奥陶世大坪晚期至达瑞威尔早、中期。萨尔干组厚仅 14m，为黑色页岩夹灰黑色薄层或透镜状泥晶灰岩，局部层段有少量硅质条带，含笔石 *Didymograptus murchisoni* 带和 *Nemagraptus gracilis* 带，牙形刺 *Pygodus serra* 带和 *P. anserinus* 带，为跨中、上奥陶统的地层单位。坎岭组由下部薄层泥屑灰岩和上部紫红色薄层瘤状泥屑灰岩组成，厚 18 ~ 30m，含牙形刺 *Pygodus ancerinus* 带及 *Prioniodus lingulatus* 带，头足类 *Lituites* 及 *Trilacinoceras* 极丰富。顶部少量笔石 *Pseudoclimacograptus scharenbergi stenostoma*，已进入 *C.*（*Diplacanthograptus*）*lanceolatus* 带内（Chen *et al.*, 2000），时代属桑比期。其浪组厚 168m，为灰色薄层泥屑灰岩、瘤状泥屑灰岩及灰绿色钙质、粉砂质页岩的韵律层，含头足类 *Michelinoceras elongatum*、*Sinoceras chinense*，三叶虫 *Cyclopyge*、*Nileus*，笔石属 *C.*（*D.*）*lanceolatus* 带的下部，为凯迪（Katian）早期沉积。因干组主要为黑色及深灰色碳质、钙质和粉砂质页岩夹泥质灰岩组成，厚 30～90m，含 *C.*（*Diplacanthograptus*）*spiniferus* 带笔石［按 Chen 等（2000）下部仍属 *C.*（*D.*）*lanceolatus* 带］，三叶虫 *Ampyxinella oxata*，几丁虫 *Tanuchitina bergstroemi* 等，属凯迪中期沉积。传统认为因干组之上假整合覆有柯坪塔格组，后一组全部归志留系兰多维列统。柯坪塔格组一般分为 3 个岩性段，仅中段含笔石，公认为相当鲁丹晚期 *Pristiograptus cyphus* 带至埃隆早期 *P.*（*Coronograptus*）*gregarius* 带。但张师本等（1994）在下段获得丰富的几丁虫化石，划分了几个几丁虫带，认为它们可以对比到从 *Normalograptus persculptus* 带向下至 *Pleurograptus linearis* 带的范围。他们将志留系与奥陶系分界线置于几丁虫 *Belomechitina postrobusta* 带 *Spinachitina tougourdeaui* 带之间，即柯坪塔格组下段顶部某处。现详述该组情况如下：柯坪塔格组下段厚 276m，为灰绿色和深灰色中-厚层粗粉砂岩、细砂岩与泥岩互层。在柯坪大湾沟剖面底部见 10～15cm 厚褐灰色细砂质砾岩（砾石为黑色页岩及灰岩），含几丁虫和双壳类化石，是一套浅水近滨沉积，属晚奥陶世赫南特期甚至凯迪中晚期。该组与因干组间的假整合面，不是划分志留系与奥陶系的界面，而只是划分柯坪、巴楚地区其下部碳酸盐沉积为主的台地与其上为浅水碎屑岩沉积的重要界面。柯坪塔格组中段厚 125m，为灰绿色泥页岩、粉砂质泥岩夹粉砂岩及砂岩。笔石呈分散状、分异度低，均属双笔石科的属种，化石指示时代属鲁丹晚期 *Pristiograptus cyphus* 带至埃隆早期 *P.*（*Coronograptus*）*gregarius* 带。柯坪塔格组上段厚 132m，为灰绿、暗红色厚层粉砂岩、细砂岩及灰绿色页岩，产疑源类化石。柯坪向西南方向至巴楚小海子，柯坪组未见化石，其上的待命名组中含有多层火山碎屑物（周志毅、陈丕基，1990），值得注意。

库鲁克塔格地区南带却尔却克地区，奥陶系原仅以却尔却克群（赖才根等，1982）代表之，后周志毅和陈丕基（1990）、周志毅和林焕令（1995）、钟端和郝永祥（1990）加以细分，现按后一方案叙述。白云岗组上部厚 23～65m，由钙质页岩与瘤状及薄板状灰岩组成，按所含牙形刺 *Cordylodus intermedius*、*C. lindstroemi*、*C. angulatus* 及三叶虫 *Hysterolenus*，划归奥陶系特马豆克阶下、中部，与属寒武系的白云岗组下部整合相接。黑土凹组下部为黑色笔石页岩，底部间夹钙质粉砂岩条带，中及上部为黑灰、黑色薄层放射虫硅质岩与硅质页岩互层，厚 27～87m，包括 *Undulograptus austrodentatus* 带、*Cardiograptus amplus* 带、*Didymograptus abnormis* 带和 *Adelograptus*-*Kiaerograptus* 带的笔石，属特马豆克晚期至达瑞威尔早期沉积。却尔却克组为以砂岩、粉砂岩、泥岩为主夹少量薄层灰岩、泥灰岩及按不同比例组成的浊积岩，厚 2842m，含 *Amplexograptus confertus* 带至 *Dicellograptus complanatus* 带的笔石，三叶虫 *Nankinolithus*、*Cyclopyge*、*Microparia*，牙形刺“*Spathognathodus*” *dolboricus*、*Belodina compressa*、*B. confluens*，主要属晚奥陶世沉积。也可包括达瑞威尔最晚期沉积，是否也包括赫南特期沉积尚不清楚，因该组顶部不全。

在库鲁克塔格地区北带乌里格孜塔格地区，突尔沙克塔格群属晚寒武世至早、中奥陶世沉积。其上部 2544～2300m 归奥陶系，以灰黑色薄层泥质泥晶灰岩为主，底部是深灰色中厚层砾屑、砂屑及泥晶灰岩，底部含三叶虫 *Hysterolenus*、*Inkouia*、*Dichelepyge sinensis*；中部有头足类 *Coreanoceras*、*Manchuroceras*；上部有牙形刺 *Paroistodus originalis*、*Scolopodus rex*；

顶部有头足类 *Dideroceras wahlenbergi*，属下、中奥陶统。赛力克达坂组上部为灰白、深灰色亮晶海百合茎灰岩为主，下部为绿灰色白云质硅质泥岩为主，顶部有厚层中-基性沉凝灰岩，厚 68 ~ 110m。下部含牙形刺 *Pygodus anserinus*，上部产 *Ninanophyllum*、*Sphaerexochus*，属晚奥陶世桑比期沉积。乌里格孜塔格组主要由深灰色薄层至块状泥-亮晶生屑灰岩、砂屑灰岩及含凝灰质砂屑灰岩组成，厚 1000 ~ 1070m，含珊瑚 *Plasmoporella convexotabulata*、*Sinkiangolasma simplex*、*Wormsipora sinkiangensis*，头足类 *Beloitoceras yaoxianense*，牙形刺 *Belodina compressa*、"*Spathognathodus*" *dolboricus*，属晚奥陶世凯迪期沉积。其上出露不全。

3. 志留系

柯坪地区的柯坪塔格组已如前述，其下段属奥陶系，中、上段属兰多维列统鲁丹阶和埃隆阶。而整合其上的塔塔埃尔塔格组属特列奇期沉积，或许包括文洛克统的最底部。该组典型剖面为紫红色、浅灰绿色薄-中层状细砂岩、粉砂岩及紫红色泥页岩。其上段相对较粗，细砂岩较多；下段以粉砂岩为主。均产鱼类 *Sinacanthus*、腹足类、疑源类、孢子 *Rugosphaera tuscarorensis*、双壳类 *Grammysia*；总厚 188m，属滨岸环境，由底向上反映海平面下跌的进积层序。依木干他乌组属海湾潮坪相，为紫红色泥岩、粉砂岩夹灰绿色薄层粉砂岩及细砂岩，中部 15m 左右含钙量高，常夹有钙质砂岩、砂质灰岩、甚至鲕状灰岩的透镜体或薄层（可达 4 层）。该组在典型剖面厚 619m，巴楚出露厚 200m，与上覆和下伏地层均为整合接触。产牙形刺 *Ozarkodina* cf. *editha*（属文洛克世），鱼类 *Sinacanthus*、*Hanyangaspis* 以及腹足类、双壳类和介形虫等，时代归文洛克世。克兹尔塔格组是滨岸相或部分陆相红色粗碎屑沉积。岩性为紫红色厚层-块状砂岩、粉砂岩夹含砾砂岩或砾岩，而不具灰白色石英砂岩。上段砂岩较多，其下部含有砾岩石或砾岩；下段以粉砂岩为主。总厚一般为 200 ~ 600m，最厚可达 1273m。与上覆东河塘组整合接触，该组在巴楚的岩性与在柯坪的大体一致，但在柯坪该组上段下部含砾砂岩和砾岩厚度特大，可达 372m。在柯坪该组下段产几丁虫、疑源类、孢子等，几丁虫 *Cingulochitina wronai* 即其中之一。该化石时代应属罗德洛世晚期至普里道利世，但其产出层位曾误记为塔塔埃尔塔格组（周志毅、陈丕基，1990），导致后人将其上的依木干他乌组和克兹尔塔格组全部归入泥盆系。在柯坪该组上段所采 *Arthrodira* 的时限属志留纪—泥盆纪，但在和 4 井克兹尔塔格组顶部泥岩层中寻得法门期孢子 *Retispora lepidophyta*，前人在柯坪坎岭矿区所得的植物 *Lepidodendropsis* 的层位也应是克兹尔塔格组上段的。再则柯坪该组下段仍属滨岸带，但其上段，至少是上段底部 300m 的砂砾岩层可能是一种河流相沉积，张师本等称其为辫状河曲流相（王增吉等，1996）。河流相与其上、下滨岸相之间应是一种间断关系。间断面之上的上段归晚泥盆世，间断面之下的下段归志留系。耿良玉等将克兹尔塔格组上段归下泥盆统，下段归志留系（中国科学院南京地质古生物研究所，2000），认为克兹尔塔格组上段与上覆东河塘组为假整合接触。与本书所述略有区别。

库鲁塔格地区有化石证据的志留系称土什布拉克组，出露于若羌县阿尔特梅什布拉克以东 8km 处，为一套含粗碎屑的快速沉积，厚 2217m。主要由灰绿色长石砂岩、砂岩夹粉砂岩及少量灰岩组成。含腹足类 *Holopia*、*Coelzone*，腕足类 *Spiroraphe*；也曾在却尔却克山发现笔石 *Monograptus priodon*，化石指示属兰多维列世特列奇期。与上覆泥盆系树子沟组和下伏奥陶系却尔却克组均属假整合接触关系（钟端、郝永祥，1990）。

4. 泥盆系

塔里木地区在志留纪文洛克世之后即隆升为陆，晚志留世和早、中泥盆世均未接受沉积。塔里木陆块的北部及中部上泥盆统自下而上可划分为东河塘组、巴楚组下段。东河塘组岩性主要为浅灰、灰色细砂岩、粉砂岩、泥岩、泥质粉砂岩及石英砂岩、粗砂岩、含砾不等粒砂岩等，并夹有棕、棕红色砂岩、细砂岩，未见化石；与下伏克兹尔塔格组或依木干他乌组为不整合接触，与上覆巴楚组下段为整合接触。巴楚组下段的岩性主要为浅灰、褐灰色细砂岩、含砾不等粒砂岩夹绿灰、灰色粉砂岩及灰紫色粉砂质泥岩，含胴甲鱼类化石 Bothriolepidae 及 *Apicularetusispora hunanense*-*Ancyrospora furcula*（HF）孢子组合带孢子化石等化石（朱怀诚等，2002）。

塔里木陆块南部莎车以西为较开阔的外陆棚海的浅海台地相沉积。根据钻井资料，本区地层自下而上被划分为东河塘组及巴楚组砂砾岩段，为浅灰、灰色及褐色泥岩及粉砂岩沉积组合。向东则为内陆棚相的粉砂岩及砂岩组合，滨海相（近滨及前滨-后滨）为泥岩、粉砂岩、石英砂岩及含砾砂岩的沉积组合，三角洲沉积相则以含砾砂岩、石英砂岩及粉砂岩为主。叶城—和田一线以北为滨海（近滨-后滨）的粉砂岩、细砂岩及砂砾岩的沉积组合，以南则为陆相为主的粗粒碎屑磨拉石沉积，产植物化石 *Leptophloeum rohmbicum*，应为晚泥盆世的沉积。

5. 石炭系

塔里木准地台的石炭系和二叠系露头以柯坪和巴楚一带发育较好，并有较多的研究，现以其为例说明之。

在柯坪，石炭系下统巴什索贡组（Tournaisian—Serpukhovian）为灰岩、沥青质灰岩，底部为砂岩及钙质砾岩，产腕足类 *Gigantoproductus*、*Antiquatonia inscupta*，厚1270m。该沉积与下伏上泥盆统和上覆石炭系上统均呈不整合接触。石炭系上统比京他乌组（Bashkirian—Kazimovian）下段为微晶生物碎屑灰岩、泥晶灰岩夹石英砂岩，含䗴 *Pseudostaffella* sp.；上段为碎屑灰岩、角砾灰岩、生物碎屑灰岩，含䗴 *Fusulina*-*Fusulinella* 带，珊瑚 *Lithostrotionella* sp.，腕足类 *Linoproductus* sp.、*Kutorginella* sp.，厚100～1200m。上石炭统（Gzhelian）—下二叠统（Asselian—Artinskian）康克林组主要为浅灰、灰白色灰岩，产䗴 *Eoparafusulina xingjiangensis*、*Pseudoschwagerian tumida*、*Triticites pusillus*，珊瑚 *Kepingophyllum* sp.，腕足类 *Choristites* sp.、*Neoplicatifera* sp.，牙形刺 *Sweetognathus whitei*，厚50～174m。本组沉积与下伏晚石炭世早期沉积和上覆地层均呈假整合接触。

在巴楚，石炭系下统巴楚组（Tournasian）下段为紫红色泥岩夹石英砂岩、石膏及灰岩，底部有凝灰岩。上段为灰色薄-中层灰岩夹泥灰岩及泥岩，产腕足类 *Eochoristites* sp.、*Camarotoechia* sp.，腹足类 *Euomphallus* sp.，厚222m。本组与下伏上泥盆统呈整合接触。下统 Visean—Serpukhovian 期沉积不清楚，也有可能缺失。石炭系上统卡拉沙依组（Bashkirian—Moscovian）主要为红色泥岩夹石膏，在巴楚小海马水库则产牙形刺 *Polygnathodus symmetricus*、*P. communis*、*Bispathodus aculeatus aculeatus* 等，厚190～734m。

石炭系上统（小海子组）（Kasimovian）主要为灰色灰岩、深灰色泥质灰岩、杂色石英质砂岩、灰绿色泥岩；产䗴 *Fusulina* sp.、*Fusulinella* sp.、*Staffella* sp.、*Hemifusulina* sp.，腕足类 *Choristites* sp.、*Martinia* sp.，厚136m。石炭系上统 Gzhelian 期沉积可能缺失，因为缺失 *Triticites* 带。

6. 二叠系

在柯坪，二叠系下统乌坦库勒组（Kungurian）为灰绿、灰、紫红色粉砂岩、泥质粉砂岩、钙质砾岩、生物碎屑灰岩夹细、中粒长石岩屑砂岩，在顶部产腕足类 *Neoplicatifera absuensis*，厚32～107m。二叠系中统巴立克立克组（Roadian）为灰、灰黑色微晶生物碎屑灰岩、生物碎屑泥晶灰岩，产䗴 *Schwagerina*、*Nankinella*、*Parafusulina*、*Sphaerulina*，腕足类 *Liraplecta*、*Choristites*，头足类 *Artinskia*、*Gzheloceras*，厚170m。二叠系中统卡仑达尔组（Wordian）主要为灰绿、黄绿、绛红色粉砂质泥岩、砂岩、泥岩、钙质粉砂岩、细砂岩、泥质灰岩及生物灰岩；产介形虫 *Sulcella* sp.，有孔虫 *Globivalvulina* sp.、*Glomospira* sp.，双壳类 *Sanguinolites*，厚751m。本组从滨海相沉积过渡为陆相沉积。本地区缺失中二叠世卡匹敦期至晚二叠世长兴期沉积。

在巴楚，二叠系下统南闸组（Asselian—Artinskian）主要为灰色中厚层泥晶灰岩夹页岩，属浅海台地相沉积。含䗴 *Eoparafusulina*-*Sphaeroschwagerina*-*Nankinella* 组合、牙形刺 *Sweetognathus whitei*-*Neostreptognathodus pequopensis* 组合，厚80m。该组沉积与下伏上石炭统（Gzhelian）呈假整合接触。二叠系下统阿恰群（Kungurian—Wordian）主要为灰绿、紫红色薄层含泥质粉砂岩夹粉砂岩，下部粉砂岩夹灰色疙瘩状灰岩。未见顶，出露厚度462m。

1.6　萨彦-额尔古纳造山系

萨彦-额尔古纳造山系（Sayan Ergun Orogenic System）是经早、中寒武世萨拉伊尔运动形成的造山系。西起萨彦岭经蒙古国北部延伸到额尔古纳河流域，呈弧形环绕在西伯利亚克拉通南侧。它的形成标志着古亚洲洋演化第一阶段（第一代古亚洲洋，即萨彦-额尔古纳元古亚洲洋）的结束和劳亚大陆显生宙演化的开始。包括图瓦-蒙古地块、北蒙古-维季姆造山带、雅布洛诺夫地块、西萨彦-湖区造山带、中蒙古-额尔古纳造山带、萨拉伊尔造山带和阿尔泰造山带7个次一级构造单元。

1.6.1　图瓦-蒙古地块（7-1）

图瓦-蒙古地块是一个位于西伯利亚地台边缘的具有前寒武纪基底的复合地块。文德纪—寒武纪碳酸盐盖层是其一个重要特征（图1.8）。

寒武系

在图瓦-蒙古地块的北部，晚文德世到中寒武世的碳酸盐沉积（Bokson Group）覆盖在老的岩层之上，其与下伏地层的关系有整合和断层之说。Bokson 群自下而上分为 Zabat

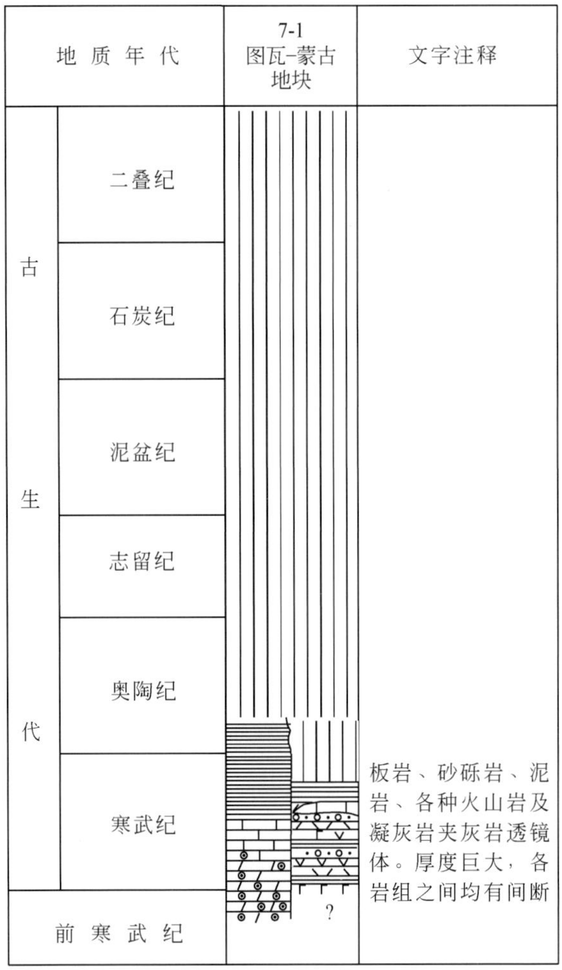

图 1.8　图瓦-蒙古地块古生代地层柱状图

组、Tabinzurta 组、Khuzhirtai 组、Nyurgata 组和 Khyuten 组。Bokson 群向上为 Mangat-Gol 组陆相沉积所整合覆盖，后者的时代为晚寒武世到早奥陶世。现根据 Letnikova 和 Geletii（2005）资料简述如下（图 1.8 柱图左列）。

Zabit 组厚度可达 1000m，自下而上可分为：① 含叠层石和微古植物的白云岩，具硅质结壳；② 白云质角砾岩-砾岩（300～800m）；含磷酸盐白云岩与粒状磷酸盐互层（50～100m）；③ 层状硅化白云岩夹少量灰岩层（80～120m）。在 Bokson 河谷可见该组顶部发育有铝土矿层。该组的时代被认为是晚文德世。

Tabinzurta 组厚度可达 1300m。岩性与下伏的 Zabit 组相近，也为白云岩，含微古植物 *Osagia*、*Volvatella*、*Vesicularites*、*Nubecularites*、*Glebosites* 和叠层石 *Linella*、*Stratifera*，夹少量石英砂岩层。该组上部含有寒武纪的藻类 *Renalcis* 和硅化的古贝类。该组与上覆的 Khuzhirtai 组界线不清楚，一般以灰岩的增多为上一组的开始。

Khuzhirtai 组（厚度可达 500m）为厚层块状灰岩，下部夹有少量碳酸盐角砾透镜体和白云岩。在走向上，白云岩的含量有变多的现象。该组所含的古贝类组合显示其时代可能是早寒武世 Aldanian 期到 Lenan 期早期。

Nyurgata 组（厚度可达 800m）基本上由层状灰岩、泥质灰岩和块状灰岩所组成。在局部地区，该组中部夹有角砾状灰岩和少量红色泥质碳酸盐角砾透镜体。该组中见有早寒武世 Lenan 期的三叶虫化石。

Khyuten 组（厚度可达 210m）是 Bokson 群最上部的一个组，为层状泥质-碳质灰岩，含三叶虫和腕足类化石。该组与下伏地层的关系不太清楚，一般认为是整合关系。与上覆的 Mangat-Gol 组陆源沉积为整合接触。该组所含化石显示其时代是中寒武世的 Faunal Amgan 期。

在图瓦-蒙古地块中部的在图瓦地区（图 1.8 柱图右列），寒武系分布广泛，厚度巨大，是典型地槽区的沉积，对有否图瓦地块尚存怀疑。在 Берег 河、Улуг-Хем 河、Баян-Гол 河和 Илиг-Хем 河一带，下统从下而上：① Эжимск 组为变质的板岩、砂岩、砾岩、火山岩，夹灰岩透镜体，含古贝类 *Ajacicyathus*、*Loculicyathus*，总厚 2500～3000m，其下界不清。② Узунсаи 组为砂岩、粉砂岩、泥岩、砾岩、灰岩透镜体，火山岩，含古贝类 *Coscinocyathus*、*Szecyathus*、*Kijacyathus*，三叶虫 *Sajanaspis*、*Alacephalus*、*Serrodiscus*，厚度大于 3500m。中统下部 Баяголь 组为砂岩、泥岩、凝灰岩、砾岩、灰岩透镜体，含古贝类 *Alataucyathus*、*Leptosocyathus*，最上部页岩中含三叶虫 *Paradoxides*，总厚大于 2500m，再往上为沉积间断，在整个图瓦地区缺少中统中部和上部以及整个上统。

1.6.2 北蒙古-维季姆造山带（7-2）

本带未获得早古生代和泥盆纪地层资料。

1. 石炭系

蒙古国北部的石炭系有着较广泛的分布（图 1.9），石炭系下统为海相沉积，但有时被滨海相和陆相所代替，上统为陆相沉积。肯特山区石炭系下统为海相碎屑岩和碳酸盐岩沉积，上统为陆相火山熔岩和火山碎屑岩。蒙古国北部下石炭统（Tournaisian—Serpukhovian）由粉砂岩、泥岩和砂岩组成，厚 1200m；上石炭统（Bashkirian—Gzhelian）为灰色砂岩和粉砂岩，含植物 *Noeggerathiopsis* cf. *intermedia*，厚 2100～2400m。本区下石炭统与下伏地层接触关系不明。在肯特山地区，石炭系下统由砂岩、板岩、泥岩、砾岩和灰岩组成；产腕足类 *Dictyoclostus deruptus*、*Dictyoclostus* aff. *magnus*、*Schellwienella borlingtonensis*，厚度大于 1000m。上石炭统是一套火山岩和火山碎屑岩，主要由石英斑岩、霏细斑岩和凝灰岩组成。

2. 二叠系

二叠系广布于蒙古国北部和东北部，并具有 3 种不类型的沉积：陆源沉积-火山岩和海相陆源沉积型、陆相火山岩和沉积岩-火山岩型、海相陆源沉积-火山岩型。蒙古国东北部二叠系发育比较完整，自下而上划分为：下二叠统（Asselian—Artinskian）温都尔汉组为砂岩、粉砂岩、流纹斑岩和安山玢岩；产植物 *Rufloria* sp.、*Cordaites singularis*；厚 600m。下-中统（Kungurian—Roadian）加得扎尔组由安山玢岩、流纹斑岩和凝灰岩组成；产植物 *Cordaites* cf. *kuznetskianus*，厚 600～2000m。中统（Wordian—Capitanian）下乌尔旗

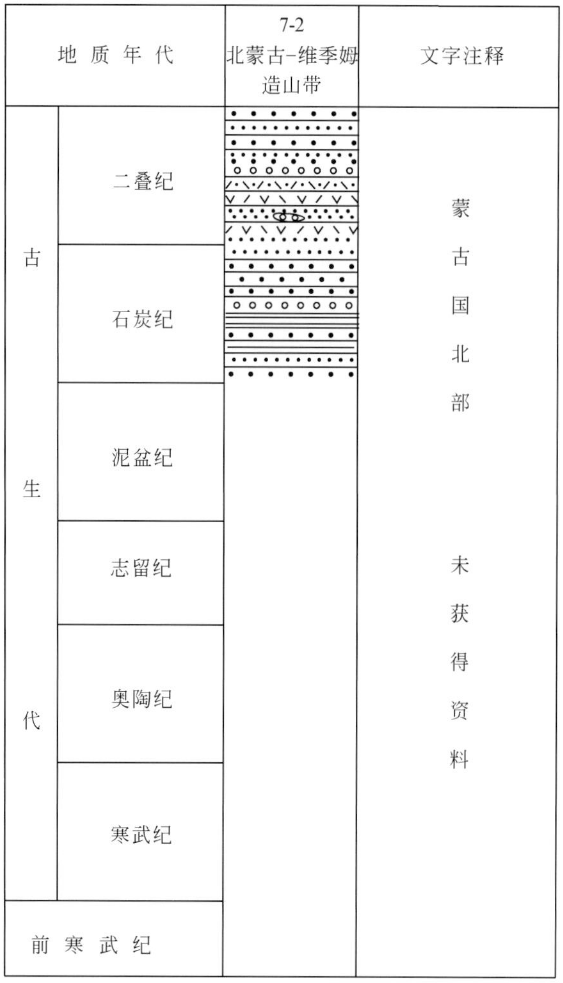

地质年代
7-2
北蒙古-维季姆造山带
文字注释
古
生
代
二叠纪
石炭纪
泥盆纪
志留纪
奥陶纪
寒武纪
前寒武纪
蒙古国北部
未获得资料

图1.9 北蒙古-维季姆造山带古生代地层柱状图

组为砂岩、粉砂岩及砾岩，产腕足类 *Licharewia stuckenbergi*、*L. schrenkii*、*Permospirifer keiserlingi*、*Neospirtifer subfasciger*，厚200～3500m。上二叠统上乌尔旗组由细粒砂岩、粉砂岩组成，产腕足类 *Cancrinelloides* sp.、*Stomiocrinus* cf. *permiensis*，厚1500～2000m。在蒙古国北部，二叠系为一套厚度巨大的火山岩（流纹熔岩、粗面熔岩、玄武熔岩、安山岩和英安质玢岩）和火山碎屑岩（凝灰角砾岩和凝灰砂岩），产植物 *Cordaites singularis*、*Rufloria* sp.，厚9050m。在肯特山地区，下二叠统为海相碎屑岩和酸性喷发岩、凝灰岩，产腕足类 *Neospirifer subfasciger*、*Spirifer nitiensis*，厚1000m。中-上二叠统为海相砾岩，砂岩和板岩；产腕足类 *Productus kolymaensis*、*Spirifer nitiensis*、*Licharewia keyserlingi*，厚2500m。

1.6.3 西萨彦-湖区造山带（7-4）

1. 寒武系

西萨彦-湖区造山带在地理上包括俄罗斯图瓦共和国相当大的一部分。西萨彦寒武系是很典型的地槽型沉积，一直往西延至蒙古国。整个早及中寒武世火山活动频繁，有酸性、中性，也有基性火山岩（图 1.10）。西萨彦北坡寒武系发育较完整，而南坡仅出现早寒武世沉积，但其火山活动更为强烈。西萨彦从下而上分为：① Чингин 组。页岩、砂岩、细砾岩火山喷发岩夹有灰岩透镜体，含古贝类 *Ajacicyathus*、*Loculicyathus*，厚度 2500 ~ 3000m。② 下 Монок 组。火山喷发岩、硅质页岩，夹灰岩透镜体，含古贝类 *Ajacicyathus*、*Coscinocyathus*，厚 2300m。③ 上 Монок 组。火山岩、砾岩、砂岩，夹灰岩透镜体，含三叶虫 *Laticephalus*、*Bonnia*，厚度大于 1700m。④ 中统 Чазрык 组。页岩、砂岩、灰岩、火山喷发岩、凝灰岩，含三叶虫 *Triplagnostus*、*Olenoides*、*Chondranomocare*，厚度大于 3500m。⑤ 上统 Арбат 组。砾岩和砂岩，厚达 2300m，它与下伏的 Чазрык 组有一明显的不整合，这在图瓦西北部也可见到这次地壳运动造成的不整合。

2. 奥陶系

据 Vladimirskaya 和 Krivobodrova（1994），图瓦的奥陶系绝大多数为碎屑岩；火山岩仅

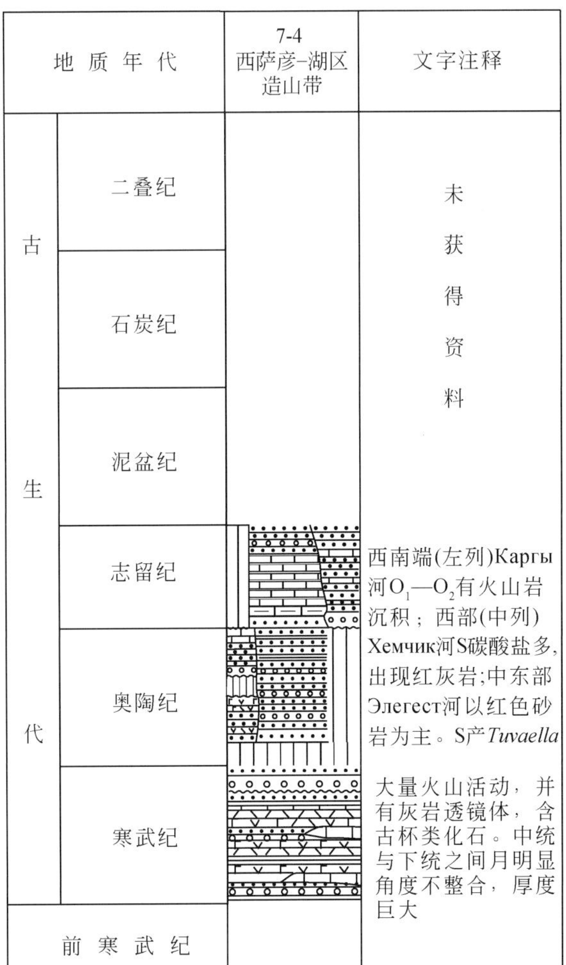

地质年代
7-4
西萨彦–湖区
造山带
文字注释
古
生
代
二叠纪
石炭纪
泥盆纪
志留纪
奥陶纪
寒武纪
前寒武纪
未获得资料
西南端(左列)Каргы河O_1—O_2有火山岩沉积；西部(中列)Хемчик河S碳酸盐多，出现红灰岩;中东部Элегест河以红色砂岩为主。S产*Tuvaella*
大量火山活动，并有灰岩透镜体，含古杯类化石。中统与下统之间月明显角度不整合，厚度巨大

图 1.10　西萨彦–湖区造山带古生代地层柱状图

见于西南端 Mugur—Aksy 组、东北部 Sistig—Khem 组上部；碳酸盐岩多呈夹层，仅在西南端的 Kargy 组上部成为主角。自西向东划分为 4 个构造岩相带，均不整合于下或上寒武统上。

图 1.10 柱图左列示西南端（Kargy 带）Kargy 河、Mugur 河的层序。下由基性（下部）或酸性（上部）喷发岩及其凝灰岩、砂岩、砾岩组成 Mugur—Aksy 组，厚 2000m，不整合于中寒武统之上。上称 Kargy 组，厚 810m，相当上奥陶统中部，有底部砾岩；下部灰、红色砂岩，上部灰色灰岩和粉砂岩（含珊瑚 *Eofletcheria*、*Kiaerophyllum kiaeri* 等）组成，不整合于 Mugur—Aksy 组，又被上志留统所不整合覆盖。

该区西部 Хемчик（Khemchik）河（Khemchik 带）的地层层序（图 1.10 中列）特点是从下奥陶至下泥盆统构成一巨厚沉积组合，细分为 3 个群，即 Shemushdag（O_1—O_3）Chergak（O_1—S）和 Khondergei 群。Shemushdag 群自下而上分为 Dagyr—Shemy 组、Ajangaty 组和 Adyrtash 组，总厚 3700 ~ 5300m，为杂色砂岩、砾岩、粉砂岩，仅底部含 *Scenella*、*Ceratopea keithi*、*Dictyonema*、*Proplina* 和 *Cruziana*(?)，归弗洛阶和凯迪阶下部缺失特马豆克期沉积，不整合于晚寒武地层上。Chergak 群之 Alayelyk 组下部（400 ~ 800m）沿 Hondelen 为灰绿色粉砂岩夹灰岩，底部是红色细砾岩。含珊瑚 *Plasmoporella convexotabulata*、*Cyrtophyllum lambeiformis*，腕足类 *Diceromyonia asiatica*、*Eonalivkinia hondelensis*，相当于凯迪早期至赫南特沉积。Alayelyk 组上部归志留系。

3. 志留系

据 Никифорова 和 Обут（1965），图瓦的志留系角度不整合于下寒武统或上寒武统变质岩之上，或整合于奥陶系（在 Хемчик 河一带）之上。多数情况为下泥盆喷发岩所覆，但在唐努乌梁山南坡（Танну—Ола），志留系和泥盆系是过渡的。

在图瓦西部洪捷尔河（Хонделен）的 Хемчик 河左岸（Никифорова и Обут，1965）（图 1.10 柱图中列）切尔加克组（群）由浅紫红、灰色石灰岩夹灰绿色页岩为主，顶部灰岩含腕足类 *Tuvaella rackovskii*、*Howellella tapsaensis* 等；下及中部含腕足类和珊瑚，底部有樱桃色圆砾岩及粗粒砂岩，不整合于寒武系 Сютхоюская 组绢云母-绿泥石页岩之上。总厚 176m，包括兰多维列世至卢德洛早期的沉积。其上的洪捷尔组（群）由浅紫红、砾岩、砂岩粉砂岩和泥岩组成，总厚 341m，未见化石，暂归卢德福特期和普里道利世。泥盆系绿灰色砾岩、浅紫灰色凝灰岩和凝灰砾岩不整合于其上。

在图瓦中东部 Элегест 河（Никифорова и Обут，1965）（图 1.10 柱图右列）志留系为厚度巨大（2300m 以上）的碎屑岩，灰岩很少，底部为巨砾-粗砾岩，成分不一，不整合于寒武系喷发岩、凝灰岩、石英岩、大理岩透镜体和板岩之上。下部切尔加克组厚 1298 ~ 1798m，为灰绿、灰色砂岩、粉砂岩夹少量灰岩，向下粗砂岩、砾岩增多。最顶部含头甲鱼鳞片，其下层段含腕足类 *Tuvaella gigantean*、*T. rackovskii*、*Camarotoechia ubsuensis*、*C. cumurtukensis*、*Tannuspirifer pedashenkoi*、*Atrypa reticularis*。上部洪捷尔组（群）为樱桃红、紫红等色粉砂岩、砂岩互层，935m，最底部含头甲鱼科，从下至上含 *Lingula* 多种。泥盆系 Сатгалтайская 层的灰色石英质厚层砂岩和圆砾岩整合其上。其他地区泥盆系不详。

石炭系、二叠系未获得资料。

1.6.4　中蒙古-额尔古纳造山带（7-5）

1. 寒武系

寒武系主要分布在外贝加尔和我国额尔古纳河一带（图 1.11），在我国称为额尔古纳群，主要为绿色片岩和大理岩，总厚 4000 ~ 5000m，属于地槽型的沉积。下片岩组为灰绿色银灰色石英片岩、云母石英片岩、绿泥片岩夹碳质片岩、粉砂岩，一般厚约 2500m。依据岩性和微古植物，可与俄罗斯外贝加尔区的 Уров 组对比。Уров 组含有 *Protoleiospheridium*、*Trachyoligotriletum*、*Hysteroligotriletum*，时代为震旦纪—寒武纪。额尔古纳群中碳酸盐岩组以灰白、灰色大理岩、白云岩为主，夹绿色片岩、质片岩、千枚岩，含植物微体化石和岩性，它完全相当于外贝加尔区东部的 Быстрин 组，在俄罗斯该组也是碳酸盐岩石组成，并具有更多的白云岩，未变质或轻微变质，厚 750 ~ 1200m。灰岩中含古贝类 *Archaeocyathus*、*Dictyocyathus*、*Ajacicyathus*，下部灰岩中含三叶虫 *Sajanaspis*，中部含 *Ababiella*，上部含 *Inouyina*、*Redlichina*、*Proerbia*。时代应为早寒武世中期。额尔古纳群上片岩组如为一套绿色片岩，厚度大于 1200m，上部出露不全，可与外贝加尔区 Алтачин 组对比。Алтачин 组化石也极稀少，仅发现 *Salterella* 和 *Volbortella*，我们现暂将上片岩组归之于早寒武世晚期。总上所言，额尔古纳河一带似乎仅有下统的沉积，并与震旦系为连续沉积。

本带未获得奥陶系、志留系资料。

2. 泥盆系

蒙古国中东部克鲁伦河以北为下泥盆统克鲁伦组砂岩、页岩互层，不整合于较老岩系之上，底部发育底砾岩，厚达 4000m，含腕足类 *Euryspirifer* sp. 、*Letostrophia* sp. ，三叶虫 *Phacops urushensis*。中、上泥盆统不清。

3. 石炭系

蒙古国中部杭爱山地区的石炭系发育不太完整，主要为滨海-海相碎屑沉积，局部有火山碎屑岩及火山熔岩。下石炭统（Tournaisian—Serpukhovian）是一套碎屑岩沉积，主要由砂岩、粉砂岩、页岩和砾岩组成，下部偶见碧玉、凝灰岩和中性喷发岩，产苔藓虫 *Sulcoretepora mergensis*，腕足类 *Spirifer duplicicostus*，厚 300m。下石炭统与下伏上泥盆统呈整合接触。在中戈壁，下石炭统为杂色砂岩、粉砂岩，产植物 *Angaropteridium chacassicum*，厚 1000 ~ 1200m。上石炭统（Bashkirian—Gzhelian）为灰色砂岩、粉砂岩、泥岩及砾岩，厚 1200 ~ 1700m。上统与下统之间为不整合关系。在中戈壁，上统为安山玢岩和礁灰岩，产腕足类化石，厚 600 ~ 700m。

中国黑龙江省兴安岭的额尔古纳地区，石炭系—二叠系发育非常不完整，石炭系仅有下石炭统（Tournaisian—Serpukhovian）的地层出露，上石炭统—二叠系全部缺失。下石炭统（Tournaisian—Serpukhovian）为一套海相碎屑和碳酸盐沉积，由砂岩、粉砂岩、砂砾

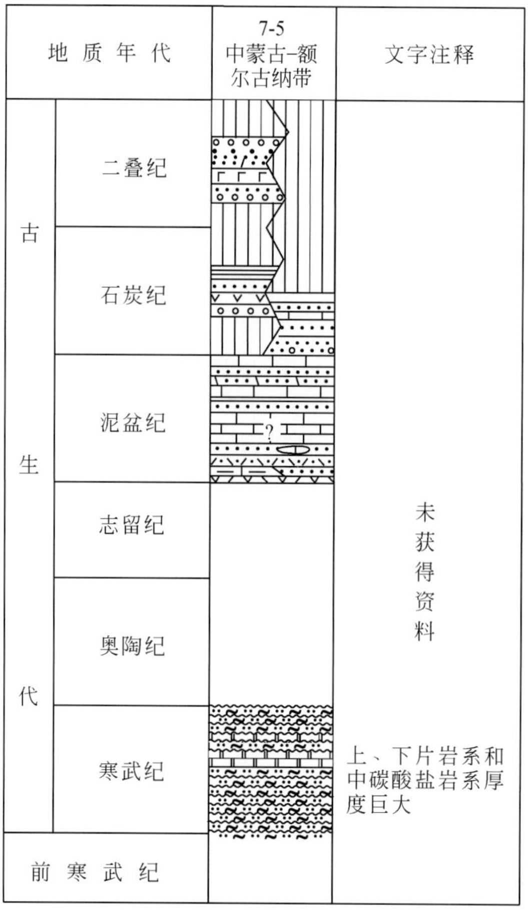

图 1.11 中蒙古-额尔古纳造山带古生代地层柱状图

岩、砾岩、粉砂质泥岩和页岩、砂质灰岩和生物灰岩组成；产腕足类 *Fusella tornacensis*、*Fusella* sp.，偶见植物化石；厚度大于 1073m。该地区下石炭统与下伏泥盆系下统呈假整合接触。

4. 二叠系

蒙古国中部杭爱山地区的二叠系主要为陆相碎屑沉积，具少量陆相喷发岩。下二叠统（Asselian—Artinskian）为流纹质和流纹英安质凝灰角砾岩和熔岩角砾岩，上部粉砂岩中含植物化石，厚 200m。下–中二叠统（Kungurian—Capitanian）由砂岩、粉砂岩、页岩和砾岩组成，有时含煤，产植物化石 *Noeggerathiopsis* sp.、*Lepeophyllum* sp.、*Cordaites adleri*、*C. gracilentus*、*C. singularis* 等，厚 750 ~ 1875m。本区可能缺失晚二叠世 Wuchiapingian—Changhsingian 期的沉积。

1.6.5　萨拉伊尔造山带（7-6）

1. 寒武系

萨拉伊尔寒武系最大特点是该时期构造运动频繁，俄罗斯称之为萨拉伊尔运动，各岩组之间几乎全为角度不整合或平行不整合（图 1.12），也说明萨拉伊尔运动是多幕性的，该造山带多火山作用，沉积厚度大，从下而上其地层顺序为：① Залотоухов 组。火山岩及石灰岩，灰岩中含古贝类 *Archaeocyathus*，厚 2000～2500m。② Луков 组。砾岩和砂岩，厚 400m。③ Листвян 组。灰岩，含古贝类 *Ajacicyathus*、*Archaeocyathus*，厚约 1000～1500m。④ 中统 Бирюлин 组。细砂岩、泥岩、基性火山岩，含三叶虫 *Paradoxides*，厚 2250～2500m。⑤ Толстчихин 组。灰岩，含三叶虫 *Acrocephalina*，厚 500m。反映出为活动性地槽沉积。

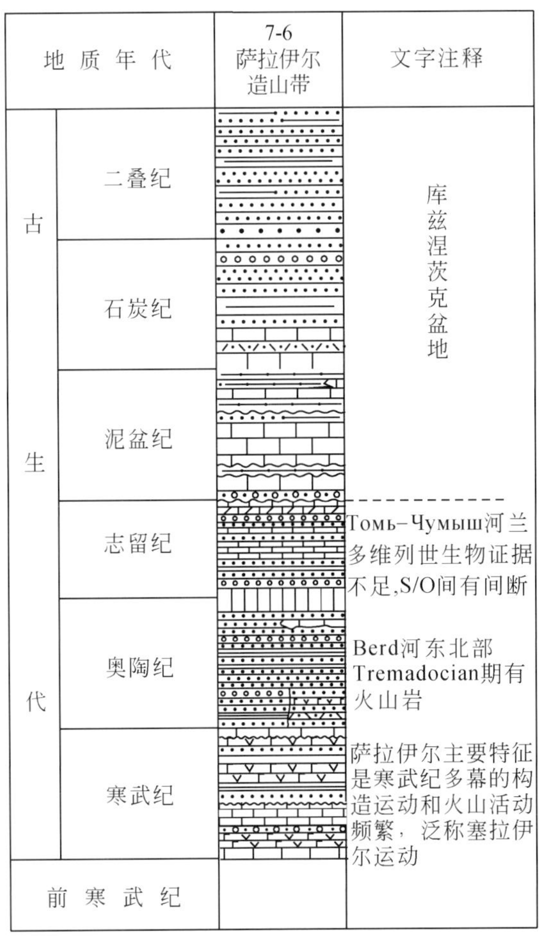

图 1.12　萨拉伊尔造山带古生代地层柱状图

2. 奥陶系

据 Sennikov 等（1988）资料，萨拉伊尔的奥陶系以碎屑岩为主，石灰岩夹层少，且多呈透镜状，火山岩仅局限于特马豆克期。奥陶系最顶部缺失，向下过渡为寒武系。奥陶系-寒武系界线层处于碎屑岩相 Chebura 组内或纯碳酸岩相 Tolstochikha 组内，但均以不同三叶虫组合而划分开。特马豆克期地层总厚 1000m 左右，变化较大，分三种情况：① 全由碎屑岩组成的 Zapadno - Salair 组（400 ~ 1200m）；② 下部由泥质及砂质灰岩组成的 Tolstochikha 组和上部由灰绿淡紫色砂岩、粉砂岩、泥质灰岩、基性玢岩及凝灰岩组成的 El′tsovka 组；③ 下部由黄绿色凝灰岩、砂岩和粉砂岩构成的 Chebura 组（上部）和上部由淡紫色凝灰岩、凝灰质砂岩、凝灰砾岩、砂岩和灰岩组成的 Krasnoe 组（1000m）。上述各组均含有三叶虫。时代为弗洛期至达瑞威尔期的 Ilokar 群含 *Phyllograptus densus* 带、*Isograptus gibberulus* 带至 *Husterograptus teretiusculus* 带笔石及腕足类、三叶虫等。由粉砂岩、页岩、砂岩等碎屑岩组成，下部浅绿色还含少量灰岩（Ilovat 组）；上部黑和灰黑色还含硅质层（Karastum 组）。Weber 组由砂岩、砾岩及夹灰岩透镜体的粉砂岩组成，厚 150 ~ 250m，含腕足类 *Bimuria bugryshichiensis*、*Multicostella inaequistriata*、*Austinella numia*、*Eospirigerina sublevis*，三叶虫 *Holtrachelus punctillosus*、*Amphilichas sniatkovi*、*Isocolus sjogreni*，笔石 *Koremagraptus kozlowskii*、*Hedrograptus mirnyensis* 等，时代属桑比期至凯迪早期，凯迪晚期至赫南特期地层缺失。

3. 志留系

按 Томь-Чумыш 河和 Томского 村附近坑道剖面（Никифорова и Обут，1965），兰多维列世 Оселкинская 组由暗绿色页岩、泥质砂岩和暗灰色复矿砾岩组成，近 500m，未发现化石，不整合于中奥陶统暗绿色页岩之上。申伍德期的 Баскусканская 组厚 600m，为微粉红、白、灰色石灰岩，含珊瑚 *Altaja silurica*，腕足类 *Conchidium* ex gr. *pseudoknighti* 等，在底部有泥岩和砂岩夹层。侯墨期的 Потаповская 组厚 670m，为灰、暗灰色灰岩，泥质灰岩夹粉砂岩，含珊瑚 *Contrillia eximia*，腕足类 *Conchidium* ex gr. *pseudoknighti*。下部的砂岩夹钛铁矿-磁铁矿砂和鲕绿泥石透镜体。罗德洛世的 Сухая 组厚 260m，为砂岩、粉砂岩、砾岩和灰岩透镜体组成，属彩色岩石，向下着红色，向上为绿色和黄色，含腕足类 *Protathyris didyma*，不整合于 Потаповская 组之上，但在北部 Гурьевска 山却不整合于中奥陶纪石灰岩之上（Никифорова и Обут，1965）。罗德洛世至普里道利世的 Томскозаводская 组厚近 1000m，为石灰岩，向上为灰色、向下为深灰色泥质灰岩，底部为白云质灰岩，含腕足类 *Howellela laeviplicotus*、*Protathyris praecursor*。下泥盆统 Крековская 组为灰和浅灰色石灰岩，含 *Gypidura kayseri*、*Cymostrophia stephani*，整合于志留系之上。

4. 泥盆系

泥盆系最底部苏哈雅组为砂砾岩，厚约 100m，角度不整合在元古界或奥陶系—志留系之上，其上为厚度约 50m 的页岩。上覆为托木楚梅斯克组和克列考夫斯克组，全为碳酸盐岩，总厚925m，底部含腕足类 *Howellella angustiplicata*、*Protoathyris praecursor*，三叶虫 *Warburgella rugolosa*，对比为洛赫考夫阶。相当于埃姆斯阶下部的萨拉伊尔卡组，为粉砂岩和泥岩夹砂质灰岩，厚度约300m，含珊瑚 *Favosites regularissimus* 动物群，与下伏克列考夫斯克组不整合接触。埃姆斯阶上部别洛夫和山达组为石灰岩，相变为灰岩、砂岩的互层沉积，厚350m，含腕足类 *Zdimir-Megastrophia* 动物群，其下与萨拉伊尔卡组也为不整合接触。中泥盆统下部马蒙托夫组属艾菲尔阶，下段（乌尔瑞卡段）为细砂岩、粉砂岩夹灰岩，厚约100m，含菊石 *Pinacites* sp. 和腕足类 *Lazutkinia* sp. 。中段（马来萨拉伊尔段）为灰黑色中、薄层板状灰岩，厚55m，含牙形刺 *Icriodus norfodi*、*Polygnathus* aff. *trigonicus* 等，被对比为艾菲尔阶上部的 *costatus* 带。上段（别斯特列沃段）为浅灰、白色厚层棘屑灰岩，厚250~300m。中统上部吉维特阶包括两个岩组，下部阿卡拉什克组为厚达300m的砂页岩，无化石记录；上部克尔列格什组以灰岩为主，夹少量砂岩、页岩，厚约1000m，含 *Chascothyris* 带的腕足类。最上部为萨方耶夫斯克组，为泥岩、凝灰质砂岩、砾岩和灰岩，厚约800m，含 *Indospirifer* sp. 。该组之上为不整合，大多数地区无地层出露。上泥盆统分布局限，主要为砂岩、页岩、砾岩和石灰岩，厚度约275m。

5. 石炭系

石炭系在库兹涅茨盆地发育完整，动物和植物化石丰富，下石炭统主要为海相沉积，但在维宪阶和纳缪尔阶内，局部层位则为海陆交互相沉积。上石炭统全部为陆相含煤碎屑沉积。本区下石炭统整合于上泥盆统之上。下石炭统杜内阶由下而上划分为：阿贝舍夫层（Абышевский гор）主要为灰岩、凝灰岩，含珊瑚 *Cyathoclisia coniseptum*，腕足类 *Cyrtospirifer ivanovae*、*Imbrexia topkensis*，厚80~200m；泰顿层（Таидонский гор）由灰岩、鲕状灰岩和微晶灰岩组成，含珊瑚 *Zaphrentis konincki*，腕足类 *Tomiproductus elegantulus*、*Syringothyris typa*、*Fusella tornacensis*、*F. ussiensis*，厚70~190m；下捷尔辛层（Нижнетерсинский гор）为灰岩、生物灰岩、微晶灰岩，含珊瑚 *Zaphrentites parallelus*，腕足类 *Megachonetes zimmermanni*、*Syringothyris altatica*、*Spirifer attenuatus*、*Leptagonia analoga*，厚125~180m。下统维宪阶自下而上分为：① 波德雅可夫层（Подьяковский гор.）。鲕状灰岩、灰岩或相变为凝灰岩夹鲕状灰岩，含珊瑚 *Lithostrotion affine*，腕足类 *Syringothyris cuspidate*，䗴 *Eostaffella*，厚100~280m；② 上托姆组（Вертомский гор.）。由砂岩、泥灰岩、凝灰岩夹灰岩组成，其上部为鲕状灰岩、砂岩及泥岩，产腕足类 *Verkhotomia khalfini*、*Rotaia sibirica*、*Neospirifer derjawini*，厚200~250m。下石炭统（维宪阶—谢尔普霍夫阶）奥斯特罗格组（Острогская свита）为砂岩、粉砂岩、泥岩，底部有时为砾岩。产植物 *Lepidodendron batschaticum*、*Angaropteridium* sp.，腕足类 *Fluctuaria uncata*、*Rotaia kusbassi*、*Balakhoma kokdscharensis*、*Striatifera striata*，厚135~895m。上石炭统巴什基尔阶上奥斯特罗格组（Верхнеострогская свита）为砂岩、泥岩夹煤层，厚150~300m。上石炭统莫斯科阶—格舍尔阶划分为：下部马祖洛夫组（Мазуровская свита）由云母砂岩、粉砂岩组成，含多层可采煤层，产植物 *Angarodendron obrutschevii*、*Noeggerathiopsis tyrganica*，厚575m；上部阿雷卡也夫组（Алыкаевская свита）为薄层粉砂岩、细砂岩，产植物 *Angaropteridium*、*Noeggerathiopsis*、*Ginkgophyllum*，厚300m。

6. 二叠系

库兹涅茨盆地的二叠系发育良好，层序完整，全部为陆相沉积，含煤性好，可采煤层厚，因此库兹涅茨盆地乃是俄罗斯最大的含煤盆地。下统（Asselian—Sakmarian）科拉伊层（Кораиский гор.）为砂岩、粉砂岩、泥板岩，含少量煤层，产植物化石 *Sphenopteris*、*Noeggerathiopsis*，厚100～300m，该层与下伏石炭系上统呈整合接触。下统（Artinskian—Kungurian）自下而上分为4个亚组：普罗麦茹托奇亚组（Промежуточная）、伊沙诺夫亚组（Ишановская）、克麦洛夫亚组（Кемеровская）、乌夏特亚组（Усятская）。它们主要由砂岩、粉砂岩、泥岩和碳质泥岩、黏土岩组成；产植物 *Noeggerathiopsis*、*Zamiopteris lanceolata*，厚445～1975m。中统（Roadian—Capitanian）下部称库兹涅茨组（Кузнецкая свита），为暗绿色粉砂岩、细砂岩和凝灰岩，产植物化石 *Noeggerathiopsis kusnetzkiana*、*Gamophyllites iljiskiensis*，厚628～760m；上部称伊利英组（Ильинская свита），为砂岩、粉砂岩、泥岩，夹煤层，产植物 *Annularia*、*Noeggerathiopsis*，厚600～1350m。上二叠统（Wuchiapingian—Changhsingian）也鲁纳科夫组（Ерунаковская свита）自下而上分为三层：下层为砂岩、粉砂岩、泥灰岩、碳质泥岩，夹煤层，产植物 *Koretrophyllites*、*Nephropsis*，厚530～630m；中层为砂岩、粉砂岩、泥岩及厚煤层，产植物 *Prynadoeopteris*、*Callipteris acutiforlia*，厚350～400m；上层由砂岩、碳质泥岩夹泥灰岩及泥质灰岩组成，产植物 *Yavorskia mungatica*、*Noeggerathiopsis minutifolia*，厚800～1000m。

1.6.6 阿尔泰造山带（7-7）

1. 寒武系

在金属阿尔泰同样反映多幕性的造山运动，寒武系各组之间全为角度不整合接触，并或多或少缺失地层，岩性为大量的火山岩、砾岩、砂页岩及灰岩，其地层顺序从下往上（图1.13）依次为：① 下统 Манжерок 组。各类斑岩、凝灰岩、页岩夹少量灰岩和白云岩，厚约3500m。② Каянчин 组。砾岩、泥灰岩、页岩、灰岩，含三叶虫 *Bergeroniellus*，古贝类 *Clathocyathus*、*Tegerocyathus*，厚2000m。③ 中统 Каим 组。灰岩、斑岩、泥岩，含三叶虫 *Paradoxides*、*Oryctocephalus*，厚700～3000m。④ Елангин 组。砂岩、细砾岩、页岩、斑岩，含三叶虫 *Prohedinia*。⑤ Кульбич 组。砂岩、页岩、灰岩，含三叶虫 *Glyptagnostus*、*Aphelaspis*、*Olenus*，厚度大于200m。从其火山活动、厚度和各组接触关系，同样反映出为活动性的地槽沉积。

2. 奥陶系、志留系

1）矿山阿尔泰

矿山阿尔泰的奥陶系被分为5个构造岩相带，地层出露更完整的剖面位于西部Charysh-Inya带和东部Uyman′-Lebed′带。Charysh-Inya带（图1.13柱图左列）以碎屑岩-

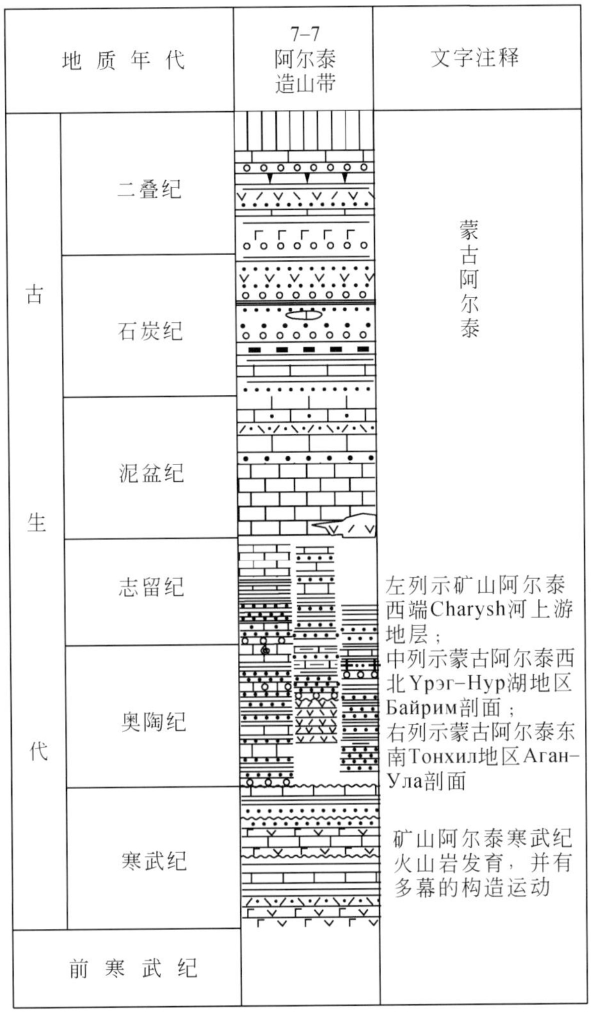

图 1.13　阿尔泰造山带古生代地层柱状图

碳酸盐岩为代表，最低含化石（笔石）层位称 Voskressenka 组，底部时代属弗洛晚期，其底部砾岩似假整合于 Suetka 组（Gorny Altai 群上部）（无化石、暂归特马豆克阶之上），剖面向上的碳酸盐岩厚度增加，在最上部赫南特阶 Orlov 组变为生物岩礁。奥陶系和志留系为连续沉积。总厚 530 ~ 2900m。东部 Uyman'- Lebed'带以碎屑岩为主，总厚 2600 ~ 5000m。特马豆克阶 Ishpa 组（含笔石）不整合于寒武系第三统中部之上。其他岩相带的剖面不甚完整，多在特马豆克阶至桑比阶之间分别有缺失，个别地点的特马豆克阶内含火山岩及凝灰岩。剖面选在矿山阿尔泰城最西端的 Charysh 河上游。

矿山阿尔泰的志留系也被划分为若干构造岩相带。在矿山阿尔泰城之西 Charysh 河上游地区的 Талицкая 带及 Чарышская 亚带内的 M. Ханхаре 河剖面可作代表。下志留统（包括文洛克统）主要为细碎屑岩夹灰岩，底部一般有砾岩层，上部灰岩较多，厚 600 ~ 800m，含笔石 *Climacograptus rectangularis*、*Diplograptus truncatus*、*Monograptus prioden*，腕

足类 *Eospirifer*、*Pentamerus*，三叶虫 *Encrinurus*，珊瑚等，被归入西欧-中亚型。而在东南部 X. Сайлюгем 的下志留统，属蒙古图瓦型，还见腕足类 *Tuvaella gigantean* 等，更有甚者，在 Бетсуканас 河盆地，出现独特的文洛克世红色沉积物 Бетсуканас 层，为红灰、火漆、褐色，主要是砂岩，次为粉砂岩和页岩，时有圆砾岩和砾岩透镜体或夹层，以缺失灰岩为特征，通常厚 1000m。上志留统一般称 Чарышская 灰岩，一般都大理岩化或再结晶，很少含单独的砂、泥质单层，常发育生物礁或滩，西部厚 1200m，东北方向厚 100 ~ 400m，含早罗德洛世腕足类 *Conchidium knighti* 和晚罗德洛世腕足类 *Eospirifer irbitensis*、*Trimerella chioensis*。

2）中国阿尔泰

下奥陶统哈巴群为一套灰、浅灰绿色浅-滨浅海相变质碎屑岩，厚度大于 6000m（肖兵，1979），含三叶虫 *Cybelurus*、*Asaphus* 等，上奥陶统下部东锡勒克组的中酸性火山岩不含化石，厚 928m，整合于阿什吉尔阶（Ashgillian）的白哈巴组之下，后者为灰绿色粉砂岩、泥岩及白色灰岩，含珊瑚 *Sibiriolites*，腕足类 *Dalmanella*，厚 1280m 以上。

志留系称库鲁木提群，归中-上志留统，为变质岩系，下为云母片岩、石英片岩以及石英岩；上为变质砂岩及少量粉砂岩、石英岩，含腕足类 *Ferganella*?，厚 6197m。

3）蒙古阿尔泰

整个蒙古，下奥陶统仅出露于蒙古阿尔泰带，其他地区仅存上奥陶统，甚至仅有凯迪晚期—赫南特早期沉积。在蒙古阿尔泰带的西北角 Урэг-Нур 湖地区的 Байрим 剖面（图 1. 13 柱图中列），属 Чаганшибетинская 亚带。上奥陶统厚 250 ~ 800m，主要是钙泥质沉积，含腕足类，底部的红色砾砂岩（Бургастайнская 组）不整合在火山沉积岩（角斑岩、球粒玄武岩、流纹岩成分的凝灰岩及凝灰砂岩）（Мугураксинская 组上部，200m）之上，后者暂归达瑞威尔阶。在 Байрим 山脉北部和 Ачитунурской 盆地西北，志留系下部是砂岩和页岩（厚 200m），上部为灰岩及砂岩（厚 400m），含腕足类 *Tuvaella gigantean*、*Stegerhynchus borealis*、*Eospirifer* 等，剖面向外有相变，并插入正长石、闪长岩、玢岩及凝灰岩等。志留系以断层关系覆于上奥陶纪 Урэнгурские 组之上。

在蒙古阿尔泰东南汤希勒地区（Тонхил）Аган－Ула 剖面，及其西北 Думба－Хаджинга 剖面（补充剖面上部地层单位）（属 Кобдинская 亚带）（图 1. 13 柱图右列），下奥陶统厚 1300m 左右，主要是泥岩、粉砂岩夹砂岩，顶部夹少量凝灰岩，中部呈黑色泥岩较多，弱硅化，含笔石 *Isograptus caducers imitates*、*Oncograptus upsilon*、*Climacograptus forticaudatus* 等，属大坪期和达瑞威尔期沉积。弗洛期及特马豆克期地层为砂岩夹粉砂岩，厚 1000m，与下伏地层关系不清。上奥陶统厚 550m 以上，下部以长石砂岩及砂岩为主，底部具砾岩，似假整合于下奥陶统之上，缺桑比期沉积；上部为泥岩夹生物碎屑灰岩层及透镜体。上与志留系（碎屑岩）整合相接。

4）南蒙古戈壁阿尔泰（山）

奥陶系分布于 Шине-Джинсэту 地区的 Чаган-Булак 泉东南 2. 5km，Джинсэту-ула 山

山前地带的南部，称 Сайринских 层（Слоев），Розман 和 Минжин（1988）将其归为下中阿什吉尔阶（Ashgillian）。典型剖面分 5 层，主要由泥质灰岩组成，底顶部分夹凝灰砂岩和凝灰岩，出露厚度百余米，含日射珊瑚 *Dilites*、*Khangailitos*，四射珊瑚 *Palaeophyllum virgultum*、*Rectigrewingkia*、*Streptelasma*，腕足类 *Hesperorthis latecostata*、*Triplesia* 等（Розман *et al.*，1981）。

志留系分布于 Джинсэту-ула 山山前地带的南带，分两个地层单位：①下称 Гобийский слоев（戈壁层位），为碳酸盐-陆源近海沉积，出露厚 220m。下部为粉砂岩与碎屑及泥质灰岩互层组成，120m，属下-中兰多维列世沉积，含珊瑚 *Palaeofavosites limbergensis*、*Mesofavosites archokkensis*，腕足类 *Tuvaella dichotomians*（最原始的 *Tuvaella*）、*Glassia minuta*；上部属中-上兰多维列世沉积，由粉砂岩、砂岩和少量海百合灰岩互层，厚 100m，含腕足类 *Eospirifer*、*Stegerhynchus*、*Alispira*、*Howellela*。②上称 Цаганбулакский 层，为主要的碳酸盐岩地层，厚 115m，时代属文洛克期—下卢德福特期。下部 20m（称 Шарачулутинская 层）为生物礁灰岩及泥质灰岩，含珊瑚 *Thecia podolica*、*Barrandeolites bowerbankii*，腕足类 *Tuvaella rackovskii*、*Tannuspirifer pedaschenkoi*、*Atrypa tchulutensis*；上部主要为泥质灰岩夹少量粉砂岩、泥岩，含珊瑚 *Subalveolites volutus*，腕足类 *Tuvaella gigantean*、*Howellela complicata*。

3. 泥盆系

泥盆系广泛分布于俄罗斯戈尔诺阿尔泰和蒙古戈壁阿尔泰，属于外陆架或较深水相。俄罗斯戈尔诺阿尔泰下泥盆统自下而上分别划分为基列耶夫斯克组、库瓦斯斯克组、穆库尔切尔组、马特维夫组和谢维尔特组。岩性为碎屑岩夹灰岩，底部为砂砾岩夹灰岩，相变为流纹岩及其凝灰岩、安山玢岩、熔岩角砾岩，厚 500 ~ 2800m，含珊瑚 *Favosites* ex gr. *sibirica*。原划分为艾菲尔阶的谢维尔特组为砂页岩、砾岩夹灰岩，厚 250m，含腕足类 *Zdimir* ex gr. *pseudobashkiricus*，现划归埃姆斯阶上部。中泥盆统下部为碎屑岩夹火山岩，上部为中酸性火山熔岩及其凝灰岩，厚度大于 2000m。石灰岩夹层中含苔藓虫 *Semicoscium* sp.。中-上泥盆统下部为砂、页岩夹灰岩，相变含火山岩，厚 700 ~ 2500m，含腕足类 *Mucrospirifer mesocostalis*。上部法门阶为砂、页岩夹砾岩，厚约 300m。

蒙古戈壁阿尔泰下泥盆统洛赫考夫阶保尔太克组岩性为灰岩夹凝灰质砂岩和熔岩。底部为底砾岩，砾石成分有砂岩、粉砂岩和酸性侵入岩，厚 230m，含床板珊瑚 *Favosites nikiforovae*、*Pachyfavosites kozlowskii*，三叶虫 *Warburgella rugosa*，腕足类 *Protothyris praecursor*、*Howellella inchoans*。布拉格阶比盖尔斯克组局部不整合在志留系之上，最大厚度达 650m，以灰岩发育为特征。含腕足类 *Spirigerina supramarginalis*、竹节石 *Nowakia acuaria*。埃姆斯阶楚龙组为灰岩，厚 380m，含有 3 个腕足化石带，自下而上为 *Uncinulus tsakhirinicus* 带、*Spinatrypa galinae* 带和 *Fallaxispirifer amurensis* 带。含牙形刺 *Polygnathus gronbergi*、*Icriodus altaicus*，珊瑚 *Oculipora angulata*、*Embolophyllum aggregatus*、*Mycophyllum difficile* 等。金斯特区以前划为中-上志留统的查干布拉格组，根据已发现的牙形刺，应属下泥盆统洛赫考夫阶。

下-中泥盆统查干哈根组下部见于采勒，为砂岩、粉砂岩夹灰岩，厚度大于 300m，含

腕足类 *Zdimir* sp.、*Megastrophia uralensis*，在曼达尔一带，于凝灰质砂岩、粉砂岩中见礁灰岩，厚 160m，含大量床板珊瑚 *Squameofavosites delicates*、*Alveolites levis grandis*、*Placocoenites medium*。查干哈根组上部在大部地区缺失，仅见于哈布塔格伊，命名为哈布塔格组，厚度大于 260m。岩性为灰岩、凝灰岩、熔岩的互层，底部具石英质砾岩，不整合超覆于不同年代地层之上。主要化石有珊瑚 *Pachyfavosites abnormis*、*Thamnopora cervicornis*、*Alveolites levis*，腕足类 *Paraspirifer khabtagensis*、*Leptodontella zmeinogorskiana*、*Leptostrophiella alta*。

中泥盆统上部吉维特阶至上泥盆统法门阶为戈壁阿尔泰组，岩性以凝灰砂岩、粉砂岩和页岩的互层为主，夹少量灰岩透镜体，厚度大于 600m，散布于苏赫巴特尔省西乌尔特。下部含牙形刺 *Polygnathus ensensis*、*Klapperina* cf. *disparilis*，竹节石 *Styliolina fissurella*；上部含牙形刺 *Ancyrodella gigas*、*Palmatolepis hassi*、*P. perlobata*（Алексеева *et al.*，2006）。

4. 石炭系—二叠系

蒙古西南缘阿尔泰山的石炭系—二叠系发育良好，特别是石炭系层序较为完整。石炭系明显分为下、上两套：下套相当于下石炭统，岩性为海相沉积，局部为海陆交互相含煤沉积；上套相当于上统，其岩性为陆相碎屑岩含煤沉积及火山熔岩和火山碎屑岩。二叠系下统为陆相碎屑岩沉积和基性喷发岩；中统为海相碎屑岩、碳酸盐岩沉积，局部为潟湖相沉积，并伴有酸性火山熔岩。

蒙古阿尔泰石炭系下统杜内阶为砂岩、粉砂岩，少量砾岩、泥质板岩，夹煤层，下部有碧石板岩和安山玢岩，产腕足类 *Echinoconchus elegans*、*Schizophoria resupinata*、*Syringothyris distans*，植物 *Lepidodendron spetsbergense*，厚 100m。本区杜内阶与下伏上泥盆统一般为整合接触。下统维宪阶—谢尔普霍夫阶的岩性为砂岩、粉砂岩、泥质板岩，夹灰岩透镜体或灰岩，底部为砾岩，产腕足类 *Antiquatonia hindi*、*Spirifer plenu*、*Spirifer attenatus*、*Spiriferina insculpta*，厚 700～800m。上统巴什基尔阶—格舍尔阶的岩性为砾岩、砂岩、页岩和煤层，产植物 *Noeggerathiopsis* sp.、*Angaropteridium cardiopteroides*、*Angaridium* sp.，厚 1000～1200m。

蒙古阿尔泰二叠系下统岩性为硅质泥灰岩、泥岩，其下部为砾岩和基性喷发岩；产植物化石 *Zamiopteris glossopteroides*、*Noeggerathiopsis derzavini*、*Samaropteris* sp.。中统自下而上分为砂岩组、含矿组和灰岩组。砂岩组为砂岩夹泥岩、砾岩、石英斑岩和灰岩，厚 900m。含矿组为灰岩、黏土岩、泥岩、石膏和盐岩，含腕足类 *Athyris pectinifera*、*Spiriferina multiplicata*、*Chonetes omoloensis*，厚 200～250m。灰岩组为灰岩夹黏土质、砂质结核及砂岩、砾岩，产腕足类 *Athyris pectinifera*、*Martinia semiplana*，厚 500～700m。上二叠统可能缺失。

1.7 天山-兴安造山系

1.7.1 斋桑-准噶尔造山带（8-1）

该带缺少有可靠依据的寒武系地层。

1. 奥陶系

新疆沙尔布尔提山出露的奥陶系（图 1.14 柱图左列）为一套火山碎屑岩，夹少量碳酸盐岩。布鲁克其组厚 711m，未见顶底，为一套黄褐、灰色厚层块状灰岩、豹皮灰岩、钙质砂岩、岩屑晶屑凝灰岩、安山玢岩等。下部 620m 仅含 *Maclurites* 及层孔虫和藻类化石；顶部 90m 内含三叶虫 *Remopleurides*、*Illaenus*、*Sphaerexochus*，腕足类 *Plectocamara*、*Parambonites* 等化石，时代大体相当于凯迪早期。布尤果尔组的底出露不全，顶与志留系布龙组整合接触，由凝灰质砂砾岩夹灰岩透镜或巨大灰岩砾石组成，厚 295m，含大量珊瑚 *Plasmoporella convexotabulata*、*Agetolites*、*Taeniolites*、*Heliolites*，三叶虫 *Scutellum romanovskyii*。化石指明时代属凯迪晚期。

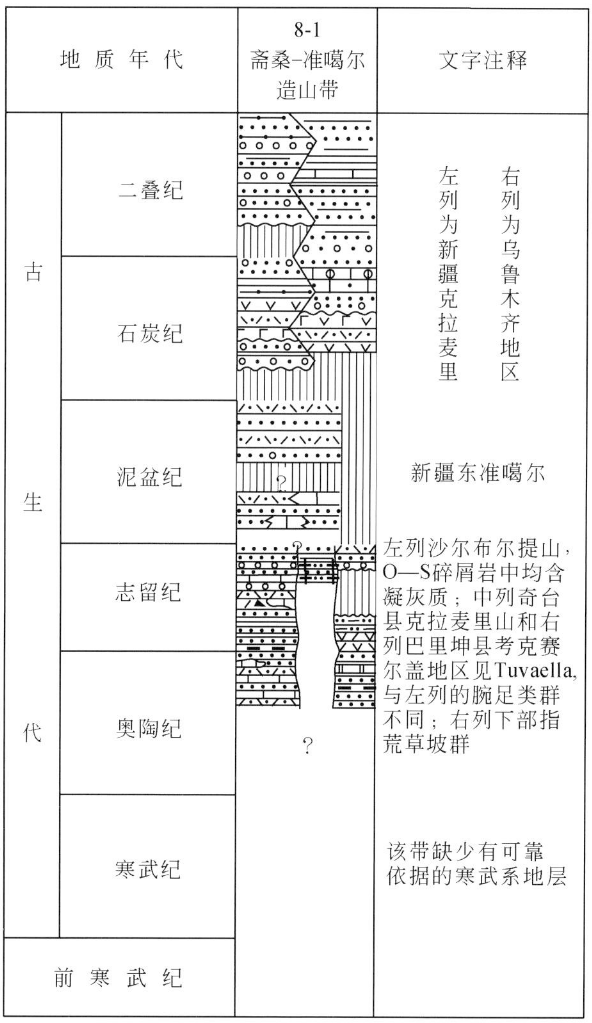

图 1.14　斋桑-准噶尔造山带古生代地层柱状图

在沙尔布尔提山之东巴里坤一带出露的一套浅变质碎屑岩、中酸性火山岩及火山碎屑岩，惯称荒草坡群，归“中奥陶统至下志留统”（汪啸风等，1996），划分为3个亚群。在巴里坤西北克里沙尔布拉克东北可见志留系卢德洛统（原称克克雄库都克组），红柳沟组超覆其上（图1.14柱图右列）。该群总厚大于4487m。自下而上的第一亚群为千枚岩化钙质粉砂岩及大理岩，可见硅质岩、未见化石。第二亚群厚1550m，为千枚岩化钙质泥岩，中部夹中酸性熔岩及火山碎屑岩，含腕足类 *Isorthis*、*Strophonella* 等。第三亚群厚1321m，为灰绿色中-厚层状千枚岩化凝灰质细砂岩、粉砂岩，局部见大理岩，含 Asaphidae 和 Encrinuridae 科三叶虫。赖才根等（1982）曾记述，在乌勒盖的中亚群采得腕足类 *Atrypa*、*Resserella*，而指认部分属志留纪以后的层位。现将该群暂置于上奥陶统至志留系兰多维列统内。但汪啸风和陈孝红（2005）的划分对比表中，荒草坡群3个亚群被冠名为“组”级专名，并置于加波萨尔组之上似不妥。

2. 志留系

沙尔布尔提山的志留系（图1.14柱图左列）整合覆于奥陶系之上。兰多维列统布尤组厚190m，为黄绿色凝灰质粉砂岩，以粉砂岩为主，底部有6m灰黑色硅质岩，顶被断层切割。含 *Streptograptus* cf. *becki*、*Monograptus sedgwickii*、*Pristiograptus* ex gr. *concinnus*。文洛克统下部沙尔布组厚470～506m，为一套紫红、灰褐色厚层-块状安山质岩屑晶凝灰岩、凝灰质砂岩、玢岩、安山质熔岩角砾岩，夹少量灰岩透镜体，含珊瑚 *Squmaeofavosites immensus*、*Favosites gotlandicus*、*Subalveolites porosus*，腕足类 *Eospirifer tuvaensis* 等。沙尔布尔提山组为灰、灰绿及褐色厚层-块状中粗粒凝灰砾岩、含砾粗砂岩夹凝灰质细砂岩，厚150～362m，含 *Favosites*，时代暂归文洛克晚期。克克雄库都克组为一套灰绿、紫色泥岩、凝灰质粉砂岩、砂岩、砾岩夹少量灰岩的复理石沉积，厚744～1537m，含珊瑚 *Favosites*、*Mesofavosites*、*Stelliporella abnormis*，腕足类 *Atrypa*、*Ferganella*，笔石 *Bohemograptus bohemicus* 等，属罗德洛统。乌吐布拉克为一套灰绿色粉砂质页岩、凝灰质粉砂岩及砂岩夹灰岩透镜体。Ni 等（1998）指出：该组在命名剖面上厚360m，在该组中部有24m厚的层段内产笔石 *Monograptus anerosus*、*M. mironovi*、*M. beatus*、*Pseudomonoclimacis bandaletovi* 等，均属 *Monograptus bouceki* 带，应归普里道利统，与上覆下泥盆统曼格尔组及下伏地层均为整合接触。文洛克世之后的几个地层组间也为整合接触。

沙尔布尔提山东南新疆奇台县卡拉麦里山南平顶山的一套碎屑岩称白山包组（图1.14柱图中列），底为断层所切，顶与上覆红柳沟组整合接触。由灰、灰白色长石砂岩，夹泥质粉砂岩、钙质粉砂岩、砂质灰岩及砾岩组成。向东至巴里坤西部红柳峡断块中也有出露，但长石砂岩减少，砾岩、岩屑砂岩和砂质灰岩增多。以含腕足类 *Tuvaella* 动物群的 *Tuvaella gigantean* 组合为特色，还有珊瑚 *Striatopora*、*Pleuarodictyum*、*Syringaxon* aff. *salairica* 等，一般厚300m，最厚846m，时代属罗德洛世。而红柳沟组上与下泥盆统塔黑尔巴斯套组整合接触。在卡拉麦里平顶山与下伏白山包组（图1.14柱图中列）整合接触，由紫红、灰绿相间的薄至中层细砂岩、细砂粉砂岩、粉砂质泥岩、泥质硅质岩和凝灰岩，夹泥灰岩及泥质灰岩构成不同颜色、不同成分的韵律或条带。向东，凝灰质增加，砾岩和灰岩较多，至考克赛尔盖地区（图1.14柱图右列）为一套杂色凝灰岩夹灰岩、砾岩，底部为紫色间杂色的底砾岩，不整合覆于荒草坡群之上，一般厚340～450m，含珊瑚

Kodonophyllum-Chlamydophyllum 组合和 *Thecia-Mesofayosites* 组合，三叶虫 *Encrinurus*，腕足类 *Spirigerina supramarginalis*、*Grayina* 等。在巴里坤北东三塘湖附近的黄绿色粉砂岩中发现笔石，有 *Monograptus beatus*、*M. mironovi*、*M. anerosus*、*M. bouceki*、*Neocolonograptus nimius* 等，均属于 *Monograptus bouceki* 带，应归普里道利统（周志毅、林焕令，1995）。

3. 泥盆系

东准噶尔巴里坤一带泥盆系下统划分为下部塔黑尔巴斯套组，为中基性火山岩及火山碎屑岩，以安山质晶屑岩屑凝灰岩为主，夹凝灰质细砂岩，含砾砂屑灰岩，厚度约 126m，含珊瑚及腕足类化石。上部卓木巴斯套组为钙质砂岩和砂质灰岩的互层，厚 80 ~ 223m，含丰富的腕足类化石 *Leptaenopyxis bouei*、*Gladiostrophia kondoi*、*Acrospirifer* spp. 等。中统乌鲁苏巴斯套组为灰绿色砂岩、粉砂岩夹生物灰岩，厚 142m，含珊瑚 *Pleurodictyum* sp.、*Tyrganolites* sp.、*Endophyllum* sp. 等，砂岩中含植物。上统克安库都克组为杂色、灰绿色凝灰岩、凝灰质砂岩、砂砾岩等，厚度达 1000m，含植物化石 *Lepidodendropsis theodori*、*Leptophloeum rhombicum* 等。底部与志留系考克塞尔蓋组，上部与石炭系均为整合接触。

4. 石炭系

新疆克拉麦里石炭系下统山梁砾石组（Serpukhovian）为灰黄、灰绿色砾岩、砂砾岩、含砾粗砂岩夹砂岩、粉砂岩、页岩及煤线，产植物 *Demetria asiatica*、*Lepidodendropsis concinna*，厚 700 ~ 1600m。本组与下伏上泥盆统呈不整合接触，本区缺失早石炭世杜内期—维宪期的沉积。上石炭统巴塔玛依内山组（Bashkirian—Moscovian）以安山玢岩、玄武玢岩为主，夹霏细岩、珍珠岩和火山碎屑岩，产植物 *Angaropteridium*、*Mesocalamites*，厚 4000m。上石炭统弧形梁组—石钱滩组（Kasimovian），前者为薄层粉砂质泥岩、粉砂岩及砾岩，产植物 *Angaropteridium*、*Noeggerathiopsis*，厚 69 ~ 220m；后者下部为灰绿色细中粒砾岩、粉砂岩夹砂质灰岩，中上部为浅灰、深灰色泥岩夹砂岩、细砾岩、灰岩、生物灰岩，产䗴 *Profusulinella*、*Pseudostaffella*，菊石 *Diaboloceras*，厚度大于 1168m。上石炭统六棵树组（Gzhelian）为中厚层粗砂岩、含砾粗砂岩、泥质粉砂岩夹铁质粗砂岩和凝灰岩，含珊瑚 *Cystodendropora*、*Roemeripora*，厚 242m。本组沉积与上覆中二叠统呈不整合接触。

乌鲁木齐一带石炭系上统分柳树沟组、祁家沟组（Moscovian—Kasimovian）。柳树沟组为灰绿色安山质火山角砾岩、集块岩、凝灰岩、层凝灰岩、安山玢岩、霏细斑岩、英安质凝灰熔岩、玄武玢岩，产腕足类 *Dictyoclostus* sp.，珊瑚 *Lophophyllidium* sp.，厚度大于 2196m。未见下伏地层。祁家沟组为灰紫、黄绿色含砾硬砂岩、钙质砂岩、砾岩、粉砂岩、灰色灰岩、生物灰岩夹少量安山玢岩及凝灰质砂岩，含珊瑚 *Caninophyllum*，䗴 *Fusulina* sp.，腕足类 *Choristites jigulensis*，厚度大于 452m。石炭系上统奥尔吐组（Gzhelian）为灰黑、灰绿色粉砂岩、粉砂质细砂岩、钙质粉砂岩，夹少量薄层砂质灰岩、透镜状灰岩，产珊瑚 *Allotropiophyllum*，腕足类 *Marginifera pusilla*，菊石 *Glophyrites*，厚 227m。本区缺失早石炭世和晚石炭世 Bashkirian 期的沉积。

5. 二叠系

克拉麦里二叠系下-中统孔雀坪组（Kungurian—Roadian）为黄绿、绿灰色泥质钙质硅质细砂岩、泥质粉砂岩、夹硬砂岩、含砾岩屑砂岩，含植物 *Noeggerathiopsis*、*Calamites*，双壳类 *Abiella* sp.，厚1507m。本组与下伏上石炭统（Kasimovian—Gzhelian）呈不整合接触，本区缺失早二叠世的沉积。中二叠统平地泉组（Wordian—Capitanian）为黄绿色泥岩与砂岩互层，夹少量碳质泥岩，底部为砾岩，产植物 *Callipteris altaica*、*Noeggerathiopsis* sp.，厚161m。二叠系上统黄梁沟组（Wuchiapingian—Changhsingian）为黄绿、灰绿色砂岩、砂质泥岩互层，夹薄层砂岩、碳质泥岩、泥灰岩，产植物 *Callipteris altaica*、*Noeggerathiopsis*、*Annularia*，厚203m。与上覆下三叠统呈假整合。

乌鲁木齐二叠系下统分为石人子沟组—塔什库拉组（Asselian—Atrinskian），前一组为粉砂岩、细砂岩、钙质砂岩、砂砾岩、含砾石灰岩，产植物 *Ulmannia*、*Walchia*，厚205m，与下伏地层（奥尔吐组）呈不整合接触；后一组为灰黑、灰黄色粉砂岩、细砂岩、泥岩互层，夹砂质灰岩、泥晶灰岩、鲕状灰岩、底部为页岩夹硅质岩，产叠层石及植物 *Walchia*，厚1362m。下二叠统乌拉泊组（Kungurian）下部为灰绿、灰色中粒长石砂岩与泥岩互层；上部为黄绿、灰绿色砂岩、粉砂岩、泥岩互层，含孢粉，厚756m。中二叠统井井子沟组（Roadian）中下部为蓝灰、灰绿色凝灰质砂岩、凝灰岩、泥岩互层；上部为深灰色泥岩、页岩、粉砂岩，产植物 *Calamites*，介形类 *Darwinula*，厚1500m。中统芦草沟组（Wordian）为灰黑、黑褐色油页岩与页岩互层，其下部为砂岩、页岩互层，产双壳类 *Palaeonodenta* 及脊椎动物，厚660m。中统红雁池组（Capitanian）为绿色细砂岩、钙质砂岩、泥灰岩、灰岩，产双壳类 *Anthraconauta*，介形类 *Darwinula*，厚733m。二叠系上统泉子街组（Wuchiapingian）为深灰、褐紫色泥岩、泥灰岩、砂岩及砾岩，产植物 *Callipteris*、*Iniopteris*，厚240m。上统梧桐沟组—锅底坑组（Changhsingian）下部为泥岩夹细中粒砂岩，上部为杂色粉砂质泥岩、粉砂岩、钙质泥岩，产植物 *Zamiopteris*、*Walchia*，介形类 *Darwinuloides* 及脊椎动物，厚539m。

1.7.2 南蒙古-兴安造山带（8-2）

1. 寒武系

内蒙古科尔沁右翼旗，下寒武统见于伊尔施断块中，称苏中组，下部为灰白色、灰色、灰色厚层蜂窝状结晶灰岩；上部为黑色结晶灰岩和青灰色灰岩夹有少量黑色页岩，含古贝类 *Archaeocyathus*、*Ethmophyllum*、*Protopharetra*，厚157～172m，上下均为断层接触（图1.15）。

2. 奥陶系

南润善等（1992）将内蒙古-兴安地区的奥陶系划分为南、北两个沉积相带，大致以呼玛—二连浩特的连线为界。北带（图1.15柱图右列）仅见奥陶系，为以陆源碎屑岩为主的复理石建造，奥陶系分布广，但出露多不连续，属弧后盆地沉积；南带（图1.15柱图左列）有寒武系至志留系沉积，以滨浅海相变质中酸性火山岩夹板岩和灰岩为主，属岛弧带沉积。

南带的奥陶系以黑龙江省爱辉县裸河和嫩江县多宝山出露齐全，剖面连续性好，组间均为整合，自下而上叙述如下：大治组，厚74m，为灰白色酸性凝灰岩，上部夹黑色板岩，中下部夹细粉砂岩及酸性火山角砾岩。下部未出露。含笔石 *Didymograptus* cf. *nanus*、*Glossograptus*、*Pseudoclimacograptus*，三叶虫 *Parasphaerexochus confragosus*、*Pseudosphaerexochus inflatus*，腕足类 *Productorthis american* 等，属中奥陶世大坪（Dapingian）期沉积。西鳅河组为黑、灰黄色凝灰质板岩、粉砂岩，夹硬砂质长石砂岩及凝灰熔岩，厚570～719m，含笔石 *Phyllograptus anna*、*Orthograptus*、*Climacograptus*，三叶虫 *Pliomerellus patarchus*、*Ischyrophyma lumida*，腕足类 *Diparelasma dongbeiense*，属达瑞威尔期沉积。铜山组，厚800～2000m，为灰绿、黄绿、深灰色凝灰质砂砾岩、细砂岩、粉砂岩、板岩和凝灰岩相间成层，夹少量凝灰熔岩，含腕足类 *Famatinorthis lucheensis*、*Brandysia biconvexa*，笔石 *Dicellograptus sextans*、*Climacograptus putilus* 等，属晚奥陶世桑比期沉积。多宝山组，厚度大于780m，为一套灰绿色火山角砾岩、集块岩、中酸性熔岩、凝灰岩夹大理岩透镜体，含腕足类 *Leptellina sinica*、*Titambonites incertus*，三叶虫 *Ceraurinella* aff. *chondra*、*Amphilichas*、*Illaenus americanus*，属凯迪早期沉积。裸河组厚290m，由灰绿、黄绿色凝灰质细砂岩和粉砂岩夹安山质凝灰岩、粉砂质板岩和生物碎屑灰岩组成，含腕足类 *Viruella orientalis*、*Gunnarella*、*Ptychopleurella*，三叶虫 *Platylichas laxatus*、*Philipsinella parabola*、*Calliops taimyricus*、*Whittingtonia bispinosa*，牙形刺 *Panderodus similaris*，属凯迪期沉积。爱辉组厚205m，由微层理发育的灰黑色绢云母板岩、绿泥板岩夹黄绿色变质砂岩组成，下部含笔石 *Orthograptus* cf. *truncates*、*Pleurograptus* 等，也属凯迪晚期沉积。在命名剖面上与上覆志留系黄花沟组断层相接。

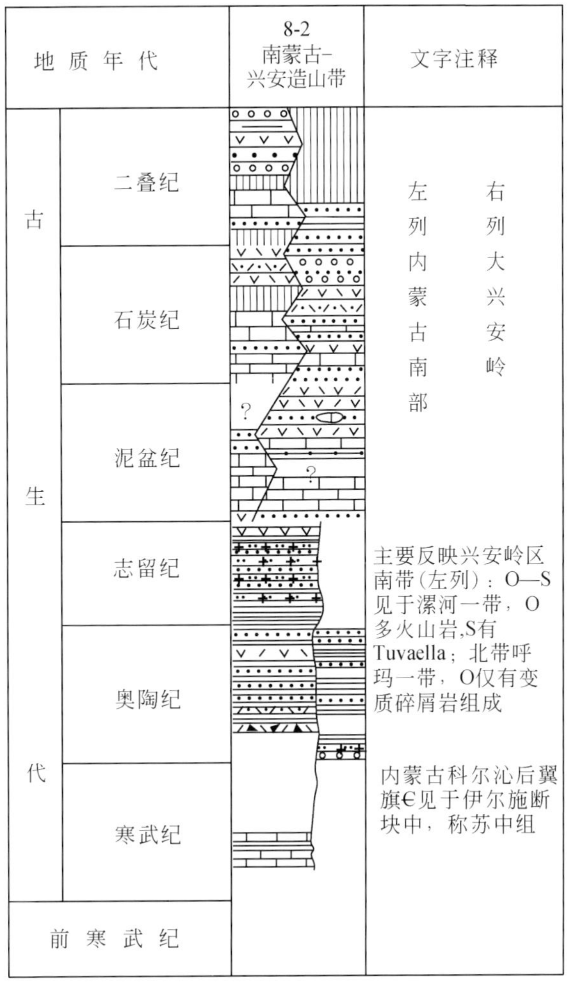

图1.15 南蒙古-兴安造山带古生代地层柱状图

北带的奥陶系以黑龙江省呼玛县研究较祥，南润善等（1992）将其归入特马豆克期的地层，包括安娘娘桥组、库纳森河组和黄班脊组。安娘娘桥组厚324m，由砾岩和板岩等组成。汪啸风和陈孝红（2005）将其改归于上奥陶统，因其与上、下地层关系不清，又无法确定时代，我们将其从图1.15柱图中排除。库纳森河组厚549～765m，为变质石英砂岩、长石砂岩、硬砂岩和含砾酸性凝灰熔岩夹砾岩、粉砂岩和板岩，未见化石，下界不清，上与黄班脊组整合接触。黄班脊组为变质粉砂岩、板岩和砂岩，偶夹片理化酸性凝灰岩，厚300～550m，含腕足类 *Finkelnbergia*，三叶虫 *Ceratopyge*、*Apatokephalus* 等，上界不清。在呼玛县五龙屯有晚奥陶世凯迪期地层五龙屯组。它的上覆地层也是不清，下又被断层所切，总厚大于1134m。下部为粉砂岩夹变质细砂岩和绢云母绿泥石粉砂质板岩组成，上部为变质凝灰细砂岩、变质粉砂岩和绢云母板岩组成，含三叶虫 *Encrinuroides*，珊瑚 *Sinkiangolasma*、*Sibiriolites*，腕足类 *Hingganoleptaena nenjiangensis*－*Giraldibella humaensis* 组合和 *Odoratus sulcata*–*Magicostrophia hingganensis* 组合等，属于凯迪期沉积。位于特马豆克期和凯迪期之间的地层却出露于西侧甚远的内蒙古苏尼特左旗，也归于北带剖面中（图1.15柱图右列）。其中，哈达音布其组厚3796m，主要是凝灰质长石砂岩、板岩及粉砂岩，含三叶虫 *Asaphus*、*Cybelurus*、*Eorobergia*、*Peraspis*?（南润善等，1992），时代属达瑞威尔期。而巴彦呼舒组是厚353m的变质粉砂岩夹板岩和灰岩透镜体，含 *Dicellograptus divaricatus* 等，应归桑比阶。

3. 志留系

志留系仅见于南带，在黑龙江省嫩江县多宝山发育完整。兰多维列统黄花沟组厚450～700m，为灰绿色泥质板岩、粉砂质板岩、泥质粉砂岩，夹细粒长石石英砂岩，含腕足类 *Chonetoidea luoheensis*、*Meifordia subrotunda*、*Schizoramma rigida*、*Leangella auritus*，与下伏爱辉组整合接触（林宝玉等，1998）。文洛克统八十里小河组厚200～626m，主要为黄绿、灰绿色细粒或中粒长石石英砂岩、粉砂岩夹紫红色薄层变质粉砂岩，局部地区在上部夹中性或中基性火山岩及凝灰岩、火山角砾岩；下部以长石石英砂岩的大量出现为特征。与下伏黄花沟组整合接触。以含 *Tuvaella rackovskii* 腕足类组合为特征，主要分子有 *Tuvaella rackovskii*、*Howellella tapsaensis*、*Meristina hinganensis*。卧都河组厚50～382m，底部以硬砂质长石石英砂岩出现与下伏八十里小河组分界。下部为灰绿色粉砂岩夹中粗粒硬砂质石英砂岩，局部相变为紫色板岩，含 *Tuvaella rackovskii*–*T. gigantean* 腕足类组合；上部为中粗粒硬砂质石英砂岩夹粉砂岩和含砾砂岩，含 *Tuvaella gigantean* 腕足类组合。属罗德洛世沉积。古兰河组主要由灰绿、墨绿色板岩、粉砂岩组成，局部见含砾硬砂岩，夹少量安山岩，凝灰岩较多。顶部以一层灰黑色略带紫色的粉砂质板岩与下泥盆统西古兰河组整合接触。下与卧都河组也为整合相接，厚53～170m，仅含腕足类 *Lingula*，代表潮间带沉积。时代为普里道利世。

4. 泥盆系

在内蒙古东北部的呼伦贝尔地区，泥盆系下统划分为骆驼山组和乌奴尔组。骆驼山组为粉砂岩、细砂岩夹结晶灰岩透镜体，厚92m，含腕足类 *Howellella* sp.、*Cymostrophia* sp.，珊瑚 *Amplexiphyllum* sp. 以及竹节石。乌奴尔组为生物屑灰岩夹少量砂岩，含丰富的珊瑚化石 *Lyrielasma* sp.、*Amplexiphyllum* sp.、*Tryplasma* sp.、*Favosites* spp.、*Dictyofavosites* sp.，厚171m。中泥盆统下部北矿组为砂岩、粉砂岩、板岩夹硅质岩和生物屑灰岩，含珊瑚 *Thamanopora alta*、*Aleveolites laevis*，厚度约40m。上部霍博山组为砾岩、砂岩的互层，夹有硅质岩，厚度139m，含珊瑚 *Endophyllum abditum*、*Temnophyllum ornatum* 等。上泥盆统以紫红色生物灰岩及放射虫硅质岩为特征，下部下大民山组为凝灰熔岩、凝灰岩夹大理岩及砂屑灰岩，厚86m，含珊瑚、腕足类及牙形刺，其时代跨中泥盆世。上部上大民山组主要为安山玢岩，角斑岩，下部夹砂砾岩及生物灰岩，含菊石 *Cheiloceras* sp.、*Sporadoceras* sp.、*Platyclymenia* sp. 等。

5. 石炭系

在蒙古国南部，石炭系主要为海相和陆相的火山岩和陆源碎屑沉积，岩性在横向上和纵向上均有明显变化。下统多为海相碎屑和碳酸盐沉积，上统主要为火山岩和火山碎屑岩。在蒙古国南部 Mushgai 地区，下统杜内阶 Arynshand 组为灰、浅灰色薄层灰岩以及厚层灰岩，含牙形刺 *Polygnathus communis*、*Bispathodus aculeatus aculeatus*、*Pseudopolygnathus nodomarginatus*、*Siphonodella cooperi*、*Siphonodella* cf. *crenuata* 等，厚260m。下统维宪阶 Tal 组为页状粉砂岩夹灰岩和厚层灰岩，厚290m。但在南部其他地区，维宪阶的地层中产腕足类 *Spirifer attenuatus*，厚达1000m。本区下石炭统与下伏上泥盆统呈整合接触或关系不明。上统为安山质英安玢岩、凝灰岩及少量流纹斑岩，厚200～400m。本区未见谢尔普霍夫阶的沉积，也许是缺失。蒙古国东南部石炭系均为海相陆源-碳酸盐沉积和火山熔岩及火山碎屑岩。下统杜内阶—维宪阶为砂岩、板岩、砾岩和中基性喷发岩，产苔藓虫 *Polypora pseudospininodata*、*Fenestella rudis*，厚700～950m。在东南部其他地区，下石炭统还产腕足类 *Leptagonia analoga*、*Dictyoclostus deruptus*、*Productus burlingtonensis*。上石炭统为砂岩、砾岩、粉砂岩、基性和中性喷发岩及生物礁灰岩，产䗴 *Fusulina*、*Fusulinella*，厚2000～2750m。

在大兴安岭地区呼伦贝尔盟境内的鄂温克旗，石炭系除了缺失巴什基尔期到莫斯科期的沉积外，其他都发育较全。下统为海相碎屑碳酸盐沉积或为海底酸性火山喷发岩夹碎屑岩。上统为海相和海陆交互相沉积。下统红水泉组（Lower Tournaisian）底部为浅灰、紫灰色含砾石英砂岩；中、下部为浅灰、绿灰色粉砂质泥岩，泥质粉砂岩夹砂砾岩和砾岩；上部为棕灰绿灰色长石砂岩和生物灰岩。产腕足类 *Fusella tornacensis*、*Syringothyris* cf. *alata*，珊瑚 *Zaphrentoides* sp.、*Zaphrentites* sp.，厚度大于1060m。下统莫尔根河组（Upper Tournaisian）底部为火山角砾凝灰岩和火山角砾晶屑凝灰岩夹硅化凝灰岩；中上部为杂色安山岩夹英安岩和岩屑凝灰岩；顶部为灰紫色玄武质凝灰岩。该组未发现化石，厚度大于1731m。杜内阶与下伏下寒武统呈不整合接触。下统（Visean—Serpukhovian）自下而上划分为谢尔塔拉组和角高山组。谢尔塔拉组底部为大理化灰岩；中下部为灰黑色页岩、亮晶灰岩、钙质砂岩、粉砂岩等互层；上部为灰色粗砂岩、细砂岩、粉砂岩夹灰岩。产腕足类 *Megachonetes*、*Davidsonia*、*Fluctuaria undata*、*Syringothyris* cf. *cuspidate*，珊瑚 *Zaphrentites* sp.，厚度大于211m。角高山组下部为浅黄色凝灰岩、石英角班岩夹黑色板岩、泥岩和砂岩，局部为砾岩及长石石英砂岩；中、上部为浅绿色角斑岩。产菊石 *Epicanites-Sudeticeras* 组合化石，腕足类 *Syringothyris*、*Pseudosyrinx* sp.、*Antiquatonia hindi*，珊瑚 *Bradyphyllam* sp.，厚1631m。上统（Kasimovian—Gzhelian）依根河组下部为杂色细中粒砾岩与黑色粉砂互层；上部为灰黑色粉砂岩夹泥质岩。产植物 *Angaropteridium cardiopteroides*、*Noeggerathiopsis* sp.、*Paracalamites* sp.，腕足类 *Tangshanella* sp.、*Neospirifer* cf. *orientalis*、*Chonetinella alata*，厚度大于450m。

6. 二叠系

南蒙古二叠系在各地段有不同的沉积类型，但大部分为陆相沉积，少数为海相沉积。本区二叠系发育不完整，见有中统和上统，但缺失下统和中统卡匹敦阶。下-中统哈尔干霍图克层（Kungurian—Wordian）为安山玢岩、凝灰岩，夹砂岩，产植物 *Rufloria gerzavinii*、*Cordaites singularis*，厚2200～2500m。上统称德尔色图层，岩性为砂岩、粉砂岩、泥岩和砾岩，其上部为砂岩、粉砂岩夹煤层，产植物"*Noeggerathiopsis*" *derzavinii*、*Phyllotheca* cf. *turnaensis*、*Paracalamites* cf. *angustus*，厚2200m。在蒙古国东南部，下统为安山质和玄武质玢岩、细碧岩、砂岩和灰岩，含䗴 *Schwagerina* ex gr. *moelleri*、*Parafusulina* ex gr. *Moelleri*，厚2600m。中统为凝灰岩、凝灰砂岩、火山熔岩、砂岩、砾岩及灰岩，产腕足类 *Linoproductus* cf. *lineatus*、*Marginifera gobiensis*、*Spiriferella saranaeformis*，厚1000m。上统不明。

大兴安岭鄂温克旗和额尔纳右旗二叠系仅出露早二叠世的沉积，为陆相碎屑岩，其他时期的沉积全部缺失。下统新依根河组（Asselian—Artinskian）的岩性为泥质粉砂岩、粉砂岩和细中粒砾岩，产植物 *Angaropteridium*、*Noeggerathiopsis*、*Paracalanites* 等。

1.7.3 成吉思造山带（8-3）

本带未获有关寒武系的资料。

1. 奥陶系

据 Никитин（1972），成吉思-塔尔巴哈台带的西北部（Кендыктинский 和 Баянаулъский 复向斜，Кызылтас-Экибастузский 复背斜）奥陶系发育较全。肯迪克京（Кендыктинский）复向斜的奥陶系（图1.16柱图左列）岩石多绿色，有多层中基性火山岩，上统多复矿砾岩、砂岩层，即磨拉石建造，与志留系沉积连续。凯迪期广泛海侵。最底部的肯迪克尔组厚3000m，主要为绿色玢岩和中基性凝灰岩，无化石，下界未确定。其上的萨雷比达伊克组厚1500m，主要是绿色细砂岩、粉砂岩和硅质粉砂岩，也含凝灰岩层及玢岩，上部有稳定的灰岩层，总厚1500m，下部含笔石 *Didymograptus acutus*、*Expanograptus suecicus*；上部有三叶虫 *Cheirurus sarybidaicus*，腕足类 *Titanumbonites*，可归入中奥陶统。其上的4个岩组均属上奥陶统。叶尔克比达伊克组是灰绿色复矿砂岩、粉砂岩和砾岩相间，最上部时有火山混合岩成分凝灰岩，东部有灰岩，厚2400m，含 *Climacograptus* ex gr. *bicornis* 等，可归为桑比期沉积。3000m厚的巴杨组由灰色安山质玢岩和凝灰岩、灰绿色凝灰砂岩、复矿砾岩、砂岩和粉砂岩组成，一般下部以沉积岩为主，上部以火山岩为主，含三叶虫 *Holotrachelus punctillosus*、*Pliomerina sulcifrons*。一般认为该组上、下均为不整合，但该组下限多处缺失，与下伏地层未见直接相接剖面。安格列索尔组为绿色砾岩、砂岩、粉砂岩、泥岩及石灰岩，有的地方形成一大套灰岩，下部有珊瑚 *Amsassia chaetetoides*，上部含腕足类 *Sowerbyella*，三叶虫 *Stenopareia linnarssoni*，厚1000m。

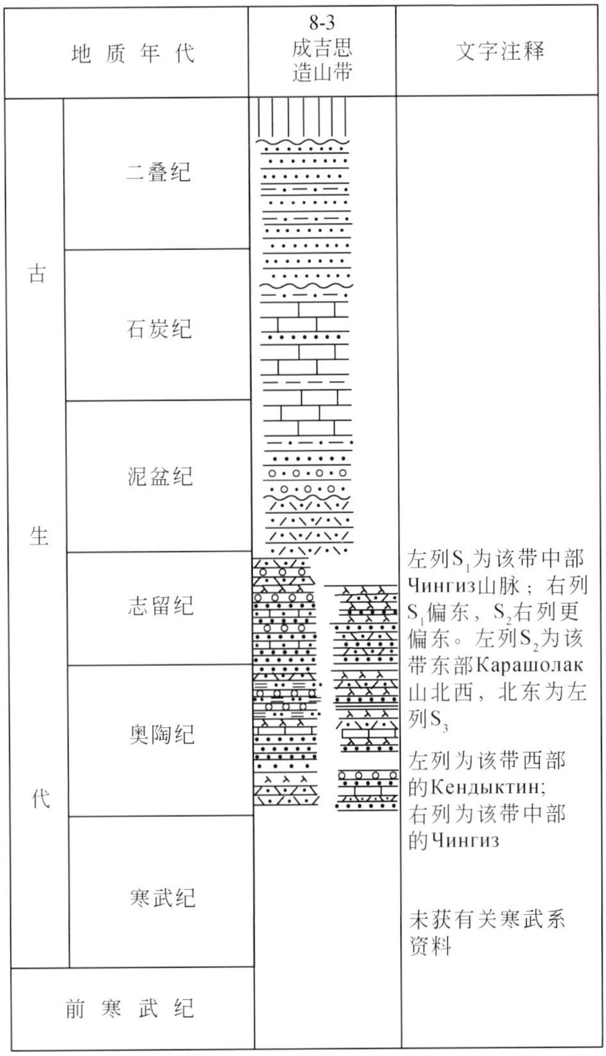

图 1.16　成吉思造山带古生代地层柱状图

奥罗伊组厚 600 ~ 1600m，由灰绿、灰色复矿砂岩、砾岩，绿色及红色粉砂岩和层凝灰岩组成，中部可见灰岩和凝灰岩，含笔石 *Climacograptus supernus*，上部灰岩含腕足类 *Conchidium munsteri*、*Holorhynchus giganteus*，珊瑚 *Agetolites* 等。志留系卡拉艾格尔（Караайгырская）组整合其上，含笔石 *Climacograptus* cf. *parvulus*、*Diplograptus* ex gr. *modestus*，属兰多弗维列世沉积。在其东南 Баянаулъский 复向斜内，相当于奥罗伊组的层位称 Биикск 组（1200m），全为绿色，主要是安山质玢岩和凝灰岩，未见化石。在成吉思–塔尔巴哈台带的中部（Абралинский 复向斜和成吉思复背斜）（Никитин，1972），奥陶系（图 1.16 柱图右列）主要是绿色复矿砂岩以及多层中性火山岩，为凯迪期广泛海侵。Олентинская 组的上部归奥陶系，厚约 800m，为灰绿、灰色复矿砂岩、凝灰砂岩和粉砂岩互层，也具灰岩，含腕足类 *Clarkella supine*，三叶虫 *Niobe* sp.。Сарышокинская 组厚 500m，由粉砂岩、复矿砂岩、凝灰砂岩、砾岩和中性凝灰岩组成，含 *Apatokephalus dubius*。

上述两组属下奥陶统。Наймансκая 组主要是灰色石英-长石砂岩、硅质绿泥石粉砂岩、碳硅质粉砂岩和石灰岩，厚 1000m。下部含笔石 *Didymograptus* ex gr. *hirunda*，上部含笔石 *Glyptograptus dentatus*。Абаевская 组为灰绿色安山质和安山玄武质成分的玢岩、各种凝灰岩、凝灰砂岩，有些地方有灰岩透镜体，含三叶虫 *Amphilichas*、*Illaenus* 等，厚 900 ~ 1000m。Бестамакская 组为绿色复矿砂岩、粉砂岩、砾岩、基性凝灰岩和灰岩。灰岩集中在剖面下部。基底岩层为长石砂岩。灰岩中含三叶虫 *Cybele*、*Amphilichas*、*Camerella plicata*；在较高层位有三叶虫 *Telephina bipunctata*，笔石 *Dicranograptus* aff. *nicholsoni*、*Climacograptus bicornis*，厚 1300 ~ 2000m，可归上奥陶统桑比阶。Саргалдакская 组为绿色浅海沉积，由砾岩、复矿砂岩和粉砂岩，间或有灰岩透镜体组成，为特殊笔石相，含 *Climacograptus bicornis*、*Glossograptus hincksi*，灰岩中有三叶虫 *Holotrachelus*、*Robergi*，腕足类 *Perimecocoelia triangulate*，厚 500 ~ 1000m。其上的 Талдыбойская 组为灰绿色砂岩和粉砂岩，有较少的灰岩、砾岩和安山质凝灰岩，含各种壳相化石 *Schizophorella*、*Austinella*、*Oxoplecia*、*Zygospira*、*Cybele*。在 Сарыбулак 河可见珊瑚层中有 *Eofletcheria robusta*、*Amsassia*、*Reuschia*、*Catenipora*、*Plasmoporella*、*Acdalopora*，厚近 1300m，属凯迪期沉积。Намасская 组主要灰、绿色和棕褐色玢岩和安山质凝灰岩，有成套的凝灰砂岩、粉砂岩和灰岩透镜体，含三叶虫 *Dulanaspis levis*、*Bulbaspis mirabilis* 等，厚 500 ~ 1600m。向西南进入 Акчатауский 复背斜范围，在 Акдомбак 山剖面（位于图 1.16 柱图右上角）相当 Тадыбойская 组和 Намасская 组的地层，总称为 Акдомбакская 组，该组向上逐渐过渡为志留系 Альпеискои 组。Акдомбакская 组总厚 1000m，为绿色复矿砂岩与粉砂岩互层，其中插入凝灰岩安山熔岩。下部的灰岩层，有时可达 40m，含珊瑚 *Agetolites mirabilis* 及三叶虫、腕足类。该组中部含笔石 *Dicellgoraptus pumitus*；上部含 Ashgillian 期的腕足类 *Holorhynchus giganteus*、*Conchidium munsteri*，笔石 *Decellograptus* ex gr. *complanatus*。时代大致属晚奥陶世凯迪中晚期。

2. 志留系

成吉思带志留系图 1.16 柱图选自该带中部成吉思山脉，因该地普利道利统缺失，选其东北塔尔巴哈台山脉 Карашолак 山的卡拉绍拉克组补充之。

兰多维列世地层称阿利佩斯组（Альпеиск），典型剖面（图 1.16 柱图左列）位于 Уроч Ак-Домбак，主要是粉砂岩、砂岩和砾岩，夹两层薄层砂质灰岩，其中上层含腕足类 *Pentamerus*，珊瑚 *Palaeofavosites*；下层含腕足类 *Eospirifer*，珊瑚 *Palaeofavosites*，总厚在 1665m 以上。下与奥陶系过渡相接，过渡层为粉砂岩。在奥陶纪地层上部含笔石 *Rectograptus giganteus*、*Dicellograptus complanatus*；而其下部灰岩中有珊瑚 *Agetolites mizabilis*，归 Ashgillian 期。向东南至 Уроч Майлишат（图 1.16 柱图右列），阿利佩斯组以多层较厚酸性凝灰岩、粉砂岩和砂岩为主，无砾岩，于下部凝灰岩层之上的钙质砂岩中含腕足类 *Holorynchus giganteus* 等，总厚 1855m。文洛克统茹马克组（Жумак）最完整剖面（图 1.16 柱图右列）位于茹马克山，主要是基性辉石、辉石-斜长玢岩、玄武玢岩、橄榄玢岩为主夹凝灰岩、集块岩、钠长斑岩熔岩、细碧岩及砂岩，厚 4530m。它与下伏阿力佩斯组整合，后者由粉砂岩、砂岩及凝灰岩组成，粉砂岩中有腕足类 *Pentamerus*。在茹马克

山北部 Аягуз 河出露的多年扎利组（图 1.16 柱图左列）（Доненжальская），下部 365m 为砂岩、粉砂岩夹两层灰岩；中部 350m 构成砂岩与粉砂岩的韵律层，含笔石 *Monograptus priodon*、*M.* aff. *Riccartonensis*，厚 805m；上部 835m 主要是玢岩夹薄层砾岩。多年扎利组相当于文洛克统，还可能至罗德洛统。在成吉思山脉区缺失普里道利统。故于图 1.16 柱图左列插入塔尔巴哈台山脉卡拉绍拉克山（Карашолак）（位 Аягуз 河东北）的普里道利统卡拉绍拉克组，该组由凝灰岩夹砾岩、砂岩、页岩及玢岩组成，其中夹一层灰岩，含珊瑚 *Favosites*，苔藓虫 *Fistulipora*，腕足类 *Delthyris*，总厚 1418m。

3. 泥盆系

泥盆系广泛分布于哈萨克斯坦卡拉干达以南和巴尔哈什湖之间，按任继舜等（1999），该地区似应归“8-4 巴尔喀什-伊犁地块”。但据 Levashova 等（2009）晚古生代以火山岩为主的地层在成吉思山和卡拉干达以南和巴尔哈什湖之间地带内容基本相同，呈马蹄形分布。下、中泥盆统为火山熔岩及其凝灰岩，其上不整合覆盖为上泥盆沉积。上泥盆统下部 Dzhezoy 组为砂砾岩，具底砾岩，厚度 300m；上部法门期最发育，为灰岩相，自下而上为 Meister 组、Sulcifer 组、Simorin 组，富含腕足类 *Cyrtospirifer sulcifer* 组合，顶部含有孔虫 *Quasiendothyra* 组合，牙形刺和菊石 *Clymenia* 也有报道，底部含砂岩，最大厚度达 1800m，一般直接不整合在下、中泥盆统火山熔岩之上。向东局部相变为砂岩和火山岩，含有具经济价值锰或铁锰矿，厚度为 300 ~ 700m。

4. 石炭系—二叠系

田吉兹盆地位于成吉思造山带的西北端，盆地内石炭系—二叠系发育良好，分布广泛。其沉积序列、岩性及古生物特征在成吉思造山带颇具代表性。石炭系发育较完整，下石炭统杜内阶—上石炭统巴什基尔阶为浅海相沉积，上石炭统莫斯科阶—中二叠统（Kungurian—Wordian）为陆相沉积。下石炭统与下伏地层上泥盆统（法门阶）呈整合或假整合接触（米兰诺夫斯基，2010）。上二叠统全部缺失。上石炭统莫什科阶与下伏巴什基尔阶不整合接触。

1）石炭系

田吉兹盆地石炭系自下而上划分为（中国地质科学院亚洲地质图编图组，1980）：下石炭统下杜内阶腕足类层的灰岩，含腕足类 *Plicatifera* aff. *niger*、*Spirifer strunianus*、*Cyrtospirifer julii*。下杜内阶卡辛层为灰岩，含腕足类 *Productus kassini*、*P. concentricus*、*Spirifer sibirica*，菊石 *Imitoceras subbilatum*、*Gattendorfia* sp.。上杜内阶鲁萨科夫层（Русаковский Горизонт）：一般为灰岩、泥岩夹粉砂岩，厚 600m，含腕足类 *Productus burlingtonensis*、*Spirifer grimesi*。此盆地之东的卡拉干达一带杜内阶的岩性和生物群特征与前述基本相同。下石炭统下维宪阶伊施姆层（Ишимский Горизонт）为灰岩、砂岩、粉砂岩及泥板岩，厚 400m，含腕足类 *Dictyoclostus deruptus*、*Buxtonia dengisi*、*Chonetes ischimica*、*Ch. wyssotzkii*。中维宪阶亚戈夫金层（Яговкинский Горизонт）为灰岩，厚 500m，产腕足类 *Gigantoproductus kiptschakensis*、*G. hemisphaericus*、*Antiquatonia insculpta*、

Fluctuaria undata、*Spirifer longni*。上维宪阶达利年层（Дальненьский Горизонт）为灰岩及碎屑岩，产腕足类 *Sinuatella sinuata*、*Echinoconchus elegans*、*Productus concinus*、*Striatifera* sp.。向东，在卡拉干达地区，下、中维宪阶的岩性发生了变化，为碎屑含煤沉积，厚800m，含腕足类 *Chonetes ischimica*。下纳缪尔阶别列乌京层（Белеутинский Горизонт）为灰岩，厚700m；含有孔虫 *Asteroarchaediscus baschkiricus*、*Eostaffella pseudostruvei*，腕足类 *Gigantoproductus edelburgensis*，菊石 *Cravenoceras*、*Eumorphoceras*。下石炭统—上石炭统（纳缪尔阶—巴斯基尔阶）基列伊组（Кирейская Свита）下部为灰岩，上部为红色岩石，厚1400m，含有孔虫 *Asteroarchaediscus baschkiricus*；这一时期在卡拉干达地区相变为杂色碎屑含煤沉积。上石炭统莫斯科阶—格舍尔阶弗拉基米洛夫组（Владироская Свита）为红色砂页岩，局部含铜，不整合于上石炭统巴什基尔阶基列伊组之上。

2）二叠系

田吉兹盆地二叠系自下而上分为（Лихарев и др，1966）下二叠统（阿瑟尔阶—萨克马尔阶）卡伊拉京组（Каирактиская Свита）、下二叠统（亚丁斯克阶—空谷阶）基伊明组（Кийминская Свита）、中二叠统（沃德阶—卡匹敦阶）绍普蒂库利组（Щоптыкульская Свита）。上二叠统吴家坪阶—长兴阶的沉积缺失。下二叠统卡伊拉京组为灰色砂岩、泥板岩、粉砂岩、泥灰岩、灰岩，厚1000m；产鱼类化石 *Elonichtys* sp.、*Gonotodus* sp.，孢子花粉 *Separatisaccylina latissima*、*Coniferites nudus*、*Cordaitina ornata*、*C. uralensis*。下二叠统基伊明组为红色砂岩、粉砂岩、泥岩夹灰岩，厚600～800m；产植物 *Paracalamites kutorgae*、*Noeggerathiopsis zavinii*，两栖类 *Gnorhimosuchus satpaevi*，爬虫类 *Pelycosauria*，鱼类 *Atherstonia*，双壳类 *Mrassiella magniformis*、*Anthraconauta fomitschewi*、*Kinerkaella elongata*。中二叠统绍普蒂库利组为鲜红色砂岩、粉砂岩、泥岩，夹灰岩，厚500～600m，含孢子花粉 *Cordaitina rotate*、*C. uralensis*。

1.7.4 巴尔喀什-伊犁地块（8-4）

1. 寒武系

在新疆霍城果子沟发育有一套较完整的寒武纪沉积，层序清楚，化石丰富，时代齐全，但总的厚度不大，约百米左右（图1.17），作者认为这一地区划入北天山似更合适，但为与上覆的奥陶系划分统一，现暂列入伊犁地块内；寒武系最下部称磷矿沟组，以黑色硅质粉砂岩为主，夹团块状灰岩，含莱德利基虫类（Redlichiids）三叶虫，与下伏具冰碛杂砾岩特征的震旦系塔里萨依组为平行不整合接触，厚10～40m。往上为厚仅1～2m的霍城组浅灰色厚层介屑微晶灰岩，含三叶虫 *Calodiscus*、*Kootenia*。再上为中上统肯萨依组，为砂岩、含磷泥质硅质岩、砂质灰岩、条带状钙砂质泥岩、粉砂岩等，从下至上可见到三叶虫 *Xystridura*-*Galahetes* 带、*Ptychagnostus* 带、*Goniagnostus nathorsti*-*Ptychagnostus punctuosus* 带、*Lejopyge laevigata*-*Centropleura* 带、*Agnostoscus orientalis* 带、*Glyptagnostus stolidotus* 带、*Glyptagnostus reticulates* 带，厚21～68m。上统果子沟组为深灰、灰黑色薄层灰岩夹硅质泥质条带灰岩，含三叶虫 *Agnostotes tianshanicus* 带、*Lotagnastus punctatus* 带和 *Bulbolenus* 带，其实本组最上部还包含有奥陶纪最早期的沉积。

2. 奥陶系

新疆霍城县果子沟地区的奥陶系的岩性特征是：下部为硅质岩、硅质粉砂岩；中部为粉砂岩和板岩；上部为碳酸盐岩（赖才根等，1982）。现自下而上叙述之。果子沟组上部为含黑色硅质条带的薄层灰岩，产三叶虫 *Hysterolenus*、*Rhadinopleura*、*Inkouia*，厚仅 1.5 ~ 3m。新二台组主要为黑色薄层硅质岩，夹硅质、泥质粉砂岩和黑色碳质页岩薄层。其下段 62 ~ 141m，含笔石 *Clonograptus*、*Adelograptus simplex*、*A. lapworthi*、*Tetragraptus approximatus*、*Pendeograptus fruticosus*；上段还夹少量灰岩，厚 73 ~ 172m，含较丰富的下垂类对笔石，曾独立为风沟组。时限为特马豆克晚期和弗洛期。塔勒基河组厚 103m，为深灰、灰黑色硅质粉砂岩与薄层碳质、泥质粉砂岩互层，夹数层薄层灰岩及碳质页岩。中下部夹一层 5cm 黑色碳质粉砂质页岩，产丰富笔石 *Cardiograptus morsus*、*C. yini*、*Isograptus victoriae victoriae*、*Oncograptus upsilon*、*Glossograptus acanthus*、*Undulograptus* cf. *austrodentatus* 等，属大坪期和达瑞威尔期沉积。科克萨雷溪组为深灰、浅灰色钙质粉砂岩、砂质板岩夹薄层灰岩，上部绢云母化显著，厚 225 ~ 138m，产笔石 *Husterograptus teretiusculus*、*Dicellograptus sextans*、*Nemagraptus*、*Climacograptus bicornis*、*C.* cf. *diplacanthus*，属晚奥陶世桑比期至凯迪早期沉积。阿克塔什组底部为断层切割，出露厚度 1000m，为灰黑色块状及中厚层状灰岩。底部产腕足类 *Zygospira*、*Fardenia*，三叶虫 *Huchengia xinertaiensis*，上部产珊瑚 *Rhabdotetradium*、*Eofletcheria*、*Reuschia*、*Catenipora* 等。它和整合其上的呼独克达坂组均属凯迪中晚期沉积。呼独克达坂组主要由灰黑色中厚层灰岩组成，底部有灰色角砾状灰岩与紫红色砂岩，出露厚度 198m。其上不整合覆有志留系博罗霍洛山组，产珊瑚 *Rhabdtetradium tianshanense*、*Neoplasmoporella*、*Reuschia*、*Eofletcheria*、*Paratetradium*。在果子沟东侧精河县南东的基夫克河右支流奈楞格勒河，该组呈断块出露达 1290m，也是厚层灰岩，但部分夹燧石团块成条带，局部大理岩化，产珊瑚 *Rhabdotetradium tianshanense*、*Agetolites insuetus*、*A. asiaticum*。

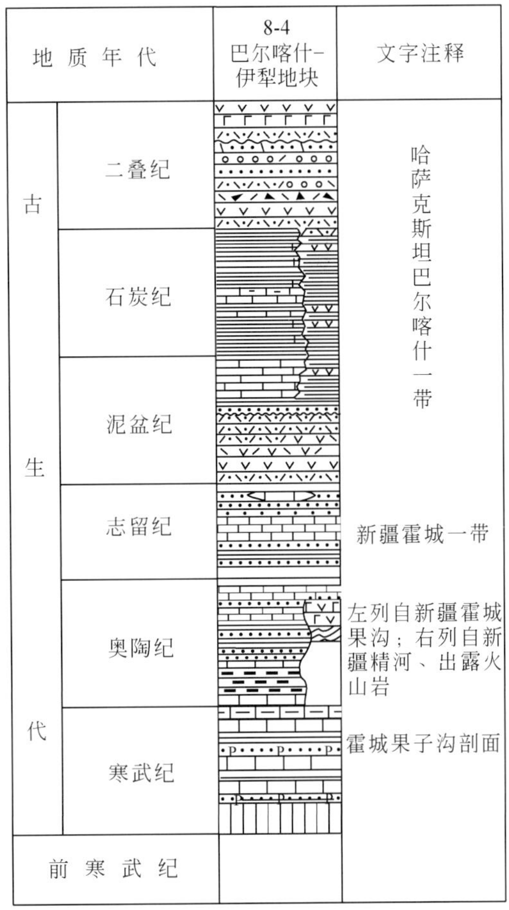

图 1.17　巴尔喀什–伊犁地块古生代地层柱状图

在新疆精河县以南奈楞格勒达坂地区，有一套厚度大于 600m 的中基性火山岩、火山碎屑岩及石英片岩，夹灰岩透镜体，未获化石，统称奈楞格勒达坂群。作者据呼独克达坂组底部紫红色砂岩似有凝灰质存在，疑该群火山岩的层位应位于呼独克达坂组与阿克塔什组之间，即凯迪阶中-上部。

3. 志留系

婆罗科努山地区志留系下部为细碎屑岩，含笔石；中部为碳酸盐岩；上部为碎屑岩夹透镜灰岩。兰多维列统尼勒克河组为灰、灰黑色厚层至块状粉砂岩、碳质泥质页岩，含笔石 *Monograptus* cf. *sedgwickii*、*Streptograptus*、*Pristiogcaptus* 等，厚约250m。上与基夫克组断层接触，底界不明。基夫克组为灰、灰黑色薄至中厚层灰岩，底部为块状灰岩。与上、下地层关系不明，富含珊瑚 *Palaeofavosites*、*Mesofavosites*、*Zelophyllum*、*Yassia*、*Palaeophyllum siluriense*、*Kyphophyllum*、*Strembodes*，腕足类 *Pentamerus*、*Eospirifer*，厚 200m，归文洛克统。而库茹尔组为灰绿色块状砂岩、钙质细砂岩，夹硅质粉砂岩和生物碎屑灰岩，含腕足类 *Protochonetes*、*Plectatrypa*，珊瑚 *Favosites*、*Heliolites*、*Cladopora* 等，厚 290 ~ 678m。在霍城一带厚度增大，灰岩较多并夹多层砾岩。与上覆博罗霍洛山组整合接触，下与晚奥陶世呼独克达坂组断层接触，似归罗德洛统较宜。博罗霍洛山组为紫红色夹灰绿色块状砂岩和粉砂岩，具明显韵律构造，在上部砂质灰岩透镜体中含珊瑚 *Favosites*，厚 1000 ~ 1500m，暂归普里道利统。上为第四系覆盖。

4. 泥盆系

泥盆系广泛分布于哈萨克斯坦卡拉干达以南和巴尔哈什湖之间。下、中泥盆统为火山熔岩及其凝灰岩，其上不整合覆盖为上泥盆统沉积。上泥盆统下部 Dzhezoy 组为砂砾岩，具底砾岩，厚度 300m，上部法门期最发育，为灰岩相，自下而上为 Meister 组、Sulcifer 组、Simorin 组，富含腕足类 *Cyrtospirifer sulcifer* 组合，顶部含有孔虫 *Quasiendothyra* 组合，牙形刺和菊石 *Clymenia* 也有报导，底部含砂岩，最大厚度达 1800m，一般直接不整合在下、中泥盆统火山熔岩之上。向东局部相变为砂岩和火山岩，含有具经济价值锰或铁锰矿，厚 300 ~ 700m。

5. 石炭系

石炭系在地块西段（巴尔喀什一带）至少有两类不同的岩性组合：一类是下石炭统为海相沉积，局部为海陆交互相沉积；上统为陆相杂色含煤沉积。另一类是下石炭统为火山岩-沉积岩、沉积岩-火山岩型，局部含煤或含海相化石；上统除局部为海相沉积外，基本上均为陆相的火山岩和火山碎屑岩，含安格拉植物群。下统（下杜内阶）在卡拉干达盆地划分为 Posidonia 层和卡辛层。它们的岩性为粉砂岩、砂质泥岩、泥灰岩和灰岩，产腕足类 *Spirifer sibirica*、菊石 *Gattendorfia asiatica*，厚大于100m。在南哈萨克斯坦，下杜内阶为火山岩和沉积岩。下统（上杜内阶）称鲁萨科夫层，岩性一般为灰岩、泥灰岩和粉砂岩，产腕足类 *Dictyoclostus burlingtonensis*、*Spirifer grimesi*，厚 600m。但在北滨巴尔喀什，上杜内阶为火山岩沉积。下统（下-中维宪阶）在卡拉干达自下而上分为捷列克层、阿库杜克组和阿什利亚里克组，综合的岩性为钙质泥岩、砂岩及煤层，产腕足类 *Chonetes isechimica*，菊石 *Morocanites* sp.、*Beyrichoceras micronotum*。在北滨巴尔喀什，维宪阶下部为沉积岩和火山岩，局部含煤，厚400m。下统（上维宪阶—谢尔普霍夫阶）在卡达干达称卡拉干达组，岩性为含煤碎屑岩。在北滨巴尔哈什，该期沉积称卡尔卡拉林组，为火山岩和沉积岩，含腕足类 *Gigantoproductus*、*Sinuatella* 等。上统（巴什基尔阶）在北滨巴尔喀什称卡勒巴凯组，为玄武-英安质喷发岩和凝灰岩，含腕足类 *Choristites* sp.，菊石 *Branneroceras*，厚800m。在卡拉干达，该期为杂色碎屑含煤沉积。上统（莫斯科阶—格舍尔阶）在北滨巴尔喀什划分为克列格塔斯组和阿尔哈林组，它们的岩性为英安流纹质火山岩、凝灰岩、凝灰角砾岩、凝灰集块岩、凝灰砂岩，含植物 *Noeggerathiopsis theodori*、*Calamites suckowii*，厚2800m。

在新疆伊宁一带，石炭系下统大哈拉军山组（Visean）为紫红、灰紫、灰绿色安山岩、安山玢岩、安山质集块岩、安山质凝灰熔岩，底部有一层砾岩，产䗴 *Eostaffella* sp.，珊瑚 *Siphonophyllum* sp.、*Palaeosmilia* sp.，腕足类 *Gigantoproductus* sp.、*Semiplanus* sp.，可见厚度104m。本组不整合于蓟县-青白口系。下石炭统（谢尔普霍夫阶）—上石炭统（巴什基尔阶）阿克沙克组下部以灰深、灰色生物灰岩、碎屑灰岩、鲕状灰岩、泥灰岩为主，夹粉砂岩、砂岩，含䗴 *Eostaffella*、珊瑚 *Yuanophyllum*，腕足类 *Gigantoproductus*，厚度大于1040m。上石炭统东图津河组（Mosovian—Kasimovian）为灰、灰黑色灰岩、大理化灰岩，夹粉砂岩、砂岩、板岩、页岩及砾岩，含䗴 *Fusulina* - *Fusulinella* 带，腕足类 *Choristites transverse*，厚1300 ~ 1400m。上石炭统科古琴山组（Gzhelian）为灰褐色砾岩、砂砾岩、砂岩、粉砂岩，夹生物碎屑灰岩，含腕足类 *Choristites* sp.，厚度大于329m。

6. 二叠系

北滨巴尔喀什地区二叠系发育较全，层序较完整。主要为陆相火山喷发岩、火山碎屑岩和碎屑岩。下统（Asselian—Sakmarian）自下而上分为：① 科尔塔尔组（Колдарская свита）为杂色厚层凝灰质酸性喷发岩，产植物 *Koretrophyllites speranskii*、*Angaropteridium cardiopteroides*、*Angaridium buanicum*、*Paracalamites* sp.，厚1000m。② 托尔特库里组（Торткульская свнта）为杂色斑岩夹凝灰角砾岩，中、下部有粗面安山岩，厚250 ~ 300m。下统（Artinskian—Kungurian）克孜尔基伊恩组（Кызылкиинская свита）为浅灰、红色凝灰岩、层凝灰岩、凝灰集块岩和砂岩，产植物 *Calamites gigas*、*C. decoratus*、*Paracalamites kutorgae*，厚475 ~ 561m。中统（Roadian—Capitanian）基尔麦组（Кирмыская свита）为凝灰岩、凝灰集块岩、流纹斑岩、凝灰砂岩和硅泥质板岩，产植物 *Cardionoura* sp.、*Odontopteris* sp.、*Zamiopteris* sp.、*Noeggerathiopsis arta*，厚350m。上统自下而上分为肯日巴依组（Кенжибайская свита）、西伊勒克塔乌组（Синректауская свита）和科克比恩组（Кокгобинская свита），它们为安山岩、玄武岩、安山质斑岩、斑岩、凝灰岩、角斑岩、粗面安山岩和粗面流质斑岩，厚约2000m。与下伏中二叠统呈不整合接触。

在新疆伊宁一带，二叠系下统塔尔得套组（Asselian—Artinkian）下部为浅灰、紫色凝灰质粉砂岩、安山玢岩、玄武安山玢岩、流纹岩；上部为紫红、砖红色凝灰质砂砾岩、安山玢岩、玄武安山玢岩、拉斑玄武岩，产植物 *Paracalamites*、*Carpothus*、*Calamites*，厚6078 ~ 8416m。本组与下伏地层（科古琴山组）为假整合接触。二叠系下统（Kungurian）—中统（Roadian）晓山萨依组下部为紫褐色凝灰质砂砾岩、砂岩；中部为黄褐、灰色细-粗粒硬砂岩、中细粒长石砂岩、石英硬砂岩；上部为灰、灰黑色页岩、泥岩、泥灰岩互层，产植物 *Paracalamites*、*Noeggerathiopsis*、*Walchia*，厚 2626m。二叠系中统（Wordian—Capitanian）塔姆其萨依组主要由紫、灰绿色泥岩、页岩、泥灰岩、砂岩、粉砂岩、砾岩、凝灰岩、凝灰角砾岩、火山角砾岩、集块岩、凝灰熔岩、安山玢岩组成，产双壳类 *Anthraconauta*，古鳕鱼，植物 *Paracalamites*，厚 1802m。二叠系上统巴卡勒河组下部为棕黄色砾岩、砂岩；上部为黑灰-褐红色砾岩夹泥岩、中粗粒砂岩、泥灰岩互层，夹煤线。产双壳类 *Palaeomutella* cf. *subparallela*，厚 1535m。本组与上覆侏罗系呈不整合接触。

1.7.5 纳曼-贾拉依尔造山带（8-5）

本带未获得本区寒武系的资料。

1. 奥陶系

据 Никитин（1972），贾拉依尔-纳曼（Джалаир-Найман）复向斜剖面中见多次沉积间断，最明显的是在特马豆克阶和桑比阶。最早奥陶纪沉积称阿克扎利组（Акжальская），为灰色块状灰岩、灰绿色粉砂岩、长石砂岩、安山质凝灰岩和安山玄武玢岩（图 1.18）。石灰岩厚度稳定为 40m（东南部）至 100m（西北部）。凝灰岩和熔岩位于上部。灰岩含三叶虫 *Trinodus*、*Shumardia*、*Carolinites* 等，较上部粉砂岩含笔石 *Dichograptus octobrachiatus*、*Expansograptus suecicus*、*Isograptus* ex gr. *gibberulus*，仅相当于中奥陶世大坪期沉积，厚 50～350m，不整合覆于前寒武纪变质岩之上，缺失下奥陶统。未命名岩组为灰绿色，少数为咖啡色砾岩、砂岩和粉砂岩，与灰色透镜状或层状石灰岩相间，砾岩砾石主要是由花岗岩、片麻岩、石英和变质板岩组成，位于阿克扎利组或前奥陶纪沉积物侵蚀面之上。含腕足类 *Aportophyla*、*Leptestia*、*Christiania*；下部含笔石 *Cardiograptus*、*Trigonograptus ensiformi*、*Phyllograptus typicus*，上部含笔石 *Janograptus laxatus*、*Climacograptus uniformis*、*Husterograptus teretiuscuslus*；三叶虫 *Bathyuriscops granulates*、*Pliomerops planus* 等，厚 300～550m。大体属达瑞威尔阶。贝克组（Бекейские）为灰绿色砂岩与粉砂岩韵律交替组成，含笔石 *Husterograptus teretiusculus*、*Glossograptus hincksii*、*Cryptograptus tricornis* 等，整合覆于上述未命名岩组之上，厚 700～1200m，属达瑞威尔阶顶部。安德尔肯组（Андеркенские）为绿色，有时为火红色砾岩、复矿砂岩和粉砂岩，上部有灰色或粉红色灰岩层或透镜，厚 500～1200m，含三叶虫 *Holotrachelus punctillosus*、*Metapolichus anderkensis*、*Stenopareia linnarssoni*，笔石 *Dicranograptus nicholsoni*、*Climacograptus mirabilis*、*Rectograptus pauperatus*。该组底部在一些地方有底砾岩，属凯迪期沉积。杜兰卡林组（Дыланкаринские）为灰绿色及深灰色砂岩和粉砂岩，上和下均有石灰岩，厚 500m。上部含珊瑚 *Plasmoporella kasachstanica*、*Amsassia chaetetoides*，腕足类 *Spirigerina pennata*，笔石 *Climacograptus styloides*、*Rectograptus truncates*；下部有三叶虫 *Dulanaspis levis*、*Pliomerina iliensis*。该组一般与上、下地层整合，但在某些剖面也见其超覆于下奥陶纪或更老地层之上。克兹萨伊组（Кызылсайские）由灰色 0.1～0.5m 层厚的砂岩与深灰、绿色粉砂岩韵律性互层，某些地方也见砾岩，厚 1000m，含腕足类 *Spirigerina pennata*、*Zygospira parva*。乔克帕尔组（Чокпарская）为暗色、灰绿色，有时为黑色泥岩

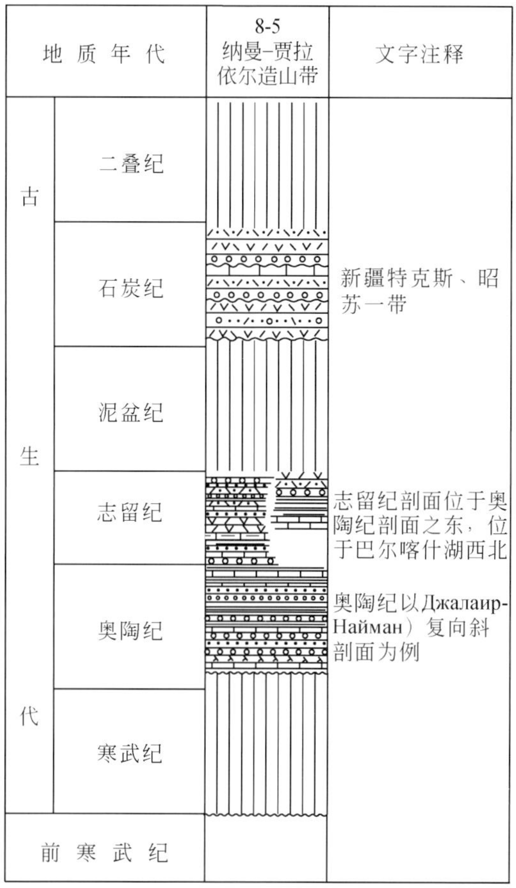

图 1.18　纳曼–贾拉依尔造山带古生代地层柱状图

及粉砂岩组成，厚 400m，含丰富笔石，如 *Dicellograptus complanatus*、*Climacograptus supernus*、*C. latus*、*Rectograptus giganteus*、*Petalolithus marinae*，该组可与五峰组对比。乌利孔塔斯组（Улькунтасские）为生物灰岩（Кызылсаи 河）或泥质灰岩（Дуланкара）。生物灰岩含多种壳相化石，如腕足类 *Conchidium munsteri*、*Holotrachelus punctillosus*、*Spirigerina*，珊瑚 *Hemiagetolites* 等；泥质灰岩和其上的泥岩含三叶虫 *Dalmanitina mucronata*、*Calymenella*（*Eohomalonothus*）*sinensis* 及笔石 *Glyptograptus persculptus* 等。该组厚 30～200m，属赫南特期沉积。与上覆志留系萨拉马特组（Саламатскои）整合，后者的底部泥岩有笔石 *Akidograptus assensus*。

在纳曼–贾拉依尔造山带的西北部谢连蒂复向斜（Селетинсний），奥陶系也以碎屑岩为主，火山岩极少，但特马豆克期杂色层出露完整，为红、绿色砂岩、粉砂岩和少量灰岩透镜体，下含三叶虫 *Niobella* aff. *punctata*，上含三叶虫 *Parabolinella*、*Apatocephalus* 等，厚 800～1000m，与下伏含 *Euloma* 的寒武系希杰尔京层整合相接。

2. 志留系

据 Никифорова 和 Обут（1965），别特–帕克–达拉–南准噶尔带的兰多维列统较完整

地出露在 Акшют、Каражингил 地区（Yроч）（滨巴尔喀什西北）（图 1.18 柱图左列），下部为细砾钙质砾岩夹少量石英砂岩、钙质和硅质页岩，厚 500 ~ 560m；中部为粉砂岩、硅质及泥质页岩、泥灰岩、细砂岩，厚 1200 ~ 1500m，含笔石 *Climacograptus*，腕足类 *Spiriferidae*；上部为灰色石英斑岩及其凝灰岩，夹砂质、硅质页岩、粉砂岩，厚 400 ~ 500m，含三叶虫 *Encrinurus*，腕足类 *Plectatrypa barrandei* 覆于奥陶系，也可覆于寒武系剥蚀面上，其上被早、中泥盆火山沉积所覆盖（亚洲地质图编图组，1982）。文洛克统分火山-沉积型和沉积型两类，前者以 Белькудук 地区为代表（图 1.18 柱图左列），火山岩居多（Никифорова и Обут，1965；亚洲地质图编图组，1982），其下部为中酸性玢岩及其凝灰岩、凝灰集块岩、石英班岩、钠岩长班岩及其凝灰岩，厚 750 ~ 760m；中部有灰岩、粉砂岩、砂岩等，含珊瑚 *Favosites* aff. *subforbesi*、*Parastriatopora arctica*、*Heliolites interstinctus*、*Dokophyllum gissarense*，三叶虫 *Encrinurus* aff. *Punctatus*，厚 270 ~ 275m；上部为酸性及中性喷出岩及凝灰岩，夹少量砾岩，厚 200 ~ 250m。

克兹勒-埃斯佩（Кызыл-Эспе）地区的文洛克统（图 1.18 柱图右列），上为硅质页岩（25 ~ 60m），下为灰岩（80m），灰岩含腕足类 *Pentamerus*，珊瑚 *Palaeofavosites alveolaris*、*Mutisolenia tortuosa*、*Halysites catemularius*。在滨巴尔喀什西部 Каргабулак 地区，罗德洛统（Никифорова и Обут，1965）（图 1.18 柱图左列）由红褐色砾岩、圆砾岩、砂岩互层，上部夹玫瑰、灰色石灰岩透镜体（厚度可达 200 ~ 250m），下部夹极少量粉砂岩、凝灰岩和碧石，灰岩透镜体含珊瑚 *Heliolites yavorskyi*、*Squameofavosites* aff. *thetidis*、*Syringopora fascicularis*。总厚 1300 ~ 1500m。而在克兹勒-埃斯佩地区的罗德洛统（Никифорова и Обут，1965；亚洲地质图编图组，1982）（图 1.18 柱图右列），底部为白色或浅灰色石英砂岩与硅质岩及少量砂岩互层；顶部为褐色或紫色石英斑岩，厚 170 ~ 200m，底部含腕足类 *Eospirifer radiates*（?）、*E. schmidti*。

本带泥盆系不明。

3. 石炭系

新疆特克斯县和昭苏县以及特克斯河域一带处于纳曼-贾拉依尔造山带的东端，在此区域内，上古生界地层仅石炭系有出露，泥盆系和二叠系均缺失。石炭系也发育不完全，未见下石炭统杜内阶和上石炭统卡西莫夫阶及格舍尔阶的沉积。下石炭统下部为浅海陆棚火山喷发岩、碎屑岩，局部夹碳酸盐岩沉积；下石炭统上部以浅海碳酸盐岩为主，次为滨海相陆源碎屑岩及火山碎屑岩沉积；上石炭统主要为一套中性、酸性火山熔岩及火山碎屑岩建造。现将本区域石炭系划分简介如下。

下石炭统大哈拉军山组（Lower-Middle Visean）主要分布于特克斯县东南大哈拉军山一带，岩性以紫红、灰紫、灰绿色安山岩、安山玢岩、杏仁状辉石安山玢岩和安山集块岩为主，具少量的灰绿、紫色流纹岩，夹灰绿色安山质凝灰熔岩、凝灰质砾岩、凝灰质角砾岩、凝灰质砂岩、砂砾岩，含砾粗砂岩及细砂岩，下部夹薄层灰岩，底部为灰绿色砾岩，厚 1027m，局部含植物和珊瑚化石，与下伏蓟县系—青白口系呈不整合接触。在特克斯县西南，该组除了上述中性火山岩外，还有较少的流纹斑岩和霏细岩，厚 1462m。本组在特克斯库尔代一带，夹有生物灰岩，含珊瑚 *Syringopora* sp.。在阿塞根萨依剖面产有珊瑚

Siphonophyllum sp.、*Lithostrotion* sp.、*Diphyphyllum* sp.、*Palaeosmilia* sp.，腕足类 *Gigantoproductus* sp.、*Semiplanus* sp.。下石炭统阿克沙克组（Upper Visean—Lower Bashkirian）以特克斯县科克苏河下游最为发育，主要岩性底部为灰色砾岩、砂岩和黄灰色层凝灰岩夹砾岩。下部为暗绿、绿、浅灰色层凝灰岩、凝灰岩、凝灰质粉砂岩、凝灰质细砂岩，局部含植物 *Lepidodendropsis* sp.；上部为紫、深灰色薄层灰岩，灰黑、灰色生物灰岩，浅灰色厚层灰岩，夹灰绿色凝灰岩、砂岩和粉砂岩，含腕足类 *Gigantoproductus gigantean*、*Kansuella kansuensis*、*Phricodothyris* sp.，厚 1145m。在昭苏西南，沿特克斯盆地南缘，该组为灰岩夹板岩、细砂岩、硅质岩和白云岩，厚 570 ~ 2156m，含腕足类 *Striatifera striata*、*Echinoconchus punctatus*，珊瑚 *Lithostrotion mccoyanum*、*L. irregulare*。在昭苏县阿克沙克山，该组岩性与科克河下游大致相同，还产䗴 *Eostaffella* sp.，珊瑚 *Arachnolasma sinense*、*Cangamophyllum* sp.、*Kueichouphyllum sinensis*、*Dibunophyllum* sp. 等。本组与下伏大哈拉军山组呈不整合接触。上石炭统伊什基里克组（Bashkirian—Moscovian）分布于特克斯县城北的伊什基里克山一带，主要岩性为紫、紫红、砖红色霏细斑岩、流纹斑岩、杏仁状辉石安山玢岩、安山质英安斑岩、玄武玢岩、安山质含砾岩屑凝灰岩、紫色晶屑岩屑凝灰岩、层凝灰岩；上未见顶，可见厚度 1529m；与下伏地层阿克沙克组呈不整合接触。

本带二叠系不明。

1.7.6　科克切塔夫地块（8-6）

未获得以上本地质单元上的古生代地层资料。

1.7.7　伊塞克地块（8-7）

未获得以上本地质单元上的古生代地层资料。

1.7.8　卡拉套-中天山造山带（8-8）

1. 寒武系

卡拉套，尤其是小卡拉套，寒武系广泛发育，并是有大型磷矿床的地区。磷矿主要分布在 Yшбас 河流域（Герес 矿区）和 Коксу 河流域（Коксу 矿区），层位是早寒武世最早期沉积，即相当于我国梅树村期（图 1.19），以往曾错误地认为是中寒武世的磷矿，经过仔细工作和研究，最下部称 Чулактау 组，由白云岩、硅质岩、硅质白云岩磷块岩等组成，该组主要含小壳化石，如 *Protohertzina*、*Anabarites*、*Tiksitheca*、*Hyolithellus*，未曾发现过三叶虫化石，因此无论从层位岩石组和矿床类型，很近似我国的昆阳磷矿；往上是出现 *Hebediscus*、*Ushbaspis*、*Calodiscus* 的 Шадактин 组，进入三叶虫时代，岩性为砂质白云岩、泥质灰岩、灰岩；中寒武统下部多砂质、硅质、钙质页岩，往上多灰岩和白云岩，一直

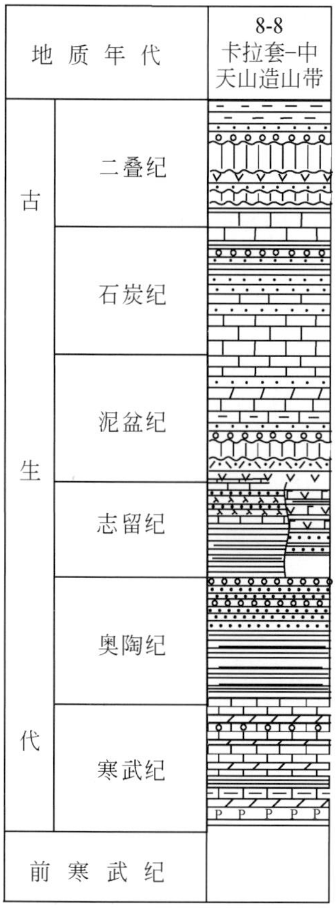

图 1.19 卡拉套-中天山造山带古生代地层柱状图

延续到上统。上统尚出现鲕状灰岩，它与奥陶系灰岩为连续沉积，本区寒武系特征是以碳酸盐沉积为主，早期含硅质，并有大型磷矿床与上、下地层可能均为连续沉积，仅有一些不大的沉积间断（Ергалиевии Покровская，1977）。

2. 奥陶系

中天山的奥陶层序完整，厚度及岩性均较稳定。大卡腊山脉及塔拉斯山脉分支的奥陶系主要分布于西北部，统称贾巴格雷群，中-下统为厚度较薄的硅泥质沉积，上奥陶统为厚层粗碎屑复理石式沉积，顶部显红层，还有波痕、龟裂及斜层理的记载（亚洲地质图编图组，1982）。

Никитин（1972）将奥陶系自下而上划分为卡马利组、苏思迪克赛组、别沙雷克组和科什托盖组。卡马利组（130～250m）底部15m为石灰岩与泥岩互层或全由石灰岩组成，而易被归入上寒武统科克布拉克组（石灰岩，含三叶虫 *Kitatagonstus*、*Diceratopyge*）。底部含三叶虫 *Lejagnostus*、*Paraceratopyge*，笔石 *Dictyonema flabelliforme*。中、上部由暗绿色泥岩、深灰色硅质泥岩和碧玉类岩石组成，含笔石 *Didymograptus abnormis*、*Isograptus*、*Dicranograptus*、*Didymograptus murchisoni*。大体相当中奥陶统。苏思迪克组为绿、灰绿色粉砂岩，泥岩夹砂岩，厚80～250m，下部含笔石 *Ptilograptus geinitzianus*、*Husterograptus teretiusculos* var. *geinitzianus*、*H. teretiusculos* var. *conuricus*；上部含笔石 *Dicranograptus nicholsoni*、*D. ramosus* var. *longicaulis*，可能相当于桑比阶。别沙雷克组厚700～2500m，为绿色细-中砂岩和粉砂岩，中部有粗砂岩、砾岩，含三叶虫 *Bulbaspis bulbifer*、*Cyclopyge djebaglensis*、*Tretaspis bucklandi*，腕足类 *Kassinella globosa*、*Austinella*、*Sowerbyella*；下部含笔石 *Orthograptus quadrimucronatus*、*Rectograptus truncatus* 等。大致可归凯迪阶。最上部为科什托盖组，厚20～800m，深红色厚层，球粒状砂岩夹粉砂岩，上部盖有砾岩和角砾岩，未见化石，与上覆地层关系不清。

3. 志留系

天山志留系在南天山发育广泛，中天山发育较少，北天山未见具化石的志留系（亚洲地质图编图组，1982）。目前选 Кара－Алма、Кара－Ункур、Майлису 河盆地的柱图（Никифорова и Обут，1965），它位于纳曼干东北，塔拉斯东南，在吉尔吉斯斯坦境内。

巴乌巴沙京带的志留系在东部自下而上分为卡普金层（Капкинская）、图拉苏伊层（Турасуйская）和卡拉翁库尔层（Караункурская）。兰多维列世沉积为硅质泥质页岩，文洛克以后含很多基性火山岩及少量灰岩。东部地区（图1.19柱图左列）的卡普金层为由暗灰色和黑色千枚状页岩夹硅质页岩，厚1000～1500m，下限不清。图拉苏伊层主要由千枚岩状泥质页岩组成，夹少量粉砂岩，含兰多维列世（*Demirastrites convolutes*、*Oktavites spiralis*）至罗德洛世（*Pristiograptus* ex gr. *bohemicus*）笔石。卡拉翁库尔组由浅色块状灰岩、页岩、砂岩和玢岩组成，厚3000m（亚洲地质图编图组，1982），含腕足类 *Conchidium knighti*、*Retzia*（*Retziella*）*weberi*、*Delthyris pentameriformis*（Никифорова и Обут，1965）。而西部喷出岩及凝灰岩较页岩多，几乎无灰岩（图1.19柱图右列），自下而上分为克兹库尔甘组（Кызкурганская свита）、谢列苏伊组（Сересуйская свита）。前者为暗色粉砂岩、千枚岩及片理化凝灰质砂岩，夹灰岩、硅质页岩层、喷出岩层，厚750m，含笔石 *Oktavites planus*、*Monoclimacus* sp.、*Monograptus crispas*；后者（谢列苏伊组）为基性喷出岩及硅质页岩，含千枚岩、凝灰砂岩、凝灰角砾岩及少量页岩，厚2500m，含笔石 *Monograptus scanicus*、*Pristiograptus bohemicus*、*Conchidium vogulicum*，相当于文洛克统大部及罗德洛统。

4. 泥盆系

中天山泥盆系分为恰特卡利-库拉明和恰特卡利-纳伦两个岩相带。其中以前者的泥盆系发育较好，但并不完整。下泥盆统为中性火山喷发岩、火山碎屑岩及少量碎屑岩。中泥盆统仅出露吉维特阶地层，而缺乏艾菲尔阶。吉维特阶为浅海碳酸盐岩和碎屑岩沉积，含腕足类和层孔虫化石。上泥盆统发育完整，以浅海相碳酸盐岩为主，其次为碎屑岩，富含腕足类化石。在恰特卡利-纳伦带，下泥盆统和中泥盆统艾菲尔阶均缺失，中泥盆统吉维特阶为滨海陆相红色碎屑岩沉积。

中天山恰特卡利-库拉明带的泥盆系自下而上划分为：① 下泥盆统为中性喷发岩、凝灰岩及少量砾岩、砂岩；厚300～950m；与下伏地层志留系呈假整合接触。不过，下泥盆统的划分依据不充分。② 中泥盆统吉维特阶下部为砾岩、砂岩和页岩，厚170～640m；上部为泥灰岩、白云岩、灰岩及少量红色砂岩。含层孔虫 *Amphipora ramose*，腕足类 *Stringocephalus burtini*，厚100～560m。本阶与下伏的下泥盆统呈不整合接触。③ 上泥盆统弗拉斯阶下部为灰岩、白云岩及少量砂岩、粉砂岩，含腕足类 *Cyrtospirifer calcaratus*、菊石 *Gephuroceras domanicense*，厚200～660m；上部为灰岩、白云岩、泥灰岩；含腕足类 *Theodossia annosofi*，厚200～550m。上统弗拉阶与下伏中泥盆统吉维特阶呈整合接触。上泥盆统法门阶下部为粉砂岩、砂岩，含腕足类 *Cyrtospirifer archiaci*，厚60～700m，与下伏弗拉斯阶呈整合接触；上部为灰岩、泥灰岩；含腕足类 *Camarotochia turanica*、*Cyrtospirifer hurban*、*Dmitria romanoviskii*，厚180～770m。

5. 石炭系

绵延于吉尔吉斯斯坦和乌兹别克斯坦两国境内的中天山，石炭系发育完整，分布较广泛，生物地层层序清楚，为浅海相和滨海相碳酸盐岩和碎屑沉积，自下而上划分为：下石炭统杜内阶，全部为灰岩，厚1000～1500m。下部含腕足类 *Camarotochia panderi*、*Plicatifera temirensis*，菊石 *Wocklumeria*、*Gattendorfia*；上部含腕足类 *Spirifer desinuatus*、*Plectogyra turkestanica*。在中天山东部杜内阶相变为滨海相碎屑沉积，含植物化石

Asterocalamites scrobiculutus、*Leptophoeum rhombicum*。下石炭统维宪阶为碳酸盐岩，厚2000m。下部含菊石 *Merocanites djaprakensis*，腕足类 *Chonetes dalmaniana*；中部含菊石 *Beyrichoceras librovitchi*，腕足类 *Pseudosyrinx plenus*；上部含菊石 *Goniatites striatus*，腕足类 *Gigantoproductus gigantea*。下石炭统谢尔普霍夫阶为海相碎屑岩和碳酸盐岩，厚数十米至数百米，下部含菊石 *Cravenoceras*，上部含菊石 *Reticuloceras*。与下伏维宪阶为连续沉积。上石炭统巴什基尔阶以浅海陆源碎屑岩为主，厚1000m，产菊石 *Branneroceras*，腕足类 *Choristites bisulcutiformis*，䗴 *Pseudostaffella*、*Profusulinella*，相当于 *Pseudostaffella* 带。上石炭统莫斯科阶下部为砂岩、粉砂岩沉积，相当于 *Profusulinella* 带，其上部相当于 *Fusulinella-Fusulina* 带；厚200～1200m。上石炭统卡西莫夫阶—格舍尔阶为海相砂岩、砾岩、页岩，含礁灰岩，产䗴 *Triticites*、*Pseudofusulina*，厚度达数百米以上。

6. 二叠系

在吉尔吉斯斯坦纳伦河流域和乌兹别克斯坦东部费尔干纳盆地一带，中天山二叠系分为南北两个岩相带：北为费尔干纳岩相带，南为天山岩相带。费尔干纳岩相带，下二叠统下部为浅海相灰岩、页岩和少量泥灰岩，富含䗴化石；上部为陆源碎屑岩及少量喷发岩。上二叠统为陆相碎屑岩含煤沉积，含植物化石。天山岩相带，二叠系火山岩十分发育，全部由火山碎屑岩、酸性和基性火山熔岩和陆源碎屑岩组成。

费尔干纳岩相带二叠系划分如下：下二叠统 Карачатырская 组（Asselian—Sakmarian 或 Asselian—Lower Artinskian）为灰岩、页岩和少许泥灰岩，厚1150m。该组下部产䗴 *Pseudoschwagerina uddeni*、*Pseudofusulina complicata*、*Schwagerina shamovi*；中部产䗴 *Paraschwagerina pseudomira*、*Schwagerina asiatica*、*Parafusulina pseudojapanica*；上部产䗴 *Rugosofusulina yabei*、*Parafusulina ferganica*。综观上述䗴类化石，该组可能缺失 Artinskian 期的大部分沉积，与下伏石炭统呈整合接触。下二叠统 Тулейканская 组（Kungurian）下部为砂岩和砾岩，厚800m，砾石为灰岩，含下伏地层的䗴类化石 *Pseudoschwagerina* sp.、*Pseudofusulina*（*Rugosofusulina*）*complicata*。上部为红色砂岩、粉砂岩和酸性喷发岩，厚1000m。该组与下伏 Карачатырская 组呈不整合接触。上二叠统 Мадыгенская 组（Wuchiapingian—Changhsingian）为砾岩（砾石圆形）、砂岩、黏土岩，夹煤层，厚60m，产植物 *Callipteris*、*Gigantopteris*、*Neuropteris*、*Walchia*，双壳类 *Palaeoanodonta pseudolongissima*。与下伏 Тулейканская 组呈不整合接触，两组间可能缺失中二叠统（Roadian—Capitanian）地层。

天山岩相带二叠系划分为：下二叠统 Шурабсайская 组（Asselian—Sakmarian）下部为砂岩、砾岩、层凝灰岩、酸性和基性火山熔岩；上部是由安山岩、英安岩、流纹岩和凝灰岩组成的喷发岩，有时还有砂岩层，厚1500m。该组下部产植物化石 *Walchia piniformis*、*Ullmannia biarmica*。下二叠统达尔瓦兹阶（Дарвазский）（Artinskian—Kungurian）为酸性和基性喷发岩、凝灰岩、层凝灰岩、层状砾岩和砂岩，厚1000m。上二叠统火山岩组（Wachiapingian—Changhsingian）为流纹质凝灰岩，厚达1000m，与下伏地层呈不整合接触。

1.7.9　北天山造山带（8-9）

1. 寒武系

按作者（项礼文）意见，北天山造山带应该包括新疆霍城果子沟（现暂置于巴尔喀什-伊犁地块）、鄯善卡瓦布拉克、甘肃北山（现暂置于北山-内蒙古-吉林造山带）。

在鄯善县卡瓦布拉克东南黄山和南灰山出露有未变质的寒武系，它不整合覆于元古宇卡瓦布拉克组大理岩之上。下寒武统黄山组厚 121m，未发现化石（图 1.20）；为棕褐色、褐绿色凝灰质砂岩、石英砂岩夹硅质页岩及少量砂质灰岩，底部为厚 0.7m 的灰白色厚层砾岩，顶部有 53m 长石石英砂岩。而南灰山组以灰黑、灰褐色硅质岩为主，并与灰岩、泥灰岩不均匀互层，某些层位含磷，底部为条带状硅质岩，与下伏黄山组棕褐色长石石英砂岩和上覆巷古勒塔格组均为整合接触，厚 30～1110m；含三叶虫 *Proceratopyge*、*Hedinaspis*、*Lotagnostus*，腕足类 *Acrothele* 等，可归于中-上寒武统。

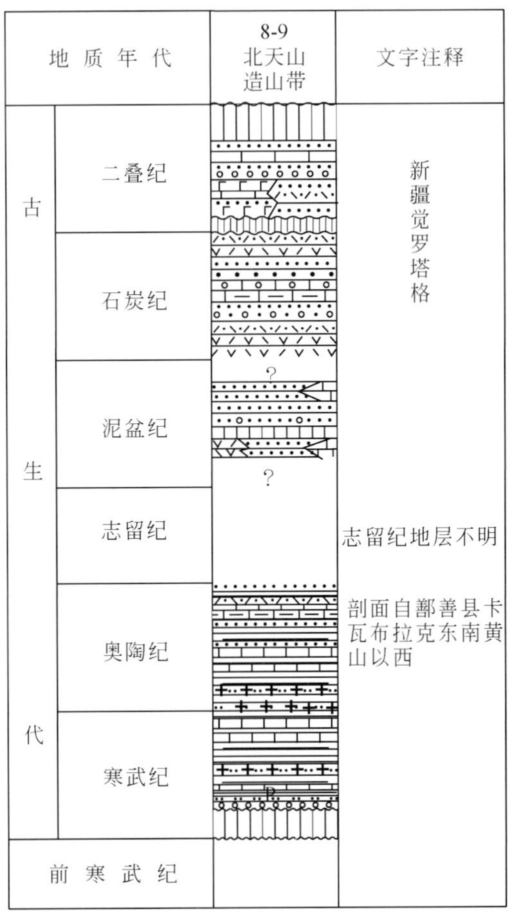

图 1.20　北天山造山带古生代地层柱状图

2. 奥陶系

新疆鄯善县卡瓦布拉克塔格东南的巷古勒塔格组厚182～423m，为一套杂色砂岩、粉砂岩、硅质岩及钙质页岩，夹少量灰岩，钙质页岩中含磷结核及磷块岩，含三叶虫 *Asaphus lepidurus*、*Phalacroma bexellei*。在命名剖面附近还见笔石 *Phyllograptus anna*、*Cardiograptus yini*、*Isograptus divergens*，三叶虫 *Harpides troedssoni* 等。其上与下白山组钙质、硅质粉砂岩，下与中、上寒武统南灰山组均为整合接触。其时限归中、下奥陶世。下白山组厚513m，为一套钙质、硅质粉砂岩夹灰岩。在命名剖面附近见笔石 *Climacograptus bicornis*、*Pseudoclimacograptus*，三叶虫 *Asaphus* 等，时代为上奥陶世桑比期。上白山组厚406m，下与下白山组整合接触，上与下石炭统不整合接触。岩性以黑色硅质岩为主，夹粉砂岩、凝灰岩及灰岩、泥灰岩，含 *Discoceras eurasiaticum*、*Sinoceras chinense* 等头足类。化石指示仅属凯迪早期（肖兵，1979；汪啸风、陈孝红，2005）。

志留系地层不明。

3. 泥盆系

北天山泥盆系零星分布于哈密地区，下统为大南湖组，为凝灰质砂岩、凝灰质角砾岩，含腕足类化石 *Acrospirifer* spp.，三叶虫 *Odontochile* sp.，与下伏志留系红柳峡组整合接触。中、上统头苏泉组为杂色、灰绿色凝灰岩凝灰质砂岩、砂砾岩、安山岩等，厚度达1700m，主要含植物化石 *Protolepidodendron* sp.、*Leptophloeum rhombicum* 等，与上覆石炭系为整合接触。

4. 石炭系

新疆觉罗塔格石炭系下统小热泉子组（Tournaisian）为灰绿色斜长玢岩、霏细岩、安山玢岩、英安玢岩、英安玢岩质凝灰岩、凝灰质粉砂岩、凝灰砾岩，含珊瑚 *Dibunophyllum*、*Carcinophyllum*，腕足类 *Phricodothyris* sp.，厚3386m以上。与下伏地层接触关系不明。下统牙满苏组（Visean—Serpukhovian）为深灰、灰色厚层灰岩、生物灰岩、生物礁灰岩、砂质灰岩、泥质灰岩、钙质砂岩、粉砂岩、砾岩，含砾砂岩、凝灰岩、凝灰质砂岩，偶夹火山熔岩，产珊瑚 *Yuanophyllum*、*Gangamophyllum*、*Palaeosmilia*，腕足类 *Gigantoproductus*、*Striatifera*，菊石 *Dombarites*、*Irinoceras*，厚2237m以上。石炭系上统底坎尔组（Bashkirian—Gzhelian）为深灰、黄绿色斜长石玢岩质凝灰岩、英安质凝灰岩、凝灰质砂岩、凝灰质粉砂岩互层，夹英安玢岩，含腕足类 *Echinoconchus* sp.、*Plicatifera* sp.、*Spirifer* sp.，厚度大于1966m。

5. 二叠系

在新疆觉罗塔格地区，二叠系下统（Artinskian—Kungurian）分上、下两部分：下部为一套巨厚的海相火山岩、陆源碎屑建造，主要为杂色玄武岩、凝灰岩夹砂岩、粉砂岩、泥岩及薄层灰岩（或灰岩透镜体），底部为细砾岩，含珊瑚 *Lophophyllidium*、*Paracaninia*，厚10140m。该套地层可变化为灰、灰绿色碎屑岩、中酸性凝灰岩、霏细岩、安山岩夹灰岩及玄武岩及辉绿玢岩，含珊瑚 *Dibunophyllum* sp.，腕足类 *Streptorhynchus* sp.，双壳类

Paralleloden sp. ，植物 *Noeggerathiopsis* sp. 、*Callipteris* sp. ，厚 2700 ~ 5050m。本套地层与下伏地层关系不明，并缺失早二叠世阿瑟尔期和萨克马尔期沉积。上部为陆相及海陆交互相，主要为杂色砾岩、砂岩、粉砂岩夹薄层灰岩，含双壳类 *Carbonicala*，植物 *Calamites*，厚度大于 1280m。本地区可能缺失晚二叠世的沉积。

1.7.10　温都尔庙造山带（8-10）

本带无寒武系地层沉积。

奥陶纪、志留纪、泥盆纪地层不清。

1. 石炭系

在西拉木伦河南，石炭系下统朝吐沟组（Tournaisian）以基性、中酸性火山熔岩及火山碎屑岩、凝灰页岩为主夹绢云母石英片岩，局部夹少量灰岩，未见化石，厚度大于 2262m（图 1.21）。下统白家店组（Visean—Serpukhovian）为黑色粉砂质板岩，夹灰黄色

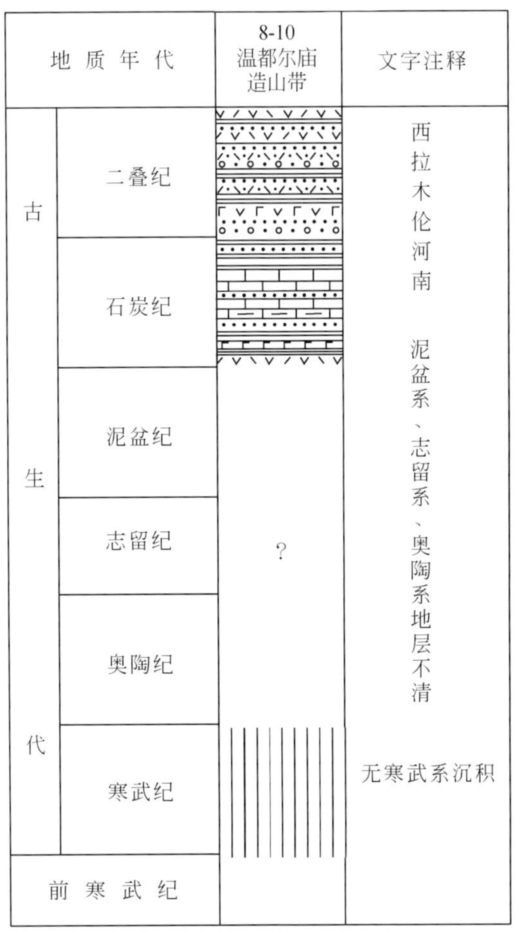

图 1.21　温都尔庙造山带古生代地层柱状图

粗砂岩及灰岩透镜体；上部为灰色灰岩、泥质灰岩、硅质条带灰岩夹礁灰岩、钙质砂岩及板岩。含珊瑚 *Yuanophyllum kansuensis*，腕足类 *Echinoconchus elegans*、*Gigantoproductus*，植物 *Neuropteris pseudovata*、*Pecopteris*。本岩组厚1669m，与下伏志留系呈不整合接触。上统家道沟组（Bashkirian—Kazimovian）下部为灰色硅质带灰岩、复矿砂岩与砂岩互层夹黑色板岩；上部为黑色板岩、砂岩互层，顶部具黑色结晶灰岩及板岩。产珊瑚 *Diphyphyllum*、*Lithostrotion*，腕足类 *Choristites gobicus*、*C. tschernyschewi*，植物 *Neuropteris*，厚2590m。上统（Gzhelian）—下二叠统（Asselian—Sakmarian）酒局子组以黑色板岩为主，夹砾岩和紫红色中细粒长石砂岩、硬砂岩，局部含煤，含植物 *Neuropteris*、*Lepidodendron*。

2. 二叠系

在西拉木伦河南，二叠系下统青风山组（Artinskian—Kungurian）厚1013m，下部为杂色石英砂岩、板岩，其底部为含砾砂岩或砾岩；中部为灰绿色变质安山岩、英安岩及中酸性凝灰熔岩、硬砂岩、凝灰岩；上部为灰绿色硬砂岩、板岩夹凝灰岩及变质玄武岩。中统于家北沟组（Roadian—Wordian）厚571m，下部为灰绿色含砾凝灰岩夹安山角砾岩；上部为灰白、灰绿色凝灰质砂岩砾岩、粉砂岩及板岩。产䗴 *Pseudodoliolina*，腕足类 *Yakovlevia*、*Leptodus*、*Permudaria*，植物 *Sphenophyllum*、*Gigantopteris*。中统铁营子组（Capitanian）厚度大于1446m，下部为灰绿色砾岩、砂砾岩、细砾岩与酸性凝灰岩互层并夹板岩；中部为灰紫色复矿砂岩，或砾岩、砂砾岩、凝灰砂岩夹粉砂岩；上部为灰、紫色板岩夹复矿砂岩、粉砂岩及变质凝灰岩。含植物 *Gigantonoclea*、*Comia*、*Pecopteris*、*Sphenophyllum*。二叠系上统染房地组（Wuchiapingian—Changhsingian）厚2134m，下部为灰绿色蚀变安山岩夹酸性晶屑凝灰岩；中部为灰色变质砂岩砂板岩夹酸性熔岩；上部为中酸性凝灰岩、凝灰角砾岩、安山岩夹板岩、流纹岩，含植物 *Ullmonia*、*Gigantopteris*，双壳类 *Palaeonodonta*。本地区可能缺失长兴期晚期的沉积。

1.7.11 吉黑镶嵌地块（8-11）

1. 寒武系

仅在张广才岭造山带伊春市五里镇铅锌矿的钻孔中见有化石依据的寒武系，称为五星镇组，顶底界不清，厚度大于500m（图1.22）。下部为灰色大理岩，间夹白云质大理岩，厚度不详；中部为灰色大理岩，间夹碳质板岩、粉砂质板岩，厚100～150m；上部为碳质板岩、粉砂质板岩间夹灰色大理岩及灰黑色大理岩化灰岩，厚100～150m，含三叶虫 *Kootenia*、*Proerbia*、*Inouyina*、*Neocobboldia*，时代为早寒武世中晚期，生物群相似于西伯利亚地区。

2. 奥陶系

张广才岭造山带的黑龙江省尚志市小金沟出露的奥陶系划分为小金沟组和大清组，上覆地层不清，下伏岩石为二长花岗。小金沟组厚度大于813m，上部为大理岩夹中酸性熔岩；中部为含砾混合砂岩、砾质钙质岩屑砂岩；下部为细砂岩、粉砂岩夹大理岩和生物灰岩，含腕足类 *Vellamo trentonensis*、*Orthambonites*、*Dolerorthis*、*Hesperorthis* 等。朱慈英和赵武锋（1989）认为化石指示“卡拉道克”早期，即晚奥陶世桑比期。大青组位于小金沟组之上，二者为整合（或断层）接触（南润善等，1992）。大青组厚度大于 301m，以中酸性熔岩为主，中-上部夹凝灰砂岩、粉砂岩或板岩，未见顶，不含化石，也归入上奥陶统内。

志留纪、泥盆纪地层不明。

3. 石炭系

张广才岭造山带的黑龙江神山，石炭系下统花达气组（Tournaisian）下部为砾岩、凝灰质砂岩及板岩；上部为含砾粗砂岩、细粒砂岩及粉砂岩。产植物 *Angaropteridium*、*Cardiopteridium*、*Noeggerathiopsis*，厚 266m，与下伏上泥盆统呈整合接触。下统查尔格拉河组（Visean—Serpukhovian）厚度大于 405m，下部为砾岩、岩屑砂岩、粉砂质板岩；上部为中粗粒岩屑砂岩、粉砂岩、泥质板岩。石炭系上统唐家屯组（Bashkirian—Kazimovian）下部为黄褐、灰黑色酸性、中酸性凝灰熔岩夹凝灰质砂岩、粉砂岩及板岩；上部为流纹质凝灰熔岩，夹凝灰岩及粉砂岩。含植物 *Paracalamites*，厚度大于 1211m。上统杨木岗组（Gzhelian）为灰黑色粉砂质、泥质板岩夹长石砂岩、含砾凝灰质砂岩，其下部以含砾砂岩和砾岩为主。产植物 *Neoggerathiopsis*、*Zamiopsis*、*Neuropteris*、*Annularia*，厚 335m。

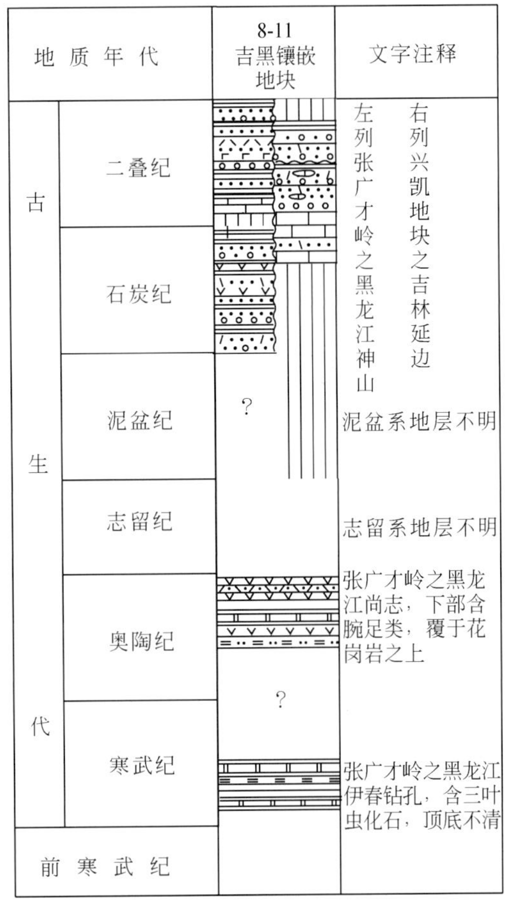

图 1.22　吉黑镶嵌地块古生代地层柱状图

在吉林延边，石炭系上统（Gzhelian）—二叠系下统山秀岭组（Asselian—Sakmarian）以灰白、深灰色薄层结晶灰岩、硅质条带结晶灰岩、泥质灰岩为主，夹凝灰质砂岩，富含䗴 *Pseudofusulina nelsoni*、*Pseudoschwagerina* sp.、*Rugosofusulina prisca*、*Quasifusulina*、*Triticites ohioensis*，腕足类 *Dictyoclostus uralicus*，厚 517m 以上。此套地层与下伏地层下奥陶统关系不明。本地区缺失早石炭世至晚石炭世卡西莫夫期的沉积。

4. 二叠系

在张广才岭造山带的黑龙江神山，二叠系下统—中统玉泉组（Kungurian—Roadian）下段为浅灰色厚层大理岩夹板岩、结晶灰岩；中段为厚层灰岩；上段为灰黑色泥质板岩夹结晶灰岩及大理岩。产腕足类 *Yakovlevia mammatiformis*、*Marginifera jisuensis*、*Spiriferella*，珊瑚 *Timorphyllum*，厚度大于1186m。本组与下伏地层（杨木岗组）呈假整合接触，之间缺失下统阿瑟尔阶—阿丁斯克阶地层。中统土门岭组（Wordian—Capitanian）下段为灰色长石砂岩、板岩夹硅质岩、泥灰岩及灰岩透镜体；上段为灰黑色砾石、砂砾岩、碳质板岩及硅化灰岩。产腕足类 *Liosotella*、*Spiriferella salteri*、*Licharewia*，植物 *Neoggerathiopsis*，厚2055m以上。二叠系上统五道岭组（Wuchiapingian）下部为灰黑、灰绿色安山角砾岩夹安山质凝灰岩、安山岩；中部为安山玢岩、安山质凝灰熔岩夹凝灰粉砂岩；上部为流纹质凝灰熔岩、流纹岩夹含砾凝灰质砂岩。含植物 *Paracalamites*、*Annularia*、*Pecopteris*，厚350m以上。上统红山组（Changhsingian）下部为砂岩夹板岩；中部为含砾粗砂岩、细砂岩及粉砂岩、板岩互层；上部为灰黑色细砂岩、粉砂质板岩夹含粗粒砂岩。产植物 *Neoggerathiopsis*、*Callipteris*、*Comia*、*Sugaia*，厚699m。与上覆地层关系不清。

在兴凯地块的吉林延边，二叠系中统沃德阶地层分大蒜沟组和庙岭组。大蒜沟组下部为凝灰质砾岩；上部为凝灰质砂岩、粉砂岩夹灰岩透镜体。含䗴 *Pseudodoliolina*、*Parafusulina*，腕足类 *Waagenoconcha* sp.、*Leptodus*，厚1016m。与下伏地层上石炭统—下二叠统（山秀岭组）呈假整合接触。此间缺失早二叠世亚丁斯克期至中二叠世罗德期沉积。庙岭组厚175～800m，下部以灰黑色凝灰质砂岩为主夹中厚灰岩，产珊瑚 *Yatsengia*、*Waagenophyllum*，䗴 *Parafusulina*、*Schwagerina*，腕足类 *Leptodus*；上部为杂色凝灰质砂岩、凝灰岩夹蚀变流纹岩及薄层灰岩，含䗴 *Neoschwagerina*、*Yabeina*，腕足类 *Leptodus*、*Spiriferella*。中统柯岛组（Capitanian）厚1800m以上，下部为灰、紫红、灰黑色凝灰质砂岩、砾岩夹安山岩及灰岩透镜体；上部为灰绿、灰紫凝灰质砂岩、板岩、含砾粗砂岩。富含䗴 *Yabeina*、*Neoschwagerina*、*Schubertella*。二叠系上统开山屯组（Wuchiapingian）厚351～2419m，下部为灰绿、灰紫色凝灰质砂岩、砾岩夹板岩，底部为凝灰质砾岩；上部为灰黄色凝灰质砂砾岩、砂质板岩及泥质板岩。产植物 *Gigantopteris*、*Lobotannularia*，双壳类 *Limipecten*。本地区可能缺失长兴期沉积。

1.7.12 北山-内蒙古-吉林造山带（8-12）

1. 寒武系

在此造山带内，以北山地区发育最为齐全。从其层序、岩性、化石组合含矿性看，它极类似于北天山霍城一带的寒武系（图1.23）。它为一套含磷的硅质和碳酸盐岩的沉积，特点是各处的厚度变化特大。下部称双鹰山组，为黑色硅质岩-硅质板岩及生物碎屑灰岩，含三叶虫 *Serrodiscus*、*Calodiscus*、*Dinesus*、*Subeia*，底部有砾岩，厚12～892m。早寒武世最早期的沉积可能缺失，与下伏的震旦纪红山口冰碛岩为平行不整合。双鹰山组之上为西双鹰山组，两者为连续沉积，为含磷黑色硅质岩及薄层臭灰岩、生物灰岩，下部普遍含磷、钒、铀，再上未见顶。下部含三叶虫 *Xystridura*、*Galahetes*、*Pagetia*；中部含 *Centropleura*、*Ptychagnostus*、*Hypagnostus*、*Lejopyge*；上部含 *Glyptagnostus*、*Pseudagnostus*、*Hedinaspis*，该组厚51～284m。西双鹰山组的下部和中部应属中寒武统，而上部归于上寒武统。

向东伸延到内蒙古额济纳旗同样出现一套硅质和碳酸盐类的沉积，所含化石主要是晚寒武世和早奥陶世的三叶虫。寒武系和奥陶系连续沉积。

2. 奥陶系

该带东西延伸甚长，现选北山、杭乌拉和吉林中部三处剖面叙述之。杭乌拉以西寒武系硅质岩和碳酸盐岩均较发育，下部地层有缺失；以东尚未见有化石证据的寒武系地层。奥陶、志留系以碎屑岩为主，个别地方有火山岩发育。志留系兰多维列统均为含笔石地层。

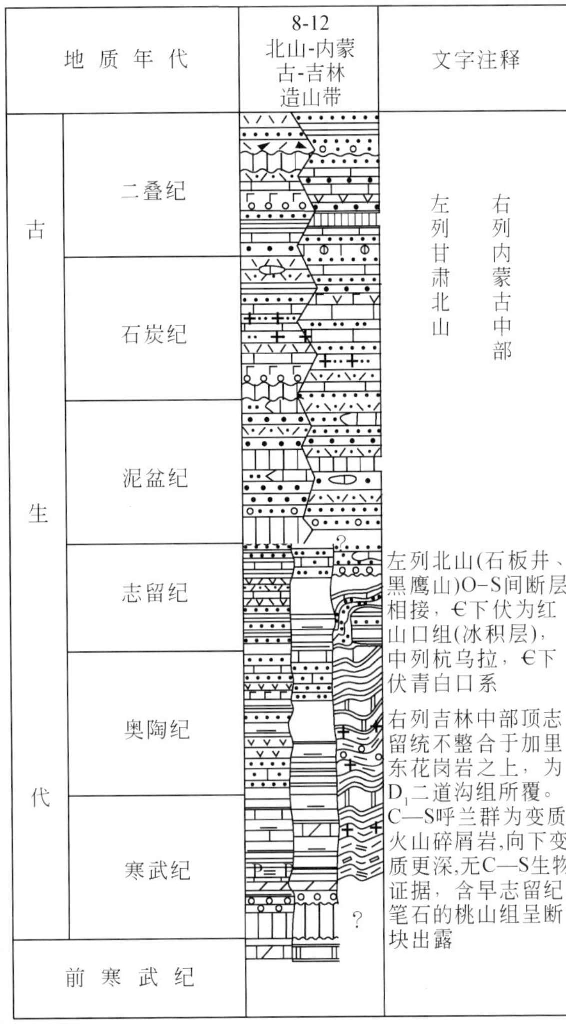

图 1.23　北山-内蒙古-吉林造山带古生代地层柱状图

黑鹰山地区的奥陶系（图 1.23 柱图左列）据周志毅和林焕令（1995），砂井群在乌兰布拉格西侧出露 700m 左右碎屑岩、硅质及灰岩，在额勒根乌兰乌拉厚度厚度可达 2000m，尚有中酸性火山岩。含腕足类 *Tritoechia*、*Xenelasma*，笔石 *Amplexograptus* cf. *confertus*、*Climacograptus shihuigouensis* 等。化石表明属达瑞威尔阶，可能代表中、下奥陶统。其上的咸水湖群厚 5000m，为中基性火山岩、凝灰岩及凝灰质砂岩和页岩，含笔石 *Dicellograptus sextans exilis*、*D. divaricatus*，头足类 *Trilacinoceras* 及腕足类 *Apotorthis*、*Dinorthis* 等，时限属晚奥陶世桑比期。希热哈达群厚 600m，主要为碎屑岩，但底部有 60m 碳酸盐岩，产三叶虫 *Sphaerexochus*、*Parisoceraurus*、*Bulbaspis*、*Amphilichus* 等，可能代表凯迪期以后的地层。

杭乌拉地区的奥陶系（图 1.23 柱图中列）整合于寒武系西双鹰山组之上，最低的单位为杭乌拉组，厚仅 24m，由硅质岩、硅质板岩及薄层灰岩组成，含三叶虫 *Hysterolenus*、*Niobella* 等，属特马豆克期沉积。沃博尔组整合于杭乌拉组之上，由硅质岩、硅质板岩组成，厚 183m，含 *Pendeograptus fruticosus* 带至 *Undulograptus austrodentatus* 带的笔石，化石表明属下奥陶世弗洛期至中奥陶世达瑞威尔早期地层。但上部为断层切割。巴丹吉林组厚 296.3m（汪啸风、陈孝红，2005），由灰、灰紫色岩屑石英砂岩、钙质粉砂岩夹砂质灰岩及少许砂砾岩层组成，含三叶虫 *Encrinurus*、*Bulbaspis*，珊瑚 *Agetolites*，腕足类 *Sowerbyella*、*Drepanorhyncha*，牙形刺 *Belodina compresssa* 等，属凯迪中-晚期沉积，下部未出露。岩屑砂岩代表更活动的沉积环境。单面山组为 1.5m 厚的中厚层灰岩，产三叶虫 *Dalmanitina*，腕

足类 *Cliftonia*、*Onniella* 等，属赫南特期沉积。下与巴丹吉林组、上与志留系拐子湖组均为整合接触。杭乌拉地区寒武系至志留系均未见火山岩沉积。

但杭乌拉地区之东（汪啸风、陈孝红，2005），在内蒙古包尔汉图，又见 701m 的中基性火山岩和火山碎屑岩，产奥陶纪笔石 *Callograptus*、*Dicranograptus* 等，称哈拉组。更东，在内蒙古阿牙登的阿牙登组，却仅见巨厚的碳酸性盐岩建造，以结晶灰岩、大理岩为主，产头足类 *Allopiloceras wudaowanense*，腕足类 *Eoorthis*、*Paurorthis* 等，厚 724 ~ 860m，可能仅相当于弗洛期沉积。

在吉林中部（图 1.23 柱图右列）广泛分布的呼兰群，为一套变质的火山碎屑岩，下部变质深可达角闪岩相。局部地区分出桃山组（志留系）、西保安组（早寒武世）等。该群按林宝玉等（1998）分为三部的累计厚度可达万米以上。时限属寒武至志留系，但无寒武—奥陶纪化石证据。

3. 志留系

北山黑鹰山地区志留系（图 1.23 柱图左列）圆包山组厚约 1600m，由黄绿色粉砂岩夹粉砂质页岩组成，含 *Monograptus sedgwickii*、*Monoclimacis* cf. *griestoniensis*、*Monograptus priodon* 等笔石，时代为兰多维列统。而在乌兰布拉格一带，与圆包山组相当的地层称乌兰布拉格群，则含较多火山岩，岩性为灰绿色凝灰砂岩、中酸性凝灰岩及凝灰熔岩，顶部夹少量板岩及硅质岩，下部夹灰岩透镜体，也含大量笔石。上述两个组的底界和顶界都不甚清楚。公婆泉组为一套中酸性火山岩夹灰岩、大理岩等，厚度为 1603 ~ 4020m，含腕足类 *Eospirifer*，珊瑚 *Stelliporella abnormis*、*Palaeofavosites*、*Mutisolenia tortuosa* 等，与上、下地层的接触关系不明，暂归于文洛克统。碎石山组厚度大于 387m，为变质砂岩、粉砂质板岩夹灰岩透镜体，含珊瑚 *Favosites coreanicus*、*Phaulactis*、*Holophragma calceoloides*、*Squamofavosites*、*Angopora* 等，上与早泥盆世清河沟组不整合相接。被归于普里道利统，或许也包括罗德洛统。

杭乌拉地区的志留系拐子湖组的主要岩性为灰绿、黄绿色泥质板岩和硅质板岩（周志毅、林焕令，1995）（图 1.23 柱图中列），厚 165m，自上而下划分为 *Oktavtes spiralis* 带、*Monoclimacis griestoniensis* 带、*Stretograptus crispus* 带、*Monograptus sedgwickii* 带、*Parakidograptus acuminatus* 带及 *Glyptograptus persculptus* 带等八个笔石带，指出其时代从晚奥陶世赫南特晚期至整个兰多维列世。下与单面山组整合接触，顶为二叠系不整合覆盖。拐子湖组之上的志留纪地层呈断块产出，并未命名，岩性为灰、褐灰、灰绿色中细粒钙质绢云母石英砂岩夹砂质灰岩，厚 218m（朱鸿等，1987），含三叶虫 *Encrinurus*，腕足类 *Atrypa*、*Reserella*，珊瑚 *Tryplasma hedstromi*、*Kodonophyllum*、*Wintunastraea regularis* 等，被归罗德洛和普里多利统。其底为断层所割，顶与下泥盆统珠斯楞组底砾岩平行整合接触。

吉林伊通见含笔石的志留系桃山组（图 1.23 柱图右列），下部以浅色酸性熔岩与板岩互层为主，上部为黑色板岩夹凝灰质粉砂岩和细砂岩。顶、底界限不清，厚 400m，含 *Monograptus sedgwickii* 带至 *Stomatograptus grandis* 带笔石，时限属兰多维列统埃隆期和特列奇期。在吉林永吉，张家屯组不整合在加里东碱性花岗岩上，为一套碎屑岩和火山碎屑岩，底部为以花岗岩砾石为主的底砾岩，上部砂岩中夹灰岩透镜体，产腕足类 *Retziella simplex-Protoreticularia fimbriata* 组合，上限不清，厚370m，属普里道利期沉积。出露于吉林永吉县大绥河乡的小绥河组与上覆下泥盆统二道沟组未直接接触，其下为断层所切，厚约500m。岩性为砂岩、粉砂岩和页岩，夹少量含砾粗砂岩和灰岩小透镜体。含腕足类 *Plectodonta* aff. *meriae* 组合、*Mesodouvillina alatus* 组合以及三叶虫、珊瑚等，也属普里多利期沉积。南润善等（1992）认为张家屯组与小绥河组从岩性和生物方面都有类似之处，两个组有同期沉积的可能。

4. 泥盆系

甘肃北山红柳河以北及内蒙古西端的巴丹吉林出露零星泥盆系，下泥盆统仅出露上部的珠斯楞组，厚约400m，为钙质砂岩、粉砂岩夹砂质灰岩，底部具底砾岩，与下伏志留系呈假整合接触。含菊石 *Anacestes plebejus*，珊瑚 *Calceola sandalina*、*Siphonophrentis invaginatum*。中泥盆统下部依克乌苏组厚约780m，以砂、页岩互层为特征，上部夹砂质灰岩和硅质灰岩，含珊瑚 *Cyathophyllum normale*，腕足类 *Kayseria lens* 及三叶虫化石 *Proetus* sp.、*Phacops* sp.。中泥盆统上部卧驼山组以具大量砾岩及凝灰质砂岩为特点，厚530m，未获化石。上泥盆统西屏山组为紫红色中-细粒长石石英砂岩夹少量透镜状灰岩和同生砾岩，厚达1716m，含少量腕足及珊瑚化石 *Tenticospirifer ussoffi*、*Hexagonaria schucherti*。在呼伦西北还见有一套以安山岩、安山质角砾岩夹大理岩透镜体的沉积，含珊瑚 *Thamnopora* sp.，厚度大于400m，顶底均不全，与上述泥盆系各组关系不明。

5. 石炭系

在甘肃北山，石炭系下统红柳园组（Visean-Serpukhovian）下部为灰绿、灰紫色砾岩、含砾粗砂岩、长石硬砂岩；上部为灰、灰黑色灰岩、砂岩，局部夹流纹岩、玄武岩、凝灰岩。产珊瑚 *Arachnolasma*、*Palaeosmilia*，腕足类 *Gigantoproductus*、*Kansuella*、*Striatifera*，厚337～2661m。本组与下伏中泥盆统呈不整合接触，中间缺失早石炭世杜内期的沉积。上统石板山组（Bashkirian—Moscovian）为灰、暗灰色长石石英砂岩、粉砂质板岩夹砾岩、含砾砂岩、大理岩及生物灰岩，含珊瑚 *Lithostrotionella*，䗴 *Pseudostaffella*、*Profusulinella*，厚516m以上。上统芨芨台子组（Moscovian）下部为灰岩、大理岩；上部为砂质板岩夹粉砂岩、灰岩及钙质砾岩。产䗴 *Fusulina* - *Fusulinella* 带分子，厚257m。上统干泉组（Gzhelian）下部为灰、灰绿色粉砂岩、石英砂岩、鲕状灰岩；上部为灰绿、灰黑色流纹岩、凝灰岩、凝灰角砾岩夹英安粉砂岩及灰岩。产珊瑚 *Amplexocarinia*，腕足类 *Choristites pavlovi*、*Ch. nikitini*，菊石 *Glaphyrites*，厚1613m。

在内蒙古中部，石炭系下统杜内期地层分沟呼都格组和乌兰呼都格组，沟呼都格组的底部为紫灰色砾岩，中上部为中细粒硬砂岩与钙质粉砂岩互层，顶部为紫色砂岩和粉砂岩，产腕足类 *Fusella ussiensis*、*F. tornacensis*、*Cyrtospirifer* sp.，厚163m。本岩组与下伏上泥盆统呈整合接触。乌兰呼都格组为灰绿色安山质凝灰岩夹砂岩、砾岩及灰岩，厚256m。石炭系下统敖木根呼都格组（Visean—Serpukhovian）为黄褐、灰绿色长石石英砂岩、硬砂岩、粉砂岩、石英砂岩、泥灰岩、鲕状灰岩夹页岩、灰岩、砂质灰岩，含珊瑚 *Siphonophyllum*，腕足类 *Grandispirifer mylkensis*、*Syringothyris cuspidata*，厚1155m。中统本巴图组（Bashkirian—Kazimovian）下部为深灰、紫色长石砂岩、石英砂岩、生物灰岩、泥质板岩、砂质灰岩、灰岩，局部夹砾岩；上部为灰绿色长石砂岩夹砾岩和灰岩、中基性火山岩。产䗴 *Pseudostaffella* - *Profusulinella* 带、*Fusulina* - *Fusulinella* 带和 *Eostaffella*，厚1962m。石炭系上统（Gzhelian）—二叠系下统（Asselian—Artinskian）阿木山组为黄褐色复矿物砂岩、含砾砂岩、石英砂岩、粉砂岩、紫色页岩、浅灰色灰岩，局部含火山岩，含䗴 *Triticites*、*Pseudoschwagerina*、*Pseudofusulina*、*Eoparafusulina*，厚度大于444m。该岩组与下伏地层（本巴图组）呈断层关系。

6. 二叠系

在甘肃北山，二叠系下统双堡塘组（Artinskian—Kungurian）为灰绿、灰色砂岩夹砂质页岩、砂质灰岩，底部为细砂岩夹砂质灰岩及灰岩，含菊石 *Propinacoceras*、*Uraloceras*，腕足类 *Yakovlevia mammatiformis*、*Spirferella salteri*，厚1065m。与下伏地层（干泉组）整合接触。中统金塔组（Roadian—Wordian）为灰绿、绿色凝灰岩、火山角砾岩、玄武岩，夹灰岩、页岩、硅质灰岩及砂岩，底部为凝灰质角砾岩，产腕足类 *Orbiculoidea*、菊石 *Daubichites*，厚1414m。该套地层可变为黑、黄绿色页岩、砂岩夹砂质灰岩，富含菊石 *Waagenoceras*、*Daubichites*，厚182m。二叠系上统方山口组（Wuchiapingian—Changhsingian）下部为紫色火山角砾岩夹含砾凝灰熔岩、熔凝灰岩、凝灰质砂岩；上部为灰绿色中性含砾熔凝灰岩、流纹岩，产植物 *Callipteris*、*Fascipteris*、*Pecopteris*。厚度大于2517m。本组与下伏地层（金塔组）呈不整合接触，因此可能缺失中二叠世卡匹敦期的沉积。

在内蒙古中部，二叠系中统格根敖包组（Roadian）下部为砂砾岩、硬砂岩及细砂岩；中部为流纹岩、安山岩、安山玢岩、粗面岩；上部为碎屑岩、泥灰岩、生物碎屑灰岩。含腕足类 *Gegenella*、*Jakutoproductus*、*Licharewia*，植物 *Noeggerathiopsis*，厚4112m。该组与下伏地层为断层接触。本地区可能缺失早二叠世空谷期的沉积。中统西乌珠穆沁旗组（Wordian）下部为黄绿色砂岩、砾岩、生物碎屑灰岩、硅质岩；上部为灰绿、灰黑色碳质粉砂岩、板岩夹灰岩透镜体。含珊瑚 *Tachylasma*、*Doubichites*，腕足类 *Yakovlevia*、*Licharewia*，厚2238m。二叠系中统（Capitanian）—上统（Wuchiapingian-Changhsingian）林西组主要为黑灰色板岩、变质砂砾岩、凝灰质砂岩及长石砂岩，产双壳类 *Palaeomutella*、*Palaeonodonta*，植物 *Callipteris*、*Comia*，厚5297m。该组与下伏中二叠统（西乌珠穆沁旗组）呈不整合接触关系。

1.8 乌拉尔-南天山造山系

1.8.1 乌拉尔造山带（9-1）

1. 寒武系

可靠的寒武系仅见于南乌拉尔，划分为两个构造岩相带：卡克马尔-伊列克带

（Какмаро-Илекская Зона）位于南乌拉尔西侧和比穆戈贾山；萨纳尔带（Санарская Зона）位于南乌拉尔东侧（图 1. 24）。卡克马尔-伊列克带的寒武系（图 1. 24 柱图左列）

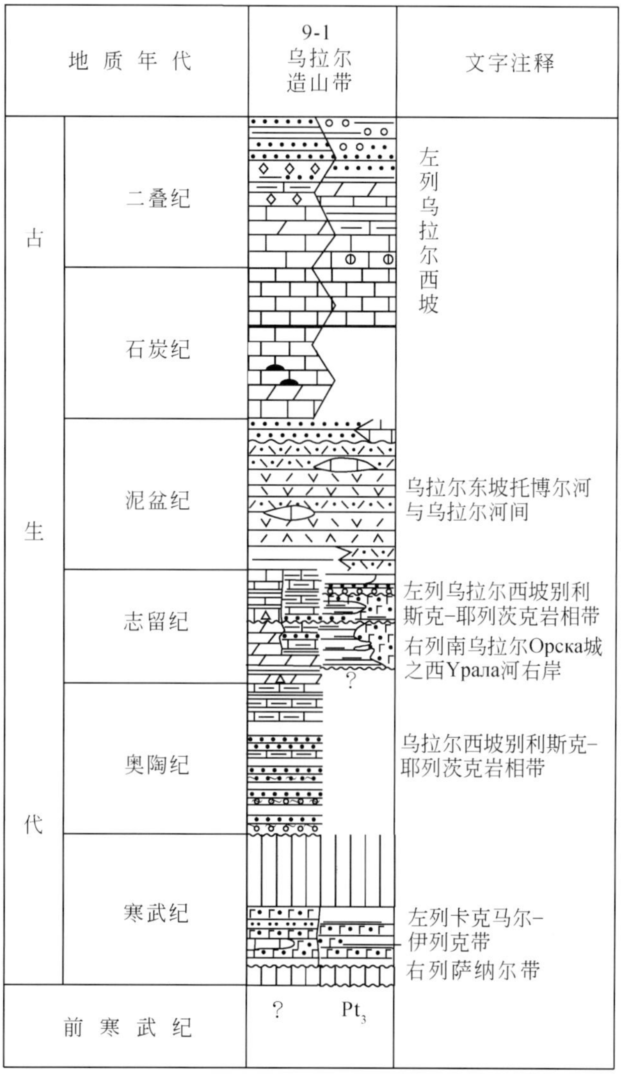

图 1. 24　乌拉尔造山带古生代地层柱状图

称捷列左林组（Тереклинская），其下界不清，主要为基性喷出岩及其凝灰岩、石英砂岩夹灰岩透镜体，含藻类、古贝类，厚 350 ~ 500m，属早寒武世晚期。萨纳尔带的寒武系（图 1. 24 柱图右列）为沉积火山岩层序，不整合覆于上元古界之上，其岩性与捷列克林组相似，但含很多硅质、碳-硅质页岩，而无砂岩，厚 450 ~ 500m，也属早寒武世晚期沉积。

2. 奥陶系

新地岛、派-霍伊、瓦加奇岛的奥陶系为碳酸盐岩及陆源沉积，仅最底部有玄武岩层，总厚 1600m，不整合于上寒武统之上。

乌拉尔西坡之别利斯克-耶列茨克带，下奥陶统至中奥陶统下、中部为陆源沉积，其后均为碳酸盐岩沉积，仅西部边缘有玄武岩。其他地方的奥陶系主要为火山成因的沉积物夹灰岩及粗粒复矿成分岩石，岩石也常变质，如中乌拉尔、北乌拉尔和极地乌拉尔东坡。南乌拉尔东坡都是火山成因的岩组，奥陶系由火山-沉积的孔德拉文组（Кундравинская свита）、瓦尔年组（Варненская свита）和特罗伊茨克组（Троицкая）组成。最完整的奥陶纪剖面在北乌拉尔和极地乌拉尔的西坡地区，也是图 1. 24 柱图所示剖面，简介如下。

捷利波斯组为砾岩、石英岩状砂岩夹千枚状片岩，厚 200 ~ 2000m，含腕足类 *Finkelnburgia*、*Angarella lopatini*，时代大致为早奥陶世。赫杰伊组厚 300 ~ 800m，为砂岩、粉砂岩、千枚状片岩和泥灰岩，含 *Siphonotreta*、*Angarella* cf. *mirabilis*，暂归中奥陶统。休哥尔组厚 200 ~ 800m（据乌拉尔西坡 Щугор 河志留系柱状推定），岩性为泥质灰岩、页岩，含腕足类 *Oxoplecia krotovi*、*Vellama verneuili*、*Sowerbyella sericca*，属上奥陶统。

3. 志留系

乌拉尔造山带志留系可划分出两种沉积类型。派-霍伊、瓦加奇岛、新地岛、乌拉尔西坡多半是碳酸盐岩，陆源沉积较少，含丰富化石，剖面完整，厚度为 1000 ~ 2000m。而乌拉尔东坡，志留系多为火山岩建造（主要是基性岩），夹碳酸盐岩和硅质页岩，沉积间断多（罗德洛统超覆在下伏地层上，有时具底砾岩；普里多利统亦与下伏地层不整合），厚度变化大，最厚可达 5000m。

图 1. 24 柱图左列示乌拉尔西坡别利斯克-耶列茨克岩相带内 Щугор 河志留系综合剖面（据 Никифорова и Обут，1965）。兰多维列统称 Шантымская 组，厚 320m，为白云岩，底部夹页岩，中上部具硅质结核，含珊瑚 *Palaeofavosites kulik*，腕足类 *Pentamerus* ex gr. *borealis*。下与上奥陶统 Амбаркыртинск 组（泥质灰岩、泥灰岩、钙-泥质页岩，含腕足类 *Strophomena*，珊瑚 *Proheliolites*，厚度小于 250m）整合接触。文洛克统分为两种岩相：Заколаельская 组（图 1. 24 柱图左列左侧）为含硅质结核的板状白云岩，厚 270m，含珊瑚 *Zelophyllum*、*Calostilis roemeri*；Маркочуская 组（图 1. 24 柱图左列右侧）为含煤泥质和泥质页岩、粉砂岩、砂岩、泥灰岩、泥质石灰岩，含珊瑚 *Palaeofavosites*，笔石 *Cyrtograptus murchisoni*。罗德洛世以后地层，厚 450 ~ 500m，也分为两种岩相：Укьюдинская 组（图 1. 24 柱图左列左侧）为含煤泥质灰岩、页岩、泥灰岩，向下有角砾状灰岩，含腕足类 *Conchidium pseudokhighti*；而 Верхнеилычская 组（图 1. 24 柱图左列右侧）为泥质灰岩、泥灰岩、生物碎屑灰岩、粉砂质灰岩和泥质页岩，上部含珊瑚 *Squamerofavosites*，腕足类 *Spirifer pseudogibbosus*、*Protathyrus didyma*，下部含珊瑚 *Holophragma calceoloides*、*Streptelasma*。

图 1. 24 柱图右列示南乌拉尔 Орска 城之西 Урала 河右岸 Мустафино 和 Ишкинино 村 Сухой Губерле 河的综合剖面（Никифорова и Обут，1965）。该剖面兰多维列早期沉积未保留，兰多维列中晚期沉积厚 200 ~ 300m，含笔石 *Spirograptus minor*、*Hedrograptus janischewskyi*。文洛克统厚 400 ~ 500m，含 *Monoclimacis*、*Retiolites angustidens*，罗德洛统厚 700 ~ 800m，含 *Pristiograptus bohemicus*。它们均由黑色硅质岩（含笔石）与基性火山岩（辉绿岩、细碧石、辉绿玢岩）及其凝灰岩相间（穿插）或相对（分两种岩相）组成。而普里道利统厚 200 ~ 250m，为石灰岩、砂岩、硅质岩，底部有砾岩，含腕足类 *Plectatrypa* marginalis，不整合覆于下伏地层上。

4. 泥盆系

泥盆系分布于乌拉尔东坡托博尔河与乌拉尔河之间，包括 Tagil 和东乌拉尔两个构造岩相带。泥盆系相当发育，各个时代均有代表。下、中泥盆统主要为火山熔岩及其碎屑岩，偶夹灰岩透镜体中含珊瑚和腕足类化石，底部页岩中含笔石 *Monograptus* cf. *hercynicus*，上部灰岩夹层中含腕足类 *Stringocephalus* sp.，顶部含腕足类 *Karpinskia* sp.。下统厚 400～2000m，中统厚 850～1000m。上泥盆统为砂砾岩，厚 800～1000m，不整合在上述火山岩系之上。

在南乌拉尔东坡马格尼托哥尔斯克地槽，上泥盆统弗拉阶包括两个群：Muskasovo 群（Solonchatka 组、Kilta 组）和 Koltuban 群（Tashtugay 组、Iriklin 组、Ust′Kolpak 组），主要岩性为火山-沉积岩，由灰绿色凝灰质砂岩、粉砂岩、板状页岩、砾岩夹砂屑灰岩和礁灰岩组成，总厚 700～1000m。富含腕足类、珊瑚、层孔虫。重要的有 *Cyrtospirifer* cf. *conoideus*、*Anatrypa markovskii*、*Desquamatia alticola*、*Trupetostostroma bassleri*、*Actinostroma filitextum*、*Stachydes constulata*、*Neostringophyllum* ex gr. *Isotense*。法门阶 Zilar 群以灰岩、泥灰岩夹少量砂岩，和下伏火山-沉积岩不整合接触，厚 150～700m。含腕足类 *Cyrtospirifer archiaci*、*C. quadratus*、*Trifidorostellum* cf. *posturalica*、*Yunnannellina mugodjarica*，有孔虫 *Quasiendothyra c. communis*，牙形刺 *Palmatolepis marginifera*、*P. glabra*、*P. gracilis*、*Scaphignathus velifer*、*Polygnathus styriacus* 等。在构造岩相带，以碎屑岩为主，夹灰岩，含菊石 *Sporadoceras munsteri*、*Imitoceras richteri*、*Cyrtoclymenia krasnopolskyi*、*Platyclymenia annulata*。它们是典型的 *Platyclymenia* 带分子。

5. 石炭系

石炭系在乌拉尔西坡沿南北方向分布，发育良好，层序连续，以碳酸盐岩沉积为主，部分地区也发育碎屑岩和酸盐岩沉积。南乌拉尔下石统发育十分完整，主要为碳酸盐岩。其地层划分如下：下统杜内阶的岩性为泥质灰岩、灰岩、生物碎屑灰岩，含燧石灰岩、白云岩和黏土质灰岩；含有孔虫 *Prochernyshinella disputabilis* 带、*Palaeospiroplectammina tshernyshinensis* 带、*Spinoendothyra costifera* 带、*Eotextularia diversa* 带，厚 87m。下统维宪阶由生物碎屑灰岩、泥质灰岩、灰岩和燧石灰岩组成，含有孔虫 *Eoparastaffella simplex* 带，厚 14～150m。下统谢尔普霍夫阶为泥质灰岩、灰岩、生物碎屑灰岩和生物礁灰岩，含有孔虫 *Neoarchaediscus postrugosus* 带、*Eostaffelina paraprotvae-Globivalvulina bulloides* 带，厚 243m。在乌拉尔西坡，下石炭统主要为海相碳酸盐岩和海陆交互相沉积，厚数百米，含有孔虫 *Chernyschinella glomitormis*、*Endothyronopsis compressus*、*Eostaffella protvae*，腕足类 *Gigantoproductus gigantea*、*Striatifera striata*，菊石 *Homoceras*、*Reticuloceras*，植物 *Lepidodendron glincanum*。在乌拉尔东坡，下石炭统主要为碳酸盐岩沉积，局部发育喷发岩。在乌拉尔西坡，上石炭统以碳酸盐岩为主，厚 200～700m。上统巴什基尔阶自下而上包括阿克瓦斯层（Акавасский гор）、乌克拉卡英层（Уклукаинский гор.），产䗴 *Pseudostaffella antique*、*Profusulinella parva*、腕足类 *Choristites uralicus*。上统莫斯科阶包括基罗夫层（Кировский гор.）产䗴 *Profusulinella prisca*、*Wedekindellina uralica*，腕足类 *Choristites priscus*。上统格舍尔阶自下而上为阿勃扎诺夫层（*Абзановский гор.*）、齐安丘林层（Зианчуринский гор.）。产䗴 *Protriticites*、*Triticites montiparus*、*T. acutus*，*Daixina sokonsis*，腕足类 *Choristites russiensis*。在乌拉尔东坡，晚石炭世格舍尔期的沉积可能缺失。

6. 二叠系

乌拉尔西坡及前乌拉尔拗陷二叠系发育颇佳，下统主要分布于乌拉尔和南乌拉尔，以地层层序连续、生物群丰富、研究详细著称于世，是全球下二叠统分层的命名地区。中二叠统和上二叠统主要展布于北乌拉尔地区。前乌拉尔拗陷西侧下二叠统（Asselian—Artinskian）以碳酸盐沉积为主，而其东侧则为碎屑岩夹灰岩。在北乌拉尔伯朝拉盆地，中-上统为陆源沉积。前乌拉尔拗陷西缘，下二叠统阿瑟尔阶由层状灰岩和块状生物礁组成，含䗴 *Pseudofusulina vulgaris*、*Sphaeroschwagerina sphaerica*；厚 880 ~ 925m。下统萨克马尔阶为层状灰岩和块状生物礁（生物礁灰岩），含䗴 *Pseudofusulina moelleri*、*Pseudofusulina undalensis*，厚 550m。下统亚丁斯克阶的下部为层状灰岩和块状生物礁，含䗴 *Pseudofusulina cancavutas*、*Parafusulina lutugini*，厚 300m；其上部为暗色黏土质灰岩、灰岩、黏土岩、白云岩、泥灰岩和块岩，含菊石 *Neopronorites permicus*，厚 140m。下统空谷阶下部为盐岩-硬石膏层夹砂岩、黏土岩、泥灰岩和盐矿层，厚 300 ~ 1200m；上部为石膏-硬石膏层夹砂岩、黏土岩、泥灰岩和白云岩，含植物化石碎片，厚 100 ~ 300m。在伯朝拉地区，中统乌菲姆阶（Ufimian）由粉砂岩、泥岩、煤层、白云岩和菱铁矿结核组成，含植物 *Samaropsis vorcutana*，厚 270 ~ 1100m。中统—上统卡赞阶（Kazanian）—鞑靼阶（Tatarian）为砾岩、粉砂岩、泥岩、煤层和菱铁矿结核，产双壳类 *Palaeomutela subovata*、*Concinella burodanica*，植物 *Comia pereborensis*、*Rhipidopsis ginkgoidea*、*Callipteris adzvensis*，厚 1100 ~ 3300m。

1.8.2 阿赖造山带（9-2）

1. 寒武系

土尔克斯坦山脉（Туркестанский）及阿赖山脉（Алайский）的寒武系自下而上分为四个组。

阿勒特科利组（Алткольская свита）为暗褐色泥质页岩及云母泥质页岩、复矿砂岩，夹暗色灰岩层及透镜体，含三叶虫 *Lermontovia turkestanica*、*Janguduspis* aff. *Princes*，厚约 600m，属早寒武世或勒拿期沉积。

绍迪米尔组（Шотымирская свита）下部主要为杏仁状细碧岩、辉绿玢岩，含少量砂岩层、页岩层及沥青质灰岩透镜体，灰岩中含小型三叶虫；上部为暗色、绿灰色凝灰砂岩及复矿砂岩、砾岩及角砾岩，夹沥青质灰岩及透镜体，含化石 *Olenoides inexpectus*、*Dorypyge erbiensis*、*Solenopleura ferganensis*、*Erbia* sp.、*Glabrella ventrosa*，在最高层位中含 *Clavagnostus* sp.，属中统中部或阿姆加期沉积。

苏柳克京组（Сулюктинская свита）为黑色泥质、砂质及硅质页岩，夹灰色细粒砂岩层及暗色沥青质灰岩透镜体，有时含细碧岩厚 1500m，与绍迪米尔组为相变关系。

拉布特组（Рабутская свита）自下而上为三个亚组。下亚组：暗色泥质页岩、泥灰岩及灰岩，含三叶虫 *Hypagnostus sublatus*、*Phalacroma recectus*、*Blackwelderia* sp.、*Anomocare* sp.，厚 500m。中亚组：层状灰岩夹砂岩，含三叶虫 *Glyphaspellus primus*、*Kassinius* sp.，厚 600m。上亚组：黑色泥质页岩，夹复矿砂岩及砂质灰岩，含三叶虫 *Homagnostus* ex gr. *obesus*，厚 900m。

在土尔克斯坦山脉及其山麓地区未见寒武系上统，很可能已被剥蚀。

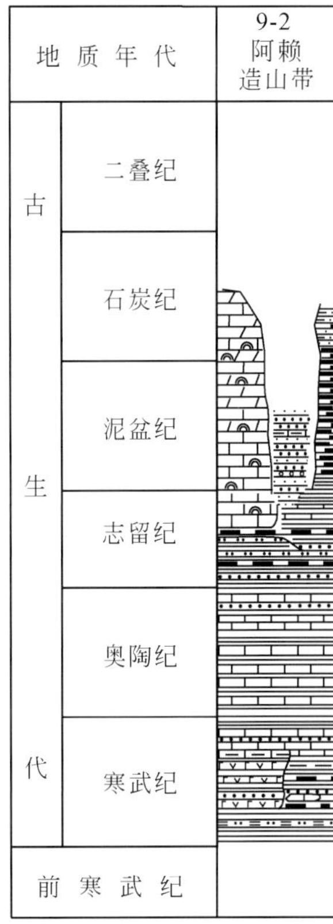

图 1.25　阿赖造山带古生代地层柱状图

2. 奥陶系

南天山分为三个岩相带，均属稳定型沉积，最北部岩相带位于阿赖山脉北坡及土尔克斯坦山脉北部山麓地带，为灰岩、泥质及沥青质页岩，厚度较小，为 150～200m，其中含早奥陶世三叶虫 *Macropyge* sp.、*Nileus armadillo*、*Harpides* aff. *rugosus* 以及中奥陶世三叶虫 *Pseudosphaeroxochus* (*Pateraspis*) *pater*、*Basilicus* sp.。中间带位于土尔克斯坦山脉的主要部分及努拉陶山脉，为泥质页岩，含早奥陶世晚期至中奥陶世笔石 *Didymograptus nitidus*、*Tetragraptus immtaurus*、*Phyllograptus angustifolius*。第三个带位于南部，分布于泽拉夫尚山脉、兹拉布拉克山及库利朱克陶山，发育中、上奥陶统，为碳酸盐岩及碎屑岩沉积，厚 100～200m，含 *Synhomalopotus birmanica*、*Illaenus spitensis*、*Dalmanella* cf. *testudinaria* var. *himalaica*，该层序与上覆下志留统为渐变关系。

3. 志留系

南天山的志留系分为不同的岩相带，但下志留统一般都为复理石类型的碎屑岩沉积；上志留统为灰岩，局部地方有碎屑岩沉积。土尔克斯坦-阿赖带的志留系代表其中的一种沉积类型，该带包括阿赖山脉、土尔克斯坦山脉北坡、北努拉陶山脉。志留系主要是碎屑岩、砂泥质沉积灰岩及火山岩，主要在上部呈大的透镜体状及岩被出现，上部岩相变化大，大灰岩体在近距离内相变为火山岩。自下而上分为休格特组（Сюгетская свита）、阿尔哈卡林组（Архакаринская свита）、普利冈组（Пульгонская свита）、达利扬组（Дальянский）、伊斯法拉组（Исфаинский）及孔扎克组（Кунжакский）。

休格特组主要为泥质及炭泥质页岩，杂色粉砂岩，夹复矿砂岩层及透镜体、黑色及灰色硅质页岩层，有时有灰岩透镜体，属兰多维列统及文洛克统下部，含 *Orthograptus vesiculosus penna*，有 *Pristiograptus cyphus* 带至 *Monograptus riccartonensis* 带的笔石，厚 400～

800m。阿尔哈卡林组为厚层状复矿砂岩，有时为石英砂岩，含 *Monograptus flemingi*、*Pristiograptus ex gr. dubius*，归文洛克统中上部，厚 500～600m。普利冈组（图 1.25 柱图右列）：下部一般为灰色粉砂岩、泥质页岩，夹碳泥质页岩层、硅质页岩小透镜体，砂岩、灰岩透镜体；上部为砂页岩、硅质岩向碳酸盐岩及火山岩过渡层，属文洛克统上部。下部有时见 *Monograptus flemingi*，有的地方在石英砂岩之上 30～50m 处具卢德福特期笔石页岩，含 *Pristiograptus bohemicus*、*P. dubius* 等，厚 600m，属文洛克统上部至罗德洛统。达利杨组（Дальянский）（图 1.25 柱图左列），为厚层状、块状灰岩，常白云岩化，含 *Conchidium knighti*、*Favosites forbesi*、*F. kunjakensis*，厚 600m，属罗德洛统，为普利冈组上部的相变（图 1.25 柱图左列）。伊斯法拉组为生物灰岩、粉砂质灰岩，与页岩、粉砂岩互层，富含腕足类 *Gypidula pelagica*、*Spirifer*（*Delthyris*）*isfarensis*、*Eoreticularia tschernyschewi*、*Retzia*（*Retziella*）*weberi*，珊瑚 *Favosites ferganensis*、*Squameofavosites thetidis*、*Heliolites*、*Propora*，厚 100～400m，属晚罗德洛统至普里道利统下部。孔扎克层（Кунжакский горизонт）为普利道利世晚期沉积，为灰岩，含腕足类 *Gypidula palagica*、*Stropheldonta costatuia*、*Camarotoechia famula*、*Plectatrypa marginalis*，床板珊瑚少而单一，厚 50～200m。

4. 古生界（未分）

Pickering 等（2008）通过对阿赖山脉，特别是其北坡的志留–泥盆系的研究认为，在北坡的 Sokh 河（西）和 Abshir 河（东）之间长约 200km、南北宽约 100km 的范围内，存在一系列的构造地层单元。它们分别是：① 早–中奥陶世 Bulaksaj 组的碳质和硅质页岩、早志留世 Chakush 组的碳质和硅质页岩，以及晚志留世到中石炭世的浅海灰岩（包括珊瑚礁和藻礁），其中大部分受到白云岩化（图 1.25 柱图左列）。碳酸盐岩生物礁沉积平行山脉在其北坡连续出露，并呈陡崖状。该单元曾被认为是准原地岩（paraautochthon），Pickering 等（2008）据各岩组之间的不整合关系推测，其可能也是异地岩块（allochthon）。推覆在单元①之上的是单元②，为志留纪（Wenlock）—泥盆纪 Pul′gon 组和 Dzhidala 组碎屑沉积，其上部见有生物碎屑灰岩透镜体（图 1.25 柱图中列）。单元③推覆在②之上，分布相对局限，为晚志留世—中石炭世的凝缩层（condensed sequence）（300～450m）（图 1.25 柱图右列），包括志留纪 Kursala 组的泥岩、泥盆纪洛赫考夫期到石炭纪杜内期 Tamasha 组的硅质岩以及石炭纪维塞期到莫斯科期 Bedana 组的硅质岩和钙质砂岩。其上也有寒武纪—奥陶纪的蛇绿岩岩片。Pickering 等（2008）将泥盆纪到石炭纪的碳酸盐台地沉积解释为阿赖的原地岩。

1.8.3 南天山造山带（9-3）

1. 寒武系

寒武系仅出现在新疆温宿县哈尔克山南坡宁苏河上游小铁列一带，下寒武统为含磷硅质岩、碳质页岩、灰岩、白云岩，含三叶虫原油栉虫类（Protolenids）三叶虫，厚不足百米（图 1.26）。中、上统以灰黑色薄层灰岩、厚层块状灰岩和白云岩为主，薄层灰岩中含球接子类三叶虫，厚350m以上。寒武系与震旦系白云岩之间可能为整合或平行不整合。上以断层与下二叠统火山岩系相接触（周志毅、林焕令，1995）。

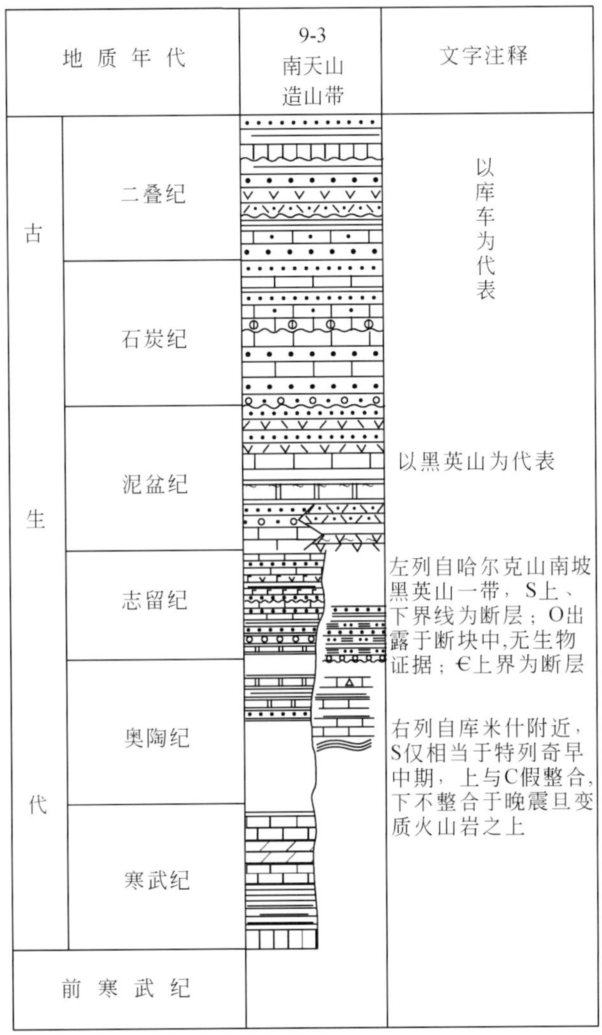

图1.26　南天山造山带古生代地层柱状图

2. 奥陶系

拜城县哈尔克山南坡黑英山，原称“依南里克群”的地层现归奥陶系，但无化石依据也未命名（图1.26柱图左列）。中及上部以大理岩为主，夹碎屑岩及泥质岩；下部以变质碎屑岩为主。厚3000m以上。上与志留系可能为整合接触（周志毅、林焕令，1995）。

库米什东南阿拉塔格东端的硫磺山，断块中的奥陶系名硫磺山群（图1.26柱图右列）。以灰岩、角砾状灰岩为主，夹板岩、硅质岩，底部有片岩。沿走向灰岩与板岩可相互相变。于紫红色灰岩中获大量头足类 *Lituites rudum*、*Discoceras*，珊瑚 *Protozaphrentis minor*，属上奥陶统中下部。

3. 志留系

黑英山地区的志留系（图1.26柱图左列）（周志毅、林焕令，1995）最底部一个组为依南里克组，是一套变质的碎屑岩、碳酸盐岩，总厚达2221m。向西南，在乌恰县斯木哈纳，是一套未命名的灰岩，厚75m，含珊瑚 *Palaeofavosites* 等，牙形刺 *Pterospathodus celloni*、*Aulacognathodus bulatus*、*Trichonodella triconodelloides* 等，化石时限表明属兰多维列晚期。但其下还有数千米的凝灰砂岩等火山碎屑岩。依南里克组之上的伊契克马巴什组，厚1392m，顶部被掩盖，底部为断层切割。主要岩性为灰黑色含砾灰岩、灰岩夹粉砂岩、硅质岩，含珊瑚 *Mesofavosites baichengensis*、*Dictyofavosites squamatus*，腕足类 *Atrypoides*、*Conchidium*，三叶虫 *Encrinurus* 等。在铁克达坂一带，以碳酸盐岩、碎屑岩为主，夹酸性火山碎屑和硅质岩。该组被归入文洛克统。乌帕塔尔坎组厚约900m，顶部与阿尔腾柯斯组不整合接触，与下伏地层关系不明。岩性为厚层块状灰岩、鲕状灰岩、白云质灰岩，夹少量火山碎屑岩、粉砂岩和板岩，含腕足类 *Atrypa*、*Howellella*、*Gypidula*、*Spirinella asitica*，珊瑚 *Mesofavosites*、*Tryplasma*，三叶虫 *Encrinurus* 等，被归于罗德洛世早期。而阿尔腾柯斯组属罗德洛世晚期至普里道利世沉积，由碳酸盐岩、中基性火山岩、火山碎屑岩和粉砂岩组成，厚1300m，顶为断层切割，含腕足类 *Atrypoidea polaris*、*Howellela*，苔藓虫 *Trematopora*、*Cuneatopora*，珊瑚 *Stelliporella baichengensis*、*Squameofavosites*、*Microplasma* 等。

托克逊之南的志留系（图1.26柱图右列），划分为米什沟组和塔勒布拉克组。米什沟组以角度不整合覆于前志留纪可可乃克群之上，早石炭世马鞍桥组超覆其上，厚950m。由灰绿、黄色薄至厚岩屑砂岩（硬砂岩）、粉砂岩和粉砂质板岩组成，局部相变为巨厚层深灰色硅质粉砂岩，底部为紫红色厚层砾岩。从底至顶均含有笔石层，笔石有 *Petalolithus wilsoni*、*Retiolites*、*Monograptus parapriodon*、*Spirograptus turriculatus* 等，时限属特列奇早期。而塔勒布拉克组被认为是整合于米什沟组之上，由泥质砂岩、粉砂岩、板岩组成，厚1069m，含腕足类 *Pentamerus dorsoplasmus*、? *Eospirifer*。化石显示时代为特列奇早期，但前人均将其归入文洛克世，或部分归入文洛克世。考虑到米什沟组和塔勒布拉克组的命名处均在托克逊南不远，岩性又接近，作者疑其为同物异名。前人将和静县的巴音鲁克组置于塔勒布拉克组之上不妥，因两地相距太远。

4. 泥盆系

以黑英山为代表的泥盆系下统乌帕塔尔坎群或阿尔卑斯麦布拉克组为一套以绿色片岩夹大理岩、下部碎屑岩局部夹火山岩为主的沉积，含较丰富的珊瑚化石 *Tryplasma* cf. *maximum*、*Favosites* spp.、*Pachyfavosites* sp.，厚度大于5000m。由于构造复杂、出露不全，其与下伏志留系的关系以及层序关系尚不清楚。中统下部阿拉塔格组以浅海相变质碎屑岩及碳酸盐岩为主，不同程度地夹有酸性火山喷发岩及火山碎屑岩，总厚达5000m，含珊瑚 *Heliolites* sp.、*Cyathophyllum* sp.、*Thamnopora* sp.。上部萨阿尔明组为厚层白云质灰岩，厚约2500m，含腕足类 *Stringocephalus* sp.，在喀拉克孜勒山以东，该组变为一套中深变质岩夹火山碎屑，哈孜尔布拉克以东主要为碎屑岩夹薄层灰岩。上统破城子组分布范围小，主要分布在大西峰-开口斯山的两侧及科克铁克河两侧、克孜勒塔格、哈孜尔布拉克等地，西部以碳酸盐岩为主，东部主要为碎屑岩夹碳酸盐岩，局部夹中酸性火山熔岩及火山碎屑岩，含腕足类 *Yunnanella* spp. 。克孜勒塔克西段在破城子组上部有一套厚达 1600m 的中酸性喷发岩，主要为石英斑岩、凝灰熔岩及凝灰角砾岩、砂岩夹灰岩透镜体。

出露于吉尔吉斯斯坦的下泥盆统中下部的 Madmonia 群为灰岩和页岩互层，厚 200m，含笔石和竹节石，至 Isfara 相变为含层孔虫、藻类的礁灰岩。下统上部为区域年代地层的 Kitabian 阶（相当埃姆斯阶），包括辛西尔班组、诺尔博纳克组、德兹豪斯组、奥比萨菲特组，为碳酸盐岩夹硅质岩，厚约 300m，含竹节石、牙形刺、菊石。全球埃姆斯阶底界的 GSSP 即建立在辛西尔班组，以牙形刺 *Polygnathus kitabicus* 的首现为标志。中泥盆统诺维赫司克组为硅质岩，厚 40 ~ 60m，上泥盆统弗拉阶以 Kindyktepe 组代表，为页岩夹灰岩透镜体，厚 30m，见有牙形刺 *Polygnathus dengleri*、*Mesotaxis asymmetricus*、*Ancyrodella binodosa*。法门阶称为 Duobian，特征为厚层灰岩，厚 60m（Kim *et al.*，1985；Yolkin *et al.*，2000）。

5. 石炭系

库车石炭系下统甘草湖组（Tournaisian）为砂岩、粗砂岩、砂砾岩偶夹火山碎屑岩或为浅灰、暗紫色砂岩、粉砂岩、砾岩，产腕足类 *Dictyoclostus* sp.、*Spirifer* sp.，双壳类 *Euomphalus pentangulatus*，厚 300 ~ 1100m。本组与下伏中泥盆统呈不整合接触。下石炭统野云沟组（Visean—Serpukhovian）为灰黑、灰白色薄层-厚层灰岩夹泥灰岩、紫红色粉砂岩、细砂岩，偶夹砂砾岩，含珊瑚 *Kueichouphyllum* sp.、*Yuanophyllum* sp.，腕足类 *Striatifera striata*，厚度大于 296m。上石炭统阿依里河组（Bashkirian—Kazimovian）主要为灰岩、碎屑灰岩、结晶灰岩、生物灰岩夹少量薄层砂岩、粉砂及页岩，产䗴 *Fusulina*、*Profusulina*，腕足类 *Choristites* 及珊瑚等，厚 150 ~ 200m。本组与下伏地层（野云沟组）呈不整合接触。上石炭统（Gzhelian）—下二叠统（Asselian—Sakmarian）喀拉治尔金组为灰、浅灰、绿色砂岩、粉砂岩、页岩及复矿砂岩夹碎屑灰岩，含䗴 *Schwagerina*、*Pseudoschwagerina*、*Triticites*，厚 400m 以上。本组与下伏地层（阿依里河组）呈不整合接触。

6. 二叠系

库车二叠系下统小提坎立克组（Kungurian）为暗灰红、灰绿安山岩、中性凝灰岩、夹绿色中酸性晶屑岩屑凝灰岩，厚 237 ~ 1542m。本组与下伏地层（喀拉治尔金组）呈不整合接触，因此缺失早二叠世亚丁斯克期的沉积。中二叠统库尔干组（Roadian）为红及灰色粉砂质泥岩、粉砂岩、细砂岩夹砂砾岩、碳质页岩，含植物 *Sphenophyllum minor*、*Annularia*、*Pecopteris*，厚 145m。本区中二叠世沃德期—卡匹敦期的沉积缺失。上二叠统比尤勒包谷孜群（Wuchiapingian—Changhsingian）下部为紫红色厚层砾岩；中上部为灰绿色砂砾岩与粉砂岩、砂质泥岩互层；顶部为黑色页岩、砂质泥岩、灰绿色页片状砂岩。本组产植物 *Callipteris*、*Schizoneura*、*Comia*、*Iniopteris*，双壳类 *Anthraconauta tschernyschewi*，厚 321m，与上覆下三叠统呈整合接触。

1.8.4 卡拉库姆地块（9-4）

古生代地层不明，零星分布的泥盆系见于塔吉克斯坦西北 Zeravshan 之 Kshtut 河下游。Bardashev 和 Ziegler（1985）命名为卡拉尕斯组（Kalagach Fm.），为盆地-斜坡相沉积，由厚约 50m 的浅灰色细-中粒、薄层夹厚层碎屑灰岩组成，含牙形刺和竹节石，包括 *serotinus* 带至 *asymmetricus* 带。时代由埃姆斯阶至弗拉阶。

中生代盖层沉积发育良好。任继舜等（1999）所划分的卡拉库姆地块似应与 Thomas 等（1999）所说的 Turan domain 在范围上相当；后者以乌拉尔-突厥斯坦缝合带（Ural-Turkestan suture）为界与北面的 south Kazak dormain 分开。根据 Thomas 等（1999），Turan domain 多为新近沉积所覆盖，其基底可能为由不同地块形成的马赛克状复合体，它们在石炭纪贴拼到北面的大陆边缘。分割 Turan domain 和 south Kazak domain 的乌拉尔-突厥斯坦缝合带在晚泥盆世到早石炭世早期随着突厥斯坦洋的消失而形成。实际上，目前对 Turan dormain 的基底了解甚少。晚二叠世到三叠纪的沉积通常在原苏联的文献中被称为“过渡岩群”（Intermediate Complex）。在石炭纪和早二叠世的造山运动之后，Turan domain 的晚二叠世沉积基本上是陆相和陆源沉积，三叠纪沉积在主要的沉积中心为海相和陆源沉积。

1.9 昆仑-祁连-秦岭造山系

1.9.1 西昆仑造山带（10-1）

1. 寒武系

西昆仑造山带尚未有可靠的寒武系的报道。

2. 奥陶系、志留系

在西昆仑玛列兹肯地区，新疆莎车县坎地里克村奥陶系出露完整（赖才根等，1982；汪啸风等，1996）（图 1.27），以石英砂岩夹生物碎屑灰岩为主。青白口系拉斯克姆群之上，角度不整合覆有奥陶系恰特组。该组为紫、灰色砾岩和砂岩夹灰褐色斑状白云岩，其上与坎地里克组底部生物碎屑灰岩整合接触，厚 537m。坎地里克组为灰黑色生物碎屑灰岩与灰色石英砂岩互层，下部含头足类 *Wutinoceras kunlunense*、*Adamsoceras xinjiangense*、*Georgina duyeri* 及三叶虫，化石显示时代为中奥陶世大坪期。博塔干组为深灰、黑色生物碎屑灰岩夹硅质页岩及粉砂岩，底部为含砾粗砂岩，下与坎地里克组顶部薄层生物碎屑灰岩整合接触，厚约 464m，含腕足类 *Platystrophia transversa*、*Altunella typica*、*Sowerbyella* 及层孔虫和头足类；一般归晚奥陶世桑比阶。库维希组为灰色石英砂岩及细晶灰岩，厚 544m，下与博塔干组整合接触，归上奥陶统中上部；其上与下志留统黑热孜干组整合相接（赖才根等，1982；汪啸风等，1996）。而在汪啸风和陈孝红（2005）之地层划分对比中，黑热孜干组已被删去。这段地层按岩性似也应归入库维希组内。这样，库维希组厚度还应增加 88.3m，其上覆接触关系应为断层，上覆地层不清。

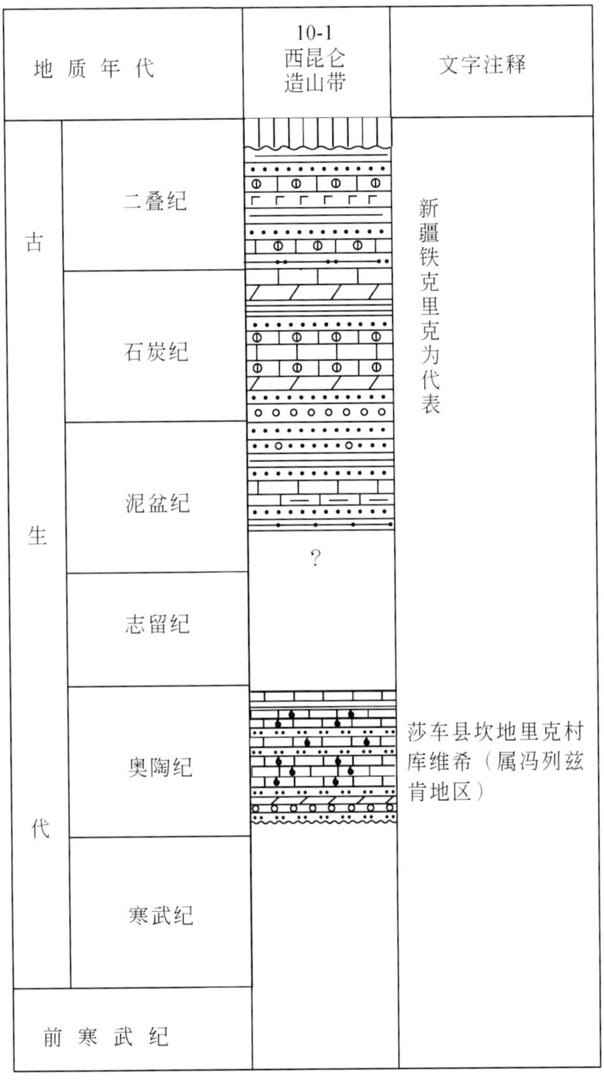

图 1.27　西昆仑造山带古生代地层柱状图

3. 泥盆系

泥盆系见于西昆仑山北麓的山前地带。由于研究程度低，化石稀少，其划分及时代确定均不充分。下部的苏库罗克群为一套灰绿、紫红色千枚岩、页岩和砂岩，出露厚度 780m，未发现化石，依层位界定于志留-泥盆系。中统为阿尔他西群，下部灰岩夹页岩，含珊瑚化石 *Endophyllum* sp.、*Braviphyllum* sp.、*Temnophyllum* sp. 等，厚 570m。上部为绿色、黑色页岩与深灰色灰岩，顶部砾状灰岩，厚 300m，未见化石。上统奇自纳夫群分布广泛，岩性为一套紫红、杂色砂岩、粉砂岩、砂砾岩和砾岩，厚度由数百米至 2000 余米。含植物化石 *Leptophloeum rhombicum*，底部与奥陶系平行不整合接触，上部与石炭系克里塔克组整合接触。

4. 石炭系

在新疆铁克里克，石炭系下统克里塔克组（Tournasian—Visean）主要为灰、灰白色厚层鲕状灰岩、深灰色白云岩，钙质细砾岩、灰绿色砂岩及玫瑰色灰岩，产珊瑚 *Lithostrotion* sp.、*Aulina* sp.，腕足类 *Gigantoproductus* sp.、*Eochoristites* sp.、*Eomarginifera* sp.，厚 222m。该组与下伏泥盆系上统呈整合接触。下统和什拉甫组（Serpukhovian）为灰色灰岩、介壳灰岩、生物灰岩夹浅绿、褐红色粉砂岩、细砂岩及深灰色页岩、浅灰色石英岩、砾岩，产䗴 *Eostaffella mosquensis*，厚度大于 472m。上统（Bashkirian—Kasimovian）下部卡拉乌依组为灰、深灰色灰岩、生物灰岩以及灰黑、灰绿、灰黄色页岩和砂岩夹各种暗色泥岩，产䗴 *Profusulina*-*Pseudostaffella* 带分子，腕足类 *Choristites jigulensis*，厚 480m。上部阿孜干组为灰、灰黑色灰岩、页岩以及浅灰、黄绿色砂岩夹碳质泥岩及紫红色疙瘩状灰岩，产䗴 *Fusulina*-*Fusulinella* 带分子，腕足类 *Choristites* sp.，厚 113m。

石炭系上统（Gzhelian）—二叠系下统（Asselian—Sakmarian）塔哈奇组主要为钙质粉砂岩、砂质泥岩夹泥灰岩、灰质白云岩，产䗴 *Hemifusulina pseudosimplex*、*H. shengi*，*Pseudoschwagerina*、*Triticites*，厚 99m。

5. 二叠系

在新疆铁克里克，二叠系下统克孜里奇曼组（Artinskian）下部为灰白、浅灰、灰黑色白云岩、灰岩、介壳灰岩，上部为介壳灰岩和灰黑色泥岩互层并夹薄层灰岩、白云岩，顶部为灰色、紫红色钙质粉砂质泥岩，含䗴 *Eoparafusulina shengi*、*E. instabilis*，牙形刺 *Neostroptognathodus pequopensis*、*Sweetognathodus whitei*、*Lonchodina fostiva*，厚 203m。该组与下伏地层（塔哈奇组）呈整合接触。二叠系下统（Kungurian）—中统（Roadian）棋盘组主要为生物碎屑灰岩与粉砂岩、泥岩互层，其上部为砂岩、泥岩夹灰岩和玄武岩，其下部为砂岩、泥岩夹灰岩，产腕足类 *Richthofenia sinensis*，厚 476m。中二叠统（Wordian）（达里约尔组）为紫红、灰绿色泥岩、粉砂岩，局部为灰岩夹细砂岩和砂岩，含介形虫 *Darwinula*、*Darwinuloides*，厚 210m。本组与上覆侏罗系地层呈不整合接触。

1.9.2 东昆仑造山带（10-2）

1. 寒武系

东昆仑造山带很少有寒武系的报道。在东昆仑加里东带，有人认为青海大柴旦可以代表，实际上将它列入此构造区是不太合适的，大柴旦寒武系—奥陶系是典型的地台型稳定性沉积，它的层序、岩性、生物群、含磷性非常相似于中朝地台的周边地区（图 1.28），如宁夏贺兰山、陕西陇县、洛南，豫西鲁山、汝阳，安徽凤阳等地。在大柴旦，目前寒武系从下而上为：① 黑土坡组，为黄绿色浅灰色泥质粉砂岩、黏板岩及泥质白云岩，含虫牙?*Scolecodonts*，微古植物 *Micrhystridium*、*Taeniatum*，厚 123m。其与下伏的红藻山组和上覆红铁沟组均有间断。② 红铁沟组。为灰绿、紫红、灰色冰碛泥砾岩，厚 18 ~ 108m。③ 皱节山组。为灰绿、紫红粉砂岩，含蠕虫 *Sabelliditides*，厚 17 ~ 56m。④ 小高炉组。为深灰色含核形石白云岩，底部有含砾砂岩，含腕足类和藻类，其与下伏皱节山组也有沉积间断。⑤ 中、上统欧龙布鲁克群。为灰色薄层泥质灰岩、白云质岩、竹叶状灰岩、厚层灰岩、鲕状灰岩、紫红色页岩等，含三叶虫 *Taitzuia*、*Parakotuia*、*Blackwelderia*、*Eochuargia*、*Maladioides*、*Changshania*、*Kaolishania*，厚 120 ~ 865m，时代应从徐庄期至凤山期，上覆为奥陶系多泉山组，两者为连续沉积。根据以上所述，皱节山组、红铁沟组、黑土坡组划入震旦纪更为合适，因为红铁沟组为冰碛岩，与正目观、辛县组层位和岩性相似，小高炉组具可靠的寒武纪化石，底部具含磷砂磷岩，其下面存在明显沉积间断和平行不整合，皱节山组并含有可靠的蠕虫化石。这期的冰碛层应统一暂归于震旦纪的最晚期。

东昆仑海西及印支带无可靠的寒武系，在青海布尔汗达山南坡暂认为属早古生代的纳赤台群是套无序的地层序列，是经过构造改造后的情况。

2. 奥陶系

1) 东昆仑造山带之加里东带（10-2a）

早古生代地层沿该带北缘（即柴达木盆地北缘）分布。柴北断裂以北，在东部的青海大紫旦一带有连续的寒武系—奥陶系，属稳定地块沉积。断裂以南，在赛什腾山（以及绿泥山、锡铁山）一带为一套浅变质的中基性火山岩、碎屑岩夹少量灰岩，含少量奥陶纪和志留纪化石（周志毅、林焕令，1995）。

赛什腾山（图 1.28 柱图左列）奥陶纪滩间山群以青海大柴旦滩间山发育最好，为一套中基性火山岩、凝灰岩、碎屑岩，上部夹灰岩，厚度大于 3000m，灰岩中产珊瑚 *Plasmoporella*、*Agetolites*、*Catenipora* 等，化石时代属凯迪晚期。该群归上奥陶统，底部未出露。而志留纪赛什腾群的一套中酸性火山岩、火山碎屑岩夹大理岩和灰岩，厚度大于 1918m，上泥盆统不整合于此群之上，底界不明。中下部产少量珊瑚，有 *Stauria*、*Favosites*、*Heliolites* 等，大部分属兰多维列世。

青海大紫旦的奥陶系（图 1.28 柱图右列）多泉山组厚 950m。其下部为厚层灰岩，上部以薄层灰岩为主，夹砾状灰岩、钙质页岩。上部产 *Didymograptus hirundo* 带笔石；中下部自上而下产头足类 *Armernoceras* 组合，*Cybelopsis shihuigouensis*、*Magalaspidella diamatus*、*Hopeioceras-Manchuroceras* 组合，*Dakeoceras-Walcottoceras* 组合，属特马豆克期至大坪期。与下伏上寒武统整合相接。石灰沟组厚 33.4 ~ 460m。下部为黑色页岩夹砾状灰岩，上部为绿色页岩夹砂岩及灰岩。产 *Pterograptus elegans* 带、*Amplexograptus comfertus* 带、*Undulograptus austrodentatus* 带的笔石，归达瑞威尔期。与下伏多泉山组整合相接；顶为下石炭统不整合覆盖（汪啸风等，1996）。大头羊沟组假整合于石灰沟组之上，未见顶。在大头羊沟一带厚 200 ~ 250m，其下部为砾状灰岩，上部为紫红色粉砂岩及泥质石灰岩。砾状灰岩中产 *Armenoceras tani*、*Lophospira* 等，但化石疑来自下伏地层（周志毅、林焕令，1995）。暂归上奥陶统下部。

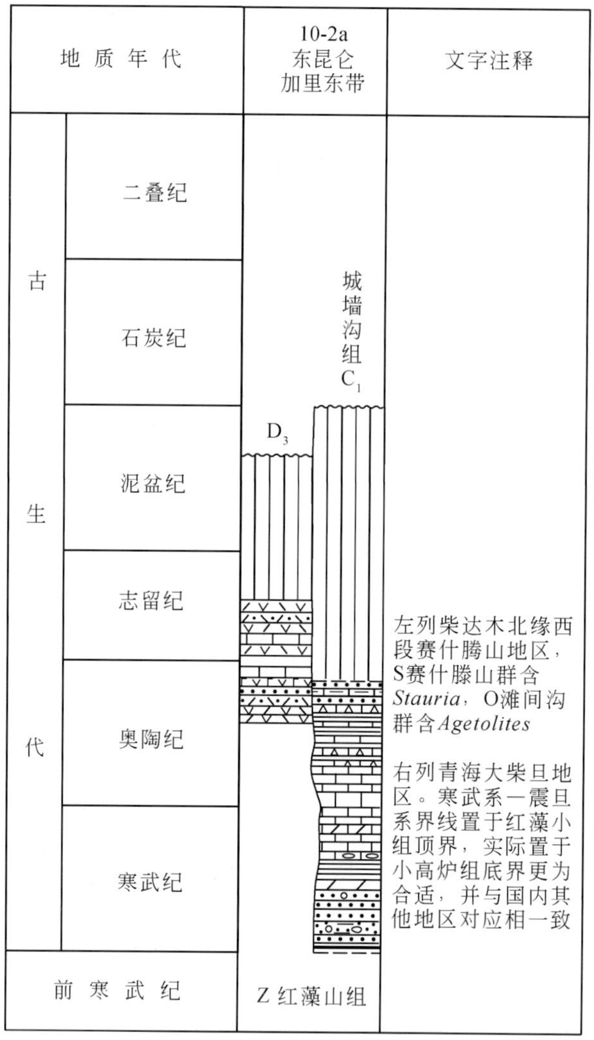

图 1.28 东昆仑加里东带古生代地层柱状图

2）东昆仑造山带之华力西及印支带（10-2b）（图 1.29）

该带为在布尔汗布达山一带出露的一套变质绿片岩夹碳酸盐岩地层，20 世纪 50 年代统称南山系。后创名的纳赤台群即其中下部。对纳赤台群的划分和认识经数度变更，现按汪啸风等（1996）研究叙述。纳赤台群总厚大于 4520m，自下而上分为哈拉巴依沟组、水泥厂组和石灰厂组。各组之间及其与上覆下伏地层之间均为断层接触。哈拉巴依沟组为砂板岩互层，顶部为板岩、薄层灰岩、泥质灰岩和片岩、角砾状大理岩。顶部产三叶虫 *Annamitella*。水泥厂组主要为千枚岩、杂砂岩、板岩，下部夹层纹状及鲕状大理岩和结晶灰岩，上部夹滑塌浊积岩，下部灰岩产珊瑚 *Foerstephyllum golmudense* – *Rhabdotetradium qinghaiensis*–*Neoplasmoporella golmudensis* 组合。石灰厂组主要为大理岩、结晶灰岩，下部夹页岩和砂岩。之上为块状重力流沉积（“滑塌浊积岩”组）。都产 *Agetolites*-*Wormsipora*-

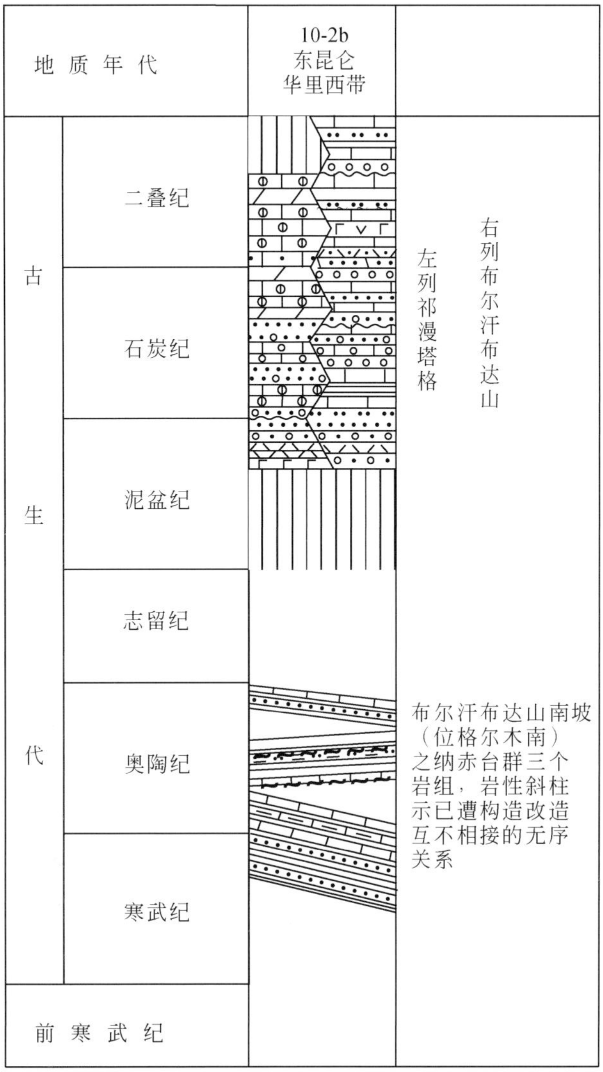

图 1.29　东昆仑华里西带古生代地层柱状图

*Plasmoporella*珊瑚组合及牙形刺 *Panderodus gracilis*。显示出凯迪晚期时代。而定名为 *Annamitella* 的三叶虫，因保存不好，仅能确定为晚寒武至早奥陶世 Leiostegiacean 科。因而，哈拉巴依沟组也部分跨入晚寒武世。

志留系不明。

3. 泥盆系

东昆仑造山带之华力西及印支带（10-2b）

布尔汗布达泥盆系主要分布于东昆仑北坡，自青海省都兰县的夏日德，经格尔木西延至新疆。夏日德和格尔木一带的泥盆系可分两部分，下部牦牛山组包括上部火山岩段，岩性主要为流纹岩、安山岩，玄武岩，中夹杂色凝灰质砂岩、熔岩角砾岩，厚达1292m；下部为砂岩段，为紫红、灰绿色石英砂岩、凝灰质粉砂岩等，厚482m。上覆阿木尼克组为一套陆相碎屑岩沉积，岩性为杂色砾岩和砂岩，厚度788m；所含化石为鱼类和植物碎片，由于保存很差，无法确定属种。牦牛山组角度不整合于下古生界冰沟群之上，阿木尼克组与上覆下石炭统五龙沟组平行不整合接触（侯鸿飞等，1982）。

祁漫塔格的泥盆系被划分为两个岩组：契盖苏群和哈尔扎组。前者分布于塔尔丁两侧，岩性为灰白色砾岩、含砾石英砂岩和灰绿色粉砂岩的互层，砾石成分主要为火山岩。上部夹紫红色板岩，底部为安山岩和英安岩；厚度大于2000m。上部与下石炭统平行不整合接触，底未出露。粉砂岩中含孢子化石，板岩中含植物?*Protolepidodendron* sp. 及鱼化石碎片。哈尔扎组分布于祁漫塔克东坡，主要岩性为含砾砂质板岩、钙质粉砂岩、砂质灰岩、凝灰质砂岩及灰绿色安山岩、英安质火山角砾岩，夹少量板岩。厚度大于1300m，灰岩中含腕足类 *Cyrtospirifer* sp. 、*Tenticospirifer* sp. 等。时代为上泥盆统。该组下部与海西期花岗岩侵入接触。上部与下石炭统平行不整合接触。因两者未见直接接触关系，契盖苏群与哈尔扎组究竟属上下关系抑或是相变关系，尚待查明。

4. 石炭系

东昆仑造山带之华里西及印支带（10-2b）

祁漫塔格石炭系下统石拐子组（Tournaisian）下部为灰、灰褐色砾岩，含砾砂岩、硬砂岩，上部为深灰色生物碎屑灰岩、生物碎屑白云质灰岩及生物碎屑硅质灰岩；产珊瑚 *Humboldtia*，腕足类 *Syringothyris*；与下伏地层关系不清。下统乌图美仁组和西汉斯特沟组（Visean—Serpukhovian），前一组为浅海相碎屑岩夹灰岩，含珊瑚 *Siphonophyllum*，腕足类 *Leptagonia distorita*、*Rotaia*，厚289m；后一组下部为浅灰、深灰、暗紫色粉砂岩、泥晶灰岩夹灰岩透镜体、含砾硬砂岩及砾岩，产珊瑚 *Kueichowphyllum sinensis*、*Palaeosmilia*、*Dibunophyllum biparititus*，腕足类 *Gigantoproductus*，厚54m。石炭系上统缔敖苏组（Bashkirian—Kasimovian）为灰、深灰色巨厚层鲕状灰岩、生物碎屑灰岩、生物灰岩，底部为白云质生物碎屑灰岩及细砂岩、含砾石英砂岩，含䗴 *Profusulinella*、*Fusulina*、*Fusulinella*，厚179m。与下伏下石炭统（Visean—Serpukhovian）呈假整合接触。

布尔汉布达山南坡石炭系下统五龙沟组（Tournaisian）为深灰、灰黑色中厚层生物灰岩、灰岩夹泥灰岩、页岩，底部为粗粒石英砂岩，产腕足类 *Fluctuaria undata*、*Fusella*、*Martiniella*，厚38 ~ 320m，与下伏地层（花岗岩）呈不整合接触。下统大干沟组（Visean—Serpukhovian）由深灰、灰、灰白色灰岩、含砾石英砂岩、石英砾岩、砂砾岩、结晶灰岩、生物灰岩泥质灰岩及页岩夹碳质页岩，产腕足类 *Gigantoproductus*、*Striatifera*，珊瑚 *Lithostrotion*，厚132m。石炭系上统“缔敖苏组”（Bashkirian—Kazimovian）下部为厚层含砾砂岩，上部为厚层灰岩夹砂岩。产䗴 *Fusulinella* sp. ，厚98 ~ 800m；与下伏地层（大干沟组）呈不整合关系。

石炭系上统（Gzhelian）—二叠系下统（Asselian—Artinskian）“四角羊沟组”以灰、深灰色厚层灰岩为主，其次是砂岩、中酸性凝灰岩，产䗴 *Triticites*、*Rugosofusulina*、

Pamirina pulchra、*Pseudofusulina*、*Parafusulina*、*Eoparafusulina*，厚 840m 以上。

5. 二叠系

东昆仑造山带之华里西带（10-2b）

祁漫塔格石炭系上统（Gzhelian）—二叠系下统（Asselian—Sakmarian）四角羊沟组以灰、浅灰色中厚层亮晶生物碎屑灰岩为主，夹鲕状灰岩、白云岩，底部为紫色鲕状泥质粉砂岩，产䗴 *Triticites*、*Pseudoschwagerina*、*Sphaeroschwgerina*、*Eoparafusulina*，珊瑚 *Kepingophyllum*，厚 580m。与下伏上石炭统（缔敖苏组）呈整合接触。二叠系下统打柴沟组（Artinskian）主要为灰、深灰中厚层灰岩夹白云岩、页岩，含珊瑚 *Kepingophyllum*-*Anfractophyllum*，䗴 *Eoparafusulina*、*Pseudofusulina*，腕足类 *Kunlunia*、*Dictyoclostus uralicus*，厚 176m 以上。该套沉积与上覆中、下三叠统呈假整合接触，之间缺失早二叠世空谷期—晚二叠世长兴期沉积。

布尔汉布达山南坡二叠系下统（Kungurian）—中统（Wordian）“茅口组”下部为灰绿色中、基性火山岩；中部为灰岩夹白云岩；上部为灰、灰经色千枚岩、中酸性火山岩、石英质硬砂岩、含砾砂岩。产䗴 *Pseudofusullina*、*Polydiexodina*、*Yabeina*，腕足类 *Haydenella*、*Urushtenia*；厚 2000 ~ 2600m。二叠系上统（Wuchiapingian—Changhsingian）自下而上分为砾岩组、碳酸盐岩组。砾岩组为灰绿、紫色砾岩夹灰岩、板岩、粉砂岩、砂岩、砂砾岩，产腕足类 *Oldhamina* sp.、*Leptodus nobilis*，珊瑚 *Waagenophyllum*，菊石 *Pseudogastrioceras*，植物 *Calamites*，厚度大于 1000m。与下伏中二叠统(“茅口组”）呈不整合接触。本地区可能缺失卡匹敦期沉积。碳酸盐岩组以灰黑、灰白、肉红色灰岩为主，夹石英砂岩、硬砂岩及粉砂岩，产珊瑚 *Waagenophyllum indicum*，腕足类 *Oldhamina*、*Squamularia* cf. *grandis*。厚 1000 ~ 1500m。与上覆下三叠统呈不整合接触。

1.9.3　阿尔金造山带（10-3）

1. 下古生界（寒武系—奥陶系）

阿尔金断裂之北，安南坝-墩力克断裂之南的阿尔金山中段，出露有早古生代地层。在南区若羌以东的索尔库里和巴什考供一带为碳酸盐岩相带；北区的拉配泉和若羌红柳沟和亚普恰萨依为碎屑岩相带。

阿尔金山中段南区的奥陶系（图 1.30 柱图左列）由额兰塔格组和环形山组构成，假整合覆于青白口系之上，未见顶（汪啸风、陈孝红，2005）。额兰塔格组厚 347m，下部为瘤状灰岩、泥灰岩及砂泥岩，上部为灰岩。含 *Paraserratognathus* cf. *paltodiformis* 带和 *Tangshanodus tangshanensis* 带牙形刺，头足类 *Wutinoceras*、*Dideroceras* 等以及三叶虫、腕足类、腹足类等，化石指示属弗洛期至大坪期。与上覆环形山组整合接触。环形山组厚度大于 175m，中下部为灰岩，局部夹硅质岩，上部为泥页岩。含笔石 *Husterograptus* cf. *teretiusculus*、*Amplexograptus*，头足类 *Handanoceras*，牙形刺 *Eoplacognathus suecicus*、*Pygodus* aff. *anserinus*

以及三叶虫、珊瑚、腕足类、介形虫等，时代属达瑞威尔中晚期至桑比期。

阿尔金山中段北区（图 1. 30 柱图右列）的寒武系零星分布于新疆若羌县拉配泉塔什布拉克高地等处，主要岩性为灰、灰黄色泥质、钙质粉砂岩夹泥岩及灰岩透镜体，厚 118m，称塔什布拉克组，含腕足类 *Eoorthis*、*Xenorthis*、*Apheoorthis*，牙形刺 *Westergaardodina*、*Prooneotodus rotumdatus*、*Proconodutus muelleri*，三叶虫 *Yosimuraspis* 等，其下与蓟县系塔昔达坂群呈角度不整合，与上覆地层下奥陶统砾岩呈整合接触，本身时代属上寒武统长山晚期至凤山期（周志毅、林焕令，1995）。奥陶系库木齐布拉克组见于新疆若羌县红柳沟，下部（原称中部）为一套砾岩及含砾砂岩，上部为细粒砂岩、泥质粉砂岩及泥岩，与上覆亚普恰萨依组碎屑岩夹碳酸盐重力流沉积整合接触，与下伏蓟县系特克布拉克花岗岩为不整合接触，厚 1003m，上部产三叶虫 *Lonchobasilicus*，头足类 *Protero-*

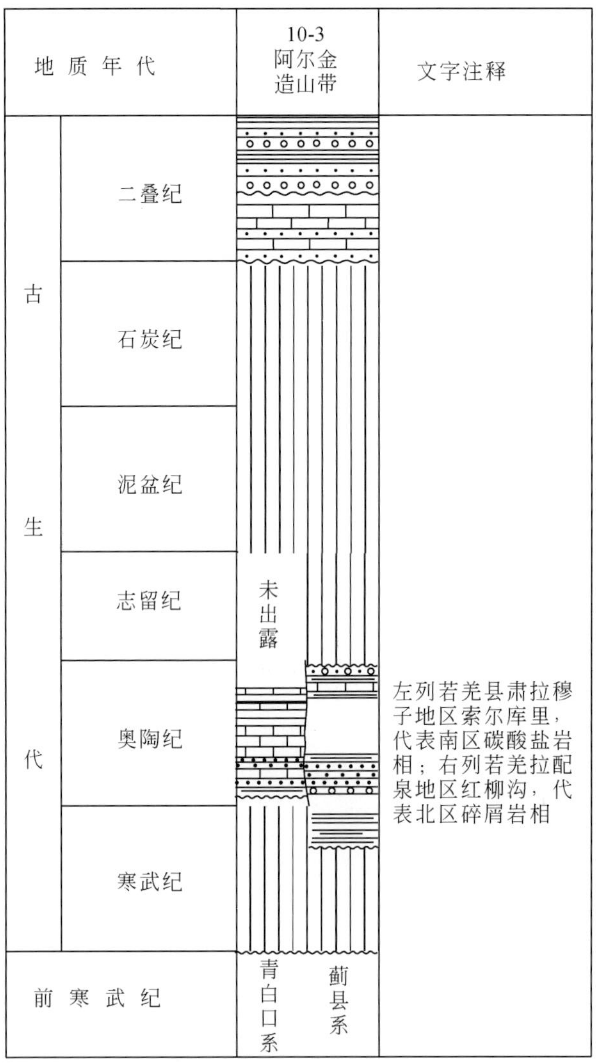

图 1. 30 阿尔金造山带古生代地层柱状图

cameroceras、*Kotoceras*，腕足类 *Hesiperthis* 及双壳类等。层位为中-下奥陶统。亚普恰萨仅组也见于红柳沟，为灰、深灰色陆源碎屑浊积岩，下部间夹碳酸盐重力沉积，与上覆孔其布拉克组假整合接触，厚811m。含笔石 *Dicellograptus* cf. *divaricatus*、*Dicranograptus* cf. *nicholsoni*，三叶虫 *Lonchobasilicus gansuensis*，头足类 *Altunoceras*、*Discoceras* 及腕足类、腹足类等。时代为晚奥陶世桑比期至凯迪早期。该组在命名地——红柳沟西侧亚普恰萨依河上游属浊积扇缘部位，至且末县孔其布拉克和满达里克，岩性变为砂泥岩的交互韵律层，并夹火山碎屑物重力流沉积，代表中扇部位。孔其布拉克组厚393m，为黑灰色粉砂质泥岩夹灰-深灰色生物灰岩及其透镜体，上部转为以砂砾岩为主。其上与侏罗系角度不整合接触。含牙形刺 *Yaoxianognathus*，珊瑚 *Agetolites yushanensis*，腕足类 *Zygospira*、*Dolerorthis* 等。其时代为凯迪晚期（相当五峰期）（汪啸风等，1996）。

泥盆系和石炭系地层不明。

2. 二叠系

阿尔金山地区石炭系、二叠系发育很不完整，石炭系几乎全部缺失，是否存在卡西莫夫期—格舍尔期（Kasimovian—Gzhelian）的沉积，需有可靠的化石证据。据资料所知，二叠系也只有下统因格布拉克组和中统—上统阿拉巴斯套群在不同地点出露。

下二叠统因格布拉克组（Asselian-Sakmarian）系新疆维吾尔自治区区域地层编写组（1981）正式命名，分布于新疆若羌县红柳沟、索尔库里以东的因格布拉克、安南坝等地，呈东西向展布，属浅海、滨海相碎屑岩和碳酸盐岩沉积。在因格布拉克出露最好，该组主要岩性为黑色碳质粉砂岩与灰黑色中-厚层状灰岩、生物碎屑灰岩不均匀互层，但其上部以厚层灰岩、生物碎屑灰岩为主，局部夹黑色粉砂岩，厚257m。灰岩中含䗴 *Pseudoschwagerina* sp.、*Zellia* sp.、*Pseudofusulina* sp.、*Robustochwagerina schellwieni*、*Boultonia* sp.，腕足类 *Dictyodostus* sp.、*Choristites* sp.，珊瑚 *Caninia* sp.、*Caninophyllum* sp.，与下伏地层蓟县系呈不整合接触。向南至碎石山地区，该组仅厚61m，产䗴 *Eoparafusulina gracilis*、*E. bellula*、*E. altunensis*、*Robustoschwagerina nucleolata*、*Zellia galatea*、*Sphaeroschwagerina carniolica*、*Rugosofusulina qinhaensis*，这些䗴化石被称为 *Eoparafusulina altunensis*-*Zellia galatea* 带，可与柯坪地区康克林组（部分）和铁克里克地区塔哈奇组对比。与该组相当的沉积还见于青海阿尔金山东部大柴旦化石沟一带。主要岩性为灰白色结晶灰岩、生物结晶灰岩、大理岩，夹变粒岩，厚150～250m。灰岩中含腕足类 *Echinoconchus* sp.、*Choristites* sp.。与下伏地层长城系为断层接触。

中-上二叠统阿拉巴斯套群（Roadian—Wuchiapingian）主要出露于青海茫崖阿尔金山的阿拉巴斯套一带，分为下岩组和上岩组。下岩组底部为浅灰绿色砾岩夹砂岩、页岩；下部为灰黑页岩夹灰绿色细-中粒砂岩；中部为灰绿色砂岩夹砾岩及页岩、灰绿色中粒砂岩与黑色页岩互层；上部为灰绿色砾岩夹少许黑、暗绿色页岩，含植物化石 *Calamites* sp.。下岩组总厚776m，与下伏地层呈不整合接触。上岩组下部为浅绿色砾岩、砾状砂岩，夹砂质页岩；上部为灰绿色砂岩及紫红色砂质页岩，局部夹细砂岩，含植物 *Taeniopteris densissima*。上岩组总厚950m，与上覆侏罗系上统为断层接触。

1.9.4 祁连造山带（10-4）

1. 寒武系

北祁连山的寒武系尚无完整层序、甘肃玉门的香毛山群（图1.31柱图左列左侧）及肃南县镜铁山的格尔莫沟群（图1.31柱图左列右侧）代表一般情况。香毛山群为灰、深灰色板岩为主夹砂岩，上部偶夹灰岩透镜体。

其底与中寒武统中基性火山岩呈整合接触，顶与阴沟群为整合接触（周志毅、林焕令，1995），厚1111m。上部灰岩中含三叶虫 *Proceratopyge* 及腕足类，于肃北县采得三叶虫 *Hedinaspis*。属于上晚寒武统。格尔莫沟群由砂岩、板岩、硅质灰岩夹凝灰岩组成，底部为厚层砾岩，与下伏前长城系北大河群不整合接触，上与阴沟群呈断层接触，出露厚228m。含三叶虫 *Agnostardis jingtieshanensis*、*Dorypyge*（*Jiuquania*）*multiformis*、*Huzhuia jiuquanensis* 等，属中寒武统（周志毅、林焕令，1995）。

到东祁连天祝一带称黑刺沟群，为灰绿、暗绿色安山玄武岩、安山玢岩、角斑岩、细碧岩、火山碎屑岩为主，夹有硅质岩、灰岩及板岩，各地不同层位有三叶虫 *Corynexchus*、*Kootenia*、*Datongites*、*Hypagnostus*、*Peronopsis*、*Pagetia* 等，厚552～2791m。时代为中寒武世至晚寒武世中期，下为断层接触，上为不整合与阴沟群接触。

2. 奥陶系

北祁连山奥陶纪阴沟群（图1.31柱图左列）在玉门阴沟厚约1500m。其下部以基性火山岩及火山角砾岩等为主的火山碎屑岩；中部以灰岩、页岩、砂岩为主，在其中段层位有三叶虫 *Ceratopyge*，*Harpides*，*Apatokephalus*，其上段层位有笔石 *Isograptus*；上部以基性火山岩、火山碎屑岩为主，夹黑色硅质岩及页岩，部分地方夹灰岩，中段层位含笔石 *Cardiograptus yini*、*Phyllograptus angustifolius* 等。在此处，其时代属整个早、中奥陶世。但二道川一带为一套2000m厚的斜坡相碎屑岩夹硅质岩及灰岩透镜体，产三叶虫 *Onychopyge*、*Parabolinella*、*Symphysurus*，仅代表特马豆克早期沉积。而在旱峡、苏优河及永登中堡一带，阴沟群顶部的黑色硅质岩及碎屑岩中含笔石 *Husterograptus teretiusculus*、*Nemagraptus gracilis* 等［在汪啸风、陈孝红（2005）之划分对比中，是归为中堡群］，明显已位中-上奥陶统的过渡层位中，可能指示着阴沟群与上覆妖魔山组间存在相变系。总之，阴沟群的横向岩相变化剧烈。一般与晚寒武世地层未直接相接，据玉门二道川所含特马豆克早期三叶虫推论，上寒武统与下奥陶统可能为整合接触（周志毅、林焕令，1995）。在玉门一带的妖魔山组底部为薄层灰岩夹页岩，产三叶虫 *Yumenaspis*、*Telephina* 及笔石 *Dicellograptus sextens exilis*。其上为灰色厚层灰岩，产三叶虫 *Remopleurides*。在玉门以东的白杨河、苏优河夹中基性火山岩，产珊瑚 *Amsassia*。该组总厚达500～800m。与下伏阴沟群原称呈假整合接触（周志毅、林焕令，1995）。该组时代为晚奥陶世桑比期至凯迪早期。玉门地区的南石门子组出露厚500～600m（图1.31柱图左列左侧），以基性和中性火山岩、火山碎屑岩、碧玉岩为主，底部有页岩及薄层灰岩，产笔石 *Climacograptus putillus*、

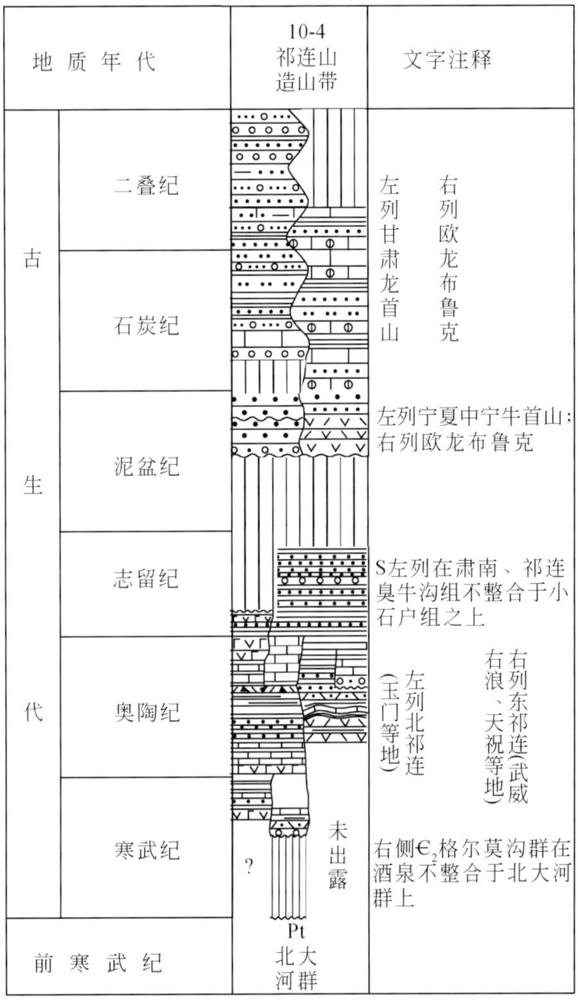

图1.31　祁连山造山带古生代地层柱状图

Pseudoclimacograptus scharenbergi 及三叶虫 *Corrugatagnstus*。肃南大海子一带，该组火山岩加厚，上部灰岩夹层中珊瑚较多，有 *Favistella*、*Wormsipora*、*Agetolites* 等，厚达1665m。与南石门子组时代相当的扣门子组在门源大梁厚300m（图1.31柱图左列右侧），为厚层灰岩夹砂岩及页岩，产三叶虫 *Remopleurides*，珊瑚 *Favistella*、*Plasmoporella*、*Catenipora*。它们的时代都归凯迪晚期至赫南特期。

东祁连（或称河西走廊）地区（武威、古浪、天祝一带）奥陶系（图1.31柱图右列）中统车轮沟群厚达3800m（标准地点），上部以变质碎屑（二云母石英片岩、长石石英砂岩、绿泥石石英片岩）为主，夹灰岩及中酸性凝灰岩；下部以中酸性火山岩及凝灰岩为主，上段夹硅质岩。灰岩中含腕足类 *Opikina*、*Cyphomena*、*Orthambonites* 等；硅质岩中含笔石 *Isograptus divergens*、*Paraglossograptus* cf. *typicalis*、*Loganograptus gracilis*、*Tetragraptus pendens*、*Glossograptus* cf. *hincksii*，该群下伏地层关系不清。武威、天祝一带发育含笔石的一套细碎屑岩（图1.31柱图右列左侧），归上奥陶统，与下伏车轮沟群不整合接触，自下而上分为天祝组、斯家沟组和斜壕组。天祝组为页岩夹砂岩，厚229m，含*Amplexograptus gansuensis*带笔石，属桑比期。在导沟有紫红色砾岩，与下伏车轮沟群不整合接触。斯家沟组由泥质灰岩、页岩、砂岩组成，厚397m，含笔石*Climacograptus geniculatus*、*Orthograptus quadrimucronatus*及三叶虫等，已进入凯迪早期。斜壕组主要是黑色、青灰色页岩夹砂岩，顶部有泥灰岩，厚53～323m。自下而上含*Climacograptus ensiformis*带、*C. papilio*带、*Paraorthograptus pacificus*带等笔石，顶部产腕足类*Dalmanitina*，时代包括凯迪中晚期至赫南特期（即以往的五峰期）。在该区南缘冷龙岭、古浪至大靖一带出露有以灰岩为主的古浪组（图1.31柱图右列右侧），出露厚度90～400m。下部以紫红色砂砾岩为主，中部是稳定的灰岩，上部是碎屑岩夹灰岩。下部产腕足类及三叶虫*Lonchobasilicus gansuensi*，中部含珊瑚*Amsassia*、*Lichenaria*，上部有腕足类*Cyclospira*及三叶虫*Stenopareia*。它可能是天祝组和斯家沟组的同期异相地层。在古浪古浪峡，它不整合于车轮沟群之上；在天祝黑刺沟，它上与斜壕组整合相接。

3. 志留系

小石户沟组为灰绿、深灰色砂质页岩、粉砂岩及细砂岩，偶夹紫红色砂砾岩组成的类复理石建造，在命名剖面厚1726m。向西（肃南、祁连）还夹中基性火山碎屑岩。标准剖面上，上与早石炭世臭牛沟组不整合接触，其余地方与肮脏沟组整合接触。该组下与山奥陶统整合相接，产*Glyptograptus kaochiapiensis*、*Demirastrites triangulatus*带和*Monograptus sedgwickii*带笔石。时代属鲁丹至埃隆期。肮脏沟组在玉门肮脏沟命名，由韵律性很强的砂岩、页岩夹砾岩组成。属笔石相地层，已划分出*Spirograptus turriculatus*带等4个完整特列奇阶笔石带。与上覆地层连续，出露厚2315m。自命名剖面向东、向西延时，含较多中酸性火山岩（凝灰质砂岩、砾岩及凝灰岩）。泉脑沟群为灰绿、黄褐、紫红色砂岩、粉砂岩夹泥灰岩、灰岩等，局部见火山岩，厚2109m，与上覆、下伏地层整合接触。含珊瑚*Multisolenia biformis*、*M. tortuosa*、*Mesofavosites gansuensis*、*Nanshanophyllum typicum*等，腕足类*Coelospira*、*Eospirifer*。该组内珊瑚组合也见于陕南宁强组内，故至少部分属特列奇期。旱峡群以紫红色砂岩、粉砂岩为主，局部地区夹含泥质灰岩透镜体、砂砾岩或砾岩，具雨痕和波痕，其顶与中泥盆雪山群不整合相接。厚169～1903m。含三叶虫*Scutellum*，珊瑚*Palaeofavosites hanhsiensis*、*Tryplasma* cf. *princeps*等。其时代归属争论极大，通常是归于罗德洛和普里道利统内。但过去认为属于旱峡群下部的珊瑚层位（即含*Palaeofavosites hanhsiensis*等层位）应归中志留统上部（俞昌民，1962），迄今，在旱峡群的命名剖面上又未找到可靠的化石证据，Rong和Chen（2003）将其全部归入文洛克统内，我们还是将其部分放入卢德洛统。

4. 泥盆系

在青海欧龙布鲁克（南祁连），泥盆系出露于中祁连山的疏勒南山和托来山之间和南祁连的考克塞以及欧龙布鲁克及乌兰大板一带，统称为沙流水群，为一套暗红色中层砾岩，含砾粗砂岩、泥质粉砂岩和钙质粉砂岩。底部砾岩的分选性很差，厚100～200m，含

植物化石 *Leptophloeum rhombicum* 及鱼化石碎片，属内陆山间盆地或山麓相沉积。其底部与下古生界呈角度不整合接触，上部与石炭系城墙沟组平行不整合接触。

在祁连山东端北坡的宁夏中宁牛首山，泥盆系角度不整合在中寒武统香山群之上，底部缺失下泥盆统。中泥盆统上部石峡沟组主要岩性为紫红色粉砂岩、长石石英砂岩，局部夹含砾砂岩，厚度从250m到2000m以上，主要含鱼化石，包括 *Bothriolepis niushoushanensis*、*Quasiseptalithys* sp.。上泥盆统中宁组岩性为紫红色钙质粉砂岩夹灰绿色粉砂岩，厚315m。底部有长石石英砂岩和砾岩，含鱼化石 *Remigolepis zhongningensis*、*R. microcephalus*，植物 *Leptophloeum rhombicum*。中宁组和石峡沟组之间为角度不整合接触。

中宁组向上与上石炭统的石磨沟组平行不整合接触，后者为含砾石英岩状砂岩和灰黑色页岩。

5. 石炭系

在青海欧龙布鲁克（南祁连），石炭系下统穿山沟组（Tournasian）以灰、灰黑色灰岩、生物灰岩为主，夹紫色厚层灰岩、假鲕粒灰岩、钙质页岩。产珊瑚 *Siphonophyllia spinosa*、*Enygmophyllum dubium*，腕足类 *Syringothyris texta*、*S. halli*，厚452m。下统（Visean—Serpukhovian）下部（城墙沟组）为灰岩、砂质灰岩、泥灰岩，含珊瑚 *Siphonophyllum oppressa*、*Rytstonia*，腕足类 *Echinoconchus elegans*、*Grandispirifer mylkensis*，厚193m。上部（怀头他拉组）为灰、灰黑色生物灰岩、灰岩，夹砂岩、粉砂岩、页岩及燧石灰岩，其底部为灰绿、灰紫色砂岩，夹粉砂岩、页岩及灰岩，含珊瑚 *Thysanophyllum*、*Gangamophyllum*、*Aulina rotiformis*，腕足类 *Gigantoproductus latissimas*、*G. edelbargensis*、*Kansuella kansuensis*，厚703m。石炭系上统（Bashkirian—Kasimovian）克鲁克组为灰、灰黑色砂岩、粉砂岩、页岩、灰岩、生物灰岩夹薄煤层，底部为含砾粗砂岩，含䗴 *Pseudostaffella*、*Profusulinella*、*Fusulina*、*Fusulinella*，腕足类 *Choristites*，植物 *Rhodopteridium*、*Lepidodondron*，厚485m。石炭系上统扎布萨尕秀组下段（Gzhelian）主要为灰、灰黑色粉砂岩、粉砂质页岩、灰岩，局部夹煤层，含䗴 *Triticites paraarcticus-Quasifusulina paracompacta* 带，腕足类 *Eliva lyra*，厚117m。本系与泥盆系上统呈整合接触，但上统与下统之间为整合接触。

在甘肃龙首山，石炭系下统杜内阶缺失。下统南洼顶组（Visean—Serpukhovian）为灰色中厚层结晶灰岩、白云岩、灰白色石英砂岩、细砾岩、含碳板岩、千枚岩，含珊瑚 *Aulina rotiformis*，腕足类 *Gigantoproductus gigantea*、*G. edelburgensis*、*Striatifera strata*，厚19~276m。石炭系上统三岔组（Bashkirian—Kasimovian）为深灰色板岩、变质砂岩，偶夹薄层灰岩或相变为砂岩夹黑色页岩夹薄煤层及泥灰岩凸镜体，产植物 *Mesocalamites-Rhodeopteridium* 组合，厚56m以上。石炭系上统尖山组（Gzhelian）为灰色石英砂岩夹黑色板岩、含砾岩及薄层灰岩或相变为砂岩与砂砾岩互层夹碳质页岩及煤线，产植物 *Conchophyllum richthofenii-Neuropteris kaipingiana* 组合，厚62~380m。

本系与下伏地层接触关系不明，与上覆二叠系下统呈假整合接触。

6. 二叠系

在欧龙布鲁克，二叠系下统扎布萨尕秀组上段（Asselian—Artinskian）主要为灰、灰黑色生物灰岩，含燧石灰岩，夹粉砂岩、页岩，底部为含砾粗砂岩、砂岩，含䗴 *Eoparafusulina cylindrical*、*Zellia magnaesphaerae*、*Sphaeroschwagerina moelleri*，珊瑚 *Caninia nosovi*，腕足类 *Dictyodostus taiyuanfuensis*，厚 208m。

本区二叠系下统空谷阶至上统长兴阶的地层全部缺失。

在甘肃龙首山，二叠系下统山西组（Asselian—Kungurian）的岩性主要为泥质粉砂岩、碳质页岩、砂质页岩、含砾粗砂岩夹砂砾岩，产植物 *Tingia carbonic*、*Lobatannularia sinensis*、*Bowmanites laxus*，厚 64m。中统下石盒子组（Roadian—Capitanian）的岩性为粉砂质泥岩夹细砂岩、中细粒砂岩、砂砾岩、含砾粗砂岩，底部为细砾岩，产植物 *Alethopteris norinii*、*Sphenopteridium pseudogermanicum*、*Sphenophyllum oblongifolium*，厚 121m。上统红泉组或大泉组（Wuchiapingian—Changhsingian）为紫红色砾岩、含砾粗砂岩夹细砂岩及页岩，顶部夹硅质灰岩，产植物化石 *Zamiopteris glossopteroides*、*Compsopteris wongii*、*Noeggerathiopsis*，厚 141m。或相变为灰绿、黄绿色砾岩、含砾粗砂岩夹砂岩和粉砂岩、页岩，产植物 *Zamiopteris glossopteroides*、*Lobatannularia lingulata*，厚 57m。本系与上覆地层三叠系下统呈整合接触。二叠系中统与上统之间则为假整合接触。

在青海天峻，二叠系下统阿瑟尔阶—亚丁斯克阶地层缺失，下统空谷阶地层不整合于志留系地层之上。二叠系下统（Kungurian）—中统（Roadian—Capitanian）的岩性分下、上两部分：下部（勒门沟组）为紫红、深灰色厚层石英砾岩、中细粒石英砂岩、粉砂岩、夹灰色厚层生物灰岩、灰岩，产䗴 *Misellina*、*Staffella moellerana*，珊瑚 *Protomichelinia*，厚 263m；上部（草地沟组）为深灰、灰绿色厚层细粒长石砂岩、石英砂岩、粉砂岩夹页岩及厚层生物灰岩，产腕足类 *Capillifera chilianshanensis*、*Pygmochonetes minor*，厚 132～212m。二叠系上统（Wuchiapingian—Changhsingian）下部（哈吉尔组）为紫色巨厚细粒长石砂岩夹粉砂岩，其上为页岩，夹燧石条带灰岩及生物灰岩，产腕足类 *Composita yangkangensis*、*Spinomarginfera lopingensis*、*Leptodus*，厚 269m。上部（忠什公组）为海陆交互相沉积，页岩、粉砂岩、中细粒长石石英砂岩，产腕足类 *Araxathyris*、*Spinomarginfera*，植物 *Gigantopteris*、*Sphenopteris*，厚 447m。

1.9.5 秦岭-大别造山带（10-5）

1. 寒武系

秦岭加里东带主要分布在北秦岭甘肃两当、陕西凤县一带。寒武系是推测的，南秦岭华力西及印支带在西秦岭迭部、舟曲一带，寒武-奥陶系称太阳顶群，为碳质页岩、硅质页岩、硅质岩、大理岩等（图 1.32）。它不整合于白依沟群之上。在东秦岭镇安、山阳一带，寒武系发育完整，各统俱全，下统最下部称水沟口组，为硅质岩、铝土质页岩、粉砂岩及鲕状灰岩，发现有软舌螺 *Hyolithes*，说明有相当于梅树村阶沉积的存在，与下伏灯影组整合或平行不整合接触，往上为相当于沧浪铺阶的汪家店组，为泥质灰岩和页岩，含三叶虫 *Palaeolenus*、*Kootenia*、*Redlichia*。早寒武世晚期至中寒武世地层为岳家坪组，以白云质灰岩、泥质白云岩为主，夹有粉砂岩及页岩，含三叶虫 *Kunmingaspis*、*Chittidilla*。上统称蜈蚣丫组，为厚层白云岩及白云质灰岩，与奥陶系连续沉积。在陕西紫阳一带，下部仍以碳质板岩、硅质岩、粉砂岩–页岩为主，灰岩中含有小壳化石。与山阳一带不同之处是下统厚度增大，中统除灰岩外，多石煤层，上统灰岩内多泥质及砾岩的出现。

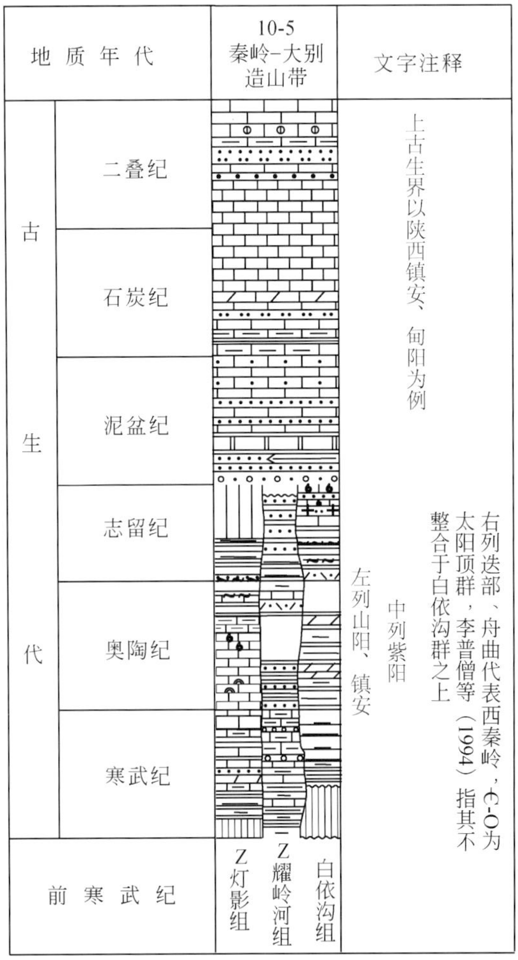

图 1.32　秦岭–大别造山带古生代地层柱状图

2. 奥陶系［秦岭–大别造山带之加里东带（10-5a）］

据李晋僧等（1994），该带西部甘肃两当和陕西凤县一带，一套巨厚而变质的火山–沉积岩系过去称“秦岭群”，现解体为草滩沟群。出露于凤县红花铺的为红花铺组。其下部 533m 的砂板岩夹少量灰岩透镜体暂归寒武系。其上部厚达 7533m，为钙泥质砂岩、粉砂岩、板岩夹火山碎屑岩及灰岩透镜体，含腕足类 *Strophomena*、*Sinorthis typica*、*Mimella* cf. *formosa*、*Orthis* cf. *calligramma* 等。化石指示其时限属中奥陶世大坪期及其附近。而出露于甘肃两当张家庄的张家庄组，厚度大于 1100m，为中性、中酸性火山熔岩夹火山碎屑岩及碳酸盐岩，含珊瑚 *Plasmoporella* cf. *granulosa*、*Amsassia*、*Streptolasma*、*Brachyelasma*、*Heliolites* aff. *Waicunensis*。化石指示时代属晚奥陶世凯迪晚期。不整合或假整合伏于石炭系草凉驿组之下。在该带东部河南西峡、南召青山，二郎坪群上部大庙组为厚层大理岩、黑云母石英片岩、绢云母石英片岩夹变质粉砂岩、角斑岩。上部结晶灰岩含珊瑚 *Rhabdotetradium*，头足类 *Fengfengoceras* 及腹足类，厚 1085m，大体属晚奥陶世桑比期沉积，上与三叠系不整合相接。大庙组之下的火神庙组被归入下-中奥陶统，但仅采得 Liosphaeridae类和 Stylosphaeridae 类放射虫，厚度为 355 ~ 1658m。

志留纪和晚古生代地层不详。

3. 奥陶-志留系［秦岭-大别造山带之华力西及印支带（10-5b)］

该带以陕西留坝为界分为东秦岭和西秦岭。东秦岭镇安、山阳一带寒武系、奥陶系为相对稳定的以碳酸盐岩为主的地台型沉积，晚奥陶世以后也转化为以陆源碎屑沉积为主。其南为（裂陷）海盆或盆地边缘相沉积（紫阳等地）。裂陷海盆向西延入西秦岭，但仅甘肃康县和迭部，构成零散的有奥陶纪化石的碳硅质板岩层段，而西秦岭的志留系却更发育。

陕西山阳、镇安一带的奥陶系（图 1. 32 柱图左列）按李晋僧等（1994）自下而上分为水田河组、吊床沟组、白龙洞组和两岔口组，与下伏上寒武统蜈蚣丫组整合接触。水田河组厚 207 ~ 592m，为灰岩，含 *Kaipingoceras styliforme* 等，而吊床沟组是含燧石条带或团块灰岩，厚 522m。这两个组属下奥陶统。白龙洞组厚 293m，底部有 0. 5m 厚的腕足类介壳层，岩性主要为薄板状深灰、黑色含泥质条带灰岩。近顶部含桑比期牙形刺 *Microcoelodus asymmetricus*，近底部含大坪期牙形刺 *Paroistodus* cf. *originalis*，表明白龙洞组属中奥陶统至上奥陶统下部。两岔口组为千枚岩、板岩夹泥晶灰岩及生物灰岩，上部含丰富的珊瑚 *Agetolites minor*、*A. multitabulatus*、*Favistina* aff. *alveolata* 等，指示凯迪晚期的时代。该组厚 342m，与上覆志留系整合接触。山阳的志留系（图 1. 32 柱图左列）厚 1220m。底部为厚层砂岩，含笔石 *Monoclimacis* 等；中部是砂质板岩与含碳千枚岩互层；上部为碳硅质板岩夹灰岩。在镇安双河还含笔石 *Oktavites*、*Monograptus priodon*，其上有珊瑚 *Multisolenia tortuosa*、*Amplexoides appendiculatum* 等。这些地方的志留系大都限于兰多维列世，与上覆泥盆系大枫沟组或西岔河组假整合相接。

陕西紫阳一带的奥陶-志留系（图 1. 32 柱图中列）属盆地或盆地边缘相。紫阳芭蕉口、高桥、双河等地的奥陶系处于盆地（洞河群沉积区）南侧部位。整合于上寒武统黑水河群之上的为桥镇组。其上部由硅化板岩、条带状板岩及粉砂质板岩组成，含笔石 *Tetragraptus quadribrachiatus*，厚 331m；下部为灰色板岩、砂质板岩夹泥灰岩，含笔石 *Dictyonema quadrangalare*，三叶虫 *Hysterolenus*，厚 632m。属特马豆克期沉积。权河口组为碳质板岩及砂质板岩，下部含笔石 *Didymograptus* cf. *hirundo*、*D. abnormis*、*Tetragraptus* cf. *fruticosus*、*Tetragraptus approximatus*，厚 246 ~ 290m。化石指明该组时代包括弗洛期至大坪期，也许还有达瑞威尔期。而整合其上的任河组仅 35m，为厚层泥板岩和凝灰质板岩，暂归为凯迪早期沉积。芭蕉口组仅 11. 1m，为中-薄层泥板岩与凝灰岩，向上夹黑色含碳板岩，含笔石 *Normalograptus extraordinarius*，化石表明属赫南特期至凯迪晚期。与上覆志留系麻柳树湾组整合接触。后者为黑色碳质、硅质和粉砂质板岩，厚 128m，含 *Normalograptus persculptus*、*Parakidograptus acuminatus*、*Orthograptus vesiculosus* 和 *Coronograptus leei* 带笔石，属赫南特期至鲁丹期沉积。班鸠关组厚248m，为黑色砂岩和板岩互层，含 *Demirastrites triangulatus*、*D. convolutus* 和 *Monograptus sedgwickii* 带笔石，属埃隆期沉积。陡山沟组厚138m，为灰色砂岩、砂质板岩夹黑色碳质板岩，含 *Spirograptus guerich*、*S. turriculatus*、*Striptograptus crispus*、*Monograptus griestoniensis* 带笔石，属特列奇早期沉积。吴家河组厚612m，为厚层石英砂岩、砂质板岩夹碳质板岩，含 *Oktavites spiralis*、*Monograptus geinitsi*、*Cyrtograptus lapworthi* 及 *C. sakmaricus* 带笔石（傅力浦等，2006），属特列奇晚期沉积。仙中沟组（或安坪梁组）厚142m，为浅灰色厚层粉砂岩与砂质板岩互层，含 *Cyrtograptus insectus*、*C. centrifigus*、*C. murchisoni* 和 *C. lundgreni* 带笔石，属文洛克统。瓦房店组出露厚度66m，为紫色中薄层砂岩，未发现化石，推测其时代属罗德洛世。在上述剖面东南的陕西岚皋明珠区柏枝垭-白崖垭，出露一套灰色、灰黑色生物碎屑灰岩、钙质砂岩，称白崖垭组，厚145m，含珊瑚 *Mesofavosites oculiporoides*、*Subalveolites panderi*、*Antherolites septosus*，腕足类 *Nalivkinia*、*Glassia*、*Eocoelia*，少量笔石 *Monoclimas* cf. *linnarssoni* 及层孔虫等。下与吴家河组、上与仙中沟组整合接触。白崖垭组现被认为是吴家河组顶部和仙中沟组下部的相变物。

西秦岭志留系发育较好，研究较细，以迭部、舟曲一带剖面代表之。奥陶纪含笔石地层仅在甘肃迭部拉路和甘肃康县大堡两地发现，尚未建立完整层序。在四川若尔盖归寒武奥陶系的地层惯称太阳顶群（图1.32柱图右列）（李晋僧等，1994）。其下部927m为深灰、灰黑块状硅质岩，底部为含砾硅质岩和含砾碳硅质板岩，暂归入寒武系，不整合于震旦系白依沟群之上。太阳顶群上部厚300m，为深灰至灰黑色含碳硅化粉砂质绢云母板岩，夹似层状硅质岩和硅化白云岩透镜体，含微古植物 *Pirea*、*Cymatioglea*、*Gorgoni* 等，暂归入奥陶系。甘肃迭部拉路有5～6m厚黑色碳硅质岩和板岩，含笔石 *Didymograptus* cf. *hirundo*、*D. filiformis*，代表弗洛期至大坪期，甚至达瑞威尔早期地层。而在康县大堡的大堡群，其上岩组厚1034m，顶部为硅质岩和泥质灰岩，上部为变中性凝灰岩；中、下部以灰色板岩和绢云母千枚岩为主，夹变中性凝灰岩、变粉砂岩及含碳硅质板岩，含笔石 *Paraorthograptus typicus*、*Climacograptus* cf. *supernus*，笔石指示时代属凯迪晚期。上与志留系迭部群整合相接。大堡群下岩组厚度大于860m，以灰色板岩为主，偶夹变泥质粉砂岩，其下部地层未出露。从区域上看，该区奥陶系与志留系应是整合相接的。从舟曲、迭部一带志留纪综合层（图1.32柱图右列）看，志留纪最低地层单元为安子沟组，它以黑色碳质、硅质板岩为主，向上硅质成分减少，底部夹凝灰岩，厚134～1490m，含笔石 *Akidograptus*、*Pristiograptus leei*、*Rastrites approximatus* 等，属鲁丹期沉积。各子组为灰、黑色砂质板岩及板岩，大于600m，含 *Monograptus sedgwickii*、*Spirograptus turriculatus* 等，属埃隆期至特列奇早期沉积。而尖尼沟组厚231～258m，主要为黑、深灰色碳质、硅质板岩、硅质岩，下部常相变为灰岩，含 *Oktavites spiralis*，属特列奇中期沉积。上述三个组均属兰多维列统，为滞留缺氧盆地沉积，含丰富笔石，介壳化石少见；铀、钒、锰含量高，可聚集成矿床。从文洛克世以后，岩相分异明显，以陆源碎屑沉积为主，但夹较多碳酸盐岩，仅在小梁子沟组尚见笔石，余者均为含介壳化石地层。局部地点从文洛克世至志留纪末可全由碳酸盐岩构成，如厚达200m的纳加灰岩，有时发育成珊瑚、层孔虫礁体，显示台地沉积性质。尖泥沟组之上的小梁沟组厚175～467m，为灰黑、黑色钙质含碳板岩、钙质粉砂质板岩夹浅灰色泥质条带灰岩，含笔石 *Cyrtograptus sakmaricus*、*C.* cf. *insectus*、*Monograptus priodon*、*Monoclimacis vomerina* 等，腕足类 *Aegiria*、*Strophochonetes*，珊瑚 *Falsicatenipora dazhubaensis*、*Halysites yumenensis* 等，属特列奇期晚期至文洛克早期沉积。庙沟组为深灰色粉砂质板岩、板岩夹变质砂岩，厚 178m；含腕足类 *Retziella nucleoli*、*Aegiria*、*Xinanospirifer vergouensis*、*Ferganella borealis* 等。向西至若尔盖马尔村，厚度增至 643 ~ 684m，由深灰色岩屑砂岩、粉砂岩和板岩组成。该组属文洛克世晚期沉积。红水沟组以深灰色泥质条带灰岩为主，夹灰黑色板岩，厚 89m，含腕足类 *Protathyris ingens*、*Atrypoidea guadrata*，牙形刺 *Spathognathodus silurica*，珊瑚 *Mesofavosites zhuquensis*，笔石 *Pristiograptus ultimus* 等。向西至迭部卓阔乌一带，岩性变粗，厚度增至 679m。该组属罗德洛统。南石门沟组以深灰色千枚岩为主，夹灰岩，37 ~ 177m 厚，含腕足类 *Atrypoidea*、*Gannania*，珊瑚 *Squameofavosites sokolovi*，牙形刺 *Ozarkodina crispa* 等。时代暂归普里道利世。与上覆泥盆系下普沟组整合接触。志留系内各组之间均为整合接触。

4. 泥盆系

泥盆系以旬阳公馆一带发育较完整。下泥盆统下部两岔河组为砂岩、粉砂岩及含砾砂岩，厚 120 ~ 490m，与下伏志留系平行不整合接触。中部公馆组由中–厚层白云岩组成，厚 550 ~ 690m。上部龙家河组为泥质灰岩夹页岩，相变为板岩及碎屑岩，厚 27 ~ 200m，含 *Leptoinophyllum* sp.、*Cyathophyllum* ap.、*Lyrielasma* sp.、*Euryspirifer* sp.、*Athyrisina heimi* 等。中泥盆统下部石家沟组以灰岩为主夹页岩、砂岩，厚 140 ~ 270m，含丰富化石，如腕足类 *Acrospirifer houershanensis*、*Athyrisina squamosa*，珊瑚 *Sociophyllum* sp.、*Utaratuia sinensis* 等。上部杨岭沟组为石炭系砂岩、板岩及泥质灰岩，厚 260 ~ 1100m，含珊瑚 *Disphyllum goldfussi*、*Temnophyllum* cf. *waltheri*，腕足类 *Stringocephalus* sp.。上泥盆统下部冷水河组为泥质灰岩夹页岩，厚 400 ~ 600m，含珊瑚 *Disphyllum* sp.、*Temnophyllum* sp.，腕足类 *Cyrtospirifer* sp.、*Leiorhynchus* sp. 等。上部南羊山组为砂质灰岩夹钙质砂岩，厚 400 ~ 800m，含 *Yunnanella–Nayunnellina* 腕足类组合。与上覆石炭系整合接触。

5. 石炭系

在陕西镇安、旬阳，石炭系下统袁家沟组（Tournaisian）为灰、深灰色厚层块状泥质灰岩夹砂质灰岩及页岩，含珊瑚 *Caninia gigantea*，厚 175m。与下伏上泥盆统呈整合接触。下统范家坪组（Visean—Serpukhovian）为灰、深灰色生物粒屑灰岩、灰白色白云质灰岩夹黄灰色石英砂岩，含珊瑚 *Palaeosmilia–Lithostrotion* 组合、*Yuanophyllum*，厚 301m。石炭系上统逍遥子组（Bashkirian—Kasimovian）为中厚层块灰岩夹疙瘩状灰岩，含 *Pseudostaffella–Profusulina* 带及 *Fusulina–Fusulinella* 带䗴化石，厚 208 ~ 457m。

石炭系上统（Gzhelian）—二叠系下统（Asselian—Artinskian）下部的羊山组为浅灰或灰白色、肉红色厚层块状灰岩；上部为灰黑色厚层块状灰岩。含䗴 *Triticites* 带、*Pseudofusulina fecunda* 带、*Pseudoschwagerina* 带、*Robustoschwagerina–Sphaeroschwagerina* 带，珊瑚 *Protoivanovia orientalis*，厚 160 ~ 270m。与下伏石炭系上统（逍遥组）呈整合接触。

6. 二叠系

在陕西镇安、旬阳，二叠系下统（Kungurian）—中统（Roadian）栖霞组为浅灰、灰黑色致密灰岩，含䗴 *Pamirina pulchra*、*P. chinlingensis*、*Misellina claudiae*，珊瑚 *Hayaskaia* sp.，厚172m。中统五里坡组（Wordian）为浅灰、灰白色厚层块状灰岩夹页岩，含䗴 *Pseudodoliolina pulcha*、*Neoschwagerina craticulifera*，珊瑚 *Ipciphyllum* cf. *irregulare*，厚175m。中统水峡口组（Capitanian）为深灰、黑灰薄-厚层硅质灰岩、灰岩夹砂岩及页岩，含䗴 *Yabeina gubleri*、*Neomisella douvillei*、*Verbeekina verbeeki*，厚495m。二叠系上统西口组（Wuchiapingian）为深灰、灰黑色厚层砂质灰岩、生物灰岩、泥质灰岩及细粒石英砂岩、粉砂岩，含䗴 *Codonofusulina*、*Reichelina pulchra*，珊瑚 *Waagenophyllum* sp.，腕足类 *Tyloplecta yangtzensis*、*Oldhamina* sp.，厚383m。与下伏中二叠统（水峡口组）呈整合接触。二叠系上统龙洞川组（Changhsingian）主要为灰、灰白块状灰岩夹紫红色泥质灰岩，含䗴 *Palaeofusulina sinensis*，珊瑚 *Liangshanophyllam sinensis*，厚790m。与上覆下三叠统呈假整合接触。

1.9.6 苏胶-临津造山带（10-6）

寒武系

这是中朝地台南缘边缘相地区，比地台本部在馒头组之下多了灰岩和含磷砂页岩，在前面已有叙述。在朝鲜开城一带，出现冰碛层，称之为飞浪洞冰碛层，相当于豫西的罗圈组。往上为下寒武统中和组，底部为结核状磷块岩、含磷绢云母千枚岩及白云岩，依次为钙质页岩、灰岩等，曾发现三叶虫 *Lusatiops*（*Coreolenus*）（相似于 *Hsuaspis*）。从其所含化石和含磷层位，它应相当于我国辛集组。向上即为含 *Redlichia* 的紫红、灰绿色云母质页岩、粉砂岩和灰岩等，可对比为馒头组；顶部尚有一化石层，产三叶虫 *Bonnia*、*Kootenia* 等，它仍可属于馒头组。中和组总厚400～440m。中和丰海里磷矿已属于中型磷矿，品质和含量均好于我国的辛集磷矿层。它们是同一时代和类型的。中寒武统黑桥组由灰紫色、紫红色云母质粉砂岩组成，含三叶虫 *Ptychoparia*，*Agnostus* 等，厚174～184m。再上为中统武振组，为暗灰色灰岩、页岩及薄层含锰泥质灰岩，含三叶虫 *Olenoides*、*Tonkinella*、*Crepicephalus*、*Peronopsis*、*Dorypyge*，厚160～180m。上寒武统古丰组由灰色灰白色白云岩灰岩组成，含三叶虫，厚240～380m。

古生代其他时代地层未获资料。

1.10 西藏-马来造山系（滇藏造山系）

1.10.1 松潘-甘孜造山带（11-1）

1. 寒武系

寒武系分布有限，在四川广元朝天驿有所分布，下部为碳质千枚岩碳质板岩、含磷硅质岩和硅化灰岩，夹锰矿及变质细砂岩，厚183m，被称为邱家河组；上部为石英砂岩、粉砂岩、含砾粗粒屑砂岩，厚201m。与下伏的水晶组（震旦系）平行不整合接触，而上与奥陶系陈家坝群有较大的间断。

2. 下古生界

带内早古生界仅出露于邻接扬子准地台的东部边缘地带，如四川广元、北川、武安等地（图1.33柱图右列）。早古生界层序经多次间断，以浅变质泥砂质岩石为主，局部地方可见火山岩，显示出过渡型沉积特点；而四川巴塘、中咱（图1.33柱图左列）为碳酸盐岩，也显示地台沉积特点。

广元陈家坝下寒武统包括邱家河组和油房沟组，均无化石。前者为一套浅变质含锰地层，由碳质千枚岩、板岩、黑色含磷硅质和硅化灰岩组成，厚183m，为缺氧环境产物，与下伏震旦系水晶组假整合接触。油房沟组为灰色变质岩屑砂岩、石英砂岩、粉砂岩，底部为含砾粗岩屑砂岩。在茂县还夹有流纹质凝灰岩和凝灰质砂岩层。与上覆陈家坝群假整合接触，厚71～2213m。时限大体属沧浪铺期。奥陶系陈家坝群上段（816m）为灰黑色碳质、钙质绢云母石英千枚岩与深灰色不稳定薄层泥质灰岩互层，产笔石 *Didymograptus hirundo*，三叶虫 *Ningkianolithus*。下段（408m）为灰黑色碳质千枚岩夹硅质岩屑粉砂岩，顶部含笔石 *Didymograptus deflexus*。整个陈家坝群可能至少包括弗洛期至大坪期沉积，如果从其与上覆宝塔组整合接触的层序看，也应包含达瑞威尔期沉积。它与下伏邱家河组假整合相接（李晋僧等，1994）。此处宝塔组为浅紫色中厚层泥质灰岩，0～25m，应属桑比阶。志留系茂县群假整合于宝塔组之上，划分为上、下两个亚群。下亚群厚387m，其下段为灰、深灰色板岩夹变质石英细砂岩，含笔石 *Monograptus* cf. *crispus*. *Pristiograptus kueichihensis*、*P. cypus* 等。上段为灰绿、黑和灰色板岩，中上部夹透镜状碳质灰岩，为灰、肉色变质石英粉砂，属兰多维列统。上亚群厚度变化大，在北川武安可达2430m。其下部以灰、灰绿色绢云母板岩为主，夹粉砂质灰岩，底部有5m杂色石英砂岩，含腕足类 *Protathyris*、*Striispirifer*，珊瑚 *Mesofavosites* 等，厚1680m。其中部为灰色灰岩与绿色绢云母板岩不等厚互层，厚291m。其上部为绿色绢云母板岩夹细砂质灰岩，厚495m，含三叶虫 *Coronocephalus*，腕足类 *Protathyris*，珊瑚 *Squameofavosites*、*Spongophyllum*，笔石 *Monograptus tumescens* 等。在青川乔庄，上亚群上部含近500m厚酸性熔岩及凝灰岩和少量碎屑岩。茂县群上与泥盆系平驿铺群整合接触。

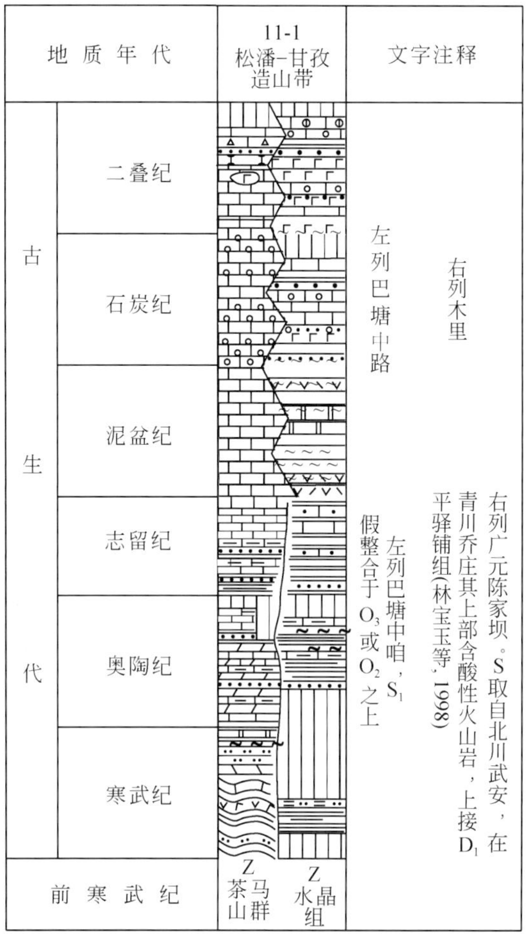

图 1.33　松潘-甘孜造山带古生代地层柱状图

四川巴塘中咱的下古生界层序上大体是连续的。下、中寒武统小坝冲群为类复理石浅海沉积。下组为一套变质碎屑岩，由灰黑、浅灰色绿泥岩、含磷质及石英绢云母片岩、白云石英片岩夹少量钠长石石英片岩组成，厚度大于2524m；上组为一套变质碎屑岩（绢云母、石英片岩等）、火山岩（变质基性火山熔岩）夹少许碳酸盐岩（结晶灰岩等）组成，厚1335m。上与上寒武统额顶组断层（标准剖面）或整合接触（巴塘雅洼区查马贡），下与震旦系茶马山群呈整合接触。额顶组厚1588m，以结晶白云岩为主，间夹紫红色大理岩，下部含泥质及白云质，底部为石英片岩夹石英千枚岩，含腕足类 *Otusia*、*Palaeostrophia*、*Elkania* 等。整合其上的颂达沟组厚达1524m，为变质石英砂岩、钙质片岩、钙质千枚岩，上部夹大理岩，含三叶虫 *Calvinella*、*Mictosaukia*、*Haniwa*。奥陶系特马豆克阶邦归组厚601m，以泥质结晶灰岩为主，夹白云质结晶灰岩，顶部有白云岩，下部夹板岩，含笔石 *Callograptus salteri*、*C. reticulates*，头足类 *Ellesmeroceras*。与下伏寒武系接触关系不明。与上覆溜冉卡组底部白云岩夹钙质粉砂岩为整合接触。溜冉卡组厚633～774m，为白云岩夹灰岩、泥质及白云质灰岩，底部夹黄色钙质粉砂岩，含三叶虫 *Illaenus* cf. *sinensis*，腕足类 *Orthambonites*、*Tetraodontella* 等，与上覆志留系假整合接触。大体属中及早奥陶世晚期沉积。物洛吃普组下部为75m厚的变质砂岩，上部83m为灰岩夹泥质灰岩，含头足类及钙藻 *Dimorphosiphon rectangulare*。下部砂岩可为碳酸盐岩代替，厚度增至400m。在里甫、果都一带还产大量珊瑚，如 *Agetolites raritabulatus*、*Yohophyllum kueiyangense*。因此物洛吃普组属上奥陶统。志留系米黑组厚208m，为深灰、灰黑色硅质板岩夹灰色变质砂岩，含少量千枚岩和结晶灰岩，含笔石 *Normalograptus* cf. *persculptus*、*Petalolithus minor*、*Monograptus* cf. *sedgwickii* 等，显示该组时代属志留纪兰多维列世埃隆期至奥陶纪赫南特期。但该组假整合于中奥陶世溜冉卡组之上，假整合伏于下石炭统之下。志留系特列奇阶格扎底组厚88m，为灰至深灰中厚层细晶灰岩与条纹状泥灰岩不等厚互层，夹疙瘩状泥质灰岩，底部为含铁粉砂质白云岩，含珊瑚 *Mesofavosites fleximurinus* var. *multitabulata*、*Cysticonophyllum batangensis* 等，腕足类 *Pleurodium*，厚88m。散则组与下伏格扎底组和上覆雍忍组均呈整合接触。本组厚717m，下部为深灰色疙瘩状泥质灰岩、板岩夹粉砂岩，偶夹凝灰岩；上部为灰、深灰色灰岩或灰白色灰岩。含珊瑚 *Halysites senior*、*Favosites ganinensis*，三叶虫 *Coronocephalus*，腕足类 *Conchidium*、*Xinanospirifer*、*Pentamerus* 等。时代属文洛克世。雍忍组厚976m，为灰、灰白色夹肉红色结晶灰岩，含珊瑚 *Squameofavosites*、*Pachyfavosites*，腕足类 *Conchidium*、*Nalivkina* 等。时代属罗德洛至普里道利世。与上覆下泥盆统格戎组整合相接。

3. 泥盆系

泥盆系出露于金沙江沿岸，北起江达、德格、经巴塘、乡城，向南延伸到滇西的奔子栏。下统为格绒组，厚约124m，主要岩性为厚层灰岩、白云质灰岩夹变质细砂岩，含丰富的珊瑚化石 *Favosites*、*Tryplasma*、*Lyrielasma* 等。底部与志留系雍忍组整合接触。中泥盆统下部穷错组为厚层结晶灰岩，厚度约200m，含珊瑚 *Favosites goldfussi*、*Thamnopora* sp.，层孔虫 *Amphipora* sp. 及介形虫化石。上部蒼纳组厚230m，岩性为厚层块状细晶灰岩、白云质灰岩和生物灰岩，含珊瑚、层孔虫、化石。上统塔利波组厚188m，为厚层-块状白云质藻灰岩，以 *Girvanella* 为主，夹板岩、千枚岩及基性火山岩。上部与石炭系巴乡岭组整合接触。稻城附近泥盆系出露近2000m，主要岩性为石英片岩、千枚岩、大理岩和石英岩等，上部与二叠系平行不整合接触。中咱西北的江达县境内，泥盆系出露近1745m，上、下均为断层。岩性为中酸性火山岩、角砾凝灰岩，中部夹变质粉砂岩，含腕足类 *Cyrtospirifer* spp.，珊瑚 *Alveolites* sp. 等。

4. 石炭系

在巴塘中咱，石炭系下统巴乡岭组（Tournaisian）为浅灰色块状含鲕粒灰岩，底部为砖红色生物碎屑灰岩，含珊瑚 *Humboldtia* sp.、*Keyserlingophyllum* sp.、*Zaphrentoides* sp.，与下伏上泥盆统呈整合接触。下统许池卡组（Visean—Serpukhovian）下部为灰、浅灰色结晶灰岩，局部含鲕粒和断续的硅质条带；上部为肉红色、浅灰色中厚层致密灰岩，局部含鲕粒结构。产䗴 *Eostaffella iranae*，珊瑚 *Kueichouphyllum*、*Arachnolasma sinense*，厚112～161m。石炭系上统扎普组（Bashkirian—Kasimovian）为浅灰、灰白色厚层块状灰岩，上部为浅灰色含鲕粒灰岩。含䗴 *Fusulina pseudokonnoi*、*Fusulinella colaniae*、*Pseudostaffella*，珊

瑚 *Kinophyllum*，腕足类 *Weiningia* sp.，厚 365m。

石炭系上统（Gzhelian）—二叠系下统（Asselian—Arlinskian）顶坡组为灰、浅灰色块状结晶灰岩、鲕状结晶灰岩，产𩿧 *Triticites*、*Pseudoschwagerina*、*Zellia* cf. *colaniae*、*Pseudofusulina*，珊瑚 *Protowentzelella* sp.，厚 176m。与下伏上石炭统呈整合接触。

在四川木里，石炭系下统坝秧地组（Tournaisian—Visean）下部为薄-厚层长石砂岩夹板岩及千枚岩；中部为玄武岩夹砂岩及火山角砾岩；上部为薄、中厚层含砾长石砂岩、泥质粉砂岩、板岩、灰岩及玄武岩。含珊瑚 *Neoclisiophyllum*、*Thysanophyllum*、*Yuanophyllum*、*Arachnolasma*、*Dibunophyllum*，厚度达 1746m 以上。与下伏下志留统呈断层接触。下统（Serpukhovian）—上统（Kasimovian）西秋群下部为角砾状结晶灰岩；中部为结晶灰岩；上部为角砾状结晶灰岩夹板岩。含𩿧 *Pseudostaffella*、*Profusulina*、*Schwagerina*，珊瑚 *Arachnolasma* cf. *sinensis*，厚 187m。与上覆地层下二叠统空谷阶地层呈假整合接触，中间缺失石炭系上统卡西莫夫阶—二叠系下统亚丁斯克阶的地层。

5. 二叠系

在巴塘中咱，二叠系下统冉浪组（Kungurian—Roadian）为浅灰、灰色块状细-中粒灰岩，含𩿧 *Pisolina excessa*、*Staffella moellerina*、*Misellina claudiae*，厚 95m。中统冰峰组（Wordian—Capitanian）为浅灰色块状细晶灰岩、鲕状灰岩、玄武岩和少量豆状赤铁矿，含𩿧 *Pseudodoliolina*、*Neoschwagerina*、*Sumatrina*，珊瑚 *Wentzelella*，厚 182m。二叠系上统赤丹潭组（Wuchiapingian）为集块岩、块状灰岩、白云质灰岩、含砾板岩、砾状灰岩、少量玄武岩，含𩿧 *Reichelina*、*Codonofusiella*、*Eoverbeekina*、*Nankinella*，珊瑚 *Waagenophyllum*、*Liangshanophyllum*，厚 358 ~434m。与下伏地层中二叠统（冰峰组）为不正常关系，与上覆下三叠统呈假整合接触关系。中间缺失长兴期沉积。

在四川木里，二叠系下统（Kungurian）—中统（Roadian）冉浪组为厚层灰岩、硅质岩、千枚岩、基性熔岩、凝灰质角砾岩及变质玄武岩，含𩿧 *Pseudofusulina*、*Schwagerina*、*Misellina*，厚 1026m。中统冰峰组（Wordian）由块状灰岩、生物灰岩、千枚岩、硅质岩及基性火山岩及火山碎屑岩组成，产𩿧 *Verbeekina*、*Neoschwagerina*，厚 1183m。中统毛屋群（Capitanian）为千枚岩夹灰岩、硅质岩、结晶灰岩、生物屑灰岩、凝灰质角砾岩，其顶部为灰岩夹生物灰岩，产𩿧 *Neoschwagerina*、*Parafusulina*，厚 1183m。

二叠系上统卡翁沟组（Wuchiapingian—Changhsingian）为集块状灰岩夹扁豆状灰岩，底部夹紫色泥灰岩，含藻致密灰岩、板岩、砂岩、砾岩、玄武质火山砾、泥灰岩互层，产𩿧 *Reichellina*、*Nankinella*、*Codonofusiella*、*Eoverbeekina*，珊瑚 *Liangshanophyllum*、*Waagenophyllum*，腕足类 *Peltichia*、*Leptodus*、*Semibrachythyrina*，厚 478m。本地区可能缺失 Changhsingian 期晚期的沉积。

1.10.2 喀喇昆仑三江造山带（11-2）

1. 喀喇昆仑造山带（11-2a）

1）下古生界

仅在黑黑孜地区灰岩中发现三叶虫 *Pagodia* 的存在，证实有上寒武统的沉积，但其上、下关系不清（图 1.34）。

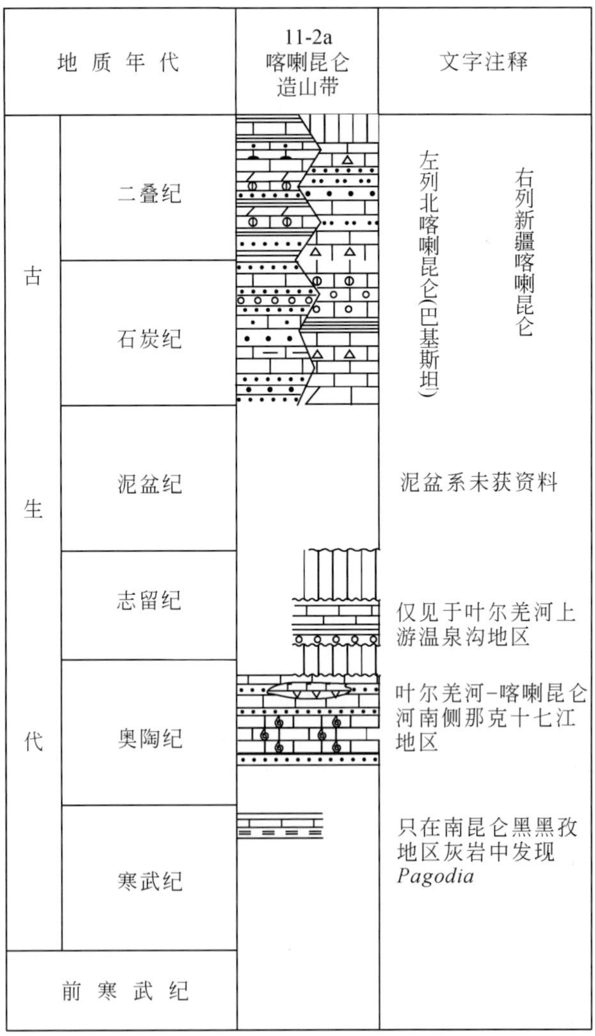

图 1.34 喀喇昆仑造山带古生代地层柱状图

带内寒武系并未单独划分出来，赖才根等（1982）在转述焦生端等（1974，1976，手稿资料）那克十七江干沟奥陶纪剖面层序时，曾指出：玛列兹肯群为灰岩夹页岩，第二层中含有 *Pagodia*，为上寒武统分子，其中显然夹有寒武纪地层。其实在 1960 年就在南昆仑黑黑孜地区的灰岩中发现有 *Pagodia kunlunensis*（成宁德，1979）。并被焦生端等（1974）归入玛列兹肯群内。但层序迄今未建立。

新疆叶尔羌河–喀喇昆仑河南侧那克十七江的冬瓜山奥陶纪剖面是目前该区的公认剖面（汪啸风等，1996），由冬瓜山组和那克十七江组组成，两组呈整合接触。冬瓜山组为深灰色生物碎屑灰岩，下部含紫色钙质粉砂岩，厚177m以上，底为断层所切。含头足类 *Protocycloceras*、*Chisiloceras* 和 *Dideroceras* 等，时代属大坪期至达瑞威尔早、中期。那克十七江组为浅灰色厚层灰岩、灰绿色轻变质泥质粉砂岩及褐色含铁质生物碎屑灰岩，未见顶，出露厚度580m，含三叶虫 *Paraphillipsinella* cf. *curvuea*。据那克十七江干沟剖面，该组可相变成夹中、基性火山岩，在灰岩夹层中含 *Sinoceras chinense*（肖兵，1979）。故其时代属桑比期至凯迪早期。

新疆叶城县叶尔羌河上游温泉沟的志留系统称温泉沟组，厚225m，为紫红、灰及黑色灰岩、泥岩和砂砾岩，含三叶虫 *Encrinuroides meijianensis* Chang、珊瑚 *Favosites*。暂归兰多维列统至文洛克统。上与泥盆统或上石炭统不整合接触，下与那克十七江组不整合相接。

泥盆系未获资料。

2）*石炭系*

在北喀喇昆仑（巴基斯坦），石炭系主要分布于 Karambar、Baroghil、Lashkargaz 和 Chillinji 等地区，但大部分地区石炭系发育不完整，仅出露下统杜内阶或杜内阶—维宪阶的沉积，并缺失下统谢尔普霍夫阶和上石炭统。不过在 Karambar 地区，石炭系却发育良好，层序较连续。其地层划分为：① 上泥盆统—下石炭统 Margach 组（Late Famennian—Middle Tournaisian）下部为深灰、深绿色粉砂岩夹薄层砂岩，厚92m；中上部为深灰、黑色粉砂岩、板岩、细砂岩和粗砂岩，产腕足类 *Parallelora* aff. *Subsuavis*、*Rhipidomella* sp.、*Rhynchopora* sp.。② 下统—中统 Ribat 组（Late Tournaisian—Early Bashkirian）为砂质灰岩、灰岩、泥质灰岩、泥灰岩、粉砂岩和砂岩，厚300m。底部产牙形刺 *Gnathodus pseudosemiglaber*、*G. typicus*、*Polygnathus bischoffi*；中部产腕足类 *Sajakella* sp.、*Eochoristites* sp.、*Anthracospirifer*；上部产腕足类 *Spirifer pentagonoides*、*Martiniopsis grandiformis*、*Afghanospirifer* sp.。③ 上统 Lupsuk 组（Late Bashkirian—Gzhelian）为厚层细砂岩、粉砂岩、板岩、混杂钙质砂岩和薄层细砾岩或者变为以砂质灰岩为主，厚100~400m。底部产腕足类 *Afghanospirifer* sp.、*Gypospirifer* sp.，顶部产腕足类 *Densepustula* cf. *lasarensis*、*Dowhatania sulcata*、*Septcamera dowhatensis*、*Alispirifer* cf. *middlemissi*。

3）*二叠系*

在北喀喇昆仑（巴基斯坦），二叠系分布于 Baroghil、Chillinji、Chapursan 和 Shimshal 等地区，均为海相陆源碎屑和碳酸盐岩沉积，其中以 Baroghil、Chapursan 两地区发育较佳，层序较连续。下统 Gircha 组（Late Asselian—Early Sakmarian）为砂岩、页岩、泥质岩和少量细砾岩，并夹粗粒砂岩透镜体，富含腕足类 *Lyonia* sp.、*Trigonotreta lyonsensis*、*T. stokes*、*Spirelytha petaliformis*、*Tomiopsis* cf. *bazardarensis*、*Punctospirifer afghanus*，双壳类 *Eurydesma* 等冈瓦纳相动物群，厚600~1000m。与下伏上石炭统 Lupsuk 组呈整合接触。下

统—中统 Lashkargaz 组（Late Sakmarian—Early Capitanian）自下而上划分为四个段：一段为粉砂岩、钙质粉砂岩、少量石英砂岩及含钙质结核的泥灰岩，含腕足类 *Hunzina electa*、*Globiella* cf. *rossiae*、*Trigonotreta paucicostulata* 及 *Spirigerella* sp.，厚约 300m。本段以含冈瓦纳相动物群为主，同时伴生有个别的暖水型分子，其时代属萨克马尔晚期。二段为黑灰色泥晶灰岩、钙屑灰岩组成，偶夹砂质灰岩及泥灰岩，产䗴 *Pseudofusulina*、*Pseudoendothyra*、*Chalaroschwagerina*、*Pamirina zulumartensis*，腕足类 *Orthothelina convergens*、*Ablina exilis*，厚 108～368m。时代属于萨克马尔晚期—空谷期。三段以砂岩、灰岩、泥灰质灰岩为主，有时夹页岩及泥灰岩；厚 80～144m。四段为灰色灰岩含燧石结核、生物屑灰岩、少量泥质灰岩和泥灰岩，顶部为白云化灰岩；产䗴 *Misellina parvicost*、*Pseudofusulina* cf. *postkraffti*，牙形刺 *Gondolella idahoensis*、*Gondolella phosphoriensis*、*Iranognathus* sp.，腕足类 *Callytharrella sinensis*、*Retimarginifera* 和 *Enteletes*；厚 224～450m。本段腕足类显示出混生动物群色彩，其时代属于 Roadian—Early Capitanian 期。总之 Lashkargaz 组与 Chapursan 地区的 Lupghar 组和 Panjshanh 组在层上是相当的。中统（Capitanian）Kundil 组（Chapursan 地区）岩性为黑色生物屑灰岩、瘤状灰岩、灰色厚层燧石灰岩、角砾岩和薄层灰岩。产䗴 *Pseudofusulina*、*Cancellina*，牙形刺 *Gondolella bitteri*、*Sweetognathus* cf. *hanzhongensis*；厚 190m。上统（Wuchiapingian—Changhsingian）Wirokhun 组（Chapursan 地区）的下部为黑灰色页岩、泥质灰岩；中部为薄层燧石灰岩和灰岩；上部为黑色页岩。产牙形刺 *Gondolella orinata*、*Hindeodus minutus*、*Gondolella subcarinata*、*G. subcarinata subcarinata*、*G. subcarinata changxingensis*；厚 96m。与上覆下三叠统呈整合接触。

4）*石炭-二叠系*

在新疆喀喇昆仑山，石炭-二叠系缺乏完整的剖面，研究程度较低，地层划分较笼统。本区石炭系下统主要为碳酸盐岩沉积，偶有少量碎屑岩，含腕足类，上石炭统全部为碳酸盐岩，含䗴、珊瑚和腕足类等。下二叠统为海相碳酸盐岩沉积，中二叠统为海相碳酸盐岩和碎屑岩沉积；但是中统下部以含冷水型䗴 *Monodiexodina* 动物群为特征，而中统上部则以含 *Neoschwagerina* 和 *Waagenophyllum* 等特提斯暖水型动物群为特征。本区石炭-二叠系划分如下：下石炭统帕斯群（Tournaisian—Serpukhovian）为浅灰、白色白云质灰岩，灰红色厚层块状灰岩、灰黑色燧石灰岩以及黄灰色砾状灰岩、生物灰岩和少量色页岩，产腕足类 *Gigantoproductus* sp.、*Antiquatonia* sp.、*Cyrtospirifer* sp.，珊瑚 *Palaeosmilia murchisoni*、*Lithostrotion* sp.，厚 777m。与下伏上泥盆统呈平行不整合接触。上石炭统—下二叠统恰提尔群（Bashkirian—Sakmarian）为浅灰色微晶灰岩、鲕状灰岩，生物灰岩和紫红色砾状灰岩，产䗴 *Eostaffella*、*Pseudostaffella*、*Fusulina*、*Fusulinella*、*Triticites* 和 *Pseudoschwagerina*，与下伏下石炭统帕斯群呈整合接触。下-中统加温达坂组（Kungurian—Early Roadian）由粉砂岩、细砂岩、石英砂岩、砂质灰岩和灰岩组成；产䗴 *Monodiexodina wanneri*、*M. kattaensis*、*Pseudofusulina*，苔藓虫 *Fenestella* sp.；厚度大于 30m。在空喀山口东南，该组下部为灰岩、砂质灰岩、结晶灰岩、大理化灰岩夹砾状灰岩；上部为灰岩、粉砂岩，石英砂岩；产腕足类 *Brachythyris* sp.，珊瑚 *Lytovolasma* sp.；厚达 2050m。本组与下伏地层关系不明。中统空喀山口组（late Roadian—Capitanian）下部为石英砂岩、粉砂岩和页岩；

上部为灰岩、砾状灰岩，夹砂岩和粉砂岩。产䗴 *Neoschwagerina* sp.、*Misellina* sp.，珊瑚 *Waagenophyllum sp.*。在空喀山口西北，该组碳酸盐岩增多，碎屑岩减少，产䗴 *Neoschwagerina*、*Misellina*、*Parafusulina* 和菊石 *Paraprapranorites* sp.，厚413m。与下伏地层关系不清，与上覆中-上三叠统呈假整合接触。

2. 羌塘地块（11-2b）

此处羌塘地块相当于许多划分中的南羌塘地块，它与北羌塘地块以澜沧江-双湖带为界（任纪舜等，1999）。在任纪舜等（1999）的划分中，将相当于北羌塘地块的部分及其在高原东部属性相当的区域统称为昌都地块。

早古生代地层在西部不详。

在本区中部龙木错-双湖缝合带以南，广泛分布一大套中浅变质岩系，时代归属争议很大，至今未达成共识。李才等在玛依岗日一带区域地质调查和填图过程中（1：25万玛依岗日幅报告），在冈塘错与玛依岗日间的塔石山，于大理岩化灰岩、结晶灰岩中发现丰富的鹦鹉螺类和腹足类化石，在其“下”变质的细碎屑岩段中采的单枝正笔石类化石，“底部”结晶灰岩、大理岩化灰岩中含竹节石及腕足类。经研究该含化石的变质岩系为一倒转层序。相同岩层在测区外南东，荣玛乡北西8km的温泉附近也有发现，并测制了剖面。根据所含古生物化石所指示的地质时代，确定该套含角石、笔石、腕足类、竹节石等化石的岩层时代为奥陶系—泥盆系。现据1：25万玛依岗日幅报告，简述如下（图1.35）。

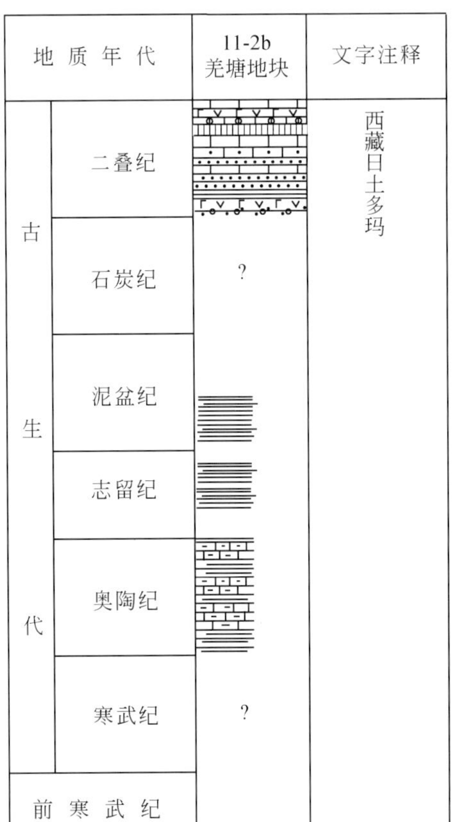

图1.35　羌塘地块古生代地层柱状图

1）奥陶系

奥陶系出露局限，下部地层称下古拉组，为一套杂色中薄层状变质细碎屑岩夹结晶灰岩。其中下部岩性为黑灰色薄层具韵律性沉积特点的角岩化钙质细砂岩、粉砂岩、绿灰色薄层粉砂质页岩夹中层状变质粉砂岩以及深灰绿色中薄层状变质粉砂岩夹中厚层状变质粉细砂岩，未见底。上部为浅灰色薄层状板岩化粉细砂岩夹薄层结晶灰岩、粉灰色黄灰色变质粉细砂岩、浅灰色薄层状变质粉砂岩。顶部与上覆含鹦鹉螺化石的结晶灰岩整合接触。厚度大于57m，暂时归为下奥陶统。奥陶系上部地层称为塔石山组，下部以粉灰色、黄灰色中厚层状结晶灰岩、砂屑结晶灰岩为主，夹青灰、灰、黄灰色中薄层状变质钙质粉砂岩，结晶灰岩中含角石化石；上部为粉灰色中厚层状结晶灰岩，灰白色厚层大理岩化灰岩为主，夹青灰色砂屑结晶灰岩，产极丰富的角石、腹足类、海百合茎及保存欠佳的腕足类等化石，厚约130m。根据可资鉴定的角石化石 *Sinoceras chinense*、*S. clensum*、*S. ruchum*、*Michelinoceras elongatum*、*M. chaoi*、*M. yui*、*M. huangnigangense*、*M. paraelongatum subcentrale*、*Eneoceras xiangzanse*、*Wennanoceras* sp.、*Archigeisonoceras* sp.，将该组放归中-上奥陶统。

2）志留系

志留系分布非常局限，仅见于塔石山北坡，主要为一套中浅变质的细碎屑岩夹砂屑结晶灰岩薄层或透镜体组合。岩石类型包括青灰色薄层状绢云母化粉砂岩，粉灰色薄层状绢云母片岩，浅灰、浅粉色薄层绢云母化粉砂岩，黄灰色薄层状钙质粉砂岩夹长透镜体状砂屑结晶灰岩，黑灰色中薄层状变质钙质粉砂岩夹砂屑结晶灰岩薄层。产笔石化石 *Glyptograptus*? *lunshanensis*、*Climacograptus transgrediens*、*Orthograptus* sp.、*Pristiograptus* sp.、*Monograptus* sp. 等；因变质作用影响，保存欠佳。其底与含 *Michelinoceras huangnigangense* 等化石的大理岩化砂屑灰岩连续沉积；顶与以中厚层结晶灰岩为主夹含竹节石的变质粉砂岩整合接触。故确定该段中浅变质的含笔石的细碎屑岩夹灰岩薄层或长透镜体的岩石组合可划归志留系。

3）泥盆系

塔石山一带的泥盆系下部为黄灰色中厚层状大理岩化灰岩、砂屑结晶灰岩为主夹角砾状结晶灰岩及变质钙质粉砂岩，产竹节石 *Nowakia*? *sulcata*、*Nowakia* sp.、*Guerichina xizangensis* 以及腕足类 *Atrypa* sp.、*Lingula* sp. 等。上部为黄灰、褐灰色中薄层状变质粉砂岩、变质岩屑长石砂岩、变质长石石英细砂岩、粉砂岩夹中薄层状大理岩化砂屑灰岩、结晶灰岩及变质钙质粉砂岩等。在变质钙质粉砂岩中产保存欠佳的贝类化石。底部与下伏志留系三岔沟组连续沉积，未见顶。在荣玛乡温泉，泥盆系顶部被古近系康托组以角度不整合覆盖，厚94.3m。

该套岩层中含竹节石及腕足类化石，由于岩石已遭变质，化石保存欠佳，根据古生物化石面貌、岩性特征及与上、下岩层之间的接触关系，判定该套浅变质岩层时代为泥盆纪。值得指出的是，泥盆系在测区内及整个羌南是首次发现，虽古生物化石保存欠佳，但从生物群面貌上除没发现珊瑚类（横板珊瑚、皱纹珊瑚）外，其生物群面貌与申扎地区泥盆纪相似，而岩性岩相也有相似处，只是本区较申扎地区碎屑岩稍多，相对碳酸盐岩类稍少，变质程度较高（申扎几乎不变质），这种差异是否与当时沉积环境、古地理及现代所处构造位置有关，值得进一步研究。

4）石炭系

目前尚未见到有化石证据的石炭纪地层。1∶25 万玛依岗日幅报告中，将测区内属羌南地层分区的擦蒙组和展金组下部归为石炭系。此二组名系梁定益等（1983）根据西部的日土多玛一带地层所命名（见“二叠系”）。我们趋向于将它们放置于二叠系底部。

5）二叠系

在南羌塘的日士多玛，二叠系下统擦蒙组（Lower Asselian）为灰黑色、灰绿色含砾板岩、板岩、变质砂岩、含砾粉砂岩，系冰海相沉积，厚度大于 470m。其与下伏地层关系不明，不见石炭系地层。下统展金组（Upper Asselian—Lower Sakmarian）主要为灰绿、灰黑色中薄层粉砂质板岩、长石石英砂岩、灰绿色板岩、中基性火山系及凝灰岩，产腕足类 *Tomiopsis* sp.，双壳类 *Eurydesma* 动物群，厚 3000m。下统曲地组（upper Sakmarian-Artinskian）为灰白色石英砂岩、含砾粗砂岩、黑色粉砂质板岩和少量含砾板岩，产腕足类 *Punctocyrtella ranganensis*、*Neospirifer*，厚 1324m。下统（Kungurian）—中统（Capitanian）吞龙共巴组由灰绿色砂岩、黑色板岩和深灰色灰岩组成，产䗴 *Monodiexodina*，珊瑚 *Lytovolasma*、*Chusenophyllum*，腕足类 *Costiferina indica*、*Callytharrella sinensis*，厚 626m 以上。中统龙格组（Wordian—Capitanian）为块状灰岩、结晶灰岩、夹砂质灰岩、鲕状灰岩，含䗴 *Neoschwagerina*-*Yabeina* 组合，珊瑚 *Iranophyllum*、*Tibetophyllum*，厚 442m 以上。上统吉普日阿组（Changhsingian）为块状灰岩、生物碎屑灰岩、砂质灰岩，间类安山岩，玄武岩；产䗴 *Palaeofusulina*、*Reichelina*，珊瑚 *Waagenophyllum indicum*，厚度大于 857m。它与下伏中统（龙格组）呈不整合接触，之间缺 Wuchiapingian 期沉积（梁定益等，1983；郭铁鹰等，1991）。

在 1∶25 万玛依岗日幅测区内的羌南地层分区，相当于擦蒙组和展金组的地层出露面积较大，占调查区羌南地层分区总面积的 30%，主要分布在戈木日、果干加年山、玛依岗日一带和本松错花岗岩体的周边地区，岩层总体走向近东西，总体倾向北，由于受到断裂构造错动和褶皱构造的影响，岩层多被错断成断块状，局部地段岩层走向及倾向发生改变。区内也可见到中二叠世的灰岩，其所含化石面貌有待进一步研究。

3. 昌都地块（11-2c）

当前所采用的构造地质单元划分中（任纪舜等，1999），羌塘地块相当于许多划分中的南羌塘地块，它与北羌塘地块以澜沧江-双湖带为界。相当于北羌塘地块的部分及其在高原东部属性相当的区域在任纪舜等（1999）中统称为昌都地块。

1）奥陶-志留系

奥陶-志留系地层在北羌塘的西藏日土拉竹龙一带有发现，以碳酸盐岩为主，下伏地层不清（图1.36）。拉竹龙的奥陶系由下部阿克萨依湖组和上部落石沟组组成（汪啸风、陈孝红，2005）。前者为结晶灰岩、生物灰岩及瘤状灰岩，厚499m；后者为厚32m的灰黄色和紫色瘤状灰岩夹含少量泥岩层，产头足类 *Discoceras*、*Michelinoceras paraelongatus*、*Lituites*（汪啸风、陈孝红，2005）及牙形刺 *Scolopodus rex* 等，应属桑比期。拉竹龙南西的日土县饮水河一带阿克萨依湖组之上整合覆有饮水河组（汪啸风、陈孝红，2005）。饮水河组厚1045~2087m，下部为砂岩夹粉砂岩，中部灰岩夹泥灰岩，上部为石英砂岩、砂岩、粉砂岩、板岩，顶部为生物灰岩。顶部产 *Dalmanitina mucronata*、*Hammatocnemis decorosus* 等三叶虫及腕足类，显示有属赫南特期地层存在。饮水河组与上覆志留系普尔错

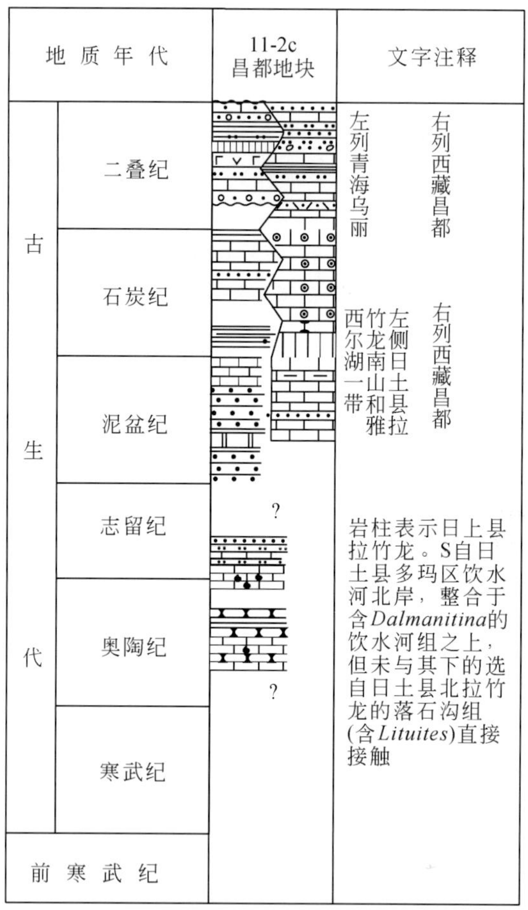

图1.36 昌都地块古生代地层柱状图

组在此处是整合相接的（饶靖国等，1988）。与落石沟组相比，饮水河组夹有较多的碎屑，时限也比落水沟组较高和较宽。现将饮水河组上部置于落石沟组之上来编制柱图1.36的。普尔错组为灰色、浅灰色中厚层灰岩、生物碎屑灰岩夹石英砂岩、粉砂岩，厚800m，含头足类，三叶虫 *Encrinuroides meitanensis*、*Scotoharpes meitanensis*、*Latiproetus donqiaensis*，腕足类 *Strispirifer*、*Eospirifer* cf. *subradialus* 等，属兰多维列世沉积。上覆有泥盆系雅西尔群白色中厚层石英砂岩，未见化石，两者可能为假整合接触关系（饶靖国等，1988）。

2）泥盆系

在北羌塘泥盆系见于日土县拉竹龙南山和邦达错（雅西尔湖）一带。中、下泥盆统雅西尔群为灰白色中厚层石英砂岩夹厚层硅化灰岩和大理岩，厚330m，未见化石，底部与志留系平行不整合接触。上泥盆统拉竹龙组厚60m，下部为块状灰岩，含层孔虫 *Actinostroma* sp.；上部为黑色薄至中层灰岩产腕足类 *Mesoplica* cf. *praelonga*、*Cupulastrum* sp.、*Tenticospirifer* sp.（中国科学院青藏高原综合考察队，1984）。1∶25万玛依岗日幅报告中称在测区中的龙木错-双湖缝合带以北，尼玛县野生动物保护站南西7km处发现一套细碎屑岩夹灰岩地层，采集了大量的双壳类、菊石类化石，经中国科学院南京地质古生物研究所文世宣、陈楚震鉴定为早泥盆世较原始的双壳类 *Actinodesma*（*Actinodesma*）*vespertilio*、*Eoschizodus inflata* 动物群，确定区内有早泥盆世晚期沉积地层的存在，是目前已知发现的有可靠化石依据的最老地层。

在昌都一带，泥盆系主要分布在昌都妥坝至德钦一线。下统可能缺失。中统下部海通组，厚仅25m，岩性为碳质板岩、砂岩和白云岩，底部为含砾砂岩，与下伏奥陶系假整合或断层接触。含腕足类 *Acrospirifer* sp.、*Athyrisina* cf. *squaemosa* 及珊瑚 *Squameofavosites* sp.。上部丁宗隆组为中厚层灰岩、泥灰岩和石英砂岩，厚53～121m，含腕足类 *Emanuella* sp.、*Strigocephalus* sp.，珊瑚 *Temnophyllum* sp.。上泥盆统自下而上划分为：① 卓戈洞组，由灰岩和钙质泥岩组成，厚680m；② 羌格组，为泥灰岩、白云岩，厚177～217m。卓戈洞组和羌格组分别含腕足类 *Tenticospirifer* sp. 和 *Yunnanella* sp. 等。

3）石炭系

在北羌塘，中国科学院青藏高原综合考察队（1984）在拉竹龙南山西北约10km的地方见有一套砂岩和砾岩地层。下部以砂岩为主，夹有多层砾岩和薄层灰岩；上部以砾岩为主，夹有薄层砂岩。该套地层底部掩盖，上部与侏罗纪灰岩不整合接触。在下部的砂岩地层中，含有腕足类 *Cleiothyridina tenuilineata*、*Camarospira fabilites*、*Yarirhynchia concava*、*Nucleospira minina*、*Avonia* sp.。时代定为早石炭世杜内期。在龙木错东南温泉沟见有上石炭统剖面，并命名为龙木错群。中下部为约40m厚的灰色灰岩和薄层泥灰岩，含苔藓虫、䗴和腕足类；上部为大于30m的暗红色石英砂岩，含腕足类化石。

在1∶25万马依岗日幅填图过程中，在测区内的羌北地层区发现了石炭纪地层，并命名为瓦垄山组。据其岩性组合特点可分为上、下两部分。下部以灰岩为主夹少量粉砂岩，岩性为黑灰色中厚层状微晶灰岩、灰色中层状灰岩、泥晶灰岩、碎裂灰岩、深灰色中厚层状微晶灰岩、深灰色中厚层状结晶灰岩、中薄层状泥质条纹灰岩、生物碎屑灰岩、褐灰色粉砂岩薄层。普遍产珊瑚（横板珊瑚、皱纹珊瑚）、腕足类、海百合茎、䗴及非䗴有孔虫化石，未见底。上部以细碎屑岩为主夹灰岩，岩性为黄灰色中层状中粉长石石英砂岩、细砂岩，褐灰色粉砂岩，含碳质粉砂岩，深灰色中层状微晶灰岩，砂屑灰岩，生物碎屑灰岩，具韵律型沉积，由若干各厚薄不等的韵律层组成。灰岩中普遍产珊瑚、䗴、层孔虫、苔藓虫等，粉细砂岩普遍产保存欠佳的腕足类、双壳类化石，未见顶。根据报告中所列䗴和珊瑚化石名单以及武桂春等（2009）在此地实测剖面中所获䗴化石，这套沉积时代大致为晚石炭世莫斯科期—格舍尔期。

在昌都一带，石炭系下统东风岭组（Visean—Serpukhovian）下部为灰、灰黑色中厚层灰岩、泥质灰岩、结晶灰岩夹碳质、砂质灰岩及砂岩，产腕足类 *Delepinea*、*Megachonetes*、*Gigantoproductus*；上部为灰、灰黑色中厚灰岩、结晶灰岩、生物碎屑灰岩，含燧石结核灰岩夹白云质灰岩及碳质灰岩，含珊瑚 *Aulina*、*Yuannophyllum*，腕足类 *Gigantoproductus*、*Gondolina*、*Striatifera*，厚 694m。与下伏地层关系不明，缺早石炭世杜内期的沉积。上统鳌曲组（Bashkirian—Kasimovian）为浅灰、灰白、米黄色中厚层灰岩，生物介壳灰岩（常见鲕状结构），部分含燧石条带，含䗴 *Pseudostaffella*、*Fusulinella*，珊瑚 *Calophyllum*，厚 83～587m。石炭系上统（Gzhelian）—二叠系下统（Asselian—Artinskian）里查组下部为米黄、灰白色厚层灰岩、生物碎屑灰岩，局部含燧石团块，夹页岩、粉砂岩，含䗴 *Triticites*、*Eoparafusulina*、*Hemifusulina*、*Rugosofusulina*，珊瑚 *Nephelophyllum*；上部为浅灰、灰白色中厚层块状灰岩、生物碎屑灰岩、细晶灰岩夹少量燧石条带，产䗴 *Pseudoschwagerina*、*Pseudofusulina*、*Paraschwagerina*，厚度大于 388m。

4）二叠系

北羌塘的热觉茶卡南岸，二叠纪—三叠纪地层出露良好，二叠纪地层称热觉茶卡组（文世宣，1979）。据中国科学院青藏高原综合考察队（1984），热觉茶卡组分为上、下两部分，其间为断层接触。上部为含煤地层，其上段（25m）为灰白色粗砂岩，含煤线，质地疏松；下段（约 40m）为灰褐色砂岩与深灰色泥岩、页岩，夹煤层及泥灰岩透镜体。含植物化石 *Selaginellites tibeticus*、*Sphenophyllum speciosum*、*Annularia pingloensis*、*Lobatannularia* sp.、*Ptychocarous*（*Pceopteris*）*tibeticus*、*Rajahla*（*Pecopteris*）*calceiformis*、*Pecopteris shuanghuensis*、*Cladophlebis* cf. *permica*、*Gigantonoclea guizhouensis*、*G. minor*、*Rhizomopsis gemmifera*、*Alethopteris sinensis*、*Neuropterldium*? *nervosum*、*Compsopteris contracta* var. *puntinervis*、? *Pterophyllum* sp. 等。热觉茶卡组的下部为灰岩和页岩，自上而下为：①深灰色中厚层石灰岩，细结晶，产䗴 *Palaeofusulina nasa*、*P. sinensis*、*P. fusiformis*，腕足类 *Squamularia waageni*、*Spinomarginifera* cf. *pseudosintanensis*、*Peltichia zigzag*、*Cathaysia chonetoidea*，厚约 25m。② 灰色粉砂质页岩，风化后为灰绿色，厚约 15m。③ 褐色灰岩与灰色页岩互层，灰岩中产腕足类 *Spinomarginifera* sp.、*Leptodus* sp.、*Squamularia* sp.，厚约 20m。④ 深灰色粉砂质页岩，风化后为灰绿色细碎片，夹褐色薄至中层状页岩及钙质砂岩，灰岩中有化石碎片，未见底，厚约 80m。

存在的问题是，热觉茶卡组下部的䗴是华南上二叠统上部长兴阶的带化石，腕足类也是常见于长兴阶。从组合面貌看，热觉茶卡组下部完全可以和华南长兴阶对比。而热觉茶卡组上部的植物化石也常见于华南晚二叠世龙潭阶至相当于长兴阶（大隆组）含煤地层中华夏植物群的常见分子。这一植物群延续的时代较长，因此从植物化石本身难以确切断定含化石地层的时代为晚二叠世早期或晚期。但是，这一地层与下三叠统为连续沉积，层位显然应在含 *Palaeofusulina* 的层位之上，因此，其时代也应为晚二叠世晚期。从当前的情况看，二者的关系不好处理。

热觉茶卡恰好位于在 1：25 万马依岗日幅的测区内，在该测区内的羌北地层区，李才等发现了二叠纪其他时段的地层，将下统地层命名为长蛇湖组、中统地层命名雪源河组，上统仍使用原来的热觉茶卡组。据 1∶25 万马依岗日幅报告，长蛇湖组厚度大于 1170m，以各类灰岩为主，夹多层细碎屑岩，根据岩性岩相可分为上下两步分。下部为灰、浅灰色中层状含生物碎屑灰岩，含燧石结核灰岩、微晶灰岩、厚层砂质灰岩，夹褐灰色中薄层状岩屑长石中砾砂岩、细砂岩、长石石英砂岩，产䗴、腕足类化石，未见底。上部为灰色中厚层状、块状微晶灰岩，夹粉灰色灰岩、粉砂岩薄层，灰岩中产䗴及非䗴有孔虫化石，粉砂岩中产腕足类、双壳类化石，顶部与上二叠统雪源河组整合接触。雪源河组出露有限，主要为一大套中薄层状泥晶灰岩、含砂屑灰岩、含生物碎屑灰岩、含生物碎屑砂质灰岩、砂屑灰岩、微晶灰岩夹厚层状灰岩，普遍产䗴及非䗴有孔虫化石，底部与下伏下二叠统长蛇湖组连续沉积，二者宏观区别在于，前者以中薄层为主；后者为厚层状为主，夹细碎屑岩层，上部与上覆热觉茶卡组整合接触。

西藏昌都二叠系下统（Kungurian）—中统（Roadian）莽错组由浅灰、灰白色中厚层灰岩夹基性晶屑凝灰熔岩组成，含䗴 *Misellina claudiae*、*Parafusulina*，珊瑚 *Yatsengia*、*Szechuanophyllum*，菊石 *Papanoceras*，厚 350m。中统交嘎组（Wordian—Capitanian）为灰白、浅灰色厚层块状灰岩夹钙质页岩和灰绿色砂岩，含䗴 *Chusenella*、*Neoschwagerina*、*Paraesumatrina*，菊石 *Agathiceras*，厚 95m。本组相变为碎屑岩、火山碎屑岩、火山岩及少量碳酸盐岩，含䗴及植物。

二叠系上统妥坝组（Wuchiapingian）为海陆交互相含煤沉积，由灰黑色含砂砂岩、石英砂岩、粉砂岩、页岩、碳质页岩和煤层（线）组成，产珊瑚 *Liangshanophyllum*、*Aridophyllum*，植物 *Gigantopteris*、*Gigantonoclea*、*Lobatannularia*，厚 883m。与下伏中二叠统（Capitanian）呈假整合接触。上统卡香达组（Changhsingian）为灰黑色泥岩、粉砂岩、砂岩、灰色钙质页岩和生物碎屑灰岩，产䗴 *Palaeofusulina*，珊瑚 *Waagenophyllum*，腕足类 *Peltichia*、*Oldhamina*，植物 *Gigantopteris*，厚 1073m。与上覆地层关系不明。

青海乌丽二叠系下统（Kungurian）—中统（Roadian）尕笛考组为黄褐色英安集块岩、火山角砾熔岩、英安岩、板岩、石英砂岩及生物灰岩，含䗴 *Misellina claudiae*、*Parafusulina*，厚 448 ~ 2431m。与下伏上泥盆统呈不整合接触。因此，两者之间缺失早石炭纪和早二叠世（Asselian—Artinskian）时期的沉积。中统扎格湧组（Wordian）由灰紫色安山玄武岩、火山角砾岩、中粗粒砂岩、长石砂岩、粉砂岩及生物灰岩组成，产䗴 *Schwagerina*、*Neoschwagerina*、*Yabeina*，菊石 *Altudoceras*，厚度大于 1437m。

二叠系上统那以雄组（Wuchiapingian）为砂质页岩、粉砂质泥岩、灰岩夹煤层，产腕足类 *Oldhamina transversa*、*Leptodus nobilis*、*Squamularia grandis*，植物 *Lobatanmularia*、*Annularia*，厚 284m。本组与下伏中二叠统（Wordian）呈假整合接触，可能缺失中二叠世卡匹敦期的沉积。上统察马尔扭组（Changhsingian）由灰白、灰色厚层砂砾岩、红色砾岩、砂质灰岩组成，产腕足类 *Peltichia sinensis*、*Neowollerella dorshamensis*，厚度大于 130m，与上覆上三叠统呈不整合接触。

4. 金沙江造山带（11–2d）

1）寒武系

未获资料。

2）奥陶系

奥陶系仅分布在该带东侧藏东江达青泥洞和芒康海通，均遭轻变质，其下伏地层均不清楚。青泥洞的奥陶系统称青泥洞组，包括 3 个部分（汪啸风等，1996）：下部（723m）为黑色、灰绿色及紫红色板岩，含笔石 *Didymograptus*（*Expansograptus*）*extensus*、*D.*（*E.*）*abnormis*、*D.*（*E.*）*hirundo*、*Isograptus victoriae lunatus* 等；中部（461m）为黑色薄层结晶灰岩与灰黑、灰绿、紫红色板层、石英砂岩夹黑色板岩；上部为厚层石英砂岩（>375m）。据笔石，下部地层时代属大坪期或包括部分弗洛晚期；中部和上部地层的确切时代尚难确定。江达之南的芒康海通，青泥洞组的泥质灰岩增多，含腕足类及三叶虫 *Taihungshania*、*Illaenus* cf. *sinensis*、*I.* cf. *tingi*，厚达 535m，与上覆中泥盆统海通组平行不整合相接（赖才根等，1982），据三叶虫推测其地层时限已达达瑞威尔期。

其他时代地层未获资料。

5. 中缅马苏地块（11-2e）

中缅马苏地块（Sibumasu）最初由 I. Metcalfe 提出用于表示印支地块以西由西苏门答腊、马拉西亚西部、泰国西部和缅甸大部以及延至滇西保山、腾冲的这么一个条带状的、亲冈瓦纳的地块条带。实际上 Sibumasu 不是一个单一的地块，至少在滇西包括保山地块和腾冲地块。但它们在亲冈瓦纳性方面是有密切联系的。在此以保山地块为例叙述之。

1）寒武系

保山地区寒武系有较广泛的分布，主要出露在保山、蒲缥、施甸、龙陵一带。自下而上可分为公养河群、核桃坪组、柳水组河保山组。化石主要见于后三个组内，三叶虫动物群类似于华南斜坡相动物群。

公养河群出露在龙陵县公养河一带，为一套巨厚的、以浅变质的长石石英砂岩、泥质板岩为主的地层，夹有硅质岩层，总厚超过 7000m。其中曾发现过海绵骨针化石 *Protospongia* sp.，肯定了寒武系的存在。公养河群下部可能包含有震旦纪的沉积，整个公养河群的年代应为震旦纪—寒武纪，更精确地可定为震旦纪—早寒武世，与上覆的核桃坪组的关系不清楚（图 1.37）。

核桃坪组主要由细碎屑岩（页岩、粉砂岩）和碳酸盐岩（灰岩、白云岩、泥灰岩）组成，厚度超过 1200m，由南向北碳酸盐岩增加，碎屑岩相对减少。含有三叶虫 *Teinistion*、*Palaeodotes*、*Afghanocere*、*Chatiania*、*Fenghuangella* 等，其时代大致相当于华北的崮山期。与上覆的柳水组为整合接触。

柳水组主要见于施甸柳水一带，它是一套由页岩、粉砂岩为主的细碎屑岩和以薄–中厚层状泥质条带灰岩、中-厚层鲕状灰岩等碳酸盐岩交替出现的地层，厚度在400m以上。本组产三叶虫 *Chuangia*、*Maladioidella*、*Paracoosia*、*Shirakiella*、*Geragnostus*、*Pseudagnostus* 等。其上、下似乎均为连续沉积。

保山组由黄、黄绿、灰绿、褐黄色页岩、粉砂岩、细砂岩组成，上部夹有灰岩和泥灰岩，厚493～1198m。本组含有三叶虫 *Prosaukia*、*Chuangia*、*Lonchopyhella*、*Mictosaukia*、*Calvinella* 等，混有华北型和华南斜坡型色彩。该组时代大致相当于华北的凤山期。它与上覆的奥陶系可能为整合或假整合接触。

2）奥陶系

奥陶系分布于云南保山、潞西、镇康等地区，以泥砂质岩石为主。保山地区研究较详，以其为主简述其层序。

施甸组为杂色中细粒砂岩、粉砂岩及钙质页岩，下部夹灰岩，上部夹泥灰岩，厚513～1787m，产海林檎、三叶虫、腕足类及笔石。含有 *Dictyonema liaotungensis* 及 *Didymograptus protobifidus* 带、*Undulograptus arstrodentatus* 带及 *Didymograptus murchisoni* 带的笔石。时代属早、中奥陶世。下与上寒武统保山组可能为整合接触（项礼文等，1999）。

蒲缥组为黄绿色、紫色粉砂质泥岩、泥灰岩及粉砂岩，厚50～1328m，含三叶虫 *Nankinolithus*，头足类 *Sinoceras chinense* 及 *Climacograptus peltifer* 带和笔石 *Husterograptus teretiusculas* 带，时代为晚奥陶世凯迪早中期和桑比期，也可包括中奥陶世达瑞威尔最晚期。保山地区西南潞西等地，蒲缥组相变为以泥质白云岩和砂质灰岩为主的潞西组和芒究组，产介壳化石，厚度减至84.5m。

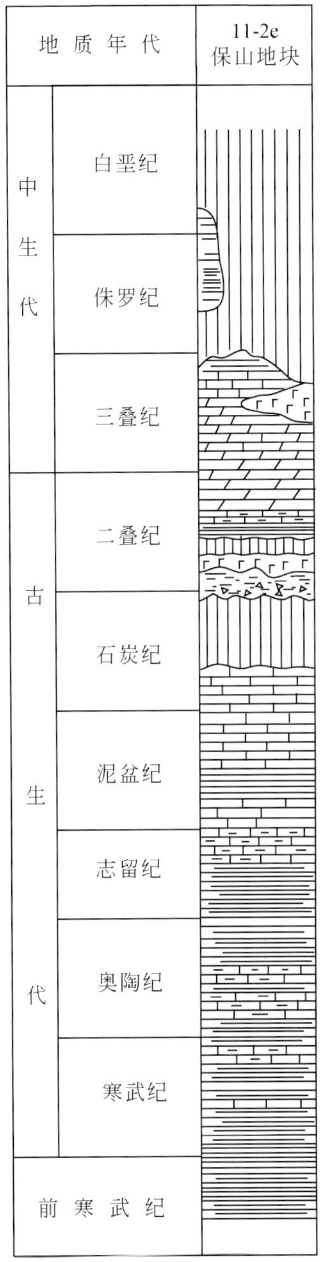

图1.37 保山地块古生代中生代地层柱状图

弯腰树组分布局限，厚仅10～12.8m，为灰色砂质泥岩、灰黑色笔石页岩，含 *Dalmanitina-Hirnantia* 带及 *Dicellograptus complexus* 带。属晚奥陶世凯迪晚期及赫南特期沉积。与下伏蒲缥组整合或假整合。在潞西见底部为砂质泥岩夹多层黑褐色铁锰线（汪啸风等，1996）。

3）志留系

志留系分布于云南保山、施甸和潞西等地，除兰多维列统以含笔石页岩为主外，其他层位多为泥岩夹较多泥灰岩组成。志留系各统均有含笔石层位。最厚达1115m，一般在500m以内。以施甸材料为基础叙述其层序（谭雪春，1982；倪寓南等，1982；林宝玉等，1998）。

下仁和桥组厚49～457m，为灰、灰黑色粉砂质或泥质页岩夹泥灰岩透镜体，含 *Normalograptus persculptus* 带至 *Oktavites spiralis* 带等11个带的笔石。绝大部分属志留系兰多维列统，仅最底部属上奥陶统赫南特阶。与下伏地层整合或假整合。

上仁和桥组为紫红、黄灰色泥岩、页岩及泥灰岩，下部夹灰岩透镜体，命名地厚60m以上，在镇康一带可增至428m（林宝玉等，1998），含 *Monograptus flexilis* 带和 *Cyrtograptus* 带的笔石及三叶虫 *Calymene changyangensis*、腕足类和头足类。化石属文洛克统申伍德阶上部。

牛屎坪组在命名剖面（谭雪春等，1982）为紫红色夹灰绿色网状泥质灰岩，厚179m，中下部海林檎 *Camarocrinus* 丰富，中部含牙形刺 *Ozarkodina remscheidensis eosteinhorensis*，顶部含牙形刺 *Caudicriodus*? *woschmidti*，据牙形刺应属普里道利统。林宝玉等（1998）在该组内记载有笔石 *Pristiograptus tumescens*、*P. nilssoni*。故该组也应包括罗德洛世地层。值得注意的是，在施甸响水凹，倪寓南等（1982）的"中槽组"由浅灰色泥灰岩和泥质灰岩组成，厚46.6m。在其下部2m厚页岩中含笔石 *Colonograptus praedeubeli*、*C. deubeli*、*C. ludensis*，这些笔石属文洛克世侯默晚期。笔石层之上含牙形刺 *Kockolella variabilis*，应归罗德洛世。"中槽组"实是跨文洛克世和罗德洛世界线的一个地层单位。倪寓南等（1982）认为，"中槽组"之下的"下胖罗组"与上仁和桥组为相变物，"中槽组"应包括在牛屎坪组之内，牛屎坪组的时代应是从文洛克世侯墨期至普里道利世。它与上覆晚泥盆世向阳寺组整合接触。

4）泥盆系

保山地块泥盆系普遍发育，早泥盆世多为深水泥质沉积，含笔石和珠胚节石，至早泥盆世晚期逐渐变为浅水台地环境，含各类底栖生物，以保山-施甸剖面为代表。下泥盆统下部向阳寺组和王家村组主要岩性为灰色、紫红色钙质页岩、砂质瘤状灰岩及钙质粉砂岩，底部富集海百合化石。下泥盆统上部沙坝角组为一套白云岩、白云质灰岩，厚约200m。中泥盆统下部划分为西边塘组和马鹿塘组，均以生物碎屑灰岩、泥质灰岩为主，后者夹多层钙质泥岩，总厚约150m，富含腕足类及珊瑚化石。中泥盆统至上泥盆统下部的何元寨组以中厚层灰岩为主，夹砾状灰岩和薄层钙质页岩，富含腕足类、珊瑚、苔藓虫，厚200～250m；上泥盆统上部的独家村组为厚层结晶灰岩，含有孔虫化石，可能属岸礁环境（侯鸿飞等，1982）。相当于法门期的大部分沉积在滇西缺失，泥盆系与石炭系为假整合接触。

5）石炭系

保山地块的石炭系发育在保山地块的北部，由施甸向北经保山到六库都有石炭纪地层发育，但只有下石炭统。其上为二叠纪的丁家寨组不整合覆盖。保山地块的石炭纪地层目前分两个组，下为香山组，上为铺门前组。香山组以泥质灰岩、泥灰岩夹灰质泥岩为主，局部地区含燧石结核，或下部出现白云质灰岩，厚120～180m。含较为丰富的珊瑚和腕足类动物化石，显示其时代为早石炭世的杜内期。由施甸向北到保山南部一带，该组不含白云质，颜色变深。在保山北部的清水沟一带，岩性变为灰黑色薄层泥灰岩，击之有沥青气味。香山组和下伏的泥盆纪沉积为假整合接触。香山组有可能缺失石炭纪最早期的沉积。

铺门前组和下伏的香山组为连续沉积。下部为含燧石结核或燧石条带的灰岩，夹泥质灰岩，偶含白云质灰岩团块；上部为中厚层鲕状灰岩夹灰色，偶含燧石结核，厚逾230m。含珊瑚、腕足类化石。所显示的时代为维宪期。在铺门前和西邑一带，珊瑚礁和介壳灰岩夹层增多。在保山北部的清水沟一带，颜色变为黑灰色，层厚减薄，泥质成分增加。此期沉积之后，保山地块有一个抬升过程，沉积缺失。铺门前组为二叠系丁家寨组不整合覆盖。

6）二叠系

保山地块二叠纪地层以丁家寨组开始，在北部不整合于下石炭统灰岩之上，在南部覆于更老地层之上，代表石炭纪中期抬升之后新沉积序列的开始，由杂砾岩、含砾泥岩和泥页岩组成，顶部有数层生物碎屑灰岩。丁家寨组曾因顶部所含䗴化石绝大部分被鉴定为麦粒䗴（*Triticites*）而被认为是上石炭统顶部沉积。近年来对丁家寨组中上部所含的腕足类动物化石以及顶部所含的䗴和牙形类化石的深入研究显示，丁家寨组这一部分的沉积时间很可能是萨克马尔期（Sakmarian）到亚丁斯克期（Artinskian）早期，由于丁家寨组不整合覆在下石炭统或更老地层之上，且下部化石稀少，因此其底界时代目前尚难以确定，有位于阿瑟尔期（Asselian）甚至晚石炭世的可能。卧牛寺组玄武质熔岩和火山碎屑物质喷发打断了该地区的正常海相沉积过程。从卧牛寺组在野外露头上的产出状态以及岩石层段之间的关系上判断，喷发应集中在一个相对较短的地质时段，估计是在阿丁斯克期完成的。在玄武质火山物质喷发之后，似有一个沉积间歇期。沉积于卧牛寺玄武岩之上的丙麻组（南部的永德组下部）为红层沉积，含有豆状铝土矿和赤铁矿层。西南部缺失丁家寨组和卧牛寺组，曼里组红层覆于泥盆系或更老地层之上。在保山地块，这套红色沉积分布比较广泛，是一个良好的标志层。随后开始的新的海侵开启了中-晚二叠世以至三叠纪碳酸盐沉积过程，形成了一大套碳酸盐地层，厚逾千米。这套碳酸盐地层底部以泥灰岩开始，逐渐变为灰岩，厚数十米到近百米不等，其中化石以腕足类动物、珊瑚和䗴居多，但动物群的面貌在地块的不同地区有较大的差别。随后，镁质碳酸盐成分增大，并占据主导位置，在该段下部产有孔虫 *Shanita-Hemigordiopsis* 动物群，常形成富集层，其时代范围大致为卡匹敦期到吴家坪期。二叠系与三叠系的界线具体位置由于化石稀少而不清楚。

6. 普洱地块（11-2g）

1）志留系

墨江地区志留系是该区已知最老地层，分布于哀牢山断裂带以西，最初统称为墨江群，后从中发现有早泥盆世地层而废弃。岩石地层单位清理时，云南省地质矿产局（1996）将原归下志留统和中志留统地层分别命名为水箐组和漫波组。张元动和 Lenz

（1999）重新研究了云南墨江水箐梁子剖面，认为漫波组应位水箐组之下，时代归属也据笔石化石研究而更改，简介如下（图 1. 38）。

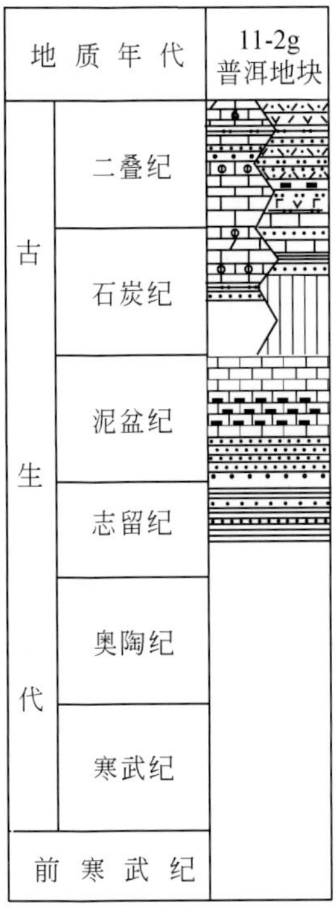

图 1. 38　普洱地块古生代地层

漫波组为一套灰绿色页岩、泥质粉砂岩夹灰岩条带，厚度大于 1500m。云南区测队 1973 年曾发现 *Monoclimacis* cf. *vomerina gracilis*、*Monograptus flemingii primus*，如鉴定可靠应属文洛克世早期。兰多维列世地层无法确定。

水箐组为黄绿、灰紫色页岩、灰白色黏土岩夹土黄色砂岩、粉砂岩，厚度大于 500m。包含有文洛克世晚期至罗德洛世中期笔石，自下而上可识别出 *Colonograptus praedeubeli* 带、*Colonograptus ludensis* 带、*Lobograptus progenitor* 带、*Lobograptus scanicus* 带和 *Saetograptus fritschi linearis* 带 5 个带。普里多利世地层是否存在也无证据。

2）泥盆系

泥盆系零星分布于墨江及绿春。下统大中寨组为灰色、黄灰色石英砂岩、粉砂岩夹黑色页岩，厚度大于 573m，含笔石 *Monograptus yukonensis*，竹节石 *Nowakia acuaria*。中统下部马鹿洞组为中厚层灰岩、白云质灰岩，厚度大于 1600m，含珊瑚 *Favosites* sp. 、*Crassiofavosites* sp. 。中统上部宋家寨组为薄层灰岩夹硅质页岩，厚 300m，含 *Nowakia otomari*。上统岩性为灰色生物灰岩夹角砾灰岩，下部夹钙质页岩，厚 404 ~ 986m，含腕足类 *Tenticospirifer* sp. ，珊瑚 *Keriophyllum heterophylloides*、*Disphyllum cylindricum*，各组之间关系不清。

3）石炭系

石炭系上统（Gzhelian）—二叠系下统（Asselian—Artinskian）下密地组下部为深灰色生物灰岩，其底部为灰、灰黄色石英砂岩、页岩夹煤层，含䗴 *Quasifusulina* sp. *Triticites*；中部为暗灰、深灰色粉砂岩、砂岩夹黑色页岩及煤层（线），含植物 *Pecopteris*，双壳类 *Nuculopsis*；上部为灰、灰黑色粉砂岩、中厚灰岩、生物灰岩，产䗴 *Rugosofusulina*、*Pseudoschwagerina*、*Pseudofusulina*。该组系海陆交互相含煤碎屑及碳酸盐岩沉积，厚度大于 185m。与下伏地层关系不清，未见早石炭世和晚石炭世早期的沉积。

4）二叠系

二叠系下统（Kungurian）—中统（Roadian）高井朝组下部为灰色石英砂岩，粉砂质、泥质页岩，夹少量灰岩、英安斑岩、粗玄武岩、安山玢岩、火山角砾岩、凝灰岩；上部为灰色石英砂岩、粉砂质页岩、泥质粉砂岩及层凝灰岩，产䗴 *Misellina claudiae*、*M. aliciae*、*Parafusulina visseri*，厚 2851m。与下伏地层呈假整合或不整合接触。中统坝溜组（Wordian—Capitanian）下部为灰、深灰色白云质灰岩，硅质灰岩、生物灰岩与泥质粉砂，粉砂质泥岩，石英砂岩互层；上部为灰黑、深灰色硅质灰岩，与石英砂岩、细砂岩、粉砂岩、泥岩互层，夹硅质及凝灰岩。含䗴 *Neoschwagerina simplex*、*Sumatrina longissima*，腕足类 *Plicatifera*，厚 823m。

二叠上统羊八寨组（Wuchiapingian）下部为黑灰绿色泥岩、泥质粉砂岩、石英砂岩、中酸性凝灰岩，含腕足类 *Leptodus nobilis*，菊石 *Leptogyroceras* cf. *dongshanlinense*，植物 *Gigantopteris nicotianafolia*，厚 3869m。与下伏中二叠统呈假整合接触。上统“长兴组”（Changhsingian）由砂质页岩、灰岩、砂岩、硅质岩、泥质粉砂岩及煤层组成，产腕足类 *Leptodus richthofeni*，植物 *Gigantopteris nicotianafolia*，厚 1872m。与上覆地层关系不明。

1.10.3　改则-密支那造山带（11-3）

拉萨地块（11-3a）

1）奥陶系

区内未发现可辨认的寒武系。奥陶系以碳酸盐沉积为主，分布于西藏申扎和察隅一带。申扎奥陶系（图 1.39 柱图左列）中、下统是最近才发现的（程立人等，2005），为浅变质砂泥质岩石，不整合在前震旦系念青唐古拉群（灰色含凝灰粉砂质千枚岩、绢云母绿泥片岩）之上。上统主要是灰岩。前震旦系之上的奥陶系他多组，厚 402m，为浅变质岩石。上部为绿灰色千枚状粉砂岩与浅灰色中厚层结晶灰岩不等厚互层；下部为黄灰色复成分细粒长石石英砂岩；底部灰白色中砾石英砾岩。可归特马豆克阶。扎扛组也为浅变质岩石，以千枚状粉砂岩、砂质板岩、含碳质砂质板岩为主，上部夹较厚长石石英砂岩，下部含笔石 *Tetragraptus approximates*、*Didymograptus*（*D.*）*eobifidus*、*Dichograptus octobranchiatus*，时限属弗洛期。因整合伏于雄梅组之下，扎扛组包括了整个弗洛至达瑞威尔期的地层。而雄梅组仅相当于桑比阶，为一套紫红色及少量棕黄色泥质条带灰岩或水下收缩纹灰岩，含头足类 *Lituites*、*Sinoceras chinense* 等，厚度大于 146m。刚木桑组厚 440m，主要为灰、深灰色薄层灰岩及泥质条带灰岩。下部夹白云质灰岩，上部含硅质结核，顶部含大量头足化石，如 *Pleurothoceras*、*Diestoceras*、*Yushanoceras* 等，厚 440m，属凯迪阶。申扎组厚度不足 15m（倪寓南等，1981），为深灰色泥灰岩及土黄色钙质泥岩，含 *Normalograptus extraordinarius*、*Hirnantia* 动物群，属赫南特阶。东部察隅一带的奥陶系（图 1.39 柱图右列）顶、底不清，最下部的古琴组厚度大于 150m，为一套灰白色白云质灰岩（上部）和灰黄色粉砂岩、细砂岩、千枚岩、板岩和绢云母片岩等，暂归下奥陶统。察隅组仅 25 ~ 30m 厚，由深灰色泥质条带灰岩及中厚层泥质灰岩组成，含腕足类 *Orthambonites*、*Glyptambonite*、*Leptelina*，头足类 *Protocycloceras* 等，归中奥陶统。而古玉组是紫红色中厚层泥质条带灰岩，具收缩纹及同生角砾构造，含头足类 *Trocholites depressus*、*Richardsonoceras asiaticum*、*Sinoceras* 和 *Discoceras*，属桑比期沉积。整合其上的一套白云岩和白云质灰岩，有属凯迪早期的可能。上述各组间均整合相接。

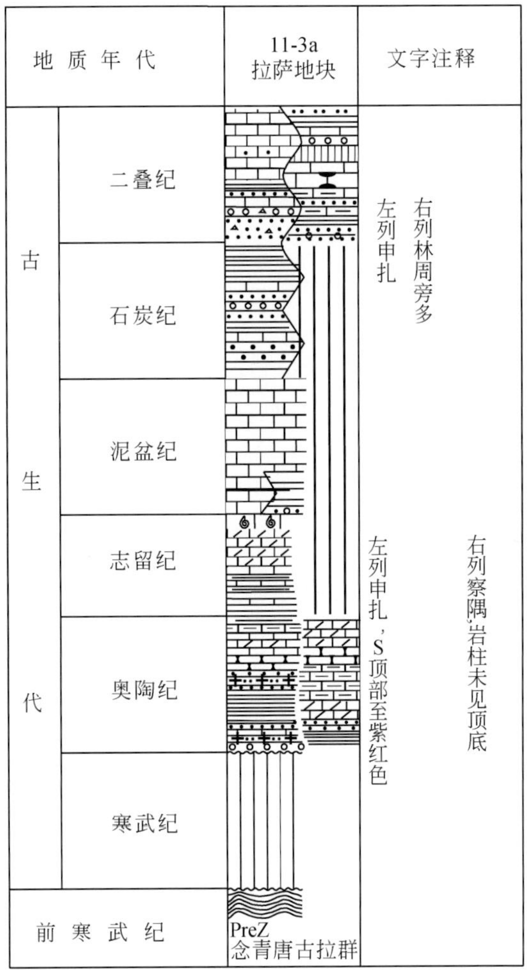

图 1.39 拉萨地块古生代地层柱状图

2）志留系

区内志留系见于申扎地区，发育齐全（图 1.39 柱图左列）除兰多维列统夹较多页岩外，余者皆为碳酸盐岩。德悟卡夏组厚 90 ~ 241m［后一厚度数据来源于饶靖国等（1988）数据，以下同义］，为深灰、紫灰色，有时下部为黑色页岩夹灰岩组成。下部含 *Normalograptus persculptus* 带和 *Parakidograptus acuminatus* 带笔石，因此奥陶系与志留系的界线必然位于其间。上部含 *Orthograptus vesiculosus* 带至 *Spirograptus turriculatus* 带笔石和牙形刺 *Pterospathodus celloni* 带，表示时代属鲁丹晚期至特列奇期。文洛克统扎弄俄玛组厚 32 ~ 76m，为灰白色中厚层白云质灰岩，含 *Pterospathodus amorphognathoides* 和 *Spathognathodus sagitta bohemicus* 牙形刺带。门德俄药组厚 265 ~ 167m，为紫灰色、白色白云质灰岩夹少量页岩，含 *Polygnathoides siluricus* 等牙形刺，大致属罗德洛统，或包括普里道利统。与上覆早泥盆世达尔东组断层相接［或整合，据汪啸风、陈孝红（2005）］。

西藏班戈也出露一套兰多维列统碳酸盐岩地层，其下伏地层不清，被命名为东卡组，由深灰色结晶灰岩和灰白色结晶灰岩互层组成，厚 442m，产珊瑚 *Palaeofavosites felix*，头足类 *Allanoceras xizangensis*、? *Edenoceras* 等。东卡组之上覆有一套砂板岩、千枚岩夹结晶灰岩，称克尔木群，厚度大于 701m，上与第四系不整合相接。按层位曾被推断属志留系文洛克统以上地层（饶靖国等，1988），但后人均未采用（汪啸风、陈孝红，2005）。

3）泥盆系

泥盆系相当发育，以碳酸盐岩为主，可以申扎地区为代表。下泥盆统自下而上分为：① 达尔东组，由灰色中至厚层灰岩组成，厚约 560m，含腕足类 *Lancemyonia* sp.，珊瑚 *Embolophyllum alengchuense*、*Martinophyllum daerdongense*。② 日阿觉组为灰黑色薄层含泥质灰岩、砂质灰岩，厚仅 53m，含珠胚节石 *Nowakia acuaria*。③ 德日昂玛组为灰色中厚层变质砂岩，厚约 183m，化石稀少，从岩性对比上极近似藏南的波曲群。④ 朗玛组为灰、灰白色中厚层纹层灰岩、结晶灰岩、夹鲕状灰岩，厚约 226m，含牙形刺 *Polygnathus dehiscens*、*P. granbergi*。中–上泥盆统查果罗玛组为厚层生物碎屑灰岩、竹叶状灰岩，厚度大于 800m，由于缺少化石佐证，它们的确切时代尚难确定。

4）石炭系

石炭系下统永珠群下组（Tournaisian—Visean）为生物碎屑灰岩，深灰、灰绿色泥质粉砂岩、粉砂质泥岩夹灰岩。产珊瑚 *Zaphrentites*，腕足类 *Leptagonia*、*Productus productus*、*Fluctuaria undata*，厚 200m 左右。与下伏上泥盆统似为整合接触。石炭系上统永珠群中组（Bashkirian—Gzhelian）下部为泥质粉砂岩、细砂岩，其底部为砾岩；中部为泥质粉砂岩、砂岩、粉砂质泥岩、细砂岩及灰岩。产腕足类 *Pseudochoristites*、*Brachythyrina*、*Sulciplica*，牙形刺 *Neognathodus* cf. *symmetricus*、*N.* cf. *asymmetricus*，厚 1000m 以上。

5）二叠系

二叠系下统永珠群上组（拉嘎组）（Asselian—Sakmarian）为灰黄、灰白色粉砂岩夹砂岩及灰岩，底部为含砾砂岩，含腕足类 *Bandoproductus* 动物群及 *Cimmeriella*、*Trigonotreta*、*Brachythyrina* 和 *Punctocyrtella*，厚 605m。该套沉积与下伏上石炭统呈整接触。下统昂杰组（Artinskian）为灰、浅灰色泥质粉砂岩、薄层灰岩，底部为砾岩，产腕足类 *Aulosteges*、*Trigonotreta*、*Punctocyrtella*，厚 119m。下统日阿组（Kungurian—Roadian）下为黑色页岩、砂质页岩、粉砂岩夹棕褐色生物碎屑灰岩；上部为灰白、肉红、紫红色结晶灰岩、含燧石条带的生物碎屑灰岩。产腕足类 *Costiferina indica*、*Callytharrella sinensis*、*Spiriferella qubuensis*，䗴 *Parafusulina*、*Nankinella*，珊瑚 *Lytvolasma*、*Wannerophyllum*。厚 329m。该岩组与下统（昂杰组）呈整合接触。中统下拉组（Wordian）为灰、深灰色中–厚层灰岩、生物灰岩、含硅质团块灰岩夹砂质灰岩，产䗴 *Chusenella*、*Verbeekina*，珊瑚 *Iranophyllum*，腕足类 *Pseudoantiquatonia*，*Neoplicatifera*，*Spinomarginifera*，厚度大于 299m。

程立人等（2002）报道了其进行申扎县幅 1：25 万区域地质调查时，于幅内西北部木纠错附近发现下拉组之上发育一套巨厚的白云岩、白云质灰岩岩系构成的向斜构造，并在其南东翼该岩系底部中薄层含生物碎屑白云质灰岩中采集到晚二叠世早期常见的珊瑚重要

分子 *Waagenophyllum indicum crassiseptatum*、*Liangshanophyllum streptoseptatum* 以及两个珊瑚新种。表明此处至少还有吴家坪期的碳酸盐沉积。由于此地二叠纪碳酸盐岩多形成山脊，其与中生代地层的关系尚不清楚。

本组与上覆白垩系关系不明。

林周旁多二叠系下统旁多群（Asselian—Artinskian）为灰色含砾板岩、板岩与灰绿色中厚层含砾细砂岩不等厚互层，夹泥质灰岩及粉砂岩；含腕足类 *Bandoproductus* 动物群、*Punctocyrtella* cf. *nagmargensis*，厚 1000m 左右。此套沉积与下伏地层关系不明，也可能包含一些石炭纪的沉积。二叠系下统（Kungurian）—中统（Roadian）乌鲁龙组为灰黑色簿层泥质灰岩，上部夹砂岩及黑色板岩，含腕足类 *Calliomarginatia*-*Transennatia*-*Globiella* 组合，厚 220m。中统洛巴堆组（Wordian—Capitanian）分为下段（马驹拉段）和上段（水库段）：下段为灰浅紫红色灰岩、碎屑灰岩，夹粉砂岩、角砾岩，含簸 *Neoschwagerina*、*Yangchienia*、*Verbeekina*，珊瑚 *Iranophyllum*、*Ipciphyllum*，厚 460m；上段（水库段）为深灰色大理岩、结晶灰岩，向上夹同生角砾岩，含簸 *Neoschwagerina margaritae*、*Yabeina*，珊瑚 *Iranophyllum*，厚 180m。上统列龙沟组（Changhsingian）下部为砂岩、石英砂岩、灰岩，底部为砾岩。中部为砂岩夹板岩、薄层灰岩含硅质板岩；上部为石英砂岩、石英岩，偶夹白云岩；本组厚度大于 6390m。含腕足类 *Peltichia*、*Spinomarginifera*、*Transennatia*，双壳类 *Guizhoupecten*。与下伏中二叠统呈假整合接触。

1.11 滇越-华南造山系

1.11.1 华南造山带（12-1）

1. 寒武系

该带寒武系为浅变质的类复理石的沉积（图 1.40），厚度巨大，广东曲江一带称之为八村群，主要为长石石英砂岩、绢云母板岩、粉砂质页岩，下部夹碳质页岩、板岩和石煤层，普遍含磷、钒、铀。该群含有海绵骨针和腕足类化石，厚度一般为 2000 ~ 3000m。该带自西向东展示活动性增强，沉积颗粒变粗。江西崇义、广西灵川、贺县虽名称有异，但总体上均以长石石英砂岩、粉砂质板岩页岩为主，夹有一些岩的透镜体，下部多硅质和碳质，时含磷结核，伴有钒、铀、钼等元素，江西崇义一带还多凝灰质。在接触关系上均为连续沉积。

2. 奥陶系

广西兴安（图 1.40 柱图左列）奥陶系白洞组为黑色厚层灰岩，厚 34m，下与寒武系边溪组、上与黄隘组均为整合接触，可能属特马豆克期沉积。黄隘组为一套灰、灰绿色、灰紫色条带状砂质和硅质页岩，页岩，厚 1748m，产 *Didymograptus*（*Corymbograptus*）*balticus* 带至 *Nicholsonograptus* 等 6 个带的笔石，属下、中奥陶统。田岭口组为灰绿色页岩及砂岩，厚 123 ~ 698m，产 *Dicellograptus complanatus* 带和 *D. complexus* 带笔石，属晚奥陶

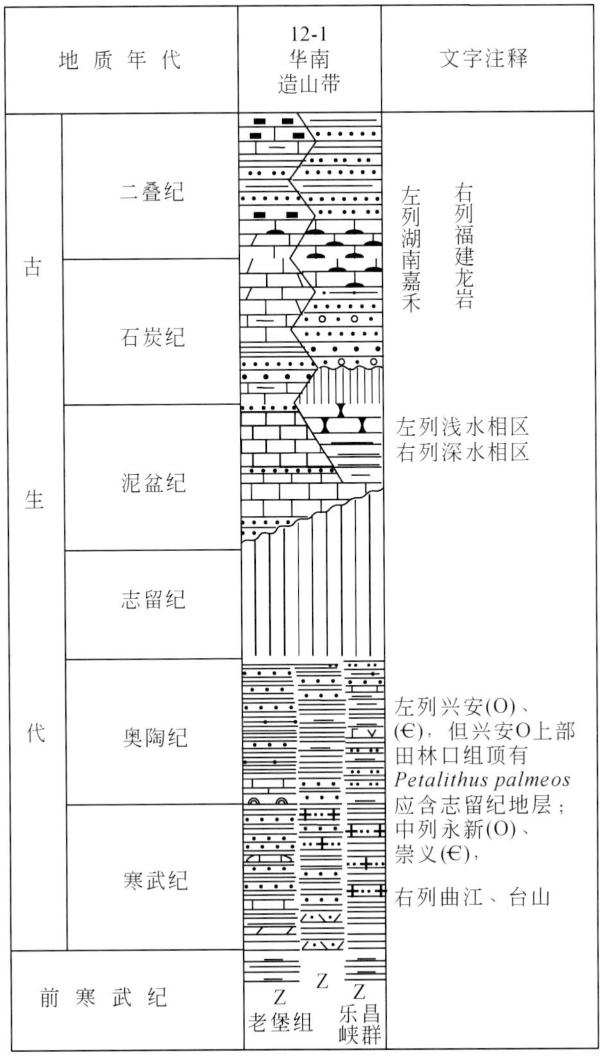

图 1.40　华南造山带古生代地层柱状图

世沉积，未见顶或为泥盆系莲花山组不整合覆盖［但赖才根等（1982）记载兴安升平记有笔石 *Petalolithus palmeus tenuis*，似在志留系］。江西永新（图 1.40 柱图中列）的奥陶系爵山沟组厚度大于 559m，未见底，为绿黄色绢云绿泥石砂岩夹灰绿色板岩。七溪岭组为含笔石硅质页岩及页岩，产 *Didymograptus hirundo*、*Amplexograptus confertus* 等，属达瑞威尔期至弗洛晚期沉积，厚 359m。陇溪组厚 69m，为灰黑色燧石层，硅质岩夹少量碳质板岩，含 *Dicranograptus nicholsoni diapason* 等，属达瑞威尔晚期至桑比早期沉积。而其上的濉江组和石口组均属凯迪阶，前者厚达 1508m，由条带状砂岩和板岩组成，含笔石 *Climacograptus spiniferus* 等；后者厚 2726m，为巨厚的砂岩和板岩，含笔石 *Orthograptus quadrimucronatus* 等。凯迪晚期至赫南特期地层缺失。广东曲江和台山的奥陶系（图 1.40 柱图右列）新厂组与寒武系八村群整合相接，厚 67m，为粉砂质页岩夹细粒石英砂岩，含

笔石 *Staurograptus*、*Adelograptus* 等，属特马豆克阶。下黄坑组厚 40 ~ 120m，下部为石英质砂岩夹石英砂岩、粉砂岩，底部为黑色硅质岩；中部为页岩夹粉砂岩；上部为碳质泥质、硅质页岩夹数层火山岩。含 *Didymograptus abnormis* 带至 *Amplexograptus confertus* 带的笔石，属弗洛晚期至达瑞威尔期沉积。长坑水组厚 55m，为硅质页岩夹碳质页岩，含 *Glossograptus hincksii* 带至 *Nemagraptus gracilis* 带的笔石，属达瑞威尔晚期至桑比早期沉积。龙头寨群，下部为结晶灰岩（50 ~ 80m），上部为砂质页岩、石英砂岩（240m）。未见化石，可能属凯迪早期沉积。

本带志留系缺失。

3. 泥盆系

泥盆系广泛发育，海侵自西南向东北超覆。底部普遍为陆相至滨海相碎屑岩，广西为莲花山组，湖南称跳马涧组，普遍含鱼和植物化石。之上为下泥盆统那高岭组、郁江组、四排组，主要为生物屑灰岩和页岩，含腕足类和珊瑚化石，郁江组之后岩相分异，局部发育深水盆地相沉积（塘丁组）、礁相沉积（那叫组），广西东北部下泥盆统上部夹白云岩（官桥组）。下泥盆统总厚度可达 1000m。中泥盆统一般划分为下部应堂组（广西）或龙洞水组（黔中），主要为灰岩，上部普遍变为细碎屑岩（邦寨组见于黔中，长村组见于桂北），厚度一般约 200m，含珊瑚、腕足类及鱼化石，中统上部一般为东岗岭组（广西）或棋子桥组（湖南，跳马涧组之上），主要岩性为灰岩，局部地区发育层孔虫礁和部分相变为硅质岩（巴漆组）、薄层灰岩（民塘组）。前者以含腕足类 *Stringocephalus* 为特征，后者含竹节石 *Nowakia otomari* 为特征。中统上部的厚度一般为 300 ~ 800m。上泥盆统岩性、岩相分异明显。浅水地区下部桂林组（广西）、望城坡组（贵州）、七里江组（湖南）发育灰岩夹少量页岩，厚 200 ~ 500m，含珊瑚 *Sinodisphyllum* sp.、*Phillipsastrea* sp.、*Hexagonaria* sp.，腕足类 *Cyrtospirifer* sp.、*Spinoatrypa* sp. 等。上部普遍发育鲕粒灰岩、藻纹层灰岩（融县组、东村组）以及砂页岩和灰岩互层（锡矿山组、欧家冲组），前者化石稀少，后者含 *Cyrtiopsis* spp.、*Hunanospirifer* sp.，厚 100 ~ 300m。泥盆系最上部的额头村组、邵东组以含 *Cystophrentis* 和层孔虫为特征，厚度一般小于 150m。深水相沉积的上泥盆统一般划分为下部榴江组，发育硅质岩，最厚可达 400m，含大量竹节石、菊石化石，上部五指山组为瘤状灰岩，含丰富牙形刺，平均厚度 150m，向东北至浙闽和下扬子地区，仅发育上泥盆统，概称五通群，沉积为一套灰紫、灰白、灰绿色的砂岩、粉砂岩、砂砾岩，厚度不等，从几十米至近千米。普遍含植物 *Lepidodendropsis* 及鱼化石 *Bothriolepis*。局部海陆交互地区（湘赣交境）碎屑岩之下夹有海相沉积的泥岩（三门滩组），含腕足类化石 *Yunnanella*（侯鸿飞等，1982；Hou，2000）。

4. 石炭系

1）*湖南嘉禾*

石炭系下统（Tournaisian）（刘家塘组）主要为深灰色中厚层灰岩，下部偶夹泥灰岩及页岩；含珊瑚 *Pseudouralina*，腕足类 *Martiniella*，厚 263m。与下伏上泥盆统呈整合接触。

下统（Visean—Serpukhovian）（自下而上分为石墩子组、测水组和梓门桥组）石墩子组为灰、深灰色中厚层灰岩夹泥质灰岩和泥岩，含珊瑚 *Kueichauphyllum*，腕足类 *Gigantoproductus*；厚60～100m；测水组为浅灰、深灰色页岩、砂岩夹煤层，产腕足类 *Gigantoproductus*，植物 *Triphyllopteris*，厚50～200m；梓门桥组为深灰色中厚层灰岩、燧石灰岩、泥质灰岩来泥岩及砂岩，含珊瑚 *Aulina*、*Yuanophyllum*，腕足类 *Kansuella*，厚100m。该类型石炭系下统不仅在湘南发育，也分布于湘中和粤北地区。石炭系上统（Bashkirian—Kasimovian）（黄龙组）主要为白云岩与白云质灰岩互层，底部夹硅质岩，含䗴 *Fusulina*、*Fusulinella*，腕足类 *Choristites*，厚170～450m。

石炭系上统（Gzhelian）—二叠系下统（Asselian-Sakmarian）（船山组）为灰白色白云质灰岩、白云岩及块状灰岩，含䗴 *Triticites*、*Pseudoschwagerina*、*Hemifusulina* *Pseudofusulina*，厚130～500m。本区石炭系上统—二叠系下统（黄龙组和船山组）完全可以与华南广大地区的黄龙组和船山组或马平组进行对比。

2）福建龙岩

石炭系下统（Visean—Serpukhovian）（林地组）以灰白、灰黄色石英砂岩、砾岩、砂砾岩为主，夹粉砂岩、泥岩及碳质页岩或煤线，为陆相沉积，产植物 *Neuropteris*—*Rhodeopteridium* 组合，厚150～570m。与下伏上泥盆统呈假整合接触，本地区可能缺失早石炭世杜内期的沉积。该组主要分布于闽西南地区。上统（Bashkirian—Kasimovian）（经畲组）为粉砂岩、砂质泥岩、砂砾岩，夹灰岩和硅质岩，底部含铁锰层，产䗴 *Fusulina*、*Fusulinella*，厚10～170m。本组向西逐渐相变为碳酸盐岩相的黄龙组。在层位上大致与浙西藕塘组相当。

石炭系上统（Gzhelian）—二叠系下统（Asselian—Artinskian）（船山组）分布于闽中和闽西南广大地区。岩性为灰、灰黑色中厚灰岩夹白云质灰岩、局部含遂石结核，产䗴 *Triticites*、*Pseudoschwagerina*、*Pseudofusulina*、*Eoparafusulina*，厚195m。本地区船山组可与江西、广东各湖南的船山组进行对比。

3）广西宜山

石炭系下统尧云岭组—英塘组（Tournaisian）为灰、深灰色中厚层灰岩、生物灰岩、含燧石团块灰岩，上部夹砂岩及页岩；含珊瑚 *Zaphrentites*、*Pseudouralina*，腕足类 *Eochoristites*，厚310～550m。与下伏上泥盆统呈整合接触。下统（Visean）（自下而上分为黄金组、寺门组、罗城组）下部为灰色泥质灰岩、页岩、石英砂岩，产珊瑚 *Yuanophyllum*，腕足类 *Gigantoproductus*，厚140～480m；中部为黑色页岩、碳质页岩夹粉砂岩、砂岩和薄煤层，产植物 *Neuropteris*、*Siphonopteris*，厚40m；上部为深灰色、中厚层灰岩、生物屑灰岩、泥质灰岩及少量硅质岩和页岩，产珊瑚 *Yuanophyllum*，腕足类 *Kansuella*、*Lochengia*，厚85m。大埔组（Serpukhovian—Bashkirian）主要为灰白、灰黑色厚层白云岩，局部夹灰岩，含䗴 *Eostaffella*、*Pseudostaffella*、*Profusulinella*，厚710m。上统黄龙组（Moscovian—Kasimovian）为浅灰色生物屑灰岩、泥晶灰岩及白云质灰岩，产䗴 *Fusulina*、*Fusulinella*，厚264m。

石炭系上统（Gzhelian）—二叠系下统（Asselian—Artinskian）马平组为灰、灰白色生物屑灰岩、泥晶灰岩夹白云质灰岩，产䗴 *Triticites*、*Pseudoschwagerina*、*Sphaeroschwagerina*，厚700m。该组与下伏上石炭统呈整合接触。

5. 二叠系

1）湖南嘉禾

二叠系下统（Kungurian）—中统（Roadian）（栖霞组）为深灰、黑灰色中厚层灰岩，含燧石团块，产䗴 *Misellina claudiae*、*Schwagerina chihsiaensis*、*Parafusulina undulate*，厚50～70m。与下伏地层船山组呈假整合接触，因此有可能缺失早二叠世亚丁斯克期的沉积。中统当冲组（Wordian）为深灰、黑色页岩、硅质页岩、硅质岩及灰岩，含菊石 *Paraceltites*、*Paragastrioceras*；厚17～50m。中统斗岭组（Capitanian）厚95～167m，可分为下、上两段。下段为深灰、黑灰色泥岩、粉砂岩夹细砂岩及煤层，产植物 *Gigantopteris nicatianaefolia*；上段为黑色硅质泥岩、硅质岩、硅质灰岩夹泥岩，产菊石 *Altudoceras*、*Paracelites*，腕足类 *Leptodus nobilis*。本组是湘南重要的含煤沉积，相似的含煤沉积也见于粤北。二叠系上统小元冲组（Wuchiapingian）为灰、灰黑色硅质页岩、页岩、泥岩夹硅质灰岩及泥灰岩，含菊石 *Prototoceras*、*Andersonoceras*，厚33m。上统大隆组（Changhsingian）为深灰、灰黑色硅质岩、硅质灰岩夹薄层灰岩及泥岩，产菊石 *Pleuronodoceras*、*Pseudotirolites*，厚15～85m。广泛分布于华南各地的大隆组代表浅海盆地硅质岩相沉积。

2）福建龙岩下

中统栖霞组（Kungurian—Roadian）为深灰、灰黑色中薄层含燧石条带灰岩，顶部为硅质岩，局部夹少量砂岩及泥岩，含䗴 *Misellina claudiae*、*Cancellina*，珊瑚 *Wentzellophyllum*，厚156～353m。该组分布于闽西南地区，局部地区全部变为碳酸盐岩，可与华南广大地区的栖霞组对比。中统文笔山组（Wordian）为灰黑色（风化石呈紫红、紫色）粉砂岩、砂质泥岩、泥岩，含菊石 *Paraceltites*，腕足类 *Uncisteges crenulata*，厚307m。该组分布于闽中、闽西南，可与湘粤地区的当冲组对比。中统童子岩组（Capitanian）是福建最主要的含煤地层，三分性明显。下段为粉砂岩、砂质泥岩夹碳质泥岩和煤层，产植物 *Gigantopteris*，腕足类 *Neoplicatifera huangi*，菊石 *Paragastrioceras*。中段为粉砂岩、泥岩夹细砂岩，产菊石 *Paragastrioceras*，腕足类 *Uncisteges*。上段为粉砂岩、泥岩夹细砂岩、砂质灰岩和煤层，产植物 *Gigantopteris*、*Lobatannularia*，腕足类 *Cathaysia*、*Uncisteges*。总厚854m，此组广泛分布于闽中和闽西南。上统翠屏山组（Wuchiapingian）为细砂岩、粉砂岩、泥岩，局部夹煤线，底部为砂砾岩，产腕足类 *Oldhamina squamosa*，植物 *Gigantopteris*；厚676m，分布于闽西南。上统大隆组（Changhsingian）主要为粉砂岩、泥岩及砂岩，产菊石 *Pleuronodoceras*，腕足类 *Leptodus nobilis*；在大田、漳平一带，相变为碳酸盐岩的长兴组。

3）广西宜山

下-中统栖霞组（Kungurian—Roadian）主要为灰、深灰色薄层泥晶灰岩，含燧石团块灰岩，下部为灰色角砾状灰岩，产蜓 *Parafusulina gigantean*、*Misellina claudiae*，珊瑚 *Hayasakaia*，厚473m。与下伏地层马平组呈整合接触。中统茅口组（Wordian—Capitanian）为浅灰色硅质灰岩与厚层灰岩互层，含燧石团块，产蜓 *Yabeina gubleri*，*Neoschwagerina craticulifera*、*Verbeekina verbeeki*，厚48m。

上统合山组（Wuchiapingian）的下部和上部均为灰、深灰色含燧石灰岩夹硅质泥岩及煤层；中部为浅灰色灰岩，不含煤。产蜓 *Codonofusiella prolata*、*Eoverbeekina*，珊瑚 *Liangshanophyllum wengchengense*，厚95m。上统大隆组（Changhsingian）为黑色硅质岩、硅质泥岩夹凝灰质砂岩，其下部为灰岩夹泥岩，产有孔虫 *Colaniella*，菊石 *Tapashanites*、*Pseudotirolites*，蜓 *Palaeofusulina sinensis*，腕足类 *Oldhamina squamosa*，厚67m。与上覆下三叠呈平行不整合接触。

1.11.2 钦州造山带（12-2）

1. 寒武系

分布在桂东钦州、防城、合浦一带，寒武系仍称为八村群，但再细分为小内冲组和黄洞口组，为类复理石沉积，一般出露不全，仅见黄洞口组，为石英砂岩、长石石英砂岩、粉砂岩夹页岩及碳质页岩，含海绵骨针化石，厚度千米以上（图1.41）。

2. 奥陶系

奥陶系以碎屑岩为主，偶和硅质页岩等组成韵律性沉积；厚度大，多为快速堆积；东西两侧略有差异。西侧桂东（钦州、防城、合浦、平南）（图1.41柱图左列），奥陶系与寒武系黄洞口组整合相接，后者为复理石沉积。奥陶系六陈组为浅灰色厚层砂岩和粉砂岩，夹紫色页岩，厚930m，含笔石 *Rhabdinopora* cf. *flabelliformis*、*Clonograptus tenellus*，腕足类 *Crotreta* 等，属特马豆克阶。其上的黄隘组厚度大于200m，为一套灰、灰绿、灰紫色条带状粉砂岩和硅质页岩，包括 *Didymograptus*（*Corymbograptus*）*balticus* 带直至 *Nicholsonograptus* 带的6个笔石带，显然大体属整个中奥陶统。暂归上奥陶统的大岗顶组，原属灵山群底部，为一套厚层块状砾岩、含砾砂岩夹少量砂岩和页岩，具塌积特征的沉积混杂岩，为斜坡环境所成（广西壮族自治区地质矿产局，1997），厚371～679m，它与黄隘组未直接相接。东侧粤西（郁南、云浮）的奥陶系（图1.41柱图右列）自下而上称缩尾岭群和三尖群。缩尾岭群厚50～1895m，下部是粗粒石英砂岩及砂砾岩，底部为块状砾岩、砂岩夹透镜状砾岩；上部为块状细粒石英夹厚层状砂质页岩及砾岩，含三叶虫 *Illaenus sinensis*、*Neseuretus birmanicus*，腕足类 *Orthis carausis*、*Metorthis delicata*、*Martella* cf. *ichangensis* 等，暂归中下奥陶统。三尖群主要由砂质页岩、石英砂岩组成，未见化石，厚500～1730m。与上覆及下伏地层整合相接。

3. 志留系

桂东的兰多维列统古墓组为细砂岩、岩屑砂岩、粉砂岩与页岩互层，夹少量含砾砂

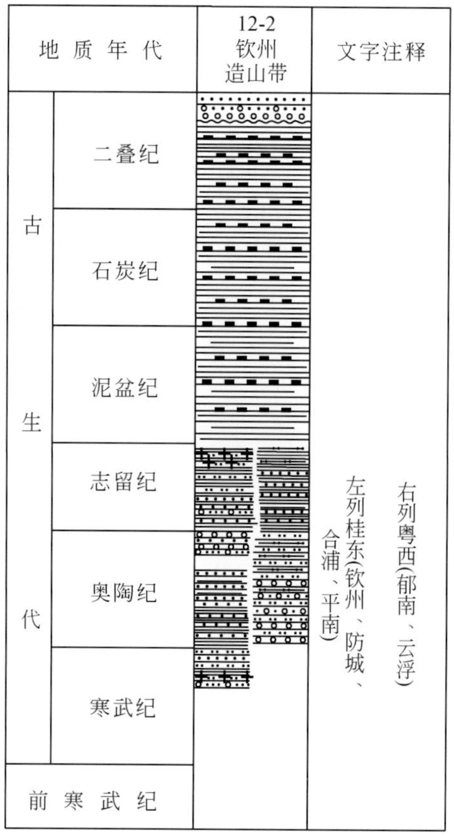

图 1.41 钦州造山带古生代地层柱状图

岩，系浊流沉积，厚 1629m，底部为页岩与大岗顶组砾岩分界。富含笔石，有 *Normalograptus persculptus*、*Oktavites spiralis* 等，可见包括部分晚奥陶世赫南特期沉积。粤西的兰多维列统（图 1.41 柱图右列）由连滩组和文笔山组组成，都是浊流沉积。连滩组为深灰、黑色页岩、棕灰色条带状页岩，下部夹薄层状砂岩，与下伏三尖群整合，厚 213m，含 *Glyptograptus* aff. *persculptus* 带直至 *Monograptus sedgwickii* 带等 5 个笔石带的笔石，可见包括自埃隆期、鲁丹期至赫南特期的地层。文笔山组为灰黑、黑色含碳泥质页岩夹薄层灰色或褐红色粉砂岩及粉砂质页岩，厚 58m，含笔石 *Spirograptus turriculatus*、*Oktavites spiralis*、*Stomatograptus grandis* 等，属特列奇期沉积。而文洛克统合浦组主要分布在云开大山西侧，合浦等地（厚 239m）（图 1.41 柱图右列）以紫灰色泥质粉砂岩与页岩互层为主，底部有复理石或类复理石状细砂岩，在防城等地（厚 120 ~ 670m）夹石英砂岩（图 1.41 柱图左列），至钦州（厚 585 ~ 670m）以石英砂岩、砂岩为主，夹泥质页岩及菱铁矿。自下而上为 *Cyrtograptus angustus*、*C. murchisoni*、*Monograptus riscartonensis*、*Pristiograptus dubius*、*P. vulgaris* 笔石带。罗德洛统和普里道利统在桂东（图 1.41 柱图左列）称防城组，为长石细砂岩、细-粉砂岩夹页岩，局部夹灰岩透镜体，厚 1593m，在灵山、合浦变为黑色页岩、粉砂岩，厚 267m，至玉林一带仅为厚 180m 的页岩。含 *Pristograptus nilssoni* 带至 *Pristograptus transgrediens proximus* 带等 6 个笔石带。而在粤西称岭下组（图 1.41 柱图右列)，为棕黄、灰绿色薄层粉砂质页岩、页岩，下部夹黄绿色页岩。含三叶虫 *Coronocaphalus rex*、*Otarion* cf. *diffractum*、*O. kuangtungensis*，笔石 *Monograptus* ex gr. *priodon*，腕足类 *Plectodenta nanhsiangensis*，厚度大于 101m。防城组和岭下组之上覆有钦州组。

4. 泥盆系

泥盆系零星分布于十万大山西侧钦州、灵山、玉林樟木一线，全为浮游相细碎屑沉积，富含笔石、竹节石，与志留系整合接触。樟木地区下泥盆统下部为北均塘组，以泥岩为主夹薄层细砂岩，厚度约 550m，钦州为钦州组，厚 161m，主要岩性为紫红、灰黑色薄层粉砂质泥岩，底部为浅灰色中层细粒石英砂岩夹泥岩，含笔石和竹节石。笔石包括两个带：下部为 *Monograptus* cf. *uniformis* 带，上部为 *M. hercynicus* 带，竹节石 *Paranowakia bohemica* 主要发育在上部。樟木地区于上述两笔石带间含腕足类 *Quadrithyrina expansa-Spirigerina supramarginalis* 组合，同时见有鱼化石 *Qujinolepis* sp.。下泥盆统中、上部分别为良合塘组和樟木组，全为泥岩沉积，后者钙质及砂质成分析相对增加。良合塘组厚 650m，含笔石 *M. hercynicus*，樟木组出露不全，含笔石 *Monograptus yukonensis fangensis*。中泥盆统小董组为一套灰、灰黑色薄、厚层状泥岩、粉砂质泥岩，浅灰、黄绿色厚层状粉砂岩，夹碳酸铁锰泥岩凸镜体，厚度近 500m，含竹节石 *Nowakia* cf. *cancellata*、*N. otomari* 及三叶虫 *Proetus* sp.。防城平旺一带底部具厚层砾岩（侯鸿飞等，1982）。上泥盆统为石夹组下部，岩性为灰色硅质岩和硅质页岩［广西壮族自治区地质矿产局（1997）；王玉净等（1998）将石夹组下部的上泥盆统部分新建石梯组，但其和华南侏罗系的石梯组同名，因此新建组有问题］。

5. 石炭-二叠系

在钦州地区，石炭系为以深水盆地相硅质岩为主的沉积，二叠系下统和中统以至上二叠统（Wuchiapingian）均为较深水盆地相的沉积，以硅质岩为主，它们都分布于钦州小董、板城至灵山太平一带。上二叠统（Changhsingian）则变为一套陆相、海陆交互相碎屑沉积，主要分布于钦州、灵山、防城和东兴一带。本区石炭-二叠系划分如下：石夹组上部（Tournaisian—Visean），其下部为灰绿、灰、紫灰色硅质岩和硅质页岩；中部为深灰、黑绿色硅质岩、硅质页岩、泥岩，夹锰硅质岩和含锰硅质页岩；上部为褐绿、深灰色硅质岩，硅质页岩夹泥岩，凝灰岩、熔岩凝灰岩和泥质粉砂岩。本组产牙形刺 *Scaliognathus anchoralis*、*Siphonodella* sp.、*Hindeodella* sp.、*Palmatolepis glabra distorta*，放射虫 *Albaillella indensis*，菊石 *Musteroceras*，厚 280～360m，与下伏下、中泥盆统呈整合接触。板城组（Serpukhovian—Wuchiapingian）（广西壮族自治区地质矿产局，1997；王玉净等，1998）为灰黄、深灰色硅质岩、泥质硅质岩、硅质泥岩、泥岩，夹含锰硅质岩、粉砂岩和粉砂质泥岩，产牙形刺 *Neogondelella* sp.、*Gnathodus* sp.、*Clarkina subcarinata*，放射虫 *Pseudoalbaillella* sp.，介形虫 *Bairdia* cf. *trianguliformis*、*B.* cf. *calida*，厚 220～300m。上二叠统彭久组（Changhsingian）的下部为浅灰色块状砾岩、砾状砂岩、含砾砂岩，夹细砂岩、粉砂岩和泥岩；中部为灰绿色泥质粉砂岩、粉砂质泥岩，夹细砂岩；上部为深灰、灰绿色泥岩、泥质粉砂岩，夹细砂岩、含砾砂岩及砾岩。产腕足类 *Leptodus* sp.、*Oldhamina* sp.、*Spinomarginifera*，植物 *Gigantopteris sp.*、*Ullmannia* aff. *bronnii*、*Labatannularia multifolia*，厚1600～5044m。该组与下伏上二叠统或更老地层呈不整合接触，与上覆中三叠统呈假整合接触。

1.11.3 右江造山带（12-3）

1. 寒武系

寒武系仅见于广西西大明山靖西一带。西大明山出露的为类复理石的小内冲组和黄洞口组。靖西的晚寒武世地层称为果乐组，为泥质条带灰岩、泥质灰岩石灰岩，含三叶虫 *Lophosaukia*、*Dictyella*、*Tsinania*、*Mansuyia*、*Prosaukia*、*Eoshumardia*、*Haniwa*、*Lotagnostus*、*Homagnvstus*、*Neoagnostus* 等，下部出露不全，上与下泥盆统黄猄山组白云岩为断层接触，出露厚度约 366m（图 1.42）。从三叶虫动物群而言，它有些相似于滇西、滇东南、贵州东部同期的动物群，但又不尽相同。

区内（除个别地方可见少许奥陶纪地层外）缺失奥陶系和志留系。

2. 泥盆系

下泥盆统底部称坡松冲组，为一套灰黑色泥岩、粉砂岩和粉砂质泥岩，厚 240m，含植物化石 *Zosterophyllum* 及鱼化石，底部与奥陶系平行不整合接触。其上为坡脚组或益兰组，为页岩和砂质泥岩、泥灰岩，厚 40～350m，含腕足类 *Rostrospirifer tonkinensis*、珊瑚 *Calceola sandalina*。坡脚组之上，岩性发生分异，普遍发育有浅水台地相和深水盆地相两种类型沉积。盆地相下泥盆统具有两类岩性，一类是以全部泥岩为代表的塘丁组和纳标组（或统称车河组），厚度约 600m，含竹节石、菊石和三叶虫。另一类为泥晶灰岩，包括下部三叉河组，厚度介于 40～100m，含竹节石 *Nowakia barrandei*，菊石 *Erbenoceras elegans*，牙形刺 *Polygnathus dehiscens*。上部平恩组为薄至中厚层生物碎屑灰岩、泥灰岩、白云质灰岩，局部夹硅质条带或结核，厚度 192m，含牙形刺及竹节石。其顶部及车河组上部可能跨越中泥盆统下部。中泥盆统上部浅水相沉积为火烘组，厚达 1000m，岩性为泥岩、细砂岩、灰岩及硅质灰岩，含竹节石 *Nowakia otomari*，腕足类 *Stringocephalus*。罗付组以泥岩为代表，含竹节石 *Nowakia otomari*。五相岭组（=分水岭组）为硅质岩和灰岩的互层，厚约 33cm，含牙形刺及竹节石。上泥盆统普遍发育下部榴江组和上部五指山组，前者以硅质岩发育为特征，后者为瘤状灰岩（见“华南造山带 12-1”）。浅水相的上泥盆统研究不详，为厚层灰岩组成，统称“融县组”。

3. 石炭系

石炭系以碳酸盐岩为主，局部地区为硅质岩。自下而上划分为：下石炭统岩关阶、大塘阶，上石炭统大埔组、黄龙组，上石炭统—下二叠统马平群。下石炭统按沉积特征可划分为碳酸盐岩和硅质岩两种相区。碳酸盐岩相区广泛分布于桂西北、桂西、桂西南及滇东南等地的一些地区，一般划分为岩关阶和大塘阶。岩关阶（Tournaisian）主要为深灰、灰

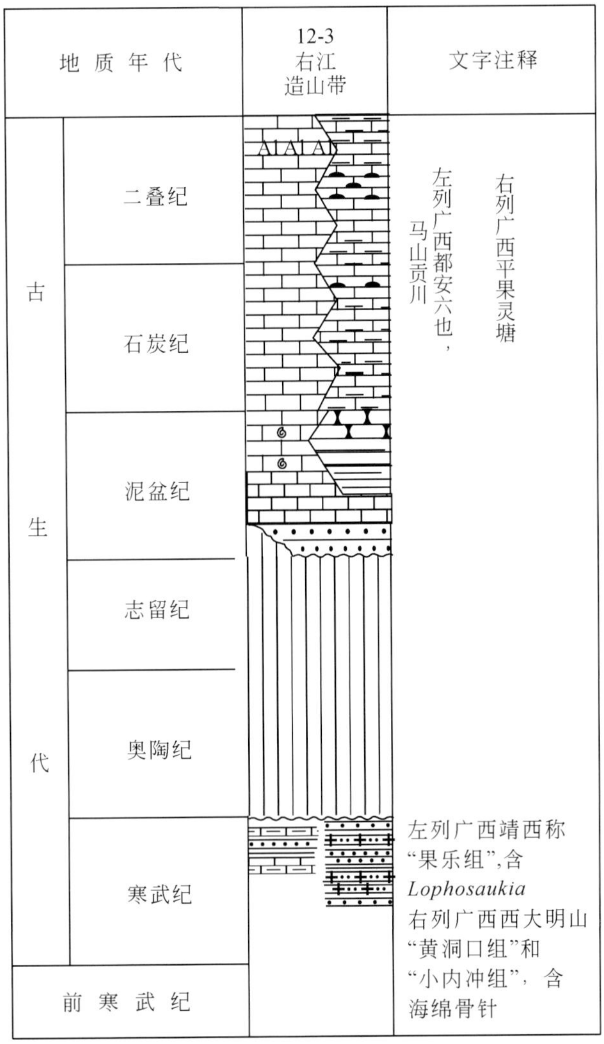

图 1.42　右江造山带古生代地层柱状图

色灰岩夹白云质灰岩，白云岩，局部夹基性喷发岩，灰岩常含泥质和碎石结核，富含 *Pseudouralinia* 等珊瑚动物群，厚 0～486m，一般厚 200～300m。与下伏上泥盆统整合接触。大塘阶（Visean—lower Serpukhovian）为浅灰、灰白色厚层块状灰岩、白云质灰岩，局部地区见颜色变深，夹角多的硅质岩，厚 200～820m。灰岩中富含珊瑚 *Yuanophyllum kansuense*、*Kueichouphyllum sinensis*、*K. heishihkuanense*，腕足类 *Gigantoproductus*、*Striatifera striata*，䗴 *Eostaffella* sp.。硅质岩相区仅在桂西、桂西南有零星分布。本相区下统（Tournaisian—lower Serpukhovian）为灰色硅质岩、硅质页岩夹灰岩、砂岩和泥岩，赋存有锰、磷等矿产，厚 100～459m。因化石稀少未进一步划分，仅在硅质岩中含少量珊瑚、腕足类和海百合茎化石。

上石炭统广泛分布于桂西、桂西北和桂西南地区，一般可分为下部白云岩（称大埔组）和上部灰岩（称黄龙组）。上石炭统大埔组（Upper Serpukhovian—Bashkirian）主要为浅灰、灰白色厚层块状白云岩，白云质灰岩，但部分地区常见灰岩或白云质灰岩夹层或团块，有时全部相变为灰岩，与黄龙组无法区分，厚 23 ~ 804m，含䗴 *Fusulinella bocki*、*Profusulinella* sp.、*Staffella* sp.、*Pseudostaffella* sp.，珊瑚 *Koninckophyllum grabaui*。上石炭统黄龙组（Moscovian）主要为浅灰、灰色中厚层状灰岩，夹白云岩和白云质灰岩，局部夹燧石结核及条带。在桂西北、贵西南局部地区，上石炭统多为深灰、灰黑色薄层-厚层灰岩、燧石灰岩，下部夹白云岩，厚 100 ~ 650m，含䗴 *Fusulina*、*Fusulinella*、*Pseudostaffella*、*Staffella*、*Profusulinella*，珊瑚 *Caninia*、*Koninckphyllum*，腕足类 *Choristites*、*Neospirifer*。上石炭统—下二叠统马平群（Gzhelian—Sakmarian 或 Gzhelian—Artinskian）为浅灰、灰白、灰色中厚层块状灰岩，夹白云岩或白云质灰岩，有时夹燧石结核。但在局部地区岩性变为深灰、黑灰色燧石灰岩，化石稀少，称“黑马平”，厚 100 ~ 650m。该群中厚层灰岩中富含䗴 *Pseudoschwagerina moelleri*、*Robustoschwagerina* sp.、*Staffella* sp.、*Pseudofusulina vulgris*、*Eoparafusulina* sp.、*Quasifusulina longissima*、*Rugosofusulina* sp.、*Triticites* sp.，珊瑚 *Carcinophyllum* sp.、*Carninia* sp.。在桂西北隆林和滇东南富宁地区，马平群还产䗴 *Parafusulina*、*Pamirina*。

广西都安县六也与平梁县灵塘石炭系剖面颇具有代表性，现简述之。下石炭统岩关阶（Tournaisian）的下部为灰、深灰色中厚层灰岩和豹皮状灰岩；中部为深灰色中厚层细晶灰岩；上部为深灰色厚层微晶-细晶灰岩、硅质灰岩夹白云质灰岩，厚 419m，含珊瑚 *Cystophrentis kalaohoensis*、*Pseudouralinia tangpakouensis*。下石炭统大塘阶（Visean—Lower Serpukhovian）为灰、浅灰色厚层块状微晶-细晶灰岩，厚 316m，产珊瑚 *Yuanophyllum*、*Kueichouphyllum*、*Palaeosmilia*、*Lithostrotion*。在平梁灵塘下石炭统（Tournaisian—Lower Serpukhovian）为硅质岩、灰岩，划分为下组和上组。下组为深灰、黑灰色薄层硅质岩夹硅质页岩、泥岩，厚 210m，相当于岩关阶，与下伏泥盆系榴江组整合接触。上组的下部为深灰色薄层硅质岩与灰岩互层，夹燧石灰岩；上部为深灰、浅灰色厚层灰岩夹硅质岩。厚 249m，产珊瑚 *Diphyphyllum*、*Arachnolasma*、*Caninia*，相当于大塘阶。上石炭统大埔组（Upper Serpukhovian—Bashkirian）为浅灰、灰白色厚层块状白云岩，间夹浅灰色厚层块状灰岩，厚 325m，含䗴 *Fusulinella* sp.。上石炭统黄龙组（Moscovian）为浅灰色厚层块状细晶-中晶灰岩，厚 142m，含䗴 *Fusulina*、*Fusulinella*。在平梁灵塘，石炭系上统未进一步划分，其岩性下部为浅灰色块状灰岩，含硅质结核；上部为灰、浅灰中厚层细晶灰岩夹薄层硅质岩，顶部为中厚层白云质灰岩与硅质岩互层，厚 119m，含䗴 *Fusulinella*。上石炭统—下二叠统马平群（Gzhelian—Sakmarian）下部为浅灰、灰色块状微晶灰岩夹少量白云岩；上部为灰、浅灰色厚层块状灰岩夹白云岩，厚 463m，产䗴 *Pseudoschwagerina*、*Parafusulina*、*Schwagerina*、*Triticites*，珊瑚 *Caninia*。在平梁灵塘地区，马平群的岩性发生了变化，下部为灰、深灰色薄层-厚层白云岩、白云质灰岩和灰岩夹硅质结核，上部为浅灰、灰白色中厚层灰岩夹硅质岩，厚 233m，产䗴 *Triticites*、*Schwagerina*、*Pseudoschwagerina*、*Zellia*，珊瑚 *Caninia* sp.。该群与下伏的黄龙组为整合接触。

4. 二叠系

区内二叠系分布广泛，岩相类型多样，生物丰富，是煤、锰、铝土矿等沉积矿产的重要产出层位。划分为下统栖霞组、中统茅口组、上统合山组合长兴组。下二叠统栖霞组（Kungurian）主要为深灰、灰黑色薄层-厚层灰岩，质不纯，常夹燧石结核或条带及白云质灰岩或白云岩。在桂西局部地区岩性变为灰色或灰白色厚层块状灰岩。一般厚200～300m，局部仅厚20～70m。富含䗴*Misellina claudiae*、*Parafusulina multiseptata*、*Schwagerina chishiaensis*，珊瑚*Wentzellophyllum volzi*、*Hayasakaia elegantula*、*Polythecalis yangtzeensis*，腕足类*Tyloplecta nankingensis*。与下伏的马平群为平行不整合接触，局部地区为不整合接触。中二叠统茅口组（Roadian—Wordian或Roadian—Capitanian）为灰白、浅灰色厚层灰岩，质纯，下部夹少量燧石结核及条带，偶夹白云质灰岩及白云岩。在桂西局部地区，为茅口组相变为深灰、黑灰色灰岩、硅质灰岩，夹硅质岩、硅质页岩。在桂西南局部地区，为茅口组灰岩、硅质岩夹基性熔岩及火山碎屑岩。另外，在桂西北茅口组具有生物礁和礁灰岩。厚80～680m，一般厚200～400m，富含䗴*Neoschwagerina craticulifera*、*Verbeekina verbeeki*、*Neomisellina lepida*，珊瑚*Wentzellophyllum* sp.、*Ipciphyllum timoricum*、*Waagenophyllum* sp.。上二叠统按岩性特征可分为碳酸盐岩相区和硅质岩、碎屑岩相区。碳酸盐岩相区广泛分布于桂西、桂西北和桂西南一些地区，其上二叠统分为合山组和长兴组。合山组（Wuchiapingian）一般为深灰、灰黑色灰岩、燧石灰岩、泥质灰岩夹碳质页岩和煤层，厚0～543m，底部为0～20m厚的铁铝岩或铝土岩。但在平果、田东的局部地区，合山组则为灰、灰白色厚层灰岩，具粒状和鲕粒状结构。产䗴*Codonofusiella* sp.、*Reichelina* sp.、*Nankinella* sp.，珊瑚*Waagenophyllum* sp.。与下伏的中统茅口组为平行不整合接触。上二叠统长兴组（Changhsingian）主要为深灰色灰岩、泥质灰岩和燧石灰岩，局部地区夹碳质页岩和煤层或夹硅质岩和凝灰熔岩。平果海城一带，该组变为浅灰色质纯灰岩，具粒状或鲕粒状结构。一般厚20～50m，最厚达103m。产䗴*Palaeofusulina nana*、*P. sinensis*、*Reichelina changhsingensis*、*Sphaerulina* sp.，珊瑚*Huayunophyllum* sp.、*Waagenophyllum* sp.。硅质岩、碎屑岩相区分布于桂西局部地区，此处上二叠统（Wuchiapingian—Changhsingian）由硅质岩、硅质泥岩、砂岩、页岩或火山岩、凝灰岩组成，厚6～536m。本统除个别地区含有䗴*Nankinella* sp.、*Pisolina* sp.，植物*Pecopteris* sp.之外，大部分地区化石稀少，因此上统未进一步细分。

广西马山贡川二叠系剖面和平果灵塘二叠系剖面分别代表灰岩型和硅质岩型，简述如下。下二叠统栖霞组（Kungurian）的下部为深灰色厚层中-细晶灰岩，中上部为深灰色薄-中厚层灰岩，偶夹泥质条带，并含少量白云岩，厚137m，产䗴*Misellina claudiae*、*Nankinella* sp.。在平果灵塘地区，栖霞组下部为深灰、灰黑色薄层硅质岩，夹薄-中厚层燧石灰岩；上部为深灰、灰黑色薄-中厚层灰岩，局部夹白云质灰岩，厚215m，含䗴*Misellina claudiae*、*Schwagerina* sp.、*Pseudofusulina* sp.等。与下伏的马平群为不整合接触。中统茅口组（Roadian—Wordian）为浅灰色厚层块状细-中晶灰岩，间夹白云岩或白云质灰岩，厚605m，产䗴*Neoschwagerina craticulifera*、*Schubertella giraudi*、*Verbeekina* sp.、*Pseudodoliolina* sp.、*Parafusulina* sp.、*P. elliptica*、*Sumatrina fusiformis*、*S. longissima*。在平果灵塘地区岩性有所不同。其下部为深灰色燧石灰岩；中部为浅灰、灰色薄层硅质岩，夹少许硅质页岩；上部为灰、深灰色硅质岩、硅质灰岩和灰岩。厚329m，产䗴*Neoschwagerina* sp.、*Pseudodoliolina* sp.、*Verbeekina* sp.。上二叠统（Wuchiapingian—

Changhsingian）在广西马山贡川地区未进一步划分，称上二叠统。其岩性为深灰色中厚层燧石灰岩，中间夹碳质页岩、铝土页岩，偶夹煤线，底部为铝土页岩、铁铝矿。厚78m，化石稀少，仅含䗴 *Nankinella* sp. 。与下伏中统茅口组平行不整合。然而在平果灵塘，上二叠统全部相变为灰绿色薄层硅质岩，夹少许页岩，厚88m，局部产䗴 *Palaeofusulina* sp. 。

1.11.4 长山造山带（12-4）

石炭系和二叠系

下石炭统可分为杜内阶（Tournaisian）和维宪阶（Visean），在中南半岛北部统称那溪组，一般厚400～1000m。下石炭统杜内阶分布局限，在桑怒和康开一带为深灰、黑色薄层灰岩，产珊瑚 *Zaphrentoides omuliui*，腕足类 *Schellwienella crenistria*、*Martinia glabra*。到安南山系中南段，杜内阶的岩性逐渐变为硅质泥质岩。其与下伏上泥盆统呈整合接触。下石炭统维宪阶分布较广，在安南山系北段西坡由硅质岩夹钙质页、笛管珊瑚灰岩、黑色黄铁矿化灰岩组成，含腕足类 *Rugosochonetes hardrensis*、*Dictyoclostus semireticulatus*、*Gigantoproductus gigantean*、*Striatifera striatus*，珊瑚 *Syringopora*。在安南山系东北坡，维宪阶岩性相变为碎屑岩沉积。维宪阶地层与下伏中上泥盆统多为不整合接触。

上石炭统至上二叠统为连续的碳酸盐岩沉积，发育于黑水河、马河流域以及镇宁、桑怒一带，厚600～1500m。以富含䗴化石为特征，故称䗴灰岩型。此套碳酸盐岩沉积是以灰岩为主，综合起来，它们自下而上产有䗴 *Pseudostaffella*、*Fusulinella*、*Triticites*、*Pseudoschwagerina*、*Parafusulina*、*Neoschwagerina* 和 *Palaeofusulina* 等，以此分别代表石炭系上统（Bashkirian—Gzhelian）、二叠系下统（Asselian—Kungurian）、二叠系中统（Roadian—Capitanian）及二叠系上统（Wuchiapingian—Changhsingian）的沉积。本地区上石炭统与下石炭统之间普遍存在剥蚀间断。

1.12 喜马拉雅造山系

喜马拉雅造山带（13-1）

1. 喜马拉雅推覆带（13-1a）

1）寒武系

有可靠化石依据和层序的寒武系见于特提斯喜马拉雅区的 Zanskar 河谷和 Spiti 的 Parahio 河谷。在 Zanskar 河谷，寒武系呈海进序列，从最早潮间带 Phe 组开始，进入以陆棚海碎屑岩为主的 Parahio 组页岩和细砂岩，以后为白云质浅海的 Karsha 组，再往后是粉砂岩占优势的、较深水的 Kurgiakh 组，近顶部处有浊积岩。其上为奥陶纪磨拉石建造砾岩所覆盖，其间有明显的剥蚀面。Phe 组见有痕迹化石，或许震旦系-寒武系的界线在 Phe 组之内。Parahio 组砂页岩内主要见有三叶虫 *Proasaphiscus*、*Iranoleesia*、*Baltagnostus*、

Peronopsis 等。Karsha 组主要为白云岩夹一些砂岩，三叶虫化石均集中在上部，计有 *Hypagnostus*、*Diplagnostus*、*Ptychagnostus*、*Fouchouia* 等。Kurgiakh 组为砂页岩夹有一些碳酸盐层，其化石均在底部，见有 *Lejopyge*、*Hypagnostus Proagnostus*、*Fuchouia* 等。Spiti 区，同样为海进顺序，Parahio 组同样以砂岩页岩为主，但厚度更大，可识别的化石层位更多，最下面为 *Haydenaspis parvatya* 点位，伴生化石还有 *Mufushania*、*Probowmania*、*Prozacanthoides* 等，再上为 *Oryctocephalus indicus* 点位，它是划分下统和中统的生物标志，往上依次为 *Paramecephalus defossus* 带、*Oryctocephalus salteri* 带、*Iranoleesia butes* 点位，该地 Parahio 组的时代以中寒武世早期、中期为主，该组之上有一个非常明显的剥蚀面。喜马拉雅纳布带（推覆带）在聂拉木一带的寒武系称肉切村群，由呈色条带状透辉石石英片岩、细粒二云母片岩组成，其下界不清，与前寒武纪的聂拉木群呈断层接触，其上覆为含角石的甲村组所覆盖（图1.43）。

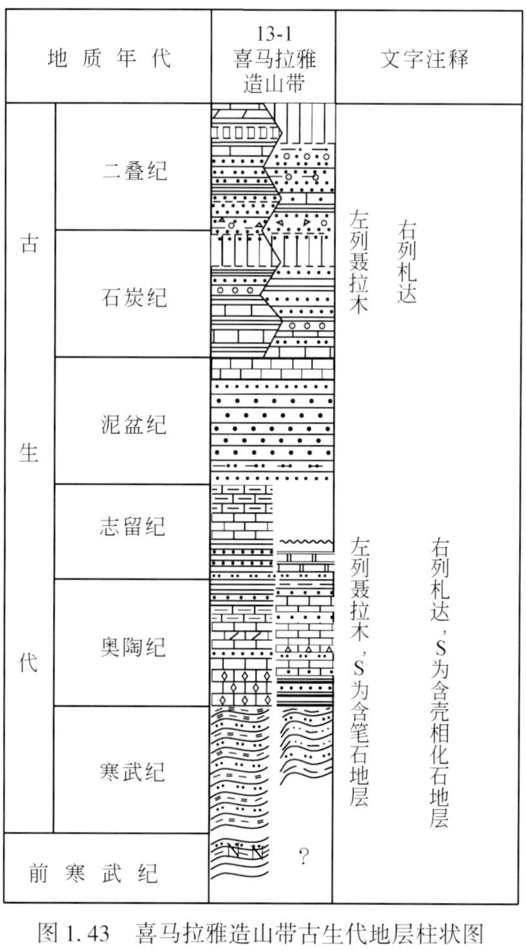

图1.43　喜马拉雅造山带古生代地层柱状图

2）奥陶系

该带奥陶系在中国境内出露于西侧西藏扎达（图1.43柱图右列）和东侧西藏聂拉木

地区（图1.43柱图左列）。后一地区奥陶系最底部为具微细层理的结晶灰岩，原属肉切村群上组现归甲村组底部（项礼文等，1999），属下奥陶统，甲村组的其余部分由灰色灰岩间夹白云质灰岩、钙质粉砂岩和细砂岩组成，厚720m，含牙形刺，头足类 *Amorphognathus variabilis*、*Ordosoceras*，腕足类 *Aporthophyla* 等，大部属中奥陶世。甲曲组为浅紫红色泥质灰岩、生物碎屑灰岩等，33m，有头足类 *Sinoceras chinense*、*Lituites* 及牙形刺，属晚奥陶世桑比至凯迪早期沉积。红山头组70m，为棕色钙质和粉砂页岩，夹数层细砂岩，仅见头足类 *Michelinoceras*。而扎达地区的奥陶系自下而上划分为玛旁雍错组、让布角拉组、幕霞组和松木松组。玛旁雍错组为灰至黑色板岩夹砂质结晶灰岩。让布角拉组是深灰色微晶灰岩、亮晶灰岩、砂质灰岩、角砾状灰岩夹石英砂岩、长石石英砂岩及板岩，厚度大于430m，含头足类 *Discoactinoceras*、*Sactoceras kobayashi*，属中奥陶统。而幕霞组和松木松组属上奥陶统。前者厚250m，为亮晶灰岩夹砂岩、板岩；后者厚100～300m，由以紫红和灰绿色为主的碎屑岩及钙泥质岩石组成。

3）志留系

该带志留系东部（如聂拉木地区）出露齐全，兰多维列统为含笔石砂页岩，其余部分为碳酸盐岩；而西部扎达地区仅存兰多维列统，主要是碳酸盐岩，仅下部有砂岩。聂拉木地区志留系（图1.43柱图左列）兰多维列统由鹅那组和荣吉嘎组组成。前者厚30m，为灰白、灰黄色石英砂岩，未见化石；后者厚50m，为灰至深灰色薄片状页岩和粉砂岩。含丰富笔石，如 *Pristiograptus argustus*、*Demirastrites triangulatus*、*Monograptus sedgwickii* 等。文洛克统科亚组厚5～5.5m，为浅灰色灰岩，含丰富头足类 *Kopanioceras*，牙形刺 *Ozarkodina excavata excavata*。其上的极久组厚16.3m，为深灰色泥质灰岩，含头足类 *Kopanioceras jucundum*，牙形刺 *Polygnathoides siluricus*、*Ozarkodina steinkornensis eosteinhornensis* 等，上与泥盆系凉泉组深灰色灰岩整合相接。扎达的志留系（图1.43柱图右列）德尼塘嘎组下部为灰白色石英砂岩，厚200m，上部由白云质或砂质大理岩、生物碎屑结晶灰岩组成，厚500m，含珊瑚 *Kodonophyllum*、*Thamnopora zandaensis*、*Guizhoustriatopora*、*Amplexoides* 及层孔虫、苔藓虫和腕足类等化石。该组暂归兰多维列统，上与早泥盆世强拉组不整合相接。

4）泥盆系

泥盆系主要分布在藏南喜马拉雅山北麓普芝、札达、仲巴、聂拉木、定日、定结一线。早泥盆世早期凉泉组为灰、灰绿色薄层至中厚层页岩，粉砂岩夹灰岩薄层，富含笔石、珠胚节石，以 *Monograptus yukonensis*、*Nowakia acuaria* 为主。其下部为断层切割，出露厚度小于100m。其上为波曲群，为一套灰色中-厚层中粗粒长石石英砂岩，化石稀少，仅见植物化石碎片，厚约250m。该套砂岩在喜马拉雅山南麓也广泛发育，统称为“穆士石英岩”。整合覆于波曲群之上的为亚里组，厚10～60m，为一套中厚层灰岩与页岩、砂岩互层，其时代大部分为早石炭世，仅底部亚里组下段结晶页岩中含泥盆纪晚期的牙形刺 *Palmatolepis* spp. 和孢子 *Retispora lepidophyta*。

5）石炭系

西藏定日、聂拉木石炭系下统亚里组（Lower Tournaisian）下部为灰色灰岩、黑色页岩夹砂岩、粉砂岩，产菊石 *Gattendorfia yaliana*、*Imitoceras xizangensis*，牙形刺 *Siphonodella sulcata*。与下伏上泥盆统呈整合接触。上部为浅灰色中粒石英砂岩，夹砂岩、钙质页岩及少量砾岩、粉砂岩，产腕足类 *Syringothyris lydekkeri*，厚1343m。下统纳兴组（Upper Tournaisian—Visean）为灰、灰白色粉砂质页岩、粉砂岩、细砂岩夹砂质灰岩及钙质砂岩；产腕足类 *Retispira nyalamensis*，双壳类 *Avicupecten*，*Scalidia*，厚度大于622m。

6）二叠系

西藏定日、聂拉木二叠系下统基龙组（Asselian—Artinskian）下部为杂砾岩，中部为生物屑粉砂岩，上部为石英砂岩、细砂岩，产腕足类 *Globiella*、*Trigonotreta*、*Attenuatella convex*，厚逾700m。该组与下伏地层关系不明。下统曲布组（Kungurian）由白色中细粒石英砂岩夹灰黑色页岩组成，富含冈瓦纳舌羊齿植物群 *Glossopteris communis*、*G. indica* 及 *Sphenophyllum*，厚20m。二叠系中统曲布日嘎组（Roadian—Capitanian）下段以砂岩、粉砂岩为主，中段为灰岩和砾岩互层，上段以灰黑页岩为主，产珊瑚 *Lytvolasma* 动物群，腕足类 *Taeniothaerus*、*Costiferina*、*Wyndhamia*、*Spiriferella*，菊石 *Uraloceras*，厚358m。二叠系上统扒嘎组（Changhsingian）为白云质灰岩、灰黑色页岩具钙质结核，产腕足类 *Spinomarginifera*、*Fusispirifer*，牙形刺 *Clarkina subcarinata changxingensis*。该组与下伏中二叠统曲布日嘎组呈假整合接触，两者间可能缺失晚二叠世 Wuchiapingian 期的沉积。上统 Changhsingian 沉积仅厚8m。

2. 雅鲁藏布缝合带（13-1b）

1）石炭系

西藏扎达石炭系下统下底雅组（Lower Tournaisian）以结晶灰岩为主，夹少量石英砂岩和黑色板岩，含珊瑚 *Caninophyllum archiaci*，腕足类 *Syringothyris* sp.、*Pseudosyringothyris* cf. *mylkensis*、*Fusella* sp.，牙形刺 *Clydognathus gilwernensis*；厚度大于500m。本组与下伏地层上泥盆统呈整合接触。下统上底雅组（Upper Tournaisian—Lower Visean）的底部为含砾砂岩，其上为石英砂岩、泥质板岩及质板岩夹煤线，产腕足类 *Orbiculoides* sp. 植物碎片，厚度大于270m。下统杰胜组（Upper Visean—Serpukhovian）主要为暗色石英砂岩、粉砂岩夹板岩，产苔藓 *Fenestella*，腕足类 *Syringothyris* sp.、*Hemiplethorhynchus kashmirensis*，腹足类 *Straparollus dionysii*，厚度大于300m。

2）二叠系

二叠系下统（Asselian—Sakmarian）（马阳组）为含砾板岩、杂砂岩、黑色板岩、砂质灰岩，夹灰黄色石英砂岩，产腕足类 *Lamnimargus humalayensis*、*Fusispirifer plicatus*、*Mayangella mayangensis*，厚332m。本组与下石炭统（杰胜组）呈整合接触，它们之间缺失晚石炭世的沉积。二叠系下统（Artinskian）—中统（Wordian）（忙宗荣组）分为下、中、上部分：下部为灰黄色石英砂岩、泥质粉砂岩及板岩互层，产腕足类 *Globiella*、*Cancrinella*；中部为灰绿色石英砂岩夹页岩，局部夹砂砾岩、含砾板岩，产腕足类 *Taeniothaerus*、*Aulosteges*；上部由灰绿色粉砂岩、石英砂岩、砾岩及黑色页岩组成，含腕足类 *Fusispirifer-Lamnimargus* 组合、*Spiriferella qubuensis*、*S. rajah*。本组厚 265m。它与上覆下三叠统呈假整合接触。

1.13 东北亚造山系

蒙古-鄂霍茨克造山带（14-1）

1. 奥陶系

据 Розман 等（1981），巴彦洪戈尔城之西 40km，Цаган-Дэл 剖面的奥陶系统称 Цагандэльских 层，共分 7 层，均归上奥陶统（Ashigillian），或最底一层归 Caradocian，不整合在皱褶的大理岩夹绿色片岩之上，后者疑为寒武系（图 1.44）。底层厚 200m，为浅色砂岩夹红色砾岩；2～3 层厚 16m，为生物灰岩，含众多的苔藓虫、珊瑚、腕足类、层孔虫等；4 层厚 35m，为砾岩；5～6 层厚 28m，为砂质灰岩夹泥质灰岩，含层孔虫 *Cystostroma fritzae*，珊瑚 *Halysites praecedens*、*Mongoliolites paradoxides*、*Grewingkia anguinea*，苔藓虫 *Stictopora mutabilis*，腕足类 *Hesperothis acuticostata*、*Strophomena boishenkoi*，牙形刺 *Panolerodus gracilis*、*Neocoleodus borealis*；7 层厚 50m，为石英砂岩夹少量砂质灰岩透镜体，含各类化石及牙形刺 *Belodina* sp.、*Icriodella superba* 等。

2. 志留系

巴彦洪戈尔（Баин-Хонгора）西部（位于 Хангаи 高原，可能属杭爱山南部）的志留系下部为玢岩、凝灰岩和凝灰角砾岩互层；上部是千枚岩、绿泥岩-绢云母板岩夹灰岩透镜体，未记录化石和厚度。

3. 泥盆系

该区泥盆系可以鄂霍茨克海以西加勒姆斯克带为代表。下统划分为 3 个组，最底部格尔比卡斯克组整合于志留系之上，为酸性火山岩夹砂岩、粉砂岩和页岩，含植物化石 *Psilophytites* sp.、*Taeniocrada* sp.、*Hostimella* sp.、*Drepanophycus spinaeformis*，厚 2000～2500m。中部伊尔加拉姆组厚 2500～3200m，岩性为砂岩、页岩和凝灰岩，也含植物化石。上部奥涅土克组以砂岩为主，夹粉砂岩、碧玉岩，含植物化石 *Psilophyton princeps*、*Dicranophyton primaevum*、*Arthrostigma gracile*，厚 1400～2000m。上埃姆斯阶至艾菲尔阶塔伊坎斯克组厚 2000～3000m，划分为 4 个亚组：第一至第三亚组为碧玉岩夹砂岩、基性火山岩夹赤铁矿层。第四亚组为砂岩砂岩，含植物 *Protolepidodendron scharyanum*、*Uralia* sp.。中泥盆统吉维特阶尼姆伊斯克组厚 2150m，下部为硅质岩、砂岩、粉砂岩、砾岩、

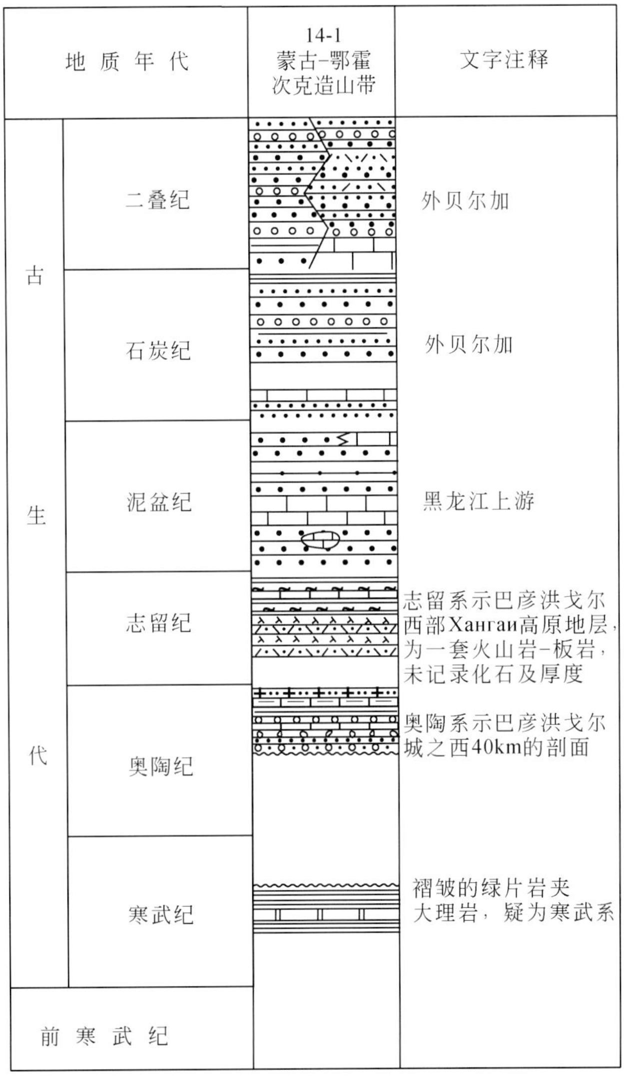

图 1.44　蒙古-鄂霍次克造山带古生代地层柱状图

碧玉岩、凝灰质玄武岩，灰岩夹层中含蜂巢珊瑚；上部为砂岩、粉砂岩、砾岩，含少量玄武岩、赤铁矿。

上泥盆统称库巴赫斯克组，岩性为砂岩、粉砂岩、砾岩及少量硅质泥岩，具赤铁矿、磁铁矿层，厚 1000 ~ 1500m，含苔藓虫 *Polipora* sp. 、*Fenestella* sp. 及植物化石 *Asterocalamites* sp. 、*Lepidodendropsis* cf. *theodori*。

4. 石炭系

外贝尔加石炭系全部为海相沉积，主要为砂岩、粉砂岩、细砾岩、砾岩、页岩和灰岩，以含腕足类动物群为特征。石炭系下统（Tournaisian—Lower Visean）包括阿尔加列依组（Аргаленская свита）和克留切夫组（Ключевская свита），其岩性为砂岩、粉砂岩及灰岩。阿尔加列依组产杜内期腕足类 *Rugosochonetes hardrensis*、*Fusella tornacensis*、*Fusella ussiensis*；克留切夫组产维宪早期腕足类 *Orthotetes keokuk*、*Leptagonia analoga*、*Chonetes ischimica*、*Syringothyris subcuspidatus*、*Pseudosyrinx plenus* 等，这些腕足类化石类似于西伯利亚-北美动物群。该套沉积与下伏上泥盆统呈整合接触，但在西外贝尔加则与下伏地层为不整合接触。下统—中统（Serpukhovian—Bashkirian）土特哈尔土组（Тутхалтуская свита）为砂岩、粉砂岩及泥岩，产腕足类 *Anopliopsis subcarinata*、*Levipustula baicalensis*、*Jakutoproductus choraskovi*、*Tomiopsis kumpani*，与下伏下维宪阶地层呈假整合接触，中间可能缺中上维宪阶地层。上统（Moscovian—Gzhelian）哈腊施比尔组（Харашибирская свита）—沙扎加依组（Щазагайская свита）主要为砾岩、砂岩、粉砂岩、页岩和灰岩，产腕足类 *Jakutopraductus cheraskovi*、*Balachonia* ex gr. *insinuate*、*B. astrogensis*。

5. 二叠系

二叠系在外贝加尔、二叠系广泛分布于奇科依-西洛克（Чнкои—Хилокский Ранон）、奇罗恩（Чиронскии ранон）、博尔集（Борзинский ранон）、奥诺恩（Ононский ранон）和普里阿尔古恩（Приаргунский ранон）等地区。所列地区中，以奥诺恩和博尔集两地的二叠系发育较好。奥诺恩的二叠系下统（Asselian—Sakmarian）朱特库勒伊组（Зугкуленская свита）的上部为砂岩、砂质-泥质板岩、粉砂岩，夹砾岩及砾石，产植物 *Lebachia*、*Obygocarpia gutbieri*、*Litriletes*、*Azonomunoietes*，厚1600m，与下伏上石炭统呈整合接触。下统（Artinskian—Kungurian）土鲁塔伊组（Тулутанская свита）为砂岩夹砾石和砾岩，上部为砂岩与粉砂岩互层，产植物 *Calamites* sp.、*Paracalamites* sp.，厚1400～1500m。中统（Roadian—Capitanian）乌斯提林组（Устьнлинская свита）（下部）为砂岩、粉砂岩，夹砾石及砾岩，产腕足类 *Avonia* cf. *cisbaicalicus*、*Spirifer profasciger*、*Rhynchopora lobjensis*，厚1250m，与下伏下二叠统为整合接触。

博尔集地区（Борзинский раион）的二叠系与奥诺恩地区（Ононский раион）有所不同，下二叠统和中二叠统均为海相碎屑沉积，并有上二叠统的出露。本区地层划分为：① 下统（Asselian—Sakmarian）的岩性为灰岩，产䗴 *Fusulina* ex gr. *pulchra*、*Paraschwagerina* sp.、*Triticites* sp.，厚100m，与下伏上石炭统为连续沉积，并依据䗴 *Fusulina* 等的出现，此套灰岩的时代应为晚石炭世至早二叠世早期。下二叠统（Artinskian—Kungurian）库恩多依组（Кундойская свита）由基底砾岩、粉砂岩组成，夹凝灰岩，产腕足类 *Jakutoproductus verhoyanicus*、*Cancrinella canorini*、*Spirfer subfasciger*、*Rhynchopora lobjensis*、*Pseudosyrinx* cf. *kolymaensis*，厚1100～1300m。该组与下伏下二叠统下部呈不整合接触。在其他一些地区，相当于本组的沉积经常缺失。② 中统（Roadian）哈拉诺尔组（Харанорская свита）以砂岩、粉砂岩、凝灰质砂岩为主，夹砾岩、砾石及凝灰岩和硅质岩，产腕足类 *Productus* cf. *ochotica*、*Cancrinella cancrini*、*Licharewia* cf. *grewingki*，双壳类 *Schizodus subobscurus*，厚1600～1700m，与下伏下二叠统呈不整合接触。中二叠统（Wordian—Capitanian）别勒卡杜依组（Белектуйская свита）为砂岩、粉砂岩、凝灰岩夹砾岩、凝灰岩和纳长斑岩，产腕足类 *Cleiothyridina pectinifera*，双壳类 *Aviculopecten* ex gr. *subclathratus*、*Schizodus subobscurus*、*Sch. Netschaejewi*，厚1300～1400m。③ 上统（Wuchiapingian—Changhsingian）

博尔集组（Борзинская свита）主要为砂岩、粉砂岩，夹凝灰岩、砾石、砾岩，产介形虫 *Conularia cf. hollebeni*，厚1000～1100m，与上覆三叠系为整合接触。

1.14 亚洲东缘造山系

1.14.1 锡霍特–阿林造山带（15-1）

1. 泥盆系

锡霍特山脉南端双城子附近报道有零星上泥盆统分布。岩性为硅质岩和火山岩。灰岩夹层中含有孔虫 *Quasiendothyra* cf. *communis*、*Parathurammina* sp. 等，出露厚度大于300m.

2. 石炭系

此造山带内石炭系分布于中锡霍特–阿林、南滨海地区以及东锡霍特–阿林和乌苏里河盆地等地区，岩性、岩相变化较大，既有海相沉积又有陆相沉积（图1.45）。海相沉积中又分碎屑岩、火山碎岩类型和碳酸盐类型。南滨海地区下石炭统（Tournaisian）Shevelevka组的岩性为非海相的粉砂岩、层凝灰岩、凝灰角砾岩，含安格拉植物群分子 *Urglia*、*Cyclositgma*，厚1000m。该组覆于泥盆系或志留系地层之上。中锡霍特–阿林石炭系自下而上为：下石炭统（Tournaisian—Visean）马里谨夫组为一套火山岩、沉积岩系，产 *Asteroachaediscus*，厚1000m，与下伏泥盆系或志留系可能呈不整合接触。下石炭统（Visean）—上石炭统（Bashkirian—Gzhelian）萨马尔金组为泥质页岩、粉砂岩、硬砂岩、玢岩及凝灰岩，含䗴 *Endothyranopsis*、*Ozawainella*、*Profusulinella*、*Fusulinella*、*Triticites*，厚1500～3500m。在南锡霍特–阿林，石炭系为连续的碳酸盐岩沉积，主要为灰岩，产有孔虫和䗴 *Endothyra*、*Endothyranopsis*、*Pseudostaffella*、*Ozawainella*、*Profusulinella*、*Fusulinella*、*Fusulina obsoletes*、*Protriticites*、*Triticites* 等，厚500～600m。这些䗴完整地代表了下石炭统至上石炭统的生物地层层序。

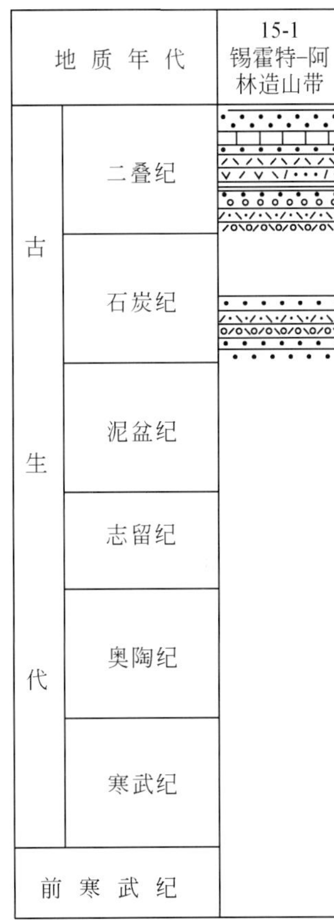

地质年代
15-1
锡霍特–阿林造山带
古
生
代
二叠纪
石炭纪
泥盆纪
志留纪
奥陶纪
寒武纪
前寒武纪

图1.45 锡霍特–阿林造山带古生代地层柱状图

3. 二叠系

在造山带内，二叠系广泛出露于中锡霍特–阿林、南锡霍特–阿林和南滨海地区。南滨海地区（South Primorye）二叠系发育较完整，下二叠统（Asselian—Artinskian）至下统（Kungurian—Lower Capitanian）为非海相沉积，中统（middle Capitanian）—上统（Wuchiapingian—Changhsingian）则均为海相沉积。本区二叠系具体划分为：下统（Asselian—Artinskian）称 Dunay 层，岩性为玢岩、凝类岩、层凝灰岩，产安加拉植物群分子 *Rufloria*、*Angaropteridium*、*Gaussia*、*Glossopteropsis* 等，厚 1200 ~ 1750m。此套火山和火山碎屑沉积的下伏地层是下石炭统杜内阶地层。下统—中统（Kungurian—Roadian）Abrek 层为非海相碎屑岩沉积，由底砾岩、砂岩、粉砂岩、碳质页岩组成，含植物 *Sphenopteris*、*Prynadaeopteris*、*Zomiopteris*、*Rufloria*、*Comia*、*Lobatannularia*、*Angaropteridium*，厚 1450 ~ 1700m。中统（Wordian—Lower Capitanian）Vladivostok 层的下部为凝灰质粉砂岩及流纹岩；上部为凝灰岩、凝灰质角砾岩、凝灰质砂岩、层凝灰岩、砾岩夹粉砂岩和页岩。富含安加拉和华夏混生的植物群分子 *Lobatannularia*、*Asterotheca*、*Cladophleois*、*Glossopteris*、*Paracalamites*、*Comia*、*Rufloria*、*Tomia* 等，厚 570 ~ 1600m。中统（Middle Capitanian）Chandalaz 层的岩性主要由灰岩、粉砂岩组成，厚 600m，产䗴 *Monodiexodina*、*Parafusulina*、*Lopidolina*、*Metadoliolina lepida*，菊石 *Stacheoceras*、*Xendiscus*，腕足类 *Anidanthus*、*Yakovlevia*、*Liosotella*、*Spiriferella*、*Richthofenia*、*Enteletes*。腕足类动物群显示出冷温型与暖水型混生的色彩。中统—上统（Late Capitanian—Dorashamian）Lyudyanza 层主要为砂质泥岩、粉砂岩和砂岩夹黏土岩，含钙质结核，产菊石 *Cyclolobus*、*Eusanyangites*、*Iranites*、*Liuchengoceras*，局部夹层中含植物 *Taeniopteris*，厚 500 ~ 550m。在南锡霍特-阿林地区，二叠系为一套发育较完整的碳酸盐岩沉积，全部为灰岩，富含䗴和有孔虫，与下伏地层上石炭统呈假整合接触，厚 200 ~ 500m。该岩系下统产 *Pseudoschwagerina*、*Acervoschwagerina*、*Pseudofusulina kraffti*、*Chalaraschwagerina vulgaris*、*Misellina claudiae*；中统产 *Cancellina zarodensis*、*Neoschwagerina margaritae*、*N. craticulifera*、*Yabeina*；上统产 *Reichelina*、*Codonofusiella*、*Colaniella*。此外，在滨海地区，二叠系还有一套硅质岩相沉积，散布于一些地体中，富含二叠纪各个时期的放射虫。

1.14.2 佐川造山带（15-2）

1. 奥陶-志留系

据 Kimura 等（1991），佐川造山带的志留系刚好出现于［Hida 带（大陆）外侧的 Chichibu 地槽（边缘海）最北部］Hida 边缘地区的 Fukuji。仅存罗德洛期的 Hitoegane 灰岩，含三叶虫 *Encrinurus fimbriatus*、*Cheirurus hitoeganensis*、*Kosovopeltis hidensis* 等（中晚卢德洛期化石）；而其中的凝灰质页岩含 *Encrinurus* cf. *kitakamiensis*。Igo 等（1975）在 Sorayama 于泥盆系 Fukuji 组的下部灰岩内记录有泥盆纪最低牙形刺 *Icriodus woschmidti woschmidti*、*Spathognathodus remscheidensis*，因而指出，Fukuji 周围泥盆系地层与 Hitoegane 的志留系地层可以是连续的（图 1.46）。

Fukuji 附近的 Yoshiki 组曾发现过奥陶纪放射虫和介形虫（Kobayashi and Hamada，1988）。它被泥盆系 Fukuji 组不整合所覆，与志留系 Hitoegane 灰岩关系不明。

2. 泥盆系

泥盆系零星见于北上山地、阿武隈山北部、飞驒山脉以及纪伊山脉（Kimura *et al.*，

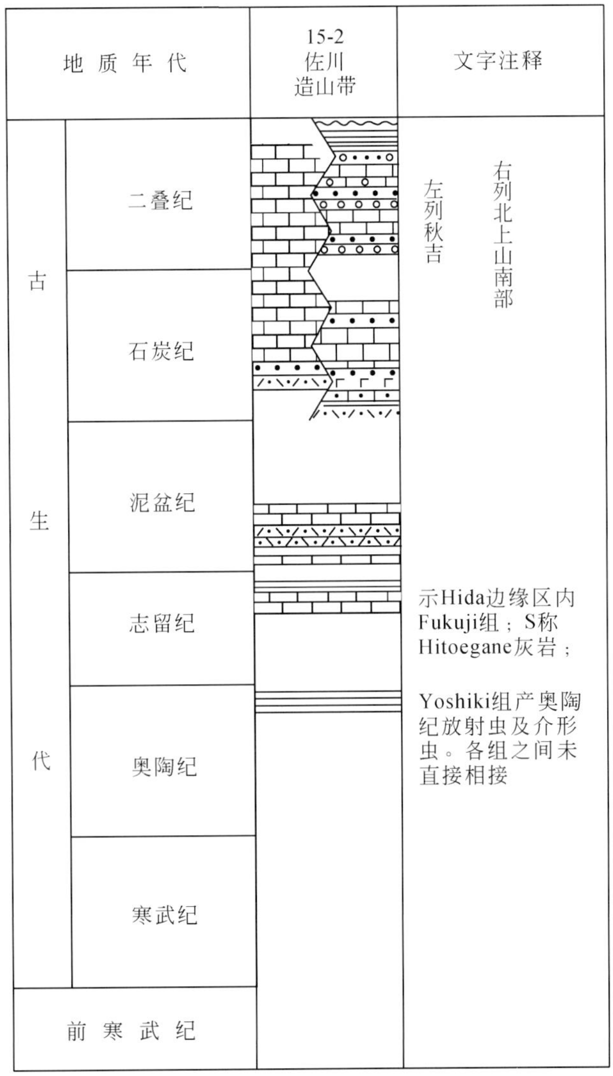

图 1.46　佐川造山带古生代地层柱状图

1991）。以北上山地剖面为例，下泥盆统大野组为酸性凝灰岩夹板岩，底部为灰绿、紫红色硅质沉积夹薄层灰岩，厚约 400m，含珊瑚 *Favosites* sp.、*Thamnopora* sp.。中泥盆统中里组下部为中酸性熔岩和火山碎屑岩，上部为页岩板岩为主夹火山岩，厚 500m，含化石 *Phacops* sp.、*Atrypa* sp.、*Heiliolites* sp.。上泥盆统大森组为页岩，底部为砂砾岩，顶部为基性熔岩和火山碎屑岩，相变为层状灰岩，厚度大于 200m，含腕足类 *Cyrtospirifer* sp.，植物 *Lepidodendron* sp.。大野组与下伏志留系川内组整合接触，与上覆中里组不整合接触。阿武隈山北部仅出露上泥盆统，为辉绿凝灰岩、板岩，含 *Cyrtospirifer* sp.。飞驒地区志留-泥盆系福地组以灰岩为主夹页岩及角斑岩，含 *Favosites* sp.，中泥盆统高原组也为含珊瑚的灰岩。

3. 石炭–二叠系

佐川造山带地处西南日本内带和东北日本两大区域，区域内石炭–二叠系分布广泛，但主要见于本州中国（Chugoku）、飞驒边缘地区（Hida marginal area）、南北上山（Southern Kitakumi）、东阿武隈山（Eastern Abukuma）。不同地区石炭–二叠系各有特色，在诸多地区中，以秋吉（Akiyoshi）和南北上山两地区的石炭–二叠系发育较好，层序清楚，化石丰富，一般被视为日本石炭–二叠系分层的标准。

秋吉地区石炭系称秋吉灰岩（Akiyoshi Limestone）或秋吉灰岩群，主要为灰岩、鲕状灰岩，局部夹生物礁，富含䗴化石，厚350m；其底部为火山碎屑岩，厚约120m。其地层层序列划分如下：下石炭统（Upper Tournaisian）的岩性为凝灰岩、凝灰角砾岩、火山色砾岩及页岩，含牙形刺 *Gnathodus delicatus*，珊瑚 *Zaphrentites* sp.，厚约120m，与下伏地层接触关系不明。下石炭上杜内阶的沉积仅分布于秋吉地区，在西南日本内带的其他地区尚未见有出露。下石炭统（Visean—Serpukhovian）产珊瑚 *Cyathaxonia* sp.、*Nagatophyllum satoi*。上石炭统（Bashkirian—Kasimovian）产䗴 *Millerella yowarensis*、*Pseudostaffella antique Profusulinella*、*Fusulinella biconica*、*Beedeina akiyoshiensis Triticites matsumotoi*，但缺标准的 *Triticites* 带。秋吉地区上石炭与下石炭统为连续的碳酸盐岩沉积。可以看出，在秋吉地区，除了下石炭统上杜内阶为火山碎屑岩、碎屑岩外，其他下统和上统全部为海相稳定型碳酸盐岩沉积。然而飞驒边缘地区（Hida marginal area），石炭系则变为灰岩、碎屑岩和酸性、基性火山岩。

西南日本内带二叠系分碳酸盐岩相（the calcareous facies）和非碳酸盐岩相（non-calcareous bacies）。碳酸盐岩相的二叠系可以秋吉灰岩为代表，全部由灰岩组成，其地层层序划分如下：下二叠统（Asselian—Artinskirian）含䗴 *Triticites simplex*、*Pseudoschwagerina muongthensis*、*Pseudotusulina vulgaris*。该下二叠统灰岩与下伏上石炭统灰岩呈不整合接触。下二叠统—中二叠统（Kungurian—Roadian）产䗴 *Pseudofusulina ambigus*、*Parafusulina kaerimizensis*、*Neoschwagerina craticulifera*、*Verbeekina verbeeki*、*Neoschwagerina douvillei*。中统（Capitanian）含䗴 *Yabeina shiraiwensis*。二叠系秋吉灰岩厚330m。非碳酸盐岩相二叠系为碎屑岩、硅质岩和火山碎屑岩，分布于二叠系灰岩体的周围。

南北上山（Southern Kitakami）地区石炭–二叠系发育最佳，层序清楚生物群丰富。石炭系为海相沉积，下统为一套火山碎屑岩、碎屑岩和碳酸盐岩沉积，以含腕足类、珊瑚化石为特征；上统以碳酸盐岩为主，碎屑岩次之，偶夹火山碎屑岩，以含䗴为特征。二叠系为海相陆源碎屑岩和碳酸盐岩，下、中统以含䗴、珊瑚和腕足类为特征，而上统以含菊石、双壳类和有孔虫为特征。

本区 Hikoroichi–Setamai 地区石炭系划分如下：下石炭统（Lower Tournaisian）Shittakaza 组主要由泥岩、砂岩、砂质灰岩和酸性凝灰岩组成，产腕足类 *Leptogonia analoga*、*Kitakamithyris tyoanjiensis*，珊瑚 *Palaeosmililia membiensis*，厚700m。该组不整合于泥盆系地层之上。下统（Upper Tournaisian）有佳组（Arisu）为玄武质火山碎屑岩、泥岩、凝灰质砂岩和砂质灰岩，产珊瑚 *Amplexus niponensis*，腕足类 *Syringothyris transversa*、*Kitakamithyris semicircularis*，厚350~700m。下统（Visean）太平组（Ohdaira）的下部为玄

武质火山碎屑岩、熔岩，夹火山砾岩；上部为泥岩、砂岩及含鲕粒灰岩。产珊瑚 *Kueichouphyllum heishikuanense*、*Yuanophyllum kansuense*，厚 600m。下统（Upper Visean）鬼丸组（Onimaru）主要由暗色或黑色灰岩组成，夹泥岩及钙质砂岩，产珊瑚 *Kueichouphyllum*、*Dibunophyllum*，䗴 *Millerella*，腕足类 *Gigantopraductus*，厚 75m。上石炭统（Bashkirian—Lower Moscovian）长岩组（Nagiwa）的下部为砂岩，局部夹凝灰岩；上部为灰岩。产䗴 *Minerella*、*Pseudostaffella*、*Profusulinella*，珊瑚 *Thysanophyllum*，厚 600m。本组与下伏石炭统鬼丸组（Onimaru）组呈假整合或不整合接触。

二叠系下统在南北上山东北部和西北部以及阿武隈山东北部发育良好，上二叠统分布于南北上山南部和阿武隈山东北部，现将南北上山二叠系划分简述如下：下统（Asselian—Artinskian）坂本泽组（Sakamotozawa）主要由灰岩组成，其底部为厚 50m 的砾岩、砂岩和泥岩，产䗴 *Zellia nunosei*、*Monodiexodina langsonensis*、*Pseudofusulina vulgaris*、*P. fusiformis*、*P. ambigua*，其中 *Monodiexodina* 是喜冷温型分子，厚 1300m。本组与下伏不同时代的地层呈假整合或不整合接触。下统—中统（Kungurian—Capitanian）叶仓组（Konokura）厚 1300m，下部为砾岩、砂岩、泥岩；上部为灰岩、鲕状灰岩夹泥岩及砂岩。下部产䗴 *Monodiexodina matsubaishi*，腕足类 *Leptodus*；上部产䗴 *Lepidolina multiseptata*、*L. kumaensis*、*Cancellina*、*Verbeekina*，腕足类 *Spinomarginifera*、*Tyloplecta*、*Yakovlevia*、*Spiriferella*。该组腕足类动物群具有冷暖型混生色彩。二叠系上统（Wuchiapingian—Changhsingian）登米群（Toyoma Group）的岩性为黑色板岩，底部为粗碎屑岩，厚 1800m，产菊石 *Xendiscus* cf. *carbonarius*、*Araxoceras* cf. *ratoides*、*Protoceras japonicum*、*Paratirolites*? sp.，有孔虫 *Colaniella parva*。本组与上覆三叠系呈不整合接触。

1.15 西太平洋岛弧系

1.15.1 日本-琉球岛弧（16-1）

1. 奥陶-志留系

据 Kimura 等（1991），志留纪地层珊瑚礁灰岩丰富，分布于西南日本的 Gion 山脉、Yokokura 山等地和东北日本的 Hikoroichi 和 Setamai，即 Kurosegawa-Ofunato 岛弧。西南日本的志留系（图 1.47 柱图右列），Hamada（1961）称 Gion—Yama 组，并自下而上划分为 G_1、G_2、G_3、G_4段，而在 Yokokura 山，Suyari（1961）称志留纪地层为 Yokokura—Yama 组。上列两个组可对比。G_1段可能全属兰多维列期，为酸性凝灰岩、凝灰质砂岩和泥岩的互层组成，向上钙质增多过渡为 G_2段。G_2段厚 25m，为纯灰岩及砂质灰岩，含丰富珊瑚 *Falsicatenipora shikokuensis*、*Halysites kuraokensis*、*Halysites suessmilchi*，三叶虫 *Coronocephalus kobayashi*、*Scutellum japonicus*、*Encrinurus* sp.，牙形刺 *Pterospathodus amorphognathoides*，属文洛克统。G_3段厚 240m，大多为灰、浅红色块状灰岩，夹一些由细碎屑岩组成的红色薄层，石灰岩部分角砾岩化。含珊瑚 *Schedohalysites*、*Halysites*、*Falsicatenipora* 属多种，日本最丰富的三叶虫群以 *Encrinurus*、*Bumastus* 为特征，包括 *Encrinurus nodai*、*E. subtrigonalis*、

Bumastus glomerosus、*Cerauroides orientalis*、*Pseudocheirurus gomiensis*，时代属文洛克最晚期至罗德洛早期。G_4段厚1100m，主要为酸性凝灰岩和凝灰角砾岩（有硅质泥岩角砾），含放射虫 *Tlecerina harrida*，属罗德洛晚期至普里道利世沉积。上覆上泥盆统 Ochi 组，含植物化石 *Leptophloeum rhombicum*。G_2段的角砾状灰岩分析有奥陶纪牙形刺。东北日本的志留系文洛克早期沉积称 Okuhinotsuchi 组（图 1.47 柱图左列）不整合于前寒武纪花岗岩之上，厚 90m，下部 40m 是泥岩、熔结凝灰岩（5m）、凝灰砂岩、凝灰岩和纯灰岩互层，上部为黑灰色层状灰岩，厚 50m。含珊瑚 *Falsicatenipora shikokuensis*，三叶虫 *Encrinurus* 和腕足类 *Pentamerus*。时代为文洛克晚期至罗德洛早期的 Kawauchi 组厚度在 100m 以内，底部 10m 为砾状砂岩，其上为灰岩夹泥岩。含大量珊瑚，如 *Schedohalysites kitakamiensis* 以及腕足类 *Skenidioides*、三叶虫 *Encrinurus* 等。下泥盆统 Ohno 组未能与它直接相接。

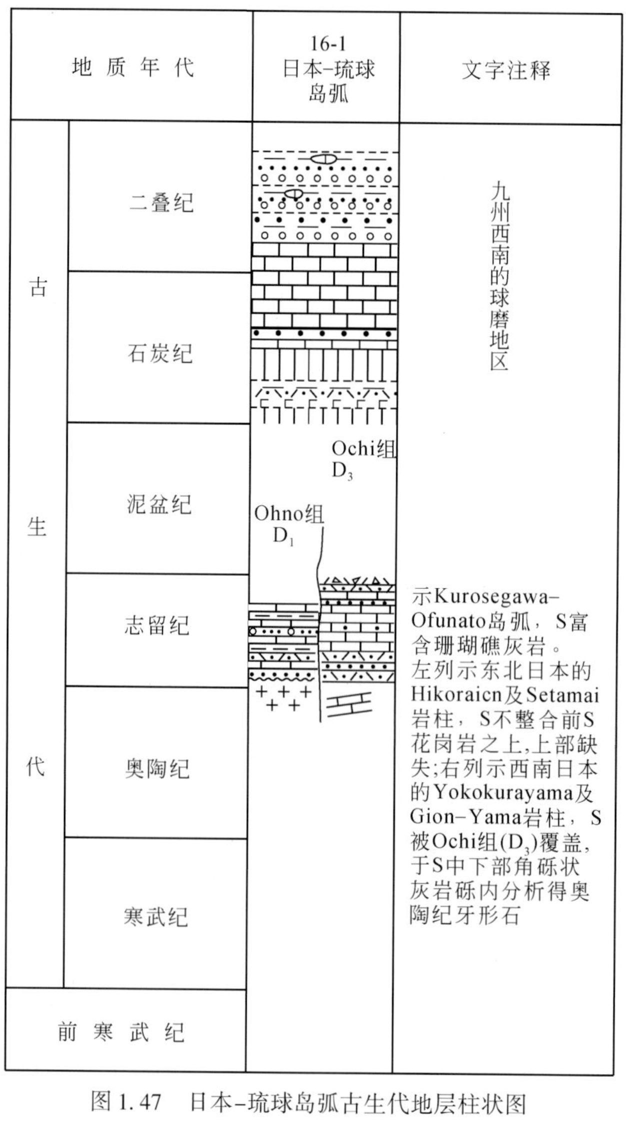

图 1.47　日本-琉球岛弧古生代地层柱状图

2. 石炭–二叠系

在岛弧北部西南日本外带和秩父山地区（Kanto），石炭–二叠系主要分布于九州、四国的 Kurosegawa 带及其相邻地区，其中以九州西南的球磨地区（Kuma）发育较好。该地区石炭系为海相火山岩、火山碎屑岩、碎屑和碳酸盐岩沉积。二叠系下统以海相碳酸盐岩沉积为主，中统以海相碎屑沉积为主，碳酸盐岩次之。

球磨地区石炭系自下而上分为：① 下石炭统（Upper Visean）柿迫组（Kakisako）主要由泥岩、玄武熔岩和凝灰岩组成，其次为砂岩和硅质岩，产䗴 *Millerella*，珊瑚 *Dibunophyllum*、*Kueichouphyllum*，厚 580m。② 上石炭统（Upper Moscovian—Gzhelian）Tobiishi 群（Yayamadak 灰岩）由基性火山岩、碎屑岩和灰岩组成，含䗴 *Pseudostaffella*、*Fusulinella*、*Fusulina*、*Triticites matsumotoi*、*T. yayamadakensis*，厚 1000m 以上。Tobiishi 群的灰岩部分又称 Yayamadake 灰岩，这一灰岩延续至下二叠统。本群与下伏下石炭统 Kakisako 组呈假整合接触。两者之间缺失 Serpukhovian—Bashkirian 期的沉积。此外，在 Tobiishi 群分布的相邻地区，上石炭统天有组（Amatsuki）为砂岩、板岩、火山碎屑岩和灰岩，厚 630m，灰岩中产䗴 *Profusulinella*、*Fusulinella*，相当于 *Fusulinella* 带，时代属莫斯科期早期。

球磨地区二叠系由下而上分为：① 下二叠统（Asselian—Artinskian）Yayamadake 灰岩，主要由灰岩组成，底部为灰岩砾岩，产䗴 *Pseudoschwagerina morikawai*、*Pseudofusulina minatoi*，与下伏上石炭统呈整合接触。下统（Upper Artinskirian—Lower Kungurian）Shimadok 组主要由砂岩、泥岩组成，夹硅质岩和灰岩透镜体，产䗴 *Pseudofusulina* sp.，厚 1200m。② 中二叠统（Upper Kungurian—Wordian）Kozaki 组主要由砾岩、砂岩和泥岩组成，夹灰岩透镜体，产䗴 *Misellina claudiae*、*Parafusulina kaerimizensis*、*Neoschwagerina margaritae*、*Yabeina globosa*，厚 360 ~ 400m。中统（Capitanian）球磨组（Kuma）为砂岩、砾岩和泥岩夹泥质或砂质灰岩透镜体，产䗴 *Yabeina yasubaensis*–*Lepidolina toriyamai* 组合，相当于 *Lepidolina* 带。本区缺失吴家坪期至长兴期的沉积。

1.15.2 台湾–菲律宾岛弧（台湾东部）（16–2）

本区仅知石炭–二叠系，其他古生代地层不明。

台湾的石炭–二叠系仅分布于东部花莲县一带，上石炭统—下二叠统下部为一套变质岩系，不含化石；下二叠统上部—中二叠统（Kungurian—Roadian）可能缺失；中统（Wordian—Capitanian）以大理岩为主，含䗴 *Neoschwagerina* 动物群；上二叠统全部缺失。石炭—二叠系划分为开南冈层和九曲层两个岩石地层单位。上石炭统—下二叠统（Asselian—Artinskian）开南冈层（图 1.48）又称开南冈片麻岩，这是台湾岛最古老的地层，其原岩为硅质长石砂岩及粗粒长石质砂岩，夹细粒砂岩及页岩，经变质成为片麻岩、绿色及黑色片岩，不含化石，厚 800m。该片麻岩系与围岩普遍为断层接触。该层主要出露花莲县木鲁阁大峡谷，根据同位素年龄值的测定，开南冈层的时代归属晚石炭世至早二叠世。中二叠统（Wordian—Capitanian）九曲层分布于大南澳群变质系的东北和西部，但在花莲县九曲洞一带出露最佳。该层以白色厚层块状大理岩为主，包括部分白云岩和片岩，常呈黑白相部条带，白云岩带常夹于大理岩中，其厚度从数米至数十米不等。产䗴 *Schwagerina*（?）、*Parafusulina*（?）、*Neoschwagerina*，珊瑚 *Waagenophyllum*。厚度为1000～2000m，与下伏和上覆地层关系不清楚。

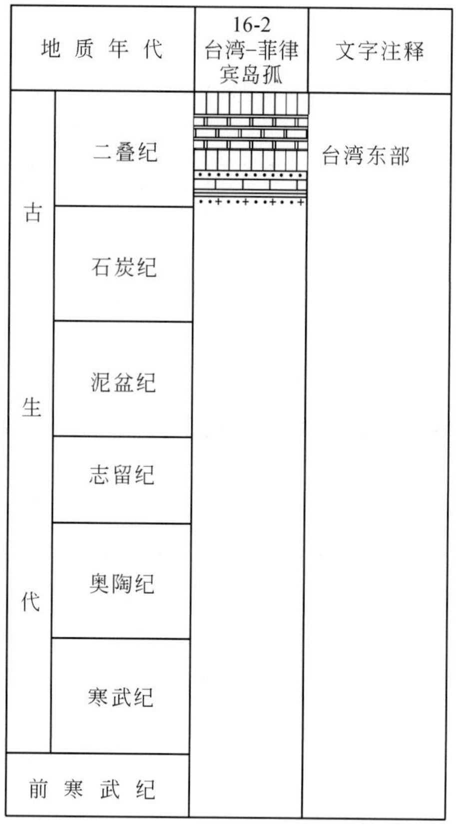

图 1.48　台湾-菲律宾岛弧古生代地层柱状图

第2章　东亚中生代地层表

这批东亚中生代地层表涉及的区域有：中国华北与东北、日本全境（包括本州、四国、九州、北海道和琉球群岛）、朝鲜半岛（包括朝鲜与韩国）和俄罗斯东北，俄罗斯东北纳入西伯利亚地台东缘以东和以南的广大区域，如西、东外贝加尔，黑龙江（阿穆尔）上、中、下游以及锡霍特岭-兴凯东南部、维尔霍扬、科累木、奥莫隆、楚柯奇、柯立亚克-堪察加和萨哈林（库页岛）。

列表形式和结构采用文字概述加地层界线的竖表方式，文字概述包括岩性或岩石组合特征、主要古生物群组成或生态特征、测年或对比数据、地层厚度等。地层界线用水平线或斜线表示出整合、不整合、假整合或断层关系，地层缺失以竖排线表示。岩性、化石、地层关系的描述与表达均以群、组（个别有亚群、超群、亚组或段）为单位，国际地层表的系、统、阶等年代地层单元作为列表的格架。

这批东亚中生代地层表的内容，除中国华北与东北依据作者2009年综合文字成果外，国外中生代地层资料以往没有系统的中文著作介绍，这次主要以日本、俄罗斯、朝鲜、韩国、蒙古等国家的英文、俄文版权威专著为蓝本，选译、组编而成。在译、编过程中，尽量忠实于原著资料，但在地层对比方面也有一些作者自己的不同看法。

这批东亚中生代地层表的国别分布情况见表2.1。

表2.1　东亚中生代地层表的国别分布情况

地区	图、表数量	地层数量
俄罗斯东北亚与远东	17张表	72地层柱
日本	15张表	67
蒙古	3张表	11
朝鲜半岛（朝鲜、韩国）	4张表+1张图	18
中国华北与东北	15	42
共计	54张表+1张图	210地层柱

日本三叠系（1）

统	国际阶	日本阶	三郡-秋吉地体（西）山口县Akiyoshi地区	三郡-秋吉地体（东）冈山县Koyama地区	午鹤 地体 Shidaka-Fukumoto地区	美浓 (丹波-足尾)地体 1. 取县Wakasa地区；2. 山口县Mukaihata地区
上覆			J_3—K_1 鸟取群	J_3—K_1 鸟取群	?	Pz Shitani组变质蛇绿岩 推覆断层
T_3	瑞替阶					1. Tsunotani组(T—J_1)：含砾泥岩（J）、燧石层、硅质页岩、绿岩透镜体，含T牙形石与J_1放射虫，推断本组为Tamba群的构造断块（参见丹波地区地层柱）。 2. Kuga群： (1) 燧石层含T_3牙形石*Epigondolella abneptis*及J放射虫； (2) 灰岩透镜体含P䗴类 Kuga群被确认为Tamba群的西延（向西可至九州北部福冈县），详见Tamba群柱状
T_3	诺利阶	Saragaian	Mine群或Tsubuta群：砾岩、砂岩、泥岩组成11个旋回，为陆相夹海相磨拉石，共4组，皆含煤层。顶部含*Monotis scutiformis*；上部含*Asoella*、*Tosapecten*、*Cardinia*、*Waagenoperna*、*Rhychonella*；中上部为主煤层和主植物化石层；中下部含海相双壳类*Halobia*、*Palaeopharus*、*Minetrigonia*、*Oxytoma*；下部含*Unionites*。植物化石大于100种 4000m	Nariwa群：下、中部(900~1150m)为砂岩、页岩夹煤层，含植物110种；上部(1000m)为砂岩、砂质页岩、页岩，含*Tosapecten*、*Waagenoperna*、*Oxytoma*、*Cardinia*, *Germanonautilus*、*Arcestes* (*Stenarcestes*) 1900~2115m	Nabae群(或Shidaka群)：砂岩、页岩，下、中部夹砾岩、薄煤层，分3组或4组，含*Minetrigonia*, *Bakevelloides*、*Cardinia*、*Palaeopharus*、*Halobia*、*Tosapecten*、*Neoschizodus*、*Pleuromya*及瑞替-里阿斯类型植物 940m	
T_3	卡尼阶	Sakawan	Atsu群：下部石英砂岩夹灰岩透镜体；中部页岩夹砂岩、砾岩；上部砂页岩夹煤层；中部含*Daonella*、*Halobia*、*Oxytoma*、*Minetrigonia*、*Palaeopharus*、*Waagenoperna* 200m	Kyowa组：砂页岩夹煤层 *Minetrigonia*、*Palaeopharus*, *Oxytoma* 可见厚度95m	Arakura组页岩、砂质页岩 *Mojvarites*? *arakurensis*、*Posidonia*、*Halobia*?、*Spiriferina* 可见厚度80m	
T_2	拉丁阶	Fujinohiran	下界不明		?	
T_2	安尼阶	Matsushiman			Yakuno 群或 Fukumoto 群 Waruishi组：泥、页岩为主，中部有砂质泥岩，*Hungarites*、*Danubites*、*Monophyllites*、*Daonella*?	
T_2	安尼阶	Isatomean			300m	
T_1	奥伦尼克阶	Tsuyan			Honodani 组：砂岩、页岩、砾岩间夹灰岩透镜体，岩性南细北粗 *Neoschizodus*、*Bakevellia* (*Maizuria*)、*Eumorphotis*、*Claraia*、*Meekoceras*、"*Ophiceras*"	
T_1	奥伦尼克阶	Uonashian				
T_1	印度阶				700~900m	
下伏			Pz Sangun变质岩或 C_2—P_3 洋壳岩	同左或210~230Ma变质岩	P_{2-3} Maizuru Gr. 增生杂岩 280Ma Yakuno蛇绿岩 S—D Oeyama蛇绿岩	170Ma Hattou片岩

日本三叠系(2)

统	国际阶	日本阶	美浓（丹波-足尾）地体 京都府Tamba地区	美浓（丹波-足尾）地体 岐阜县、爱知县Mino地区	美浓（丹波-足尾）地体 枥木县－群马县Ashio-Yamizo地区、新潟县Tsugawa地区	美浓地体上越带 群马县Tone河上游
上覆			J_{2-3}页岩、硅质页岩 Tamba群	$J_{2-3}—K_1^1$	$J_4^2—J_3$砂岩	?
T_3	瑞替阶		混杂于J_{2-3} Tamba群页岩中的Type I(南带): T_1—J 燧石层、硅质页岩夹绿岩块体和逆冲于上的Type Ⅱ(北带): $C_2—P_1$绿岩夹灰岩、$C_2—T_1$燧石层、J砂页岩夹燧石层。其$T_1—T_3$硅质岩所含牙形石、放射虫与Neo-Unuma杂岩者近同（见该地层柱）；其灰岩透镜体（厚<1m）含*Halobia*, 称Nishiyama灰岩(卡尼阶？)；其砂页岩(110m)含T_3双壳类*Monotis ochotica*、*M. Zabaicalica*。该砂、页岩称Myogatani组。Tamba群虽呈混杂岩形态，但C_2—J的岩石地层和生物地层序列中未发现不整合面和明显间断，似为连续的深海沉积序列，唯$T_3—J_1$的含大化石的砂、页岩可能为弧前滑塌来源	混杂于J_{2-3}(-Ki)Neo Unuma(Kurakaketoge Ikuridani) 页岩、硅质页岩或砂岩中的： (1) P_1绿岩与灰岩 (海山岩); (2) $P_2—J_1$燧石层、硅质页岩（深海沉积）； (3) J_2页岩、硅质页岩（深海沉积）； (4) J_3 ($—K_1^1$)含凝灰质页岩、硅质页岩、砂岩（海沟-弧前沉积） 具海山岩的北带(M_2)逆冲于较新地层(南带M_1)之上 三叠纪化石带有： (3) 瑞替阶—上诺利阶*Canoptum triassicum*带。另含放射虫*Palaeosaturnalis gracilis*、*P. bifidus*、*Capnuchosphaera* sp., 牙形石*Misikella hernsteini*、*M. posthernsteini* 等； (2)下诺利阶—卡尼阶*Triassocampe nova*带。另含放射虫*Capnuchosphaera triassica*、*C. theloides*、*C. saris*、*C. venusta*、*Syringocapsa batodes*、*Eucyrtidium* (?) *pessagnoi*, 牙形石*Neogondolella polygnathiformis*、*Epigondolella abneptis*、*E. postera*、*E. bidentata*、*Parvigondolella andrusovi;* (1)拉丁阶—上安尼阶*Triassocampe deweveri*带。另含放射虫*T. annulata*、*T.* (?) *japonica*、*Yeharaia elegans*、*Archaeospongoprum japonicum*、*Pentactinocarpus fusiformis*, 牙形石*Gladigondolella tethydis*、*Carinella hungarica*	混杂于$J_4^2—J_3$ Ashio Tsugawa 砂岩中的： (1)P_{1-2}绿岩、灰岩（海山岩）； (2)T 燧石层； (3)J_{1-2}硅质页岩或砂泥岩 三叠纪燧石层岩性，厚度与所含化石与美浓地区的Neo杂岩、Unuma杂岩者近同	Okutone群 页岩、砂岩夹较少砾岩与灰岩 含诺利期双壳类： *Monotis ochotica*、 *M. zabaikalica* 该群特征与秋吉、午鹤地体T_3相近
	诺利阶	Saragaian				3000m 下界不明
	卡尼阶	Sakawan				
T_2	拉丁阶	Fujinohiran				
		Matsushiman				
	安尼阶	Isatomean				
T_1	奥伦尼克阶	Tsuyan				
		Uonashian				
	印度阶		$C_2—J_3$ 燧石层<200m	杂岩总厚 80m T部分 约30m		
下伏			J_{2-3} 页岩、硅质层<200m $T_3—J_1$ 燧石层<200m			

日本三叠系（3）

统	国际阶	日本阶	三波川地体 四国中北部－纪伊半岛－关东地区	北秩父地体 四国中部、纪伊半岛西部、关东	黑濑川地体（北部为主） 九州－四国－纪伊半岛中部－关东	黑濑川地体（南部为主） 九州－四国－纪伊半岛中部－关东
上覆			J_2—K_1	K_1 Ryoseki组砾岩、砂页岩 J_{1-2}	J_3—K_1 Torinosu群	J_3—K_1 Torinosu群
T_3	瑞替阶		(1) Mikabu灰岩： 含T_3牙形石，混杂于J_3 Mikabu 绿岩中的外来岩块。绿岩本身所含燧石层产J_3放射虫（属上岩片）。 (2) Sambagawa灰岩： 含T_3牙形石，混杂于Sambagawa片岩（包括Karasaki组）中的外来岩块。片岩本身含J面貌放射虫，据变质年龄的两个峰值60Ma（K_2晚期）和110Ma（K_1晚期）确定片岩原岩为J_3^3—K_1（属下岩片）	(1) T_2^2—T_3燧石： 含与Mino带一致的放射虫和牙形石，作为外来岩块赋存于上岩片——Nokatsuyama Unit杂岩中。该杂岩基质为J_{1-2}的绿岩、灰岩、燧石层（海山岩）和页岩，除T_2^2—T_3燧石层外，另含大量C_2—P_1绿岩、灰岩、燧石（海山岩）以及P_{2-3}绿岩与灰岩（海山岩）外来岩块。 (2) T_3砂岩（下部）、页岩页岩—粉砂岩（上部）与凝灰岩（顶部），构成下岩片——Niyodogawa Unit（T_3—T_2)的下部，厚20~200m，含双壳类Monotis，放射虫Triassocampe等。 (3) T_2^2—T_3燧石层： 赋存于下岩片——Niyodogawa Unit杂岩中，为外来岩块（或部分为基质，该岩片另含P海山岩和燧石岩块	Kochigatani群（四国）（北极太平洋型） 上亚群： 砂质页岩、页岩夹砂岩，间夹安山碎屑凝灰岩和酸性凝灰岩含诺利阶双壳类： *Monotis ochotica*、 *M. pachypleura*、 *M. Zabaikalica* 200~400m	Ino组： 蛇纹混杂岩中的高压变质岩，主要为绿片岩、兰闪片岩 变质年龄208~240Ma
	诺利阶	Saragaian				
	卡尼阶	Sakawan			下亚群：砂质页岩、砂岩夹砾岩、灰岩透镜体含菊石*Paratrachyceras*，双壳类*Halobia*、*Tosapecten*、*Pseudolimea*、*Oxytoma*、*Mytilus*及腕足类 100~300m	
T_2	拉丁阶	Fujinohiran			Zohoin群（四国）页岩，间夹凝灰质泥岩含双壳类*Daonella kotoi*、*D. sakawana*、*D. Densisulcata*，菊石*Protrachyceras* 100~200m	
		Matsushiman				
	安尼阶	Isatomean			Imade组（四国）灰岩、钙质砂岩含菊石*Ussurites*、*Balantonites*、*Hollandites*以及双壳类 10m	
T_1	奥伦尼克阶	Tsuyan			Kurotaki组或Tao组（四国） Gobangatake组或Kamura组（九州） Iwai组或Shionosawa组（关东山地） 灰岩、页岩、砂岩，含双壳类*Eumorphotis multiformis*、*Entolium*、*Unionites*、*Pteria*，菊石*Aspenites*、*Clypites*、*Dieneroceras*、*Owenites*、*Paranannites*、*Anasibirites*、*Hemiprionites*、*Arctoprionites*、*Meekoceras*等奥伦尼克阶化石 85~300m	
		Uonashian				
	印度阶		推覆断层	推覆断层		
下伏			北秩交地体T_3—J_2杂岩	黑濑川地体P_2杂岩	P_2（九州）	蛇纹岩

日本三叠系（4）

统	国际阶	日本阶		南秩父地体深海沉积 九州Kuma河中游－大分县沿海地区	南秩父地体滑塌层 九州Tsukumi地区	南秩父地体深海沉积 四国中部Sakawa地区 斗野贺亚地体	南秩父地体滑塌层 四国中部Sakawa地区 三宝山亚地体
上覆				J_3(—K_1?)Tsui组 ～～～～ J_1—J_3^1Shakumasan群上部	J_3—K_1 Tsui组 ～～～～	J_2^4—J_3^1Naradani组或J_3—K_1 Torinosu群 ～～～～ J_1—J_3^1Togano群中、上部	Sambosan群（组）滑塌层基质层为含J_3—K_1放射虫的泥质岩与砂岩。 滑塌块体有： (1) 含P䗴类的灰岩； (2) 含T—J_3^1放射虫和T牙形石的硅质岩； (3) 与绿岩组合一起的“三宝山灰岩”（海山岩），构成滑塌层的主体，含T_2(?)—T_3双壳类、珊瑚、腕足类、层孔虫等，所含属种及该群总厚度与九州“Konose群”可类化（特提斯型）
T_3	瑞替阶 诺利阶 卡尼阶	 Saragaian Sakawan	Shakumasan群下部（三叠系部分）	上三叠统：燧石层夹硅质页岩（中、下部）、泥质燧石、燧石。 瑞替阶—上诺利阶：放射虫*Betraccium deweveri*,牙形石*Epigondolella bidentata*、*Neogondolella navicula*； 下诺利阶:放射虫*Capnodoce*, 牙形石*E. abneptis*； 下诺利阶—卡尼阶：放射虫*Capnuchosphaera triassica*, 牙形石*N. Polygnathiformis* 90m	“Konose群”滑塌层基质层为Kannosaki组（J_2, 属Togano亚地体）与Yukagi组(K_1，属Sambosan亚地体)前者基质为燧石岩和泥质岩，后者基质为碎屑岩和硅质泥岩 滑塌块体有： (1) 含P_2䗴类的灰岩角砾（略）； (2) 含T_1^2—T_3^2大化石的灰岩以及硅质岩、绿岩（海山岩） 三叠纪化石层有： 诺利阶:*Montlivaltia* cf. *norica*、*M.* cf. *stylophylloides*、*Thecosmilia eguchi*、*Procyclolites* cf. *triadicus*、*P.* aff. *timoricus*, *Thamnasteria furukawai;* 拉丁阶—卡尼阶:*M.* cf. *timorica*、*Thecosmilia konosensis*以及海绵、层孔虫等； 奥伦尼克阶:*Balatonites*?等； “Konose群”另含三叠纪双壳类*Myophoria*、*Costatoria*、*Gruenwaldia*	Togano群底部（三叠系部分）硅质岩，以构造楔形态赋存于J_2尾川组与J_2^3—J_3^1西山组之间 含T_3放射虫*Triassocampe nova*组合与T_2放射虫*T. deweveri*组合	
T_2	拉丁阶 安尼阶	Fujinohiran Matsushiman Isatomean		中三叠统：燧石（为主）夹硅质页岩。 上部（拉丁阶？）：放射虫*Emiluvia cochleata,* 牙形石*N. exelsa;* 下部（安尼阶？）：放射虫*Archaeospongoprunum compactum*, 牙形石*N. acuta*、*N. burgarica*、*N. mombergensis*、*Neospathodus* cf. *homeri* 10m		下伏地层未出露 可见厚5m	
T_1	奥伦尼克阶 印度阶	Tsuyan Uonashian		下三叠统?：泥质燧石（为主）、燧石、硅质页岩，可见7m厚的含放射虫*Entactinidae* indet. 注：Togano亚地体的Shakumasan群硅质岩作为外来岩块尚见于九州Tsukumi地区的J_2 Kannosaki组与K_1 Yukagi组中，属于Sambosan亚地体的混杂堆积，称Konose群（见右栏）	总厚1250m （大部为滑塌块体）		
下伏				? P_3 Kuma组			

日本三叠系(5)

统	国际阶	日本阶	南秩父地体 纪伊半岛Kii-Yura地区	南秩父地体斗野贺亚地体 关东山地Okutama地区	南秩父地体三宝山亚地体 关东山地Okutama地区	秩父—四万十结合带 (Butzuzo线) 琉球奄美大岛—冲绳岛西部
上覆			J_3^3—K_1^1Chuki群Yura组或 K_1^2—K_1^4Chuki群Kamiya组	J_3—K_1 J_1—J_3^1Unazawa群中上部	J_3 Hikawa组	?
T_3	瑞替阶		Chuki群下组Obiki组（J_1—J_3^2）砂泥岩夹酸性凝灰岩中夹大量滑塌层，包括C_1—P_2灰岩与绿岩、T_2—J_1燧石层、T_3灰岩与绿岩，其中T_3灰岩含牙形石*Epigondolella*,六射珊瑚*Thamnasteria*、*Polyphylloseris*,层孔虫*Actinostromaria*、*Stromatopora* 厚50m 除Obiki组外，上覆的Yura组与Kamiya组也含有类似滑塌块体，认为是二次滑塌成因	Unazawa群下部与九州Shakumasan群下部和四国Togano群底部相当，皆由燧石层、硅质页岩组成，含三叠纪放射虫： (1)上安尼阶—拉丁阶*Eptigium manfredi*(?)组合，另有*Yeharaia elegans*、*Triassocampe deweveri*、*Pentactinocarpus fusiformis*、*Pseudostylosphaera japonica*、*P. compacta*, *P. spinulosa*; (2)卡尼阶—中诺利阶*Capnodoce anapetes*组合，另有*Capnuchosphaera* sp.、*Palaeosaturnalis heisseli*; (3)上诺利阶—瑞替阶*Palaeosaturnalis multidentatus*组合，另有*Canoptum* aff. *triassicum*、*C. lubricum*、*Pseudoheliodiscus finchi*，另有三叠纪牙形石等 注：外来滑塌层含C—P䗴类和放射虫，另称Shiromaru组	Gozenyama组（K_1）含大量三叠纪、二叠纪滑塌块，产T牙形石、T—J放射虫与P䗴类和珊瑚，该滑塌岩系与九州"Konose群"和四国Sambosan群可类比	Nakijin组 灰色灰岩、玄武-安山质熔岩、泥质灰岩、钙质泥岩。 灰岩与钙质泥岩产菊石10属25种：*Distropites*、*Discotropites*、*Hoplotropites*、*Hannaoceras*、*Arctoceltites*、*Tropiceltites*、*Juvavites*、*Paratrachyceras*、*Sirenites*、*Arcestes*、*Halobia styriaca*。上述化石皆属卡尼阶，皆产于该组上部，而上、下部之间有不整合面，推测下部为拉丁阶
	诺利阶	Saragaian				
	卡尼阶	Sakawan				
T_2	拉丁阶	Fujinohiran				Hedo-Misaki灰岩夹于K_1 Yonamine组中，也产菊石与Halobia。据此推测Nakijin组灰岩也可能为夹于较新地层——J_3—K_1 Yuwan组中的巨型岩块，实际剖面上Nakijin组逆掩于Yuwan组之上 在（J_3?—）Yonamine组、J_3—K_1 Yuwan组中另夹数百米厚的燧石层外来岩块，产T_{2-3}放射虫与牙形石
		Matsushiman				
	安尼阶	Isatomean	以下未出露			
T_1	奥伦尼克阶	Tsuyan				
		Uonashian				
	印度阶			推覆断层		Nakijin组灰岩与三叠纪燧石岩块皆厚约500m
下伏				J_3 Hikawa组碎屑岩夹灰岩 （三宝山亚地体）		(J_3)—K_1 Yonamine 组

日本三叠系(6)

统	国际阶	日本阶	南北上山地体	北北上山地体 北北上山地区	北北上山地体 北海道渡岛半岛	日高地体 北海道旭川-日高山东部
上覆			J_1 泥岩、砂岩	K_1 J_{1-3} Iwaizumi群中上部	K_1 Yezo群下部?	K_1^{5-6}Yezo群下部
T_3	瑞替阶			T_3 Iwaizumi群下部燧石岩、硅质页岩，含牙形石 *Epigondolella abneptis* *E. Bidentata*厚数百米 (下界不详) 注1：该群分布于该地体东部，三叠系部分与侏罗系部分的页岩、砂岩为连续序列； 注2：该地体西部J_{1-3}泥质基质层含有C_1—T_3的大量滑塌岩块，包括T_{1-3}的燧石岩、绿岩和海山灰岩，含放射虫、牙形石	层状燧石与硅质页岩，为混于J_{2-3}Matsumae群中的外来岩块，推断为包括T_{1-3}的P—J_1连续深海沉积，与海山灰岩一起构成原生洋壳岩石序列 Kamiiso灰岩为混杂于J_{2-3} Matsumae群中的外来岩块，含T_3双壳类 *Megalodonts*与牙形石	日高地体西部 Sorachi–Yezo带： 三叠纪灰岩块体嵌入J_3^3—K_1^4 Sorachi群蛇绿岩中，含T牙形石与T—J面貌的腕足类 *Spiriferinid*与*Rhynchonellid* 日高地体中部 Hidaka带： 三叠纪与二叠纪灰岩块体嵌入K_1 Hidaka群混杂堆积中，包括T放射虫
	诺利阶	Saragaian	Saragai群 Chonomori组砂、页岩 上部含*Oxytoma*、*Tosapecten*、*Dictyoconites* 中部含*Monotis typica*、*M. ochotica*、*M. pachypleura*、*M. zabaicalica* 底部含植物化石 200~250m			
	卡尼阶	Sakawan	Shindate组砂岩夹碳质页岩，底部有砾岩。未见化石 250~300m			
T_2	拉丁阶		Rifu组 板岩、砂质板岩、砂岩含*Daonella*、*multistriata*、*kellnerites*、*Tropigastrites*、*Ptychites*、*Monophyllites*、*Flexoptychites*、*Protrachyceras*、*Paraceratites* aff. *trinodosus*			注：日高地体东部 Tokoro带无T记录
	安尼阶	Matsushiman Isatomean	Inai群 由上而下分4组： (4) Isatomae组(安尼阶)：板岩、砂质板岩，常夹砂岩，含*Hollandites*、*Cuccoceras*、*Balatonites*、*Danubites*等20余种菊石，厚500~1600m； (3) Fukkoshi组(安尼阶)：砂岩为主夹板岩、砾岩，含*Gymnites watanabei*与腕足类等，厚0~600m； (2) Osawa组(奥伦阶)：板岩、砂质板岩，上部含*Arautoceltites*、*Nordophiceras*、*Leiophyllites*，下部含*Columbites*、*Subcolumbites*、*Eophyllites*、*Plenkites*，厚180~350m； (1) Hiraiso组(T_1)：钙质砂岩砂质板岩夹灰岩、凝灰质岩，含*Eumorphotis*、*Entolium*、*Gervillia*、*Pecten*、"*Glyptophiceras*"厚150~300m 830~2850m			
T_1	奥伦尼克阶	Tsuyan Uonashian				
	印度阶					
下伏			? P_2	P_3? 硅质岩(岩块)	P_3硅质岩	? P_3灰岩

日本侏罗系(1)

统	阶	南北上山 Shizuka, S. Kitakami 群	南北上山 Shizuka, S. Kitakami 组	南北上山 Karakuwa, S. Kitakami 群	南北上山 Karakuwa, S. Kitakami 组	南北上山 Ojika, S. Kitakami 群	南北上山 Ojika, S. Kitakami 组	阿武隈山 Soma, Abukuma 群	阿武隈山 Soma, Abukuma 组
上覆地层					K_1 Isokusa组		K_1 Ayukawa组		K_1 Koyamada组
J_3	提塘阶		?	Shishiori Gr. 1000~1400m	Kogoshio 组：顶部页岩含晚提塘菊石*Substeueroceras*及Torinosu型双壳类，中下部以长石粗砂岩为主含双壳类与Mone组上部相同，它们夹有鲕状钙质砂岩，这是大区对比Torinosu Gr.的特征	Ojika Gr. >3000m	Kozumi 组	Soma(=Soma-Nakamura) Gr. >1600 m	Tomisawa组：粗长石砂岩，可能为K_1^1
	基默里阶	Hashiura Gr.600m	Sodonohama组:砂岩与砂质页岩互层，含基默里期（?）菊石（Arkell,1956）				Oginohama组：砂页岩互层，含植物化石和4个菊石层：(4) *Virgatosphinctes*、*Aulacosphinctoides*、*Lithacoceras*、*Discosphinctes*; (3) *Ataxioceras*、*Aspidoceras*; (2) *Perisphinctes*、*Kranao-sphinctes*; (1) *Choffatia*?、*ellatimorphites*		Nakanosawa组：分选甚佳的石英砂岩夹一套礁灰岩即Koike灰岩，砂岩含提塘期—基默里期菊石*Aulacosphinctes*、*Virgatosphinctes*、*Aspidoceras*，双壳类*Parallelodon (Torinosu catella)*、*pteroperna*、*Somapteria*、*Radulopecten*等，灰岩主要为珊瑚拟层孔虫礁
	牛津阶		Arato 组:中上部页岩为主夹砂岩，含菊石*Kepplerites*数种，底部砂岩为主夹页岩，含晚巴柔期菊石*Leptosphinctes*、*Oecotrarustes*、*Cadomites*、*Parkinsonia*、*Garantiana* (Takahashi,1969)		Mone 组：砂岩与含植物化石页岩互层，上部砂页岩含双壳类*Myophorella(Haidaia)*				Tochikubo组：滨海–陆相砂页岩夹薄煤层含丰富植物化石
J_2	卡洛夫阶				Ishiwaritoge 组：厚层砾岩				Yamagami组：块状中粒砂岩含双壳类*Latitrigonia*、*Myophorella* 等
	巴通阶		Aratozaki组：厚层块状砂岩，含双壳类*Retroceramus morii*、*Myophorella sigmoidalis*、*Entolium*、*Camptonectes*、*Trigonia Sumiyagura*、*Vaugonia*及一些小个体菊石，时代晚阿伦或早巴柔期初	Karakuwa Gr. 500~400 m	Tsunakizaka组：黑色页岩含巴柔期菊石*Graphoceras*?、*Sonninia*、*Pelekodites*、*Strigoceras*、*Stephanoceras*		Samuraihama组：黑色页岩，含*Otoites*等巴柔期菊石		Awazu组：页岩为主有底砾岩，含菊石*Bigotites*、*Latitrigonia*、*Vaugonia*
	巴柔阶				Kosaba组：砂岩，含*Trigonia*等，与Aratozaki组者同		Tsukinoura组：砂岩夹砾岩页岩,含*Trigonia sumiyagura*、*Vaugonia*、*Chlamys*、*Ctenostreon*、*Kobayashites*、*Eomiodon*		Hatsuno组（=Kitazawa 或Hayama组）：粗砂岩，底界不明
	阿伦阶	Shizukawa Gr. 200m	Hosoura 组:匀层状砂质页岩，含如下(自上而下)4个菊石带：④J_2^1下:*Planammatoceras kitakamiense* 带；③J_4^1下—J_2^1 *Hosoureitesikianus*带；……局部间断……②J_1^2下: *Arnioceras yokoyamai*带；①J_1^1上: *Schlotheimia* aff. *amblygonia*				Kodaijima组：砂岩夹砾岩、页岩		
J_1	托阿尔阶								?
	普林斯巴阶								
	辛涅缪尔阶		Niranohama 组：上部粗砂岩，下部黑色页岩，上部含三角蚌类*Trigonia*、*Vaugonia*、*Coelastarte*、*Cucullaea*以及菊石*Alsatites*；下部含半咸水双壳类*Bakevellia*、*Isognomon*、*Geratrigonia*、*Eomiodon*、*Yokoyamaina*、*Burmesia*						?
	赫塘阶								
下伏地层			T_3 Saragai Gr.上部		T_3 Enai Gr.		T_3 Inai Gr.		

日本侏罗系(2)

统	阶	中国山地西部W.Chugoku（属于三郡–山口带）	中国山地中部C.Chugoku（属于Sangun–Yamaguchi带）	富山Toyama 本州中段（属于三郡–山口–飞驒带）	福井Fukui本州中段 属于Sangun—Yamaguchi—Hida带
上覆地层		Toyonishi Gr. 650m K_1 Yoshimo组			Tetori中亚群 Itoshiro 500m Izuki组 K_1
J_3	提塘阶	Kiyosue组：滨海砂岩、页岩和砾岩，含Tetori-type(手取型)植物化石		? Kurobishiyama组：砾岩Tetori群的东部边缘相	滨浅海相至陆相，暂置J_3，自上而下为Ofuchi组、Ashidani组、Yambara组。含广布型双壳类*Neomiodon tetoriensis* J_3或K_1地位未定
	基默里阶	?			
	牛津阶			Kiritani组 Arimine组：砂页岩含菊石*Dichotomo-shinctes*，双壳类*Myophorella*、*Nipponitrigonia* ?	Tetori下亚群：Kuzuryu 800m 陆相与海相砂页岩共分5组，其上部2组(第5 Yambarazaka，第4Kaizara)含4个菊石带J_2^{4-1} *Neuqueniceras yokoyamai*带、J_2^{4-2} *Grossouria* cf. *subtilis*带、J_2^{4-3} *Oppelia* aff. *subradiata*、J_3^1 *Kranaosphinctes matsushimai*带，卡洛夫期双壳类多见*Modiolus*、*Inoceramus*、*Entolium*、*Oxytoma*、*Tetorimya*、*Thracia*，该动物群含显著北方区分子，另含植物化石
J_2	卡洛夫阶	? Toyora Gr. 1000m Utano组：砂页岩大套互层顶部海退相，中下部海相，含动物与植物化石，上部含双壳类*Retroceramus utanoensis*，与东西伯利亚巴通期—卡洛夫期的*R. retrorsus*、*R. kystatymensis*极其相似；下部（Bositra层）含晚图阿尔期菊石*Pseudolioceras*、*Grammoceras*、*Phymatoceras*以及其上覆的*Planammatoceras*、*Dumortieria*(?) 120~650m			
	巴通阶				
	巴柔阶				
	阿伦阶		? Yamaoku组：滨浅海相至半咸水相砂页岩，下部含双壳类*Bakevellia*、*Eomiodon*，可与右栏Shinatani组对比，中部含菊石很像*Grammoceras* 500m	? Kuruma Gr. 8500m (7) Mizukamidani组砾岩； (6) Otakidani组：页岩、黑色碳质页岩含托阿尔期菊石*Pseudogrammoceras*与箭石； (5) Shinatani组：砂岩，碳质页岩； (4) Teradani组：砂质页岩、页岩，下部含菊石*Amaltheus*、*Canavaria*，双壳类*Pteroperna*、*Plagiostoma*； (3) Negoy组：砂岩、碳质页岩； (2) Kitamatadani组：砂岩、页岩； (1) Jogodani组：砾岩 本群夹可采煤层，其(2),(3),(5)组含丰富双壳类(半咸水)*Bakevellia*、*Falcimytilus*、*Isognomon*、*Eomiodon*、*Cranotrapezium*、*Radulonectes*、*Hunanoncetes*、*Cardinioides*	
J_1	托阿尔阶	Nishinakayama组：砂页岩，成层性好，含3个菊石带共20多种，化石多压扁 250m	? Higuchi组：块状砂岩因花岗岩侵入角岩化，上部含菊石*Fontanelliceras*、*Canavaria*，下部含双壳类*Cardinia*，上部局部页岩 ?		
	普林斯巴阶	Higashinagano组：底部砾岩、粗砂岩，向上砂岩变细，含双壳类*Parallelodon*、*Grammatodon*、*Praechlamys*、*Plagiostoma*等8个属与Arietites型菊石 350m			
	辛涅缪尔阶				
	赫塘阶				
下伏地层		Sangun 三郡　变质岩	Sangun 三郡　变质岩	Sangun 三郡　变质岩　Pz_2	Sangun 三郡　变质岩　Pz_2

日本侏罗系(3)

统	阶	本州中部北段：上越(Joetsu)属三郡-山口-飞驒带	本州舞鹤至福山(Mazuru—Fukuyama)属Mazuru带(缺失J)与UltraTamba带	美浓带丹波地区 混杂岩	美浓带美浓Neo地区混杂岩
上覆地层		K_1 Izuki组	K_1 Sasayama 群	未 见 顶	未 见 顶
J_3	提塘阶	Itoshiro亚群：Ofuchi 组、Ashidani 组、Yambara组 与Fukui地区同名群组	Inagawa Gr. 1000~2000 m：上部称Ajima组，下部为Izuriha组，自下而上由中性凝灰岩、凝灰质与钙质页岩到砂岩，含牛津期放射虫*Stylocapsa spiralis*，卡洛夫期至早牛津期放射虫*Guxel!a nudata*	Tamba Gr. Ⅰ型：丹波(Tamba)群基质页岩，含J_3放射虫夹大量滑塌岩块：J_2—J_3^1硅质页岩；J_1—J_2燧石岩；T_2—T_3燧石岩与海山岩；T_1硅质页岩皆含放射虫	Neo混杂岩B组合：基质页岩含J_3^3—K_1^1放射虫夹大量外来岩块：$J_3^{1\text{-}2}$硅质页岩；J_2页岩夹T_{2-3}燧石岩；T_1硅质页岩皆含放射虫
	基默里阶				
	牛津阶	?			
J_2	卡洛天阶			Tamba Gr. Ⅱ型：丹波(Tamba)群基质页岩含J_2末至J_1末放射虫夹大量外来滑塌岩块：T_3—J_1砂岩，砂岩中含近同期燧石岩滑塌体；T_1燧石岩；C_2—P_3燧石岩与海山岩，后者夹灰岩，皆含放射虫等	Neo混杂岩A组合：基质页岩含J_2放射虫与大量外来滑塌岩块：T_{2-3}燧石岩；P_3燧石岩；P_2—P_1海山岩与灰岩皆含放射虫等
	巴通阶				
	巴柔阶				
	阿伦阶	?			
J_1	托阿尔阶	Iwamuro组：滨浅海砂页岩含丰富植物化石与一些半咸水双壳类，沉积与化石皆与Toyama地区近同 500m			
	普林斯巴阶	?		TambaⅠ型 下盘；TambaⅡ型 推覆上盘	Neo A 组合 推覆上盘；Neo B 组合 下盘
	辛涅缪尔阶				
	赫塘阶				
下伏地层			UltraTamba 超丹波群 UT1 P_1—P_3；UT2（断层）P_2—P_3	无 底	无 底

日本侏罗系(4)

统	阶	美浓带Unuma	美浓带Ashio Yamizo	美浓带 Tsugawa	美浓带? Murakami	西四国 北秩父带	中四国 北秩父带	黑濑川带 中四国，西九洲	南秩父带(斗贺野与宝山)中四国
上覆地层		未见顶	未见顶	未见顶	?	K_1 Ryoseki组砾岩	同左	K_1 Uminoura组	K_1 三宝山组
J_3	提塘阶	Unuma砂岩：砂岩、粉砂岩、页岩，含J_{2-3}放射虫，夹大量岩块：J_{1-2}硅质页岩；T_2—J_1燧石岩；P_3硅质页岩；皆含放射虫	Ashio, Yamizo砂岩：砂岩、粉砂岩、页岩，含7个放射虫组合 夹大量岩块：J_{1-2}硅质页岩；T_2—J_1燧石岩；C_2—P_2海山岩与灰岩					Torinosu Gr. 乌巢群：钙质泥岩为主，含大量生物灰岩或沥青质灰岩。泥岩中含中、晚侏罗世至早白垩世放射虫，灰岩含卡洛夫期至提塘期菊石与双壳类；时夹浊积岩、凝灰岩与钙质结核	Torinosu Gr. 400m；Naradani Fm. 七良谷层：自上而下：泥岩、酸性凝灰岩、砂岩、硅质岩，含J_{2-3}放射虫 厚<40m
	基默里阶								
	牛津阶				Murakami砂页岩含J_{2-3}放射虫，该放射虫群中缺失美浓带J_{2-3}广布的*Pantanellids*，因此该地区可能不属美浓带，也未夹外来岩块				
J_2	卡洛天阶			Tsugawa砂岩：砂岩粉砂岩、页岩含J_3晚期放射虫夹岩块：J_1—J_2硅质页岩；T_{2-3}燧石岩；C_2—T_2灰岩					
	巴通阶					Nakatsuyama单元(混杂-推覆)：基质大部为页岩，也有J_1海山岩、白云岩和燧石岩，含J_{1-2}放射虫，夹大量岩块：T_3—T_2燧石岩；P_2海山岩、灰岩；C—P_1海山岩、白云岩、燧石岩，含放射虫、牙形石、䗴等	Niyodogawa单元(混杂推覆)：上部J_{1-2}页岩夹岩块；下部J_1砂岩、粉砂岩，部分夹岩块底部T_3海山岩(厚层玄武岩、块状熔岩、破屑岩、灰岩、酸性凝灰岩)；岩块有T_{2-3}燧石岩、P海山岩、灰岩与硅质岩		
	巴柔阶							Bisho砂页岩含巴柔期菊石、放射虫	
	阿伦阶								
J_1	托阿尔阶								Togano Gr. 斗贺野群：燧石层、硅质页岩夹酸性凝灰岩含T_2—J_2(J_3?)放射虫上部称西山层下部称尾川层 <90m
	普林斯巴阶								
	辛涅缪尔阶								
	赫塘阶								
下伏地层		无底	无底	无底	?	无底	T_3连续	T_3 Kochigatani群	T_2

日本白垩系（1）

统	阶	南北上山 Hashiura	南北上山 Karakuwa	南北上山 Ojika	南北上山 Ofunato, Kamaishi	南北上山 Tono	阿武隈山 Soma, Futaba
上覆地层							E_{2-3} Shiramizu群煤系
K_2	马斯特里赫特阶						
	坎潘阶						
	桑顿阶						Futaba Gr. 500m：浅海碎屑岩，称作Urakawa海侵层，除中部Kasamatsu组粗长石砂岩外，上、下部皆含化石：上部Tamayama 组含双壳*Inoceramus mihoensis*、*I. amakusensis*以及蛇颈龙；下部Ashizawa组含软体动物*I.uwajimensis*、*Didymotis akamatsui*、*Yabeiceras orientale*等
	康尼亚克阶						
	土伦阶						
	赛诺曼阶						
K_1	阿尔布阶						+ + + + +
	阿普特阶				Ofunato Gr. 2500m：海相砂页岩，分5组，中上部含软体动物，属下Monobegawa型，下部含软体动物属Ryoseki型。上部含菊石*Holcodiscus*，中部含菊石*Crioceratites* 注：Kamaishi矿区含Ryoseki型化石的地层与本组同层位，称Nekogawa组		
	巴雷姆阶		Oshima 组：页岩夹灰岩含菊石*Crioceratites*，螺*Nerinea* 以及珊瑚和下Monobegawa型双壳类 300m			? Ubaishi组(=Monomiyama组)陆相砂页岩含陆生双壳类*Nagdongia*、*Pseudohyria*等，与韩国庆尚群Nagdong生物群可比，证明北上山与亚洲大陆相连	
	欧特里夫阶	Jusanhama Gr. 300m：? 上部称Tatsugami组；下部称Tsukihama组 海相与海陆交互相砂页岩夹钙质层，含地方性土著双壳类，时代尚待校准					
	凡兰吟阶		Kanaegaura 组安山岩	Yamadori组 安山岩		?	Soma Gr.：Koyamada组砂质页岩、泥页岩含菊石*Berriasella*、*Thurmanniceras*、*Kilianlla*，双壳类*Myophorella*以及其他Torinosu群双壳类分子 180m
	贝里阿斯阶		Shishiori Gr.：Isokusa组：Torinou型沉积与生物群、含菊石*Spiticeras*、*Berria-sella*、*Kilianella*、*Thurmanniceras*、*Protoacanthodiscus*	Ojika Gr.：Ayukuwa组：厚层斜层理砂岩、含植物化石页岩，中部海相层含菊石与Isokusa组类同，另有Neithea 厚>1000m			
下伏地层		J_2^3—J_3^1 Arato组	J_3 Logoshio 组	J_3 Kozumi 组	P, T_3^2		J_3 Tomisawa 组

日本白垩系(2)

统	阶	北北上山 Miyako-Kuji 宫古–久慈	北海道石狩–Kamuikoton	北海道日高–Takoro	北海道根室
上覆地层		E_{2-3} Noda 群煤系	E_2 Ishikari 群煤系	E_1 Kawaruppu 组 Katsuhira组K–E连续海相沉积含浮游有孔虫，界线层为数厘米厚含黄铁矿层，属Nemuro 群	E_1^2 Kiritappu 组N_5 E_1^1 Tokotan 组N_4上
K_2	马斯特里赫特阶		Yezo supergr. 500 m Hakobuchi群：厚层块状粗、中粒砂岩、凝灰砂岩与砂质页岩，夹数层酸性火山灰含少量菊石、叠瓦蛤、有孔虫。一般厚400~900m，但在北海道北部Tombetsu河谷可达2000m 并变细	接触关系不明	Nemuro Gr. 3000 m Akkeshi组 (N_4下) 滑塌层； Hamanaka组 (N_3上)； Oborogawn组 (N_3下)； Monshizu组 (N_2) 浊积层； Otamura组 (N_1)； Nokkamappu组 (NO): 玄武岩（碱性）、枕状熔岩、凝灰砂岩。N_1—N_5含浮游有孔虫与钙质超微化石，白垩系部分含菊石与叠瓦蛤，证明NO属坎潘期，N_1, N_2, N_3+N_4下分属早、中、晚马斯特里赫特期，K/E分界在N_4中。 E_1^1Tokotan组(N_4上) 也为滑塌层， E_1^2 Kiritappu组为火山砾岩
	坎潘阶	Kuji Gr. 350~550m 上组Sawayama组与下组Tamagawa组为滨海–陆相层含牡蛎与植物。中组Kunitan组含桑顿期菊石、双壳类 *Texanites*、*Plesiotexanites*、*Anatexanites*、*Inoceramus japonicus*、*Sphenoceramus*		日高超群 “Hidaka Supergr” Saroma 群浊积岩型砂页岩互层夹少量燧石岩或硅质页岩，燧石岩含康尼亚克—桑顿期放射虫与Buchia形双壳类	
	桑顿阶		上Yezo群(400~1300m) (=“上菊石层”) 泥页岩“Urakawa 海侵层”，含菊石、叠瓦蛤5个化石带，主体属康尼亚克期—桑顿期，钙质结核中化石最多		
	康尼亚克阶				
	土伦阶	+ + + + + + + +	中Yezo群(1800~2000m) (=“下菊石层”) 上部称Saku砂岩，中部称Mikasa或Trigonia砂岩，下部页岩夹酸性火山灰菊石、叠瓦蛤12个化石带	接触关系不明	
	赛诺曼阶	Miyako Gr. 200m 除底部Raga组为砾屑堆积外，自下而上为钙质砂泥沉积的3个旋回：Tanohata组、Hiraiga组与Aketa组。中部含晚阿普特期菊石*Parahoplites*、*Valdedorsella*等多属，上部Aketa组含*Douvilleiceras*、*Pseudoleymeriella*（早阿普第）。本群含大量*Orbitolina*有孔虫、绵形水螅 60种礁珊瑚，75种双壳类，85种腹足类，50种菊石，另有多门类化石		Yubetsu群：浊积岩型砂页岩互层夹少量燧石岩或硅质页岩，燧石岩含阿尔布期—赛诺曼期放射虫	
K_1	阿尔布阶		下Yezo群（1000~1300m）砂页岩互层，上部含中阿尔必期菊石*Douvilliceras*、*Oxytropidoceras*；下部含上阿普特期菊石*Parahoplites*；中部有灰岩透镜体含有孔虫*Orbitolina*、放射蛤、固着蛤		
	阿普特阶				
	巴雷姆阶	Oshima 构造幕	Rebun岛产巴雷姆期菊石 *Uhligia*、*Pulchellia*	接触关系不明	
	欧特里夫阶	Harachiyama 组安山岩	Rebun岛安山岩可能属于“Rebun–kitakamitoen Belt”		
	凡兰吟阶	Rikuchu Gr. 2500 m Omoto组：海陆交互相地层含Ryoseki型半咸水双壳类。侵入本群的Taro型和Miyako型花岗岩Rb–Sr测年121~128Ma	Sorachi Gr. 拉斑玄武岩、枕状熔岩、基性火山碎屑岩、层状燧石岩，其中夹有页岩，页岩中含提塘期至凡兰吟期放射虫，另有少量微晶灰岩，所含灰岩外来块体中有䗴类(P)、牙形石与苔藓虫(T)以及Torinosu型珊瑚水螅	Nikoro群：大量基性火山岩，枕状熔岩夹硅质页岩、燧石岩，燧石岩含晚侏罗世—早白垩世放射虫	
	贝里阿斯阶				
下伏地层		Koshimeguri组 J_3广海沉积	J_3 Sorachi 群底部	J_3 Nikoro群下部	未见底

日本白垩系（3）

统	阶	飞驒–三郡–山口带：飞驒仲父	飞驒–三郡–山口带：Kwanmon 北九州	领家带：西九州	领家带：东九州	领家带：北四国、北Kinki
上覆地层			Nogata 群	E_2^{1-2}Akasaki组紫红色泥岩		Kuma 群
K_2	马斯特里赫特阶			Himenoura Gr. 4300m：上部：泥岩为主，4个旋回，含叠瓦蛤包括*Inoceramus goldfussianus* 3300m		I zumi Gr. 4000~7000m：底砾岩见于狭长盆地北侧，中、南侧为巨厚浊积层，南侧为MTL切断，含菊石、双壳类*Pravitoceras*、*Didymoceras*、*Yaadia*、*Archaeozostrea*
	坎潘阶	? Nohi(Omodani)2500~3000m 流纹岩：巨厚酸性火山碎屑流，多熔结，广布于飞驒高原和美浓–丹波带（领家带Chubu与Kinki地区）以及Ashio与北北上山		下部：厚层泥岩含菊石*Texanites*，代表“Urakawa海侵”高峰，另含叠瓦蛤		
	桑顿阶		? Yahata 组（=Takata）凝灰碎屑岩、酸性火山岩			
	康尼亚克阶				Onogawa Gr. >20000 m：底部有红层向上由砾岩、浊积岩构成数个旋回，含4个叠瓦蛤化石带，并含菊石*Romaniceras*、*Subprionoclus*。本群为领家、三波川两个变质带之间狭长巨厚沉积体	
	土伦阶	? Asuwa Gr 500m：局部湖相层：“Omichidani植物化石层”含丰富被子植物化石		Mifune Gr. 1500m：中部海相砂岩，含菊石*Eucalycoceras*；下、上部陆相红层，含Trigonioides		
	赛诺曼阶		2500~3000m	Goshonoura Gr. 1000m：滨浅海砂岩含土著双壳类，中下部含菊石*Mortoniceras*、*Graysonites*		
K_1	阿尔布阶		Kwanmon Gr.（Inkstone Series）3500 m：Shimonoseki亚群：杂色火山碎屑砂页岩			
	阿普特阶	Akauwa sg 600~1600m：即Tetori群上亚群：微红色长石砂岩与页岩，含双壳类*Plicatounio*、*Trigonioides*、*Nipponaia*与Nagdon型其他双壳类以及Tetori型植物群。通常分：下组Okura组、中组Akaiwa组、上组Kitadani组	2300m			
	巴雷姆阶		Wakino亚群：非海相砂页岩、少量灰岩，含淡水双壳*Plicatounio*、*Wakinoa*、*Nagdongia*、*Brotiopsis*及叶肢介			
	欧特里夫阶		1200m			
	凡兰吟阶	Itoshiro sg 600m				
	贝里阿斯阶		Toyonishi Gr. 650~900 m：Yoshimo组：滨海砂页岩，含半咸水双壳类即西南日本外带Ryoseki型动物群			
下伏地层		J_3 Ofuchi 组 J_3 Ashidani 组	J_3 Kiyosue 组：砂页岩植物化石层	J_3—K Ryoke 花岗岩	J_3—K Ryoke 花岗岩	J_3—K Ryoke 花岗岩

日本白垩系(4)

统	阶	黑濑川带（+秩父带）：西九州	黑濑川带、秩父带：东九州	黑濑川带、三宝山带：中四国	黑濑川带、秩父带：东四国
上覆地层					
K_2	马斯特里赫特阶				
	坎潘阶				? Tatsue组：相当于Stoizumi群上部含桑顿期叠瓦蛤砂页岩 >100m
	桑顿阶			Sotoizumi Gr. >4000 m：Kajisako组：砂页岩，含丰富土伦期—早坎潘期菊石、叠瓦蛤、有孔虫、放射虫。本组时代跨度大但较薄（仅200m左右），化石丰富	
	康尼亚克阶				Kushibuchi组：相当于Stoizumi群中下部砂页岩 550m
	土伦阶				
	赛诺曼阶			Nagase组：页岩、砂岩，含赛诺曼期菊石、叠瓦蛤、微体化石 Fukigoshi组：砂岩局部凝灰质	
K_1	阿尔布阶	Miyaji组、Yatsushiro组：海相砂页岩，含阿尔布期菊石 500m	Haidateyama Gr. >2000 m：上部：海相砂页岩，含阿尔布期菊石	Monobegawa Gr. 800~1000 m：Hibihara组：底部半咸水层，向上依次出现菊石层与大量双壳类	Fujikawa组：页岩为主，夹砂岩，含阿尔布化石 700m Hoji组：砂页岩，含阿尔布化石 500m
	阿普特阶	Hinagu组：海相砂页岩，含阿普特期菊石（在下）与大量双壳类（在上） 800m	中部：海相砂页岩，含阿普特期—早阿尔布期菊石	Hagino组：海相Hagino型双壳类	“Hanoura”组：含Hagino型双壳类化石的海相砂页岩 300m
	巴雷姆阶	Hachiryuzan组：海相夹海陆交互相砂页岩，含巴雷姆期菊石 300m	下部：海相夹海陆交互相砂页岩，含欧特里夫期至巴雷姆期菊石	Yunoki组：海相巴雷姆期菊石	Hanoura组：砂页岩含巴雷姆期菊石
	欧特里夫阶			Monobe组：海相巴雷姆期菊石	Tatsukawa组：下部相当于Ryoseki型、上部相当于Hanoura型砂页岩 200~600m
	凡兰吟阶	Kawaguchi组：海陆交互相砂页岩，含Ryoseki型半咸水双壳类 400m	Yamabu Gr. 450 m：上部：海陆交互相砂页岩，含半咸水双壳类	Ryoseki Gr. 300~500 m：石英、长石三角洲相砂岩夹某些红色层，含典型Ryoseki型半咸水双壳类*Eomiodon*、*Costocyrena*、*Hayamina*、*Tetoria*、*Protocardia*以及植物群，底部砾岩	
	贝里阿斯阶	Uminoura组：海相砂页岩，含菊石，该组也作为Torinosu群上部 250m	下部：海相砂页岩，含贝里阿斯期菊石	K_1^1Torinosu Gr.上部	Nakaizu组：海相砂页岩，含贝里阿斯期化石但沉积较薄，可能因断层所致
下伏地层		J_3 Torinosu Gr. (Sakamoto)	J_3 Shinkai 组 局部断层	J_3 Torinosu Gr. 中下部	J_3 Torinosu Gr.

日本白垩系(5)

统	阶	黑濑川带：纪伊半岛	黑濑川带：Kwanto	黑濑川带：铫子Choshi	四万十带：东四国
上覆地层			Hikokubo群	Naarai群	N11 Hata群
K_2	马斯特里赫特阶				Taisho Gr.(=Aki Gr.) 四万十南带：Arioka组：砂泥复理石，含马斯特里赫特期大化石
	坎潘阶	Stoizumi Gr.（与中东四国分组有别）：Toyajo组（上亚群上部）粉砂、细砂页岩，含坎潘期叠瓦蛤、菊石 1200m			由多条韧性剪切带或糜棱岩带划分出构造地层单位，不分上下：Shimotsui组5200m? Nanokawa组8200m? Nakamura组4000m？该群含相当数量菊石等大化石和放射虫，主要指示坎潘期—马斯特里赫特期
	桑顿阶	Goryo组（上亚群下部）细砂岩，含康尼亚克—桑顿期叠瓦蛤、菊石 400m			
	康尼亚克阶				
	土伦阶	Kanaya组（下亚群）砂岩为主夹页岩，含土伦期叠瓦蛤			Shinjogawa Gr. 四万十北带：Uwagumi组：砂页岩复理石，含土伦期大化石与放射虫
	赛诺曼阶				Susaki组：砂页岩复理石，含赛诺曼期大化石、放射虫 1000m
K_1	阿尔布阶	Nishihiro组 Hibihara型地层与生物群？400~500m；Izeki组Hagino型地层与生物群？400~500m	Sanyama组：含晚阿普特期—阿尔布期菊石与叠瓦蛤的砂页岩 >900m	Choshi Gr. >520m：Nagasakihana组：晚阿普特期—下阿尔布期化石	Hayama组：砂页岩复理石，含上阿普特期—阿尔布期大化石与放射虫 800m
	阿普特阶		Sebayashi组：砂页岩，含阿普特期菊石 950m	Toriakeura组：含中-晚阿普特期化石；Inubozaki组：含中阿普特化石	Doganaro组：滨浅海相砂页岩，含巴雷姆期—阿普特期菊石*Pseudohaploceras*、*Cheloniceras*，另见Torinosu型灰岩与双壳类（应由北侧Butsuzo逆冲断裂带滑塌而来）
	巴雷姆阶	Arida组：海相砂页岩含巴雷姆期菊石 200m	Ishido组：海相砂页岩含巴雷姆期—早阿普特期菊石 500m	Kimigahama组：含巴雷姆菊石砂页岩	
	欧特里夫阶	Yuasa组：Ryoseki型地层与半咸水双壳动物群 150m	Shiroi组：Ryoseki型地层与动物群、植物群 >290m	Ashikajima组：海陆交互相Ryoseki型地层与双壳类动物群、植物群	
	凡兰吟阶				注：四万十带白垩系统称四万十超群，上述两群的划分并未包括其他重要地层：①四国Yokonami丰岛70 m厚玄武岩、燧石岩、红色页岩含凡兰吟—赛诺曼放射虫；②四国Anan 城含J_3^3—K_1^6放射虫的燧石岩；③纪伊若干外来块体含T_2—J_3放射虫，混于K_2泥页岩中
	贝里阿斯阶				
下伏地层		J_{2-3}与P滑塌混杂岩	J_{2-3}与P滑塌混杂岩	J_{2-3}, Pz 混杂岩	

蒙古三叠系

系	统	阶	蒙古北、东北部：色楞格河、鄂尔浑河、克鲁伦河	蒙古南部南戈壁：脑云
上覆地层			J_1	J_1
三叠系	上		(2)Mogod 组：中、基性喷出岩、凝灰岩等；>2000m (1)Abzokh 组：砾岩、砂岩、砂砾岩夹粉砂岩，顶部有薄层安山岩，含植物化石与孢粉。4000m T_3 总厚5000~6000m	脑云碎屑岩（Noyan Somon）： 砾岩、砂岩、细砾岩、粉砂岩 含植物化石与两栖类（迷齿亚纲） 3500m
	中		?	
	下		扎尔嘎兰图音（Jargalantuin）海相层： 灰色砂岩、粉砂岩、砾岩、泥页岩夹薄层灰岩与硅质岩，含菊石、双壳类 1500m	?
下伏地层			Pz_2	
资料来源			T_3: Tomurtogoo, 1972 T_1: Zonenshain *et al.*, 1971	Zaicev *et al.*, 1973

蒙古侏罗系

统	阶	蒙古东戈壁: 赛音山达东	中央蒙古	蒙古西部阿尔泰–乌布苏湖	蒙古东北部: 木伦郭勒–乔巴山
上覆地层		K_1 K_2	K_1 K_2	K_1	K_1 乔巴山群下部
J_3	提塘阶			?	
	基默里阶				
	牛津阶			?	
J_2	卡洛夫阶			Darbi组： 红灰绿黄杂色砂岩、泥岩含双壳类 *Tutuella* sp.	Murengol组： 上部为盖板玄武岩、安山玄武岩夹酸性凝灰岩和凝 灰质砂岩； 下部为砾岩、砂岩 视厚700~800 m
	巴通阶				
	巴柔阶	Khamarkhuburin组： (4)砾岩为主与灰色砂岩互层； 125m (3)灰色碳质页岩与砂岩互层夹煤层，含植物叶片与硅化木； 30m (2)褐色、灰色、灰黄褐色砂页岩互层、碳质页岩夹褐煤与细砾岩； 201m (1)灰色、褐色、蓝灰色砂页岩、碳质页岩互层夹褐煤，含铁质结核硅化木与费尔干蚌 130 m 植物: *Pithyophyllum kobucense*、*P. longifolium*、*Cladophlebis haiburnensis*、*Podozamites lanceolatus*、*Phoenicopsis angustifolia*,费尔干蚌: *Ferganoconcha curta*、*F. subcentralis*、*F. sibirica*、*F. burejensis*、*F. Jorekensis* 组厚 486m	Bakhar 组： 上部砂页岩互层，含煤层下部砾岩、细砾岩夹少量喷出岩 所含植物与双壳类化石与左栏所列一致 3000~4000m	Jargalant 组： (3)泥质、砂质页岩互层夹砾岩、砂岩、钙质页岩含煤层（厚达7~8m）与植物化石； (2)褐灰色砂岩、砾岩、页岩、绿色凝灰岩、玄武岩互层； (1)褐灰、黄灰色砂质砾岩为主，有的剖面有巨砾岩，夹一定数量红绿杂色和碳质页岩，含煤层、植物化石，除与东戈壁J_{1-2}相同者外尚有：*Desmiophyllum* sp.、*Czekanowskia setacea*、*Ginkgo digitata*、*Coniopteris burejensis* 300~400m	
	阿伦阶				
J_1	托阿尔阶				
	普林斯巴阶	Khoirmot 组： 下部砾岩，粗、巨砾岩，向上砾岩变少变细，砂岩与凝灰质砂岩增多，有中酸性火山岩，含植物叶、枝干和硅化木，另有大脊椎动物化石，保存不佳，厚126~142m，最大500~600m			
	辛涅缪尔阶				
	赫塘阶				
下伏地层		Pz, D	Pz	Pz，S 变质岩、花岗岩	T_3 Dashibalbar或Noyan Somon组：砂砾岩夹粉砂岩

主要资料来源：①Nagibina *et al.* 1977; ②Marinov, 1957（俄文）。

蒙古白垩系

统	阶	蒙古东戈壁：赛音山达	外阿尔泰戈壁—南戈壁	中央蒙古	蒙古西部	蒙古东北部
上覆地层		E_1^3			?	E, N
K_2	马斯特里赫特阶	Nemeget组：杂色粗至细砂岩、泥岩夹砂砾岩，较少砾岩，含软体动物介形虫、叶肢介、鱼龟、轮藻、鳄鱼以及丰富的恐龙及蛋化石　一般厚50~60m，最大80~100m				
	坎潘阶	Barungoiot组：主要为红色弱胶结的松散砂岩，底部常夹泥岩，上部常夹砂砾岩、细砾岩，含软体动物、介形虫、龟、鳄鱼，常见恐龙蛋和龟蛋，并有哺乳类化石　一般厚50~60m，最大100~150m				
	桑顿阶	Bainshirein组：红、黄、灰、绿色等杂色泥岩、粉砂岩、砂岩，含较少砂砾岩、砾岩、灰岩、白云岩、泥灰岩，细砾岩主要夹于下部，杂色泥、砂岩主要集中于上部。含恐龙Tolarus，双壳类 *Protounio*、*Prolanceolaria*、*Carditofermia*、*Mongoloconcha*等，叶肢介*Pseudoestheria*、*Paleoleptestheria*、*Leptolimnadia*、*Pseudoasmussia*、*Trigolimnadia*，介形虫*Sainshandina*、*Harpetocyris*、*Timiriasevia*，另有龟、鳄鱼、轮藻等化石　200~500m				
	康尼亚克阶					
	土伦阶					
	赛诺曼阶	Sainshanda组：下部红色为主，杂色砾岩、泥岩互层，上部为粗到细松散砂岩、泥岩、粉砂岩、泥灰岩，顶部常有10~120m厚度不一的玄武岩盖板。含硅化木，介形虫*Spirellina*、*Beteelina*、*Dsunbaina*、*Timiriasevia*等以及恐龙*Protoceratops*、*Velociraptor*、*Saurornithoides*、*Oviraptor*等　170~693m				Sainshanda 组（同左栏） ?
K_1	阿尔布阶	Khukhtyk组：绿灰色砂泥岩、碳质页岩夹煤层、玄武岩，含上准巴音生物群，缺失Lycoptera　510~560m	Dushiulin组：灰色夹红色粗—细砂岩夹泥岩与砾岩　1200~1400 m	Khulsyngol组：绿灰色砂泥岩、碳质页岩含煤与玄武岩　150~800m	Zereg组：灰色夹红色砂泥岩砾岩　150~800m	Dzunbain组：上部浅灰、灰绿、浅黄色砂泥岩，顶部碳质页岩夹煤层；下部灰、深灰色泥岩、页岩夹煤层；下部灰、深灰色泥岩、页岩砂岩，以沥青质页岩、泥灰岩和灰岩为突出特征。以介形虫*Cypridea*、*Timiriasevia*、*Mongolianella*等数十种为基础分为若干层，顶部为大孢子层，另有软体动物*Cyrena*、*Bithynia*、*Probaicalia*、*Limnaea*多种及恐龙化石　1025~1110m
	阿普特阶	Shinkhuduk组：绿灰、深灰泥页岩、沥青质页岩夹石灰岩与泥灰岩，含丰富"准巴音"(相当热河)生物群　500~700m		Andakhuduk组：灰色砂岩、砾岩、泥岩、粉砂岩，以微薄层沥青质纸片状页岩为特征，含"准巴音"生物群　1000m	Gurvanerin组：灰色夹红色砂岩、泥岩、砾岩，罕见纸片状页岩，含"准巴音"（相当热河）生物群　数百米至1000m	
	巴雷姆阶	Tsagantsab组：中基性火山岩、杂色凝灰质砂泥岩，硅化砂泥岩、火山灰层，多含*Estheria middendorfii*、*Lycoptera middendorfii*、*Mycetopus quadratus*等　700m	?	Undurukhin组：灰色泥灰岩、灰岩、砂岩、泥岩、钙质页岩，中、下部有少量玄武岩层，含与Tsagantsab组一致的化石　数百米至1000m		
	欧特里夫阶					Choibalsan组（群）：上部主要为安山岩、英安岩与酸性火山岩及其凝灰碎屑岩夹泥灰岩、砂泥岩；下部主要为基性火山岩夹砂岩和砾岩　500~800m
	凡兰吟阶	Sharilin组：灰、红与杂色砾岩与砂泥岩，下粗上细，含硅化木　2110m		Tormkhon组：红色为主的砾岩与角砾岩，仅上部有灰色砂砾岩、砂岩与含砾泥岩，顶部有盖帽玄武岩，含软体动物、介形类、叶肢介、鱼、轮藻、植物叶化石　150~200m	Ikhesnur组：红色粗碎屑砾岩、角砾岩，顶部有灰色砂泥岩	
	贝里阿斯阶					
下伏地层		Pz，J_{1-2}	Pz，J_{1-2}	Pz，J_{1-2}	Pz，J_2	J_{1-2}

中国三叠系地层简表（华北）

统	国际阶	中国阶	阶	Ⅳ 华北地层区 $Ⅳ_1$ 北祁连	 $Ⅳ_2$ 晋豫鄂尔多斯	 $Ⅳ_3$ 阴山-燕山	 $Ⅳ_4$ 辽东吉南
上覆				窑街组 J_1	富县组 J_1	水泉海组 J_1	义和组 J_1
上三叠统	瑞替阶	土隆阶	瓦窑堡阶	南营儿群： 上部为灰绿、灰色砂岩、细砂岩和粉砂岩，夹页岩和煤线，产植物*Neocalamites carcinoides*、*Cladophlebis ichuenensis*、*C. shensiensis*、*Dictyophyllum nathorsti*、*Bernoullia zeilleri*、*Taeniopteris* sp.、*Podozamites* sp.； 下部为灰色长石石英砂岩、浅灰绿色岩屑砂岩与灰绿色砂质页岩韵律互层 800~1600m	延长群 瓦窑堡组：黄绿、灰黑色泥岩与砂岩、粉砂岩互层，夹煤层和煤线，产植物*Danaeopsis fecunda*、*Cladophlebis gigantea*、*Todites shensiensis*等，介形虫*Tungchuania aurita*、*Darwinula* sp.，双壳类*Shaanxiconcha triangulata* 224m	羊草沟组：黄灰、黄绿、灰白色砂岩、砾岩为主，夹灰绿、灰色粉砂岩、页岩、碳质页岩、凝灰岩及煤线。 产植物*Neocalamites carerrei*、*Equisetum laohugouensis*、*Pityophyllum staratschini*、*Cladophlebis ichunensis*、*C. kaoiana*、*Cycadocarpidium erdmanni*、*Podozamites lanceolatus*, 双壳类*Sibericoncha shensiensis*、*Unio xuefengchuanensis*、*Shaanxiconcha subparallela*、*S. longa*, 叶肢介*Palaeolimnadia* cf. *lingyuanensis*、*Ovjurium* cf. *subsanuri*、*Pseudoesthteria* cf. *subovata* 68~600m	长白组：上部流纹岩段为灰白、灰绿、灰紫色流纹岩、流纹质角砾熔及英安岩 下部安山岩段为灰紫、浅灰、灰绿色安山岩、安山质凝灰角砾岩、角砾熔岩 2927m
	诺利阶		永坪阶		永坪组：灰绿、黄绿色细砂岩、粉砂岩、粉砂质泥岩和泥岩，产植物*Danaeopsis fecunda*、*Cladophlebis ichuenensis*、*Podozamites lanceolatus*，叶肢介*Eustheria multireticulata*，双壳类*Shaanxiconcha dilatata* 99m		小河口组：上部含煤段为青灰、黄绿色中-粗粒长石砂岩、细砂岩夹黑色碳质页岩和薄煤层，产植物*Cladophlebis asiatica*、*C. grabauiana*、*Danaeopsis fecunda*、*Neocalamites rugosus*、*N. carcinoides* 下部砾岩段灰、暗紫色砾岩、巨砾岩
	卡尼阶	亚智梁阶	胡家村阶		胡家村组：黄绿、灰绿色粉砂质泥岩、泥岩、泥质粉砂岩夹粉砂岩和细砂岩、产植物*Bernoullia zeilleri*、*Cladophlebis ichuenensis*，介形虫*Tungchuania* sp. 322m		?
中三叠统	拉丁阶	待建	铜川阶	丁家窑组：灰绿、紫红色粉砂岩、细砂岩、粗砂岩及细砾岩，产植物*Danaeopsis feunda*、*D. macrosporangiata*、*Cladophlebis ichuensis*、*C. goeppertiana*、*C. raciborskii*、*Todites shensiensis*、*T. Margarites* 557m	铜川组：上段为灰黑、灰绿色页岩、油页岩、泥质粉砂岩与粉砂质泥岩，下段为黄绿、灰绿、黄灰色细砂岩，夹粉砂质泥岩、粉砂岩，产植物*Neocalamites carerrei*、*Danaeopsis maginifolia*、*Bernoullia zeilleri*等，叶肢介*Tungchuania houae*等 596m	?	林家组： 上部为黄绿色长石石英砂岩和紫、黑色页岩 下部为黄绿、灰白色砾岩和砂岩，发育交错层理，产植物*Symopteris-Benxiopteris*组合，昆虫*Sogdoblatta linjiaensis*，轮藻*Stellatochara*? sp.
	安尼阶	青岩阶	二马营阶	鲁沟组(五佛寺组)： 上部为淡灰绿色砂岩、含砾砂岩；下部为淡玫瑰色夹紫红色砂岩、粗砂岩、含砾砂岩、砾岩夹细砂岩	二马营组：上段为暗紫色粉砂质泥岩夹页岩、细砂岩；下段为紫灰、黄绿色块状细砂岩，夹粉砂质泥岩。产植物*Neocalamites carcinoides*、*Danaeopsis* sp.、*Taeniocladopsis* sp.，介形虫*Darwinula fragilis*、*D. schneideri* 813m	后富隆山组： 黄色粗砂岩、砾岩，灰色粉细砂板岩夹砂岩砾岩 63~100m	>157m
下三叠统	奥伦尼克阶	巢湖阶	和尚沟阶		和尚沟组：紫红、棕红色泥岩、粉砂质泥岩为主，富含钙质结核。产双壳类*Shaanxiconcha heshanggouensis*，叶肢介*Glyptoasmussia* cf. *quadrata*、*Polygrapta xuefengchuanensis*，介形虫*Darwinula fragilis*、*D. Oblonga* 100~700m	?	郑家组： 紫、浅红色中细粒长石石英砂岩、中粒含砾石英砂岩，夹红色泥岩及页岩，发育交错层理
	印度阶	殷坑阶	大龙口阶	400~1000m	刘家沟组（岐山组）：灰白、紫红及紫灰色砂岩，夹少量粉砂岩、泥质粉砂岩、砂质泥岩及多层不稳定的砾岩。产植物*Pleuromeia jiaochengensis*，叶肢介*Leptolimnadia shanxiensis*、*Palaeolimnadia komiana* 100~400m	红砬组： 上部为浅红色砾岩，夹薄层砂岩透镜体； 下部为紫色砂岩，夹泥岩和砾岩 450~527m	300~791m
下伏				肃南组 P_3	孙家沟组 P_3	孙家沟组 P_3	孙家沟组 P_3

中国三叠系地层简表（内蒙古-东北）

统	国际阶	中国阶		II 内蒙古-东北地层区					
分区				II₁ 内蒙大兴安岭	II₂ 南楼山	II₃ 鸡西-延吉		II₄ 虎林	II₅ 那丹哈达岭
上覆				红旗组 J_1	板石顶子组	屯田营组 J_1		大秃山组：杂色、紫红色砾岩夹砂岩，中部夹多层中酸性火山碎屑岩含植物 *Cladophlebis* 2000m	大佳河组 J
上三叠统	瑞替阶 诺利阶 卡尼阶	土隆阶 亚智梁阶	瓦窑堡阶 永坪阶 胡家村阶	交流河组：上部为中、基性火山岩和凝灰岩、凝灰质砂岩互层；下部为安山岩 738m	大酱缸组：灰色砂板岩夹砾岩和多层煤线，含植物 *Glossophyllum*、*Cycadocapidium*、*Drepanozamites*、*Neocalamites*等 约600m	大兴沟群：上部为流纹岩；中部为灰色砂板岩、砾岩，含*Dictyophyllum-Clathropteris*植物组合；下部为安山岩 1000~3000m	天桥岭组：灰黄、灰白色流纹岩夹少量酸性凝灰岩、底部含角砾凝灰岩。产植物*Taeniopteris* sp., *Neocalamites* sp. 852m 马鹿沟组：深灰、灰黑色凝灰质粉砂岩、粗砂岩和砾岩，夹灰色粉砂质板岩、灰绿色安山岩及薄煤层，产植物*Dictyophyllum–Clathropteris*组合 1097m 托盘沟组：上段为灰黄、灰绿、深灰、灰绿色凝灰岩、角砾凝灰质岩夹中酸性熔岩和安山凝灰熔岩；下段为灰黑色中酸性火山碎屑岩熔岩夹少量凝灰质砾岩 1569m	南双鸭山组：黄灰、灰绿色凝灰粉砂质板岩、凝灰质细砂岩沉凝灰岩、沉凝灰质沉积岩和酸性火山碎屑岩及熔岩、产植物 *Cycadocarpidium-Tersilla* 组合 1800~2500m	镇江组（大坝北山组）：泥质粉砂岩与硅质岩互层，含放射虫 *Livarella-Camptum* 组合及牙形石 数百米
中三叠统	拉丁阶 安尼阶	待建 青岩阶	铜川阶 二马营阶		?				十八响地组：杂色中-薄层硅质岩夹灰岩、放射虫 *Pseudostylosphaera-Triassocampe deweveri* 组合 数百米
下三叠统	奥伦尼克阶 印度阶	巢湖阶 殷坑阶	和尚沟阶 大龙口阶	老龙头组、哈达陶勒盖组：黄灰、黄绿、黑灰色，夹紫灰、褐灰色砂岩、粉砂岩和板岩，夹酸性凝灰质熔岩。上部产双壳类 *Paleomutela subparallela*、*P.* cf. *lunulata*、*Palaeonodonta*? sp. >800m	卢家屯组：紫、杂色砂泥岩、砾岩夹少量泥灰岩和石膏含 *Palaeonodonta–Palaeomutela*双壳类动物群及植物和介形类 >3000~4000m				?
下伏				林西组 P_3	马达屯组 P	P 或花岗岩		二龙山组 P	

中国侏罗纪系划分与对比简表(1)

统	国际阶	中国阶	青藏地层区（冈底斯-喜马拉雅地区）	东北-冀北地层区	
			高喜马拉雅	冀北辽西	
上覆			曼曲河组、岗巴东山组	义县组 K_1	
上侏罗统	提塘阶	大北沟阶	古错兵站组：下部为灰绿色块状石英粗砂岩；中部为灰、灰黑色含丰富钙质结核之页岩；上部为黑色页岩与黄绿色薄层粉砂岩互层，页岩含结核。含菊石 *Berriasella*、*Blanfordiceras*、*Himalayites*、*Haplophylloceras strigile* 等 265m	大店子组：紫红、黄绿色泥岩、粉砂岩夹砂岩。上部灰绿、灰黑色页岩夹砂岩，产叶肢介 *Eoestheria*、*Yanshania*、*Diestheria* 等，双壳类 *Ferganoconcha*，介形类 *Rhinocypris–Yanshanina–Cypridea* 组合 236m 大北沟组：底部砾岩，黄绿、灰白色粗–细砂岩、页岩、凝灰质砂岩夹钙质页岩，产叶肢介 *Nestoria-Keratestheria* 组合，介形类 *Eoparacypris-Luangingella-Pseudoparacypridopsis* 等 1000~2500m	
	基默里阶		门卡墩组：下部为灰绿、灰黑色粉砂岩、页岩互层含结核；中部为灰黑色灰岩、钙质砂岩、粉砂岩、页岩互层；上部为深灰色粉砂岩、砂质页岩，富含泥、硅、钙、铁质结核。产菊石 *Virgatosphinctes*、*Uhligites*、*Pterolytoceras*、*Aulacosphinctes*、*Prorasenia*、*Haplophylloceras pinque* 等，双壳类 *Buchia* spp. 等 400~700m	张家口组：紫灰、灰绿杂色流纹岩，凝灰岩夹安山岩与砾岩，沉积夹层含植物 *Schizolepis morlleri*，昆虫 *Coptoclava* 等 158~2821m	
	牛津阶	土城子阶		土城子组：下段紫红色凝灰质页岩夹少量灰绿色粉砂岩、粉砂质泥岩；中段灰紫红泥质胶结砾岩夹砂岩；上段紫红、灰绿杂色凝灰质砂岩夹砾岩与页岩或夹流纹岩、安山岩。产叶肢介 *Pseudograpta*、*Nestoria*、*Mesolimnadia*、*Yanshanoleptestheria*，介形虫 *Wolburgia*、*Steneatroemia*、*Mantelliana*、*Djungarica*、*Damonella*、*Eoparacypris*、*Darwinula*，恐龙 *Chaoyangosaurus Jeholosauripus* 等 160~4425m	
中侏罗统	卡洛夫阶	头屯河阶	聂聂雄拉组：下部为灰色中厚层灰岩与泥灰岩互层，夹页岩及灰黑色中薄层灰岩和灰白色石英砂岩、粉砂岩；中部为深灰色厚层灰岩和灰白色石英砂岩；上部为深灰色中薄层灰岩与石英砂岩互层夹页岩。产菊石 *Witchellia*、*Dorsetensia*、*Macrocephalites*、*Indocephalites* 等，双壳类 *Trigonia*(*T*.)、*Camptonectes lens* 等 400~1300m	髫髻山组（兰旗组）：深灰色安山岩、紫红色杏仁状安山岩、凝灰色砾岩和泥岩。产植物 *Coniopteris*、*Phoenicopsis*，双壳类 *Ferganoconcha sibirica*，叶肢介 *Triglypta* 等 167~3528m	
	巴通阶			九龙山组：灰、紫杂色砾岩、砂岩、粉砂岩、泥岩、泥灰岩、火山碎屑岩 数十米至600m	海房沟组：灰黄色砾岩夹灰、灰黄、淡紫色凝灰质砂泥岩、火山碎屑岩，偶夹中酸性熔岩、集块岩及薄煤层。产 *Coniopteris-Phoenicopsis* 植物群，昆虫 *Sunoplecia liaomingensis*、*Arcus ovatus*、*Mesoneta antiqua* 269~1400m
	巴柔阶	西山窑阶		门头沟群 龙门组：灰黑色粉砂岩，灰绿、灰色砂岩、含砾砂岩夹砾岩及煤线。产植物 *Coniopteris simplex*、*Todites denticulate* 159m	
	阿伦阶			门头沟群 窑坡组：深灰、灰黑色砾岩夹砂岩、粉砂岩、泥岩夹煤线。产植物 *Coniopteris simplex*、*Czekanowsia rigita*，双壳类 *Ferganoconcha sibirica* 499m	
下侏罗统	托阿尔阶	三工河阶	普普嘎组：下部为灰白色中厚层石英砂岩与深灰色砂质灰岩、鲕状灰岩和生物灰岩互层；中上部为灰黑色薄–中层粒屑灰岩、微晶灰岩与鲕状灰岩。产菊石 *Polypletes discoides*、*Grammoceras striatulum*、*Phymatoceras robustum*、*Dumortieria* sp.、*Psiloceras* sp.，双壳类 Astarte delicata *Weyla ambongoensis*，有孔虫 *Orbitopsella tibetica* 等 60~300m		北票组：黄褐色砂岩、灰黑色泥岩夹砾岩及煤层。产植物 *Coniopteris-Phoenicopsis* 组合，昆虫 *Rhipidoblattina longa*，孢粉 *Osmundoacidites-Chordasporites-Cyathidites* 组合 1333m
	普林斯巴阶			南大岭组：灰绿、深灰色安山岩、玄武岩、火山集块岩、角砾岩夹黄绿、黄褐色砂岩、砾岩和灰黑色泥岩，局部夹暗紫色安山岩 数十米至500m	
	辛涅缪尔阶	八道湾阶		杏石口组：灰、灰黑、褐黄色长石砂岩、粉砂岩与泥岩夹煤线，底部为砾岩。产植物 *Czekanowskia* 等 30~40m	兴隆沟组：玄武岩、玄武安山岩、安山质角砾岩及集块岩夹沉积岩，底部有底砾岩 180~500m
	赫塘阶		各米各组：粉砂、细砂岩夹泥岩。产菊石：下部 *Psiloceras* cf. *pacificum*；上部 *Choristoceras* cf. *marshi* 80m		
下伏				双泉组 P_3—T_2	坤头波罗组 T_3?—J_1

中国侏罗系划分与对比简表(2)

统	国际阶	中国阶	兴安岭	张广才岭	张广才岭	延吉
区			东北—冀北地层区			
上覆			大磨拐河组 K_1	淘其河组 K_1		屯田营组：安山岩、安山集块岩、凝灰岩、凝灰砂岩、英安岩。产植物 *Coniopteris* cf. *burejensis*、*Acanthopteris gothani*、*Onychiopsis* sp.等 >1515m
上侏罗统	提塘阶	大北沟阶	龙江组：下部为中酸性熔岩夹火山碎屑岩；中部为中性熔岩、火山碎屑岩与碎屑岩；上部为中性凝灰质碎屑岩夹酸性熔岩；含双壳类 *Ferganoconcha subcentralis*、*F. sibirica*，介形虫 *Cypridea* sp.、*Darwinula contracta*，昆虫 *Ephemeropsis trisetalis*、*Coptoclava longipoda* 152~580m	宁远村组：下部为灰、灰绿色安山岩、凝灰岩、角砾岩；上部为紫、灰紫色流纹斑岩		(同上)
	基默里阶		(同上)	帽儿山组：深灰、灰黑色与灰绿色中酸性火山岩、火山碎屑岩，夹少量砾岩、砂岩 >1000m		(同上)
	牛津阶	土城子阶	(同上)			(同上)
中侏罗统	卡洛夫阶	头屯河阶	南平组：灰白、灰绿色砾岩、砂岩、泥岩，夹薄煤层，夹凝灰岩。产植物 *Coniopteris bure-jensis*、*C. usedii*、*Czeka-nowskia rigita* 200~660m	太安屯组：下段为黄褐、暗灰色砾岩、砂砾岩夹薄层凝灰质砂岩、板岩、酸性熔岩；上段为灰白色流纹斑岩夹凝灰质粉砂岩、板岩。产植物 *Neocalamites*、*Cladophlebis*、*Pterophyllum*、*Taeniopteris*、*Ginkgo*、*Sphenobaiera*、*Pityophyllum*、*Podozamites*、*Czeknowskia*，昆虫 *Samarura*、*Mesoneta*、*Mesoleutra* 等 约1000m	侯家屯组＋夏家街组：多斑安山岩、安山岩及凝灰岩夹砂砾岩、粉砂岩。产植物 *Coniopteris–Phoenicopsis* 组合，双壳类 *Ferganoconcha subcentralis*、*Tutuella* sp. 297m	
	巴通阶		(同上)	(同上)	(同上)	
	巴柔阶	西山窑阶	太平川组：灰白、灰黑色细砂岩、粉砂岩、泥岩夹砾岩、凝灰岩及煤层。产植物 *Coniopteris* cf. *burjensis*、*Phoenicopsis angustifolia* 450~810m	(同上)	太阳岭组：下段为中细砂岩夹粗砂岩、薄层砾层、粉砂岩、泥岩、煤层。上段为砾岩夹砂岩和薄层酸性火山碎屑岩。产 *Coniopteris-Phoenicopsis* 植物群 114m	
	阿伦阶		(同上)	(同上)	(同上)	
下侏罗统	托阿尔阶	三工河阶	查依河组：中性、酸性火山岩夹碎屑岩，底部为厚层砾岩。产植物 *Cladophlebis denticulata*、*Ctenis yabei*、*C. japonica* 700~900m	板石顶子组：轻变质砾岩、砂岩、粉砂岩夹少量火山碎屑岩。产植物 *Coniopteris–Phoenicopsis* 组合，含有 *Equisetum*、*Neocalamites*、*Cladophlebis*、*Ctenis* 等多种及 *Coniopteris hymenophylloides*、*Phoenicopsis angustifolia*、*Pityophyllum longifolium* 等 312~654m		
	普林斯巴阶		(同上)	(同上)		
	辛涅缪尔阶	八道湾阶	(同上)	(同上)		
	赫塘阶		(同上)	(同上)		
下伏			P_2	范家屯组 P_3		P_2^2 或 T_3

中国侏罗系划分与对比简表(3)

统	国际阶	中国阶	东北—冀北地层区：那丹哈达	东北—冀北地层区：那丹哈达	东北—冀北地层区：黑龙江东部
					朝阳屯组
上侏罗统	提塘阶	大北沟阶	东安镇组（凯北群中部）： 下亚组：灰黑、灰绿、黄绿色泥质细砂岩、粉砂岩与粉砂质页岩互层。产双壳类*Buchia russiensis–B. fischeriana*带、*B. fischeriana–B. unschensis*带 19m 上亚组：灰黑、深灰、灰绿色细砂岩、粉砂岩、泥质粉砂岩，顶部夹砂质石英细砂岩、粉砂岩。产双壳类*Buchia volgensis–B.* cf. *okensis*带、*B.* cf. *subokensis–B. unschensis–B. pacifica*带 405m	大架山组： 下部：灰白至灰褐色硅质砾岩、砂砾岩夹中粗砂岩、粉砂岩；中部：灰黑色粉砂岩、黄绿色中细砂岩夹灰黑色粉砂质板岩；上部：黑色粉砂质板岩夹灰黑色细砂岩和透镜状砾岩。含菊石、双壳类、腕足类、腹足类、珊瑚、放射虫等。含菊石*Holcophylloceras* sp.、*Holcolissoceras* spp.、*Haploceras* sp.、*Holcolissoceras* sp. 600~1000m	裴德组（东荣组） 下部：黄绿、灰黑色粉砂岩、细砂岩夹煤线或薄煤层； 上部：灰黑色厚层泥岩或页岩夹砂岩，泥岩中含菊石、双壳类，含煤砂岩中含植物、有孔虫等。 该组曾称"七虎林河组"化石定年有J、K之争 819m
	基默里阶				
	牛津阶	土城子阶			东胜村组（绥滨组）：下部黄褐、灰褐色砾岩、粗砂岩、砂岩夹粉砂岩及薄煤层；上部砂岩、粉砂岩、泥岩夹煤线，顶部为安山质凝灰角砾岩。产植物*Equisetum* sp.、*Neocalamites carrerei*、*N. nathorsti*、*Todites denticulata*、*Cladophlebis acutiloba*、*Anomozamites* sp.、*Taeniopteris* sp.、*Ginkgo* ex gr. *sibirica*、*Podozamites astartensis*、*Coniopteris simplex* 等。该组曾称"裴德组" 500~1000m
中侏罗统	卡洛夫阶	头屯河阶	大佳河组（广义）： 灰褐、灰、灰白、猪肝色硅质岩、硅质页岩、碧玉岩，夹粉砂岩、泥质粉砂岩、泥岩。 下部：以硅质岩为主，含中三叠世牙形类与放射虫。 中部：泥质粉砂岩与硅质岩互层，含晚三叠世牙形类与放射虫。 上部：硅质岩为主，具灰岩夹层和透镜体。含早、中侏罗世放射虫。下侏罗统含放射虫 *Bipedis–Heliosaturnalids*组合和*Trillus* cf. *elkhornensis*组合。 中侏罗统含放射虫*Hsuum* cf. *hisuikyoensis*组合、*Guexella nudata*组合。其中含*Tricolocapsa plicarum*、*Eucyrtidiellum ptyctum*、*Ristola dhemenaensis*、*Archaeodictyomitra* sp. 3500m		
	巴通阶				
	巴柔阶	西山窑阶			
	阿伦阶				
下侏罗统	托阿尔阶	三工河阶			
	普林斯巴阶				
	辛涅缪尔阶	八道湾阶			
	赫塘阶				
下伏			T_{2-3}	P 或 Ar	

中国侏罗系划分与对比简表(4)

统	国际阶	中国阶	华北地层区 鄂尔多斯	华北地层区 晋北
上覆			保安群 K_1	钟楼坡组
上侏罗统	提塘阶	大北沟阶		羊投崖组：下段灰黑色砂砾岩夹碳质页岩、煤层和火山碎屑岩；上段黄灰、灰色砂砾岩夹粉砂岩。产介形类 *Cypridea-Lycopterocypris*组合，双壳类 *Unio*，植物 *Ginkgoites*、*Podozamites* 等 333~1400m
	基默里阶			张家口组：紫灰、灰绿杂色流纹岩、凝灰岩，夹安山岩与砾岩、紫红色砂泥岩、砂砾岩 158~2821m
	牛津阶	土城子阶		
中侏罗统	卡洛夫阶	头屯河阶	芬芳河组：棕红、紫灰色砾岩、巨砾岩夹棕红色砂岩及少量泥质粉砂岩。产植物 *Coniopteris hymenophylloides* 121~1174m	天池河组：紫红色中、细砂岩与粉砂岩夹少量砂质泥岩，局部夹少量火山岩 158~2821m
	巴通阶	头屯河阶	安定组：下部灰黄、紫红色砂岩、泥岩夹泥灰岩黑色页岩；上部灰、紫红、灰黄色薄板状泥灰岩夹钙质泥岩。产植物 *Coniopteris* sp., 介形类 *Darwinula* cf. *sarytirmenensis*、*D. shensiensis*, 鱼类*Baleiichthys antingensis* 40~128m	云岗组：下段灰白、灰黄色砂岩夹少量紫红色泥岩；上段黄绿、暗紫红、灰绿色砂岩、泥岩。产*Coniopteris-Phoenicopsis* 植物群，双壳类 *Ferganoconcha*、*Margaritifera*, 叶肢介*Euestheria* 等 160~462m
	巴柔阶	西山窑阶	直罗组：底部黄绿色砂岩、砾岩；下部黄绿、灰绿色细、粉砂岩、泥岩；上部紫红、褐、灰绿色泥岩、粉砂岩和砂岩互层。产植物 *Coniopteris kymenophylloides*, 双壳类 *Ferganoconcha*、*Sibireconcha* 数十米至135m	大同组：灰白、浅黄色砂岩、粉砂岩、灰绿色及黑色泥岩夹煤层及灰岩结核层构成韵律层。产植物*Coniopteris*、*Phoenicopsis*、*Baiera*、*Hausmannia*、*Cladophlebis*、*Elatocladus*、*Nilssonia*、*Ginkgoites*等，双壳类 *Pseudocardinia*、*Margaritifera*、*Tutuella* 等 200~450m
	阿伦阶	西山窑阶	延安组：下段灰白、肉红色块状砂岩，底部为细砾状粗砂岩；上段灰、灰绿色砂岩与暗色泥页岩互层。产植物 *Coniopteris-phoenicopsis* 植物群，双壳类*Ferganoconcha*、*Sibiriconcha*、*Tutuella*等 100~600m	
下侏罗统	托阿尔阶	三工河阶	郿县组：底部灰色砂岩；下部紫红色粉砂质泥岩夹灰绿色粉砂岩、细砂岩；上部灰绿色砂泥岩夹钙质结核，局部地区夹油页岩。含*Coniopteris-Phoenicopsis*植物群，叶肢介*Eosolimnadiopsis*,双壳类*Ferganoconcha*等 数米至百余米	永定庄组：下段灰白、灰黄色砂砾岩、含砾砂岩夹少量粉砂岩；上段紫、灰、黄、绿杂色粉砂岩、粉砂质泥岩夹砂、砂砾岩。产植物*Coniopteris*、*Cze-kanowskia*、*Cladophlebis*、*Ctenopteris*、*Podozamites*、*Pterophyllum*、*Anomozamites*、*Neocalamites*、*Eboracia*、*Baiera*等，双壳类*Ferganoconcha*、*Utschamiella*及昆虫等 100~170m
	普林斯巴阶	三工河阶		
	辛涅缪尔阶	八道湾阶		
	赫塘阶	八道湾阶		
下伏			瓦窑铺组 T_3	石千峰组 P_3

中国侏罗系划分与对比简表(5)

统	国际阶	中国阶	华北地层区 沈北	华北地层区 辽东	华北地层区 辽南
上覆				小岭组 K_1	
上侏罗统	提塘阶	大北沟阶	南康庄组：紫、黄褐色页岩夹薄层粉砂岩和泥灰岩。下部产叶肢介*Tielingia*，介形类*Cetacella*、*Darwinula*；上部产叶肢介 *Eosestheria*，植物 *Coniopteris hymenophylloides* 1145m	小东沟组：紫色砂岩、黄绿色页岩，偶夹泥灰岩透镜体，底部砾岩。产植物 *Equisetum*、*Pagiophyllum*、*Schizolepis*、*Pseudotaenіopteris*、*Podozamites*，昆虫 *Ephemeropsis trisetalis* 218m	桂云花组：灰紫、黄绿安山岩、角砾岩、凝灰岩夹砂页岩。产叶肢介*Eoestheria jingangshanensis*，植物 *Coniopteris burejensis*、*Ginkgo* sp.、*Pityophyllum lindstroemi*、*Podozamites* sp. 2800m
	基默里阶				
	牛津阶	土城子阶	松树沟组：灰白、黄褐色砂砾岩、粉砂岩、灰黑色页岩夹煤线。植物：*Coniopteris burejensis*、*C. hymenophlloides*、*C. simplex*、*Cladophlebis whitbyensis*、*Raph-aelia stricta*等，双壳类 *Ferganoconcha elongata* 236m	三个岭组：下部中细砾岩；上部中细砂岩、含砾砂岩夹薄煤层或煤线。产*Coniopteris–Phoenicopsis*植物群 100~500m	
中侏罗统	卡洛夫阶	头屯河阶	前弯岭组：灰绿、灰紫色安山岩、安山质凝灰熔岩，上部夹凝灰质砂岩和安山角砾岩 469~610m	大堡组：下部砾岩、砂砾岩；上部砂页岩夹煤层。含*Coniopteris-Phoenicopsis*植物群，双壳类 *Unio*，介形类 *Darwinula* 400~800m	
	巴通阶				
	巴柔阶	西山窑阶			砟窑组：灰黑色砾岩、含砾砂岩、砂泥岩、碳质页岩及薄煤层，偶夹灰岩、泥灰岩透镜体。产双壳类*Pseudocardinia*、*Psilunio*、*Tutuella*，腹足类 *Bithynia*，脊椎动物 *Manchurodon simplicidens*，植物 *Phoenicopsis*、*Czekanowskia* 等。190m
	阿伦阶				
下侏罗统	托阿尔阶	三工河阶	皆古台组：下部灰褐色砾岩夹紫色含砾砂岩；中部灰黑色砂岩、粉砂岩、页岩夹煤线或透镜状煤层；上部灰褐色砾岩夹砂岩、页岩，偶夹煤层。产植物*Neocalamites carrerei*、*Todites williamsoni*、*Cladophlebis* sp. 100~300m	长梁子组：下部砾岩、砂岩夹页和煤层；上部灰黑色页岩夹砂岩。产*Coniopteris-Phoenicopsis*植物群，双壳类 *Pseudocardinia*、*Tutuella*、*Ferganoconcha*，介形类 *Darwinula*、*Timiriasevia*，昆虫 *Euryblattula*、*Palaeocupes*、*Flexilicoleus* 153~1321m	瓦房店组：下部含煤段为杂色砾岩、砂岩、灰黑色粉砂岩、泥岩、碳质页岩及煤层，夹泥灰岩透镜体与薄层灰岩。上部含煤段为紫色砂岩、泥岩夹灰色砂泥岩、碳质页岩、透镜状煤层 100~350m
	普林斯巴阶				
	辛涅缪尔阶	八道湾阶			
	赫塘阶				
下伏			青白口系 Pt_3	P_2	Pt_3

中国侏罗西划分与对比简表(6)

统	国际阶	中国阶	华北地层区：鲁东	华北地层区：鲁西	华北地层区：豫东南	华北地层区：皖东北
上侏罗统	提塘阶	大北沟阶	莱阳组：黄绿、黄褐、黄灰色夹紫色碎屑岩系，可分四段。产叶肢介 *Yanjiestheria*、*Eosestheria*，鱼类 *Lycoptera*、*Sinamia*，植物 *Cupressinocladus elegans*、*Brachyphyllum obesum*、*Onychiopsis elongata*、*Ruffordia gopperti*、*Pagiophyllum* sp. 以及双壳类、昆虫等 900~1277m	西洼组 K_1 蒙阴组：灰绿、黄绿、灰白色砂岩、页岩夹泥灰岩，底部常见砾岩。产双壳类 *Solenaia*、*Cuneopsis*、*Unio*，腹足类 *Valvata*，叶肢介 *Eoestheria*，鱼类 *Lycoptera*、*Sinamia*，龟类 *Sinemys*、*Sinochelys*，爬行类 *Euhelopus*、*Stegosauria* 数十米至800m	段集组：下部为紫红色厚层砾岩，夹中、粗长石砂岩；上部为黄紫灰红色凝灰岩、凝灰角砾岩、沉凝灰岩夹砂砾岩。含蕨类孢子 *Cyathidites*、*Camptotriletes*，*Osmundacidites*、*Lycophyodiumsporites*、*Sphagnumsporites*、*Noeggerathiopsidozonaletes*，裸子植物花粉 *Pagiophyllumpollenites*、*Psophosphaera*、*Alisporites*、*Piceites*、*Podocarpidites*、*Abietineaepollenites*、*Pinuspollenites* 等 1448~2797m	周公山组：紫红色含砾砂岩、砂砾岩、粉砂岩，含植物 *Cupressinocladus* 及孢粉 >707m
	基默里阶					
	牛津阶	土城子阶				圆筒山组：紫红色杂色砂岩、粉砂岩、泥岩 >1300m
中侏罗统	卡洛夫阶	头屯河阶		三台组：砾岩、砂砾岩、紫红色长石砂岩夹绿色砂岩，向上钙质砂岩增多 >1000m	朱集组：下部为紫红色砾岩；中部为黄褐色长石砂岩；上部为紫红色砂岩、粉砂岩夹砾岩、砂砾岩。被年龄为142Ma花岗岩侵入 1393~2200m	
	巴通阶					
	巴柔阶	西山窑阶		坊子组：灰色砂质页岩、灰黑色碳质页岩夹砂砾岩和煤层。产 *Coniopteris–Phoenicopsis* 植物群 100~400m		
	阿伦阶					
下侏罗统	托阿尔阶	三工河阶		汶南组：紫红色砾岩、砂砾岩、砂岩夹绿色粉砂岩与黑色页岩。产叶肢介 *Palaeolimnadia baitianbaensis*、*P. longmenshanensis*、*P. chuanbeiensis*、*Euestheria taniiformis*、*E.* aff. *shandanensis*、*E. shandongensis*，孢粉 *Classopollis* 优势组合 123~400m		防虎山组：土黄、灰白色砾岩、砂页岩夹页岩。产植物 *Podozamites*、*Ptilophyllum*、*Cladophlebis*、*Neocalamites*、*Cycadocarpidium*。双壳类 *Ferganoconcha*、*Sibireconcha* 等 >400m
	普林斯巴阶					
	辛涅缪尔阶	八道湾阶				
	赫塘阶					
下伏			胶东群 Ar	O	花园墙组 C_1	石千峰群 P_3—T_1

中国白垩系划分与对比简表（1）

统	国际阶	中国阶	区：东北-冀北地层区 松辽
上覆			E_1
上白垩统	马斯特里赫特阶	明水阶 富饶阶	明水组：下部由灰绿、棕红色砂岩、砂质泥岩与灰黑色泥岩组成两个旋回，上部为灰、灰白色砂岩与杂色泥岩互层夹钙质胶结砾岩。含孢粉*Aquilapollenites-Mencicorpus* 组合，双壳类*Pseudohyria gobiensis*及叶肢介、介形类等 418~496m
	坎潘阶	四方台阶	四方台组：褐红、灰绿色相间的块状粉砂质泥岩、粉砂岩，富含钙质结核，底部有砂岩、含砾砂岩层，含介形类 *Talicyridea amoena*, 孢粉 *Rotundtricolporopollenites*, 轮藻 *Hornichara anguangensis*带，双壳类 *Pseudohyria*、*Protelliptio* (*Plesielliptio*) 600m
	桑顿阶	嫩江阶(上)	嫩江组：自下而上，一段为灰黑色泥页岩夹粉砂质泥岩，上部夹油页岩；二段为黑色油页岩、灰黑色泥页岩与灰色粉砂质泥岩不等厚互层夹薄层泥质粉砂岩；三段为灰黑色粉砂质泥岩，并向灰黑色泥质粉砂岩与灰白色粉砂岩、细砂岩互层过渡；四段为灰绿色粉砂质泥岩、泥岩及泥质粉砂岩夹灰白色薄层粉细砂岩，顶部为紫红色粉砂质泥岩；五段灰绿、紫红、棕红、棕色泥岩、粉砂质泥岩、细砂岩，富含"板状硅藻土"。产叶肢介*Halyestheria qingangensis*、*Euestheria bifurcatus*、*Calestherites sertus*、*Mesolimnadiopsis anguanensis*化石带，介形类 *Cypridea* (*C.*) *anonyma-C.* (*C.*) *squalid* 组合、*C.* (*C.*) *gunsulinensis*组合、*Ilyocyprimorpha netzhaevae*组合、*I. inandita*组合、*Harbinia hapta-Tali cypridea angusta*组合及双壳类、孢粉等 140~1000m
	康尼亚克阶	嫩江阶(下)	
	土伦阶	姚家阶	姚家组：棕红、砖红、褐红色泥岩与灰绿色泥岩、粉砂岩互层，含孢粉*Tricolpites–Cyathidites*组合、*Taurocasporites–Gothanipollis*组合，叶肢介 *Liolimnadia hongangziensis*、*Dictyestheria elongata*，介形类 *Cypridea* (*C.*) *dorsoangula*、*C.* (*C.*) *exornata*, 双壳类*Plicatounio* (*P.*) *latiplicata*、*P.* (*Kwanmonia*) *heilongjiang-ensis* 6~200m
	赛诺曼阶	青山口阶	青山口组：灰、青灰、灰黑、黑色泥岩、页岩和粉砂质泥岩夹油页岩，产介形类 *Triangulicypris torsuosus* 组合、*Cypridea* (*Morinia*) *dekhoinensis–C.* (*M.*) *adumbrata* 组合、*Limnocypridea inflata-Sunliavia tumida* 组合、*C.* (*C.*) *panda–Triangulicypris symmetrica* 组合，叶肢介*Nemestheria qinshankouensis*带，轮藻 *Maedlerisphaera binxianensis* 带及植物、孢粉等 30~500m
下白垩统	阿尔布阶	泉头阶	泉头组：棕红、暗紫红色泥质岩与紫灰、灰绿、灰白色砂质岩，局部夹绿、灰黑色泥岩、凝灰岩薄层，由砂砾岩、砂岩到泥岩组成两个粗细旋回，含两个孢粉组合，产叶肢介*Orthestheria*, 轮藻 *Amblyochara quantouensis*带，植物*Platanus*、*Viburniphyllum*、*Viburnum*、*Tilia*、*Protophyllum*、*Quercus*, 介形类*Cypridea* 60~2198m
	阿普特阶	孙家湾阶	登楼库组：一段为灰白色砾岩、砂砾岩；二段为灰黑色砂质泥岩、灰、灰白色泥质粉砂岩与细砂岩不等厚互层；三段为灰白色中细砂岩、灰或紫褐色泥质粉砂岩、粉砂质泥岩不等厚互层夹灰绿色泥岩；四段为浅绿或灰、褐色细砂岩、粉砂岩和泥岩互层，产植物 *Asplenium*、*Sphenolepis*、*Trochodendroides*、*Coniopteris* 等 300~1547m
	巴雷姆阶	阜新阶	营城组：下部为灰紫、灰绿色安山岩、安山质凝灰岩；中部为凝灰质砾岩、砂岩夹安山岩；上部为流纹质凝灰岩、流纹岩夹凝灰质砾岩、砂岩和煤层，产植物*Coniopteris onychioides*、*C.* cf. *burejensis*、*Cladophlebis*, 昆虫 *Archaeogomphus*、*Clypostemma*, 介形类 *Cypridea*、*Lycopterocypris* 等 860~1175m
	欧特里夫阶	沙海阶	沙河子组：下部为灰、灰白色砂岩、砂质泥岩夹5层煤；中部为灰黑色泥岩夹砂岩和煤层；上部为灰白色砂岩、灰黑色泥岩、粉砂岩夹薄煤层，有时夹膨润土。产植物 *Elatocladus*、*Coniopteris burejiensis*、*C. onychi-oides*、*Ruffordia goepperti*、*Gleichenites*等，鱼类 *Lycoptera*, 双壳类 *Ferganoconcha* 232~612m
	凡兰吟阶	九佛堂阶	火石岭组：灰绿色安山岩、凝灰岩、凝灰质砾岩夹少量泥岩和煤线，产植物*Elatocladus* 426m或>1000m
	贝里阿斯阶	义县阶	
下覆			

中国白垩系划分与对比简表(2)

统	国际阶	中国阶	区：东北–冀北地层区（冀北、辽西）
		上覆	Q
上白垩统	马斯特里赫特阶	明水阶 富饶阶	
	坎潘阶	四方台阶	
	桑顿阶	嫩江阶(上)	
	康尼亚克阶	嫩江阶(下)	
	土伦阶	姚家阶	
	赛诺曼阶	青山口阶	
下白垩统	阿尔布阶	泉头阶	
	阿普特阶	孙家湾阶	孙家湾组: 紫红、紫色间黄色砾岩夹紫红、灰色砂泥岩，以双壳类*Nippononaia yangiensis*及腹足类*Tolotomoides talaziensis*为标志，也产介形类*Cypridea*、*Triangulicypris*、R*hinocypris*、*Lycopterocypris*、*Candona*、*Ziziphocypris*、*Cyclocypris*等以及叶肢介*Orthestheria*、*Orthestheriopsis*、*Yangiestheria* 等 379~1803m
	巴雷姆阶	阜新阶	阜新组: 灰白色砂砾岩夹深灰色泥页岩、碳质页岩和多层煤，富含植物*Acanthopteris-Nilssonia sinensis*组合，叶肢介*Yangiestheria*, 介形类*Cypridea*、*Pinnocypridea*、*Mantelliana*等，腹足类 *Arguniella*、*Gyraulus*、*Mesocorbicula*、*Zaptychinus*、*Probaicalia* 552~1236m
	欧特里夫阶	沙海阶	沙海组: 下部为厚层砂砾岩，中部为含煤段，上部为灰黑、灰绿色泥页岩段。产双壳类*Tetoria yixianensis*、*T.* cf. *yokayamai*、*Nipponaia* cf. *tetoriensis*、*Mesocorbicula tetoriensis*、*Nakamuranaia chingshenensis* 等，腹足类*Bellamya*、*Bithynia*、*Campeloma*、*Lioplacodes*、*Viviparus*、*Amnicola Probaicalia* 等，叶肢介*Yangiestheria*、*Orthestheria*、*Pseudestherites*，植物*Acanthopteris–Nilssonia sinensis*组合，介形类*Cypridea*、*Limnocypridea* 等 500~1700m
	凡兰吟阶	九佛堂阶	九佛堂组: 灰、灰绿色粉砂质页岩夹灰黄、灰白色至灰黑色粉砂岩、页岩、泥灰岩、油页岩、砂岩，产叶肢介*Yanjiestheria*、*Eosestheria middendorfii*, 介形类*Cypridea-Limnocypridea-Djungarica*组合，鱼类*Lycoptera davidi*, 昆虫*Ephemeropsis trisetalis* 1000m
	贝里阿斯阶	义县阶	义县组: 底部及砂砾岩、安山岩与砂页岩互层；下部为灰黑色玄武岩、玄武质角砾熔岩、灰色安山岩、安山质角砾熔岩、集块岩夹黄灰、灰绿色页岩、砂岩、砂砾岩；中部为灰白、灰绿色凝灰质砂岩、砾岩、凝灰质页岩、薄片状页岩；上部为黄色英安质、流纹质火山角砾岩。产三尾类蜉游*Ephemeropsis trisetalis*, 叶肢介*Eosestheria sinensis*、*E. jeholensis*, 鱼类*Lycoptera muroii*, 介形虫*Cypridea vinutata*, 孢粉*Cicatricosisporites-Densoisporites-Jugella*组合及带羽毛恐龙、古鸟类、古植物等 数百米至数千米
下伏			冀北：大北沟组J_3；辽西：土城子组J_3

中国白垩系划分与对比简表（3）

统	国际阶	中国阶	兴安岭	张广才岭	延吉	那丹哈达	黑龙江东部
区 / 上覆			E$_2$	E$_1$	E	K$_2$	E
上白垩统	马斯特里赫特阶	富饶阶 明水阶	二连组：下部为灰白色砂砾岩、粗砂岩夹细砂岩、砂质泥岩；上部为灰绿、砖红色泥岩、砂质泥岩夹白色砂岩、泥灰岩。产爬行类*Ornithomimus asiaticus*、*Alectrosaurus olseni* *Mandschurosaurus mongoliensis*、*Bactrosaurus johnsoni*, 双壳类 *Pseudohyria* aff. *tuberculata* 81~335m	富绕组：灰黑、褐色泥岩、粉砂岩夹细砂岩、层凝灰岩及煤层，产植物*Sequoia* sp.、*Metasequoia distincta*, 孢粉*Aquilapollenites-Wodehousea* 组合或*Aquilapollenites spinulosa-Betulaepollenites*组合 55~299m	?		松木河组：下段西格木段为灰绿、灰黑色安山岩夹土黄色玄武安山岩，其上出现英安岩；上段敖其段为灰白、灰紫色流纹岩，球粒流纹岩夹英安岩、凝灰质砾岩、凝灰岩 814m
	坎潘阶	四方台阶		? 渔亮子组：灰绿、浅黄色砾岩、砂砾岩、砂岩、粉砂岩，产恐龙*Tyrannosaurus* sp., *Mandschurasaurus jiainensis*等 288m			
	桑顿阶	嫩江阶(上)		太平林场组：灰色细碎屑岩与油页岩，含植物*Trapa? microphylla*、*Quereuxia angulata*、*Rhamni-tes marginatus*、*Platanus raynolasii*、*Taxodium*、*Sequoia*、*Metasequoia* 等，孢粉*Aquilapollenites*、*Proteacidites*、*Beaupreaidites* 组合，介形类*Cypridea perelegana*, 叶肢介 *Euestheria* 等 635m	? 龙井组：紫红色砾岩、砂岩夹粉砂、泥灰岩，产双壳类 *Plicatounio* (*P.*) *equiplictus*、*Sphaerium chientoense* 126~420m		龙井组：紫红、黄褐、灰绿色粉砂岩、泥岩夹砂岩、含砾砂岩，产叶肢介 *Estherites mitsuishii* 1033m
	康尼亚克阶	嫩江阶(下)	? 嫩江组：灰黑色泥岩、页岩夹灰白、灰绿色粉砂岩、细砂岩，产介形虫*Cypridea ordinaata*、*C. tera*, 孢粉*Balmeisporites-Lythraites-Aquilapollenites*组合 1010m		延吉群 大砬子组：下段为黄、黄褐色砾岩、砂砾岩夹砂页岩，上段为灰黑色黏土岩、灰色纸片状页岩、黄色砂岩夹泥质粉砂岩、褐色油页岩和泥灰质团块。产双壳类 *Trigonoides kodairai*、*Sphaerium chientaoense*, 腹足类*Tulotomoides talaziensis*, 叶肢介*Yanjiestheria dalaziensis*、*Liograpta streptoformis*, 植物*Gleichenites nipponensis*、*Onychiopsis elongatus*、*Roffordia geopperti*、*Brachyphyllim crassum*等，鱼类*Manchurichthys* 数百米至2849m		延吉群 猴石沟组：下部为黄褐色砾岩、砂砾岩夹砂岩、黏土岩；上部为灰白、灰绿、黄色砂岩、粉砂岩夹砂砾岩。产植物 *Onychiopsis elongata*、*O. mantelli*、*Coniopteris* sp., 双壳类*Trigonoides* (*Wakinoa*) *wakinoensis*
	土伦阶	姚家阶		永安村组：灰、灰绿、黄灰色长石砂岩、粉砂岩、泥岩夹薄层砾岩、含砾砂岩、粗砂岩、泥灰岩、石膏透镜状薄煤层，顶部为酸性凝灰砂岩，产介形类*Cypridea*、*Candona*、*Candoniella*、*Ziziphocypris*, 植物*Taxodium*、*Cercidiphyllum*及孢粉等 158~440m			
	赛诺曼阶	青山口阶			泉水村组：灰紫色安山岩、安山质集块岩、凝灰熔岩、安山质角砾岩夹砂砾岩，产植物 *Onychiopsis* sp.、*O. elongata* 数十米至880m		东山组：底部黄色砂质砾岩，其上为灰绿、灰褐色安山角砾岩、凝灰角砾岩、火山集块岩、辉石安山岩夹砂岩、粉砂岩、泥岩、含砾粗砂岩与砂砾岩，产植物*Cladophlebis* sp. 698~1200m
下白垩统	阿尔布阶	泉头阶			? 长财组：下部为黄灰、黄色砾岩、凝灰质灰岩、砂岩夹黑灰色泥岩、煤层；上部为黄色砾岩、砂岩、粉砂岩夹火山碎硝岩及煤层。产植物*Coniopteris* cf. *burejensis*、*C. onychioides*、*Ruffordia goepperti*、*Nilssonia sinensis*、*Eladocladus manchurica*、*Pagiophyllum* cf. *crassifolium*、*Gleichenites* sp. 及双壳类等 数十米至1743m	凯北群中部（相当东安镇组） 白鹤山组：下部为黄绿色中细砂岩；中部为板岩夹透镜状砾岩；上部为砂岩夹板岩。含菊石、双壳类、腕足类、腹足类、珊瑚、放射虫等 >651m	龙爪沟群（鸡西群） 曙光组（穆棱组）：灰黄、黄褐色砂岩、细砂岩、粉砂岩和灰黑色泥岩互层夹煤线和可采煤层，砂岩含凝灰质，含双壳类*Sinopsammobia-Arcomya* 组合，介形类*Scabriculocypris obtusispina-Mandelstamia triangulata*组合、*Cypridea-Scabriculocypris-Vlakomia-Galliaecytheridea*组合，植物 *Equisetum ushimarersis*、*Todites denticulata*、*Coniopteris hymenophylloides*、*C. saportana*、*Eboracia lobifolia*、*Gonatosorus ketovae*、*Acanthopteris onychioides*、*elongata*、*Anomozamites angulata*、*Nilssonia angustissima* 等 1054m
	阿普特阶	孙家湾阶					
	巴雷姆阶	阜新阶	伊敏组：灰白色粉砂岩、砂岩、泥岩、碳质页岩夹砾岩、砂砾岩及煤层，产植物 *Coniopteris burejensis*, 孢粉*Appendicisporites-Impardecispora-Triporoletes*组合 550.9m				
	欧特里夫阶	沙海阶	?		屯田营组：灰绿色安山岩、集块岩、安山质凝灰岩、凝灰质砂岩、凝灰岩，产植物*Coniopteris* cf. *burejensis*、*Acanthopteris gothani*、*Onychiopsis* sp.	大架山组：下部为灰白至灰褐色硅质砾岩、砂砾岩夹中粗砂岩、粉砂岩；中部为黑色粉砂岩、黄绿色中细砂岩夹灰黑色粉砂质板岩；上部为黑色粉砂质板岩夹灰黑色细砂岩和透镜状砾岩。含菊石、双壳类：腕足类、珊瑚、放射虫等 600~1000m	朝阳屯组（城子河组＋滴道组）：下部为含砾砂岩、中粗砂岩、细砂岩、粉砂岩、薄煤层夹多层凝灰角砾岩；上部为海陆交互相砂岩、细砂岩、粉砂岩夹薄煤层或煤线。产双壳类*Isognomon* (*I.*) *isognomonoides-Camptonectes shuguangensis*组合，腕足类*Septaliphoria*、*Thurmannella*、*Daghanirhynchia*、*Kallirhynchia*、*Yunshanella*等，介形类*Protcythere ruidireticulata-Galliaecytheridea elegans-Mandelstamia truncata* 组合，植物*Klukia exilis*、*Gleichenites cycadina*
	凡兰吟阶	九佛堂阶	甘河组：灰黑、灰紫色玄武岩、凝灰岩、凝灰质砂岩、细砂岩、泥岩夹角砾岩，产植物*Pityophllum* sp.、*Ginkgo* sp.、*Pytiophyllum* sp. 等 403~1772m				
	贝里阿斯阶	义县阶	大磨拐河组：黄灰、灰白色砂砾岩、砂岩、砾岩、泥岩夹煤层，产双壳类*Ferganoconcha sibirica*, 植物*Coniopteris hymenophylloides*、*C. nympharum*、*Acanthopteris gothani*等 501~1110m	? 淘英河组 无描述	1515m		
下伏			龙江组 J$_3$				

中国白垩系划分与对比简表（4）

统	国际阶	中国阶	华北地层区：鄂尔多斯	华北地层区：晋北
		上覆	N_1	N 玄武岩
上白垩统	马斯特里赫特阶	明水阶 富饶阶		助马堡组：灰白、黄紫、红色砂质泥岩、粉砂岩夹砾岩，可分四段，产爬行类 *Velociraptor* cf. *mangoliensis*、*Microceratopsm*、*Bacyhosaurus*，双壳类 *Pseudohyria gobiensis*、*P. tuberculata*、*Sphaerium shantungense*，介形虫 *Cpyridea-Cand-ona-Talicypridea* 组合，轮藻 *Aptopochara daiton-gensis*、*Aclistochara*, *Amblyochara*，植物 *Platanus* cf. *cuncifolia*、*Pagiophyllum* 等 720m
	坎潘阶	四方台阶		
	桑顿阶	嫩江阶(上)		左云组：一段为浅灰色砾岩夹红色砾状灰岩、泥岩；二段为红色砾岩、砂质泥岩、泥岩互层；三段为灰绿、红色泥岩夹砂砾岩。产双壳类 *Lepesthes* sp.，叶肢介 *Yanjiestheria* sp.，介形虫 *Ziziphocypris costata*、*Timuniriasevia princepalis*、*Cypridea* 等，轮藻 *Euaclistochara mundula*、*Aclistochara bran-soni*、*Mesochara*、*Pseudolatochara* 等，孢粉 *Cicatricosisporites-Crybelosporites-Tricolpites* 组合 数十米至1000m
	康尼亚克阶	嫩江阶(下)		
	土伦阶	姚家阶		
	赛诺曼阶	青山口阶		
下白垩统	阿尔布阶	泉头阶	东胜组：下部为黄绿色砾岩；上部为灰绿色砂岩与土红色泥质砂岩互层，局部夹薄煤及玄武岩。产恐龙 *Psittacosaurus youngi*，植物 *Eladocladus* cf. *obtusifolia*、*E.* cf. *Mnchurica*、*Coniopteris onychioides* 228~269m	
	阿普特阶	孙家湾阶	泾川组：蓝灰色泥灰岩夹灰绿、紫红色泥岩和灰绿色细砂岩，上部为紫红色泥岩夹灰绿色砂岩。产植物 *Zamiophyllum buchianum*、*Cladophlebis browniana*、*C. dunkeri*，双壳类 *Sphaerium wiliuicum*、*Nakamuranaia chingshanensis*，鱼类 *Lycoptera woodwardi*、*Ikechaoamia orientalis*，爬行类 *Psittacosurus youngi* 及叶肢介等 135m	
	巴雷姆阶	阜新阶	罗汉洞组：橘红色中-粗砂岩、含砾砂岩夹暗紫色泥页岩，产介形类 *Cypridea vitimensis*，轮藻 *Obtusochara lanpingensis* 200~400m	
	欧特里夫阶	沙海阶	环河组：下部为暗紫红、紫红、棕红色中-细砂岩夹泥岩粉砂岩；上部为灰、灰绿、灰紫、紫红色泥页岩夹细砂岩、泥灰岩。产叶肢介 *Yanjiestheria*，鱼 *Lycoptera*，恐龙 *Huanhepterus* 300~540m	
	凡兰吟阶	九佛堂阶	洛河组、宜君组：浅红、棕红色砾岩、粗-中-细粒具大型斜层理砂岩 60~348m	
	贝里阿斯阶	义县阶		王家沟组：下部为紫红色砂质泥岩夹玄武岩，上部为白色火山角砾岩、凝灰岩、流纹岩 262m 钟楼坡组：紫红、灰紫色厚层砾岩夹含砾泥岩 92~850m
下伏				羊投崖组 J_3

中国白垩系划分与对比简表(5)

统	国际阶	中国阶	华北地层区 辽东	华北地层区 辽南
区 / 上覆			E_1	N_2
上白垩统	马斯特里赫特阶	明水阶 富饶阶		
	坎潘阶	四方台阶		
	桑顿阶	嫩江阶(上)		
	康尼亚克阶	嫩江阶(下)		
	土伦阶	姚家阶		
	赛诺曼阶	青山口阶		
下白垩统	阿尔布阶	泉头阶	大峪组 紫红色砂页岩、砾岩、灰绿色凝灰色砂岩夹安山岩、玄武岩，含孢粉 613~1122m	
	阿普特阶	孙家湾阶		
	巴雷姆阶	阜新阶		
	欧特里夫阶	沙海阶	聂尔库组: 灰绿、灰黑色页岩、粉砂岩夹煤线，产双壳类 *Nakamuranaia chingshanensis*、*Plicatounio naktongensis manchurica*、*Sphaerium* ex gr. *chiendaoense*、*Corbicula* sp., 腹足类*Viviparus keisyoensis*、*Lioplocodes* cf. *cholnokyi*, 鱼类*Lycoptera*及叶肢介、植物等 1404m	普兰店组：下部为暗紫色厚层砾岩、粉砂岩夹含砾粗砂岩、黄绿色粉砂岩；中部为黄绿色夹紫色厚层、中厚层粉砂岩夹砂砾岩、砾岩；上部为黄绿色中薄–薄层粉砂岩与粉砂质页岩互层夹砾岩。产双壳类*Sphaerium tani*、*Nakamuranaia chingshanensis*, 腹足类*Viviparus matsu motoi*、*V*. aff. *keisydensis*、*Probaicalia gerassimovi*、*P*. cf. *vitimensis*, 介形类*Cypridea* sp.、*Limnocythere* sp., 叶肢介*Paraestherites* sp. 及植物 2742m
	凡兰吟阶	九佛堂阶	梨树沟组: 下部为黄色层凝灰岩夹含砾砂岩和页岩；上部为灰黑色页岩粉砂质页岩夹凝灰岩，有地区为流纹质火山角砾岩、凝灰岩与砂泥岩互层。产双壳类 *Sphaerium jeholense*、*Nakamuranaia chingshanensis*, 植物 *Coniopteris burejensis*、*C. onychiopsis*、*Ginkgo digitata*, 叶肢介 *Eoestheria* spp., 鱼类 *Lycoptera* 522~4039m	
	贝里阿斯阶	义县阶	小岭组: 下段为砂砾岩、安山岩、安山角砾岩、凝灰岩及熔岩角砾岩；中段为安山岩流纹质火山碎屑岩；上段为安山岩、角砾岩、橄榄玄武岩、英安质岩屑晶屑凝灰岩。产植物*Acanthopteris gothani*、*Onychiopsis psilotoides*、*Cladophlebis delicatula*、*Ginkgo sibirica* 等，叶肢介*Eosestheria*、*Yanjiestheria*, 介形类*Cypridea*、*Darwinula* 900~3000m	桂云花组：灰紫、黄绿色安山岩、角砾岩、凝灰岩夹砂页岩，产叶肢介*Eoestheria jingangshanensis*, 植物*Coniopteris burejensis*、*Podozamites* sp.、*Pityophyllum lindstroemi*、*Ginkgo* sp. 数十米至2800m
下伏			小东沟组 J_3	

中国白垩系划分与对比简表（6）

<table>
<tr><td rowspan="3">区 上覆
统 国际阶 中国阶</td><td colspan="2">华北地层区</td></tr>
<tr><td>鲁东</td><td>鲁西</td></tr>
<tr><td>E_1 N</td><td>E_2</td></tr>
<tr><td rowspan="6">上白垩统</td><td>马斯特里赫特阶</td><td>明水阶
富饶阶</td><td rowspan="6">王氏组：
下段为棕、棕红色粉砂岩、细砂岩、砂砾岩；中段为棕红、灰绿色泥岩粉砂岩夹褐色砾岩，局部夹含铜砂岩；上段为下部为棕红、紫灰色砾岩、粉细砂岩，上部为灰、灰绿、紫红色泥岩、粉砂岩、细砂岩，局部夹玄武岩或安山玄武岩。
产爬行类Tsitaosaurus spinorhinus、Tanius chinkangkouensis、Chinkangkou-saurus fragilis, 腹足类Campeloma liui、Hydrobia anhuiensis, 双壳类 Spha-erium shantungense、S. laiyangense, 介形虫Talicypridea amoena、Cypridea（Pseudocypridea）gigantean
2810m</td><td rowspan="10"></td></tr>
<tr><td>坎潘阶</td><td>四方台阶</td></tr>
<tr><td>桑顿阶</td><td>嫩江阶(上)</td></tr>
<tr><td>康尼亚克阶</td><td>嫩江阶(下)</td></tr>
<tr><td>土伦阶</td><td>姚家阶</td></tr>
<tr><td>赛诺曼阶</td><td>青山口阶</td></tr>
<tr><td rowspan="6">下白垩统</td><td>阿尔布阶</td><td>泉头阶</td><td rowspan="3">大盛群、自下而上分四个组。
④孟疃组: 黄绿、紫红色细砂岩、粉砂岩互层，含孢粉Schizaeoisporites-Classopollis-Tricolpites 组合； 97~300m
③寺前村组: 灰色砾岩、粗砂岩、紫灰色岩屑砂岩、细砂岩夹砂砾岩和泥岩，产植物Brachyphyllum cf. ningshiaensis; 500~619m
②田家楼组: 下段为暗紫、紫红色细砂岩、粉砂质泥岩夹砾岩、安山岩与白云岩；中段为暗紫色粉砂质泥岩夹安山质凝灰岩、细砂岩，上段为黄灰色细砂岩、粉砂岩、灰绿色泥岩、砂质泥岩。产叶肢介Yanjiestheria, 双壳类Sphaerium jekolen, 腹足类Lioplacodes、Viviparus; 1846m
①马朗沟组: 紫灰、暗紫色安山质砾岩、凝灰岩、粉砂岩 150~500m</td></tr>
<tr><td>阿普特阶</td><td>孙家湾阶</td></tr>
<tr><td>巴雷姆阶</td><td>阜新阶</td></tr>
<tr><td>欧特里夫阶</td><td>沙海阶</td><td>青山组: 下段为灰绿、紫红色砂岩夹绿灰色粉砂质泥岩和紫色砾岩、巨砾岩；中段为浅灰、黄绿色凝灰岩、凝灰质砂岩、安山角砾岩、集块岩；上段为玄武安山岩、安山角砾岩与集块岩互层。产双壳类Nipponaia laiyangensis、Nakamuranaia chingshanensis及介形类、叶肢介、爬行类等
935m</td></tr>
<tr><td>凡兰吟阶</td><td>九佛堂阶</td><td rowspan="2">莱阳组: 1段底部为深黄色巨砾岩、砾岩，向上递变为黄灰、灰绿、灰黑色页岩、粉砂岩、细砾岩、细砂岩；2段为紫褐色砾岩、粉砂岩、细砂岩；3段为黄绿、灰绿、灰色页岩、粉砂岩；4段为灰、紫、黄绿色含砾砂岩、粉细砂岩与页岩。产叶肢介Yanjiestheria、Eosestheria, 鱼类Lycoptera、Sinamia, 双壳类Sphaerium, 昆虫Mesolygaeus等，植物Cupressinocladus elegans、Brachyphyllum obesum、Onychiopsis elongata、Ruffordia gopperti、Pagiophyllum sp. 等
900~1277m</td><td rowspan="2">西洼组: 下部为火山碎屑岩与一般屑岩互层;上部为中基性火山岩夹灰紫、灰绿色凝灰质砾岩、砂岩、页岩。产双壳类Sphaerium jeholense、S. wilyuicum, 叶肢介Eoestheria lingyuanensis、E. Elongata等，介形类Cypridea、Lycopterocypris 等及腹足类、鱼类
1600~3600m</td></tr>
<tr><td>贝里阿斯阶</td><td>义县阶</td></tr>
<tr><td colspan="3">下伏</td><td></td><td>蒙阴组 J_3</td></tr>
</table>

中国白垩系划分与对比简表（7）

统	国际阶	中国上覆阶	华北地层区 豫东南	华北地层区 皖东北
上白垩统	马斯特里赫特阶	明水阶 富饶阶		张桥组：砖红、棕红色含砾中–细砂岩、粉砂岩、泥岩，产介形虫*Talicypridea amoena*、*Cypridea cavernosa*、*Cyclocypris* aff. *calcutaformis*, 孢粉*Schizaeoisprites* spp.、*Classopollis* spp.、*Cycadopites* spp.、*Aquilapollenites* sp.、*Callistopollenites randiat-ostriatus*、*Ulmipollenites* sp.
	坎潘阶	四方台阶		987m
	桑顿阶	嫩江阶(上)		邱庄组：下段为棕红色间杂灰绿色岩屑砂岩夹粉砂岩与钙质泥岩；上段为棕红色粉砂岩、细砂岩夹泥灰岩。产双壳类*Sphaerium shantungense*, 植物*Manica* cf. *tholistoma*、*Suturovagina* sp.、*Elatocladus* sp.、*Brachyphyllum* sp.
	康尼亚克阶	嫩江阶(下)		
	土伦阶	姚家阶		
	赛诺曼阶	青山口阶	?	2190m
下白垩统	阿尔布阶	泉头阶		新庄组：下段为黄色砾岩、砂砾岩、岩屑砂岩夹粉砂岩和砂质泥岩；上段为灰黄、灰褐、灰红色中厚层岩屑砂岩、粉砂岩、泥岩夹薄层砾岩、泥灰岩。 产双壳类*Nakamuranaia chingshanensis*, 介形虫*Cypridea* sp., 叶肢介*Yanjiestheria* sp., 植物*Manica* cf. *paracermosa*、*Frenelopsis* sp.
	阿普特阶	孙家湾阶		
	巴雷姆阶	阜新阶		>1100m
	欧特里夫阶	沙海阶		青山组：灰、灰绿色安山质凝灰角砾岩夹凝灰岩、凝灰质砂岩，产双壳类*Fergasoconcha lingyuanensis–Corbicula tetoriensis-Sphaerium jeholense* 组合，叶肢介*Eosestheria* 动物群 632m
	凡兰吟阶	九佛堂阶		周公山组：紫红色砂砾岩，含粒中–粗粒砂岩、粉砂岩，产植物*Cupressinocladus* sp.，孢粉*Schizaeoisporites* (30%)、*Cupressaceae* (30%)，双壳类*Nakamuranaia chingshanensis*
	贝里阿斯阶	义县阶	殷集组：下部为紫红色厚层砾岩夹中–粗长石砂岩，上部为黄紫灰红色凝灰岩、凝灰角砾岩、沉凝灰岩夹砂砾岩，孢粉*Cyathidites*、*Camptotriletes*、*Osmundacidites*、*Pagiophyllumpollenites*、*Psophosphaera*、*Alisporites*、*Piceites*等 1448~2797m	
下伏				>707m

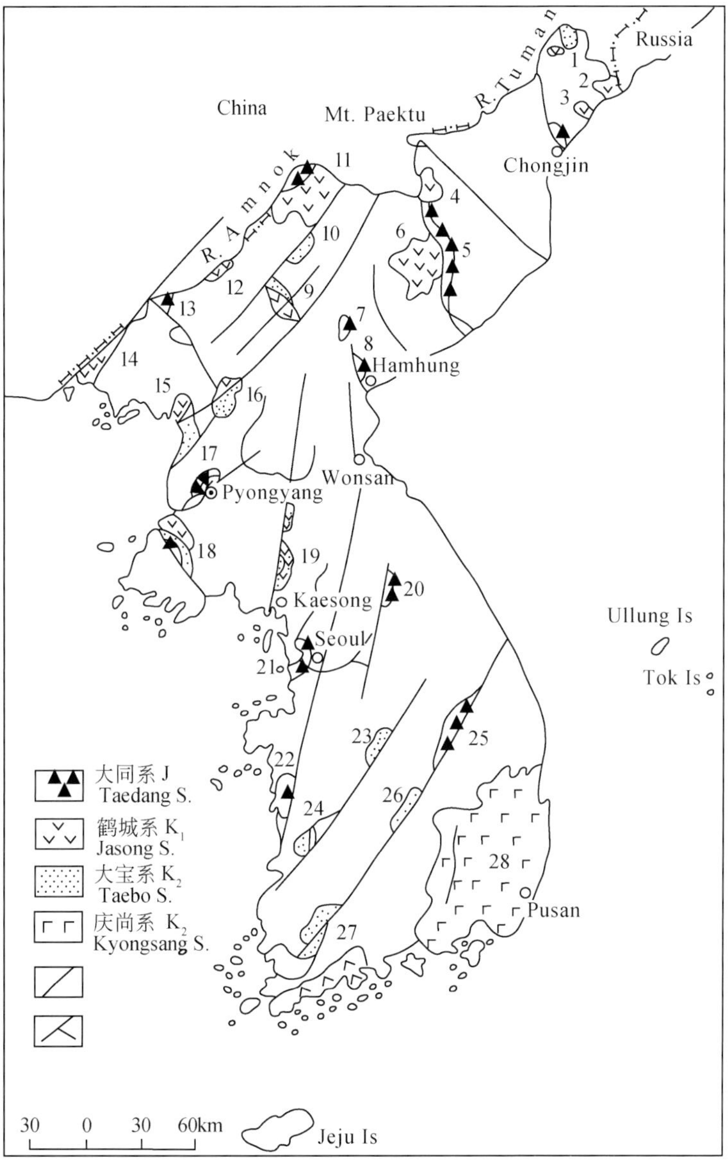

图中地名

长白山　Mt. Paektu (白头山)
图们江　R. Tuman
鸭绿江　R. Amnok
清　津　Chongjin
咸　兴　Hamhung
元　山　Wonsan
平　壤　Pyongyang
开　城　Kaesong
首　尔　Seoul
都　陵　Ullung Is
独　岛　Tok Is
釜　山　Pusan
济州岛　Jeju Is

朝鲜半岛中生界分布图（据Pak In Sop，Kim Yong Nam，1993 修改）

地层剖面位置：1. 庆源Seson K_1; 2. 图们江下游L. Tumangang K_1; 3. 水城川 Susongchon J_1; 4. 普天 Pochon K_1; 5. 阳坪里 Janphari J_1;6. 虚川江 Hochongang K_1; 7. 赴战江 Pujongang J_1; 8. 新兴Sinhung J_1, K_1; 9. 花岩 Jung-Am K_1; 10. 江界Kanggye K_1; 11. 中江－鹤城Junggang-Jasong J_1, K_1;12. 楚山Chosan J, K_1; 13. 昌城 Changsong J_1; 14. 新义州 Sinuiju K_1;15. 大宁江 Taeryonggang K_1; 16. 清川江 Chongchongang K_1; 17. 大同江 Taedonggang J_1, K_1;18. 载宁江 Jaeryonggang J_1, K; 19. 礼成江Ryesonggang K; 20. 川里Chonri J_1; 21. 金浦 Kimpho J_1; 22. 内浦Rampho J_1; 23. 官基里 Kwangdaeri K_1; 24. 公州 Kongju K; 25. 乃城 Pansong J_1; 26. 永同 Yongdong K;27. 津安 Jin-an K; 28. 釜山广域 Hwasun K

朝鲜半岛侏罗系（1）

统	阶	朝韩划分	鸭绿江盆地 11~13	大同江、载宁江盆地17~18	赴战、惠山、甲山地区 4~5	清津地区 3
上覆地层			K_1 Ryonmuri群	K_1 Chimchon群	?	J Tanchon complex（花岗岩）
J_3	提塘阶	缺失				断层
	基默里阶					
	牛津阶					
J_2	卡洛阶					
	巴通阶					
	巴柔阶	J_2 群山湾末名煤系		松林山群 Songnimsan Gr. 3. 上组: 浅灰色砂岩、炭质粉砂岩、黑色粉砂岩、夹煤层(0.1~0.2m)底部砾岩; 238m 2. 中组: 硅质砂岩、中粗石英砂岩、黑色粉砂岩; 300m 1. 下组: 红褐色砾岩、含砾砂岩、粉砂岩 100m 总厚600~1000m 中、上组含“松林植物群”硅化木*Phyllocladoxylon*、*Xenoxylon*、*Cedroxylon*; J_1分子*Equisetites ferganensis*、*Cladophlebis denticulata*、*C. raci-borskii*、*Clathropteris meniscioi-des*、*Marattiopsis muensteri*, 另有J_2分子数种		
	阿伦阶					
J_1	托阿尔阶	大同系（超群）Taedong system(supergr.)	中江群 Junggang system (Supergr) 3. Odoksan组: 砂岩为主, 与砾岩粉砂岩互层 490m 2. Kobidong组: 砂岩为主, 与砾岩、泥岩、含煤粉砂岩互层; 380m 1. Chilhaksan组: 砾岩 230m 第二组含植物化石*Neocalamites carrelei*、*Dictyophyllum nathorstii*、*Clathropteris meniscoides* 总厚1100 m		阳坪里群 Jangphari Gr. 3. 上组: 泥岩、含砾砂岩、碳质页岩、泥岩; 60m 2. 中组: 砾岩、砂岩、长石砂岩, 细砂岩, 含植物化石; 60m 1. 下组: 花岗质、片岩、石英岩砾石居下, 砂岩、粉砂岩居中–上 70m 本区*Sansuri*群为同期地层, 含植物*Neocalamites Carrelei*	清津群 Chongjin Gr. 处于Susongchon 断裂带中之构造楔, 由含砾砂岩、凝灰砂岩以及黑色页岩与纯无烟煤互层组成, 含植物*Taeniopteris*、*Clathropteris*
	普林斯巴阶					
	辛涅缪尔阶					
	赫塘阶					断层
下伏地层			Pt_1 Huchang Gr. Pt_2 Sangwon Gr.	Pz_1 Sadangu Gr. Pt Thaejawon Gr.	Pt Machollyong Gr. Sangwon Gr.	P_{2-3} Tuman Gr（火山–沉积）

朝鲜半岛侏罗系（2）

统	阶	北汉江：昌道地区20	江华湾：金浦岛21	月岳山：闻庆、丹阳25	锦江、保宁内浦22	群山湾 22东
上覆地层		? 断层	?	?	?	K_1火山岩（≈大宝山群）
J_3	提塘阶					
	基默里阶					J_2（未名）煤系 2. 第二组含煤碎屑岩、生物灰岩、黑色泥岩，含介形虫*Pyongyangia*2种、*Metacypris* 8种、*Darwinula* 1种，双壳类*Pseudocardinia*、*Tutuella*、*Valvata*，腹足类*Bithinia*等以及孢粉*Lycopodiumsporites*、*Cyathidites*、*Cibotiumsporites*、*Klukisporites*、*Callialasporites*、*Monosulcites*、*Bennettites*、*Classopolis*、*Araucariacites*、*Pinuspollenites* 1. 第一组灰、黑色泥岩、褐灰色中粗砂岩、生物灰岩 该J_2煤系为朝鲜半岛唯一已知J_2地层
	牛津阶					
J_2	卡洛阶					
	巴通阶					
	巴柔阶		金浦群 Kimpho Gr. 砾岩、砂岩、含砾砂岩、页岩，强烈变形褶皱。下部称Thongjin组，上部称Munjusan组，相当于松林山群第2、3组，含两层煤。 产植物 *Phlebopteris*、*Clathropteris*、*Neocalamites*、*Taeniopteris*，叶肢介（鉴定待考）*Eoestheria kawaseti*、*Cycloestherioides coreanica* 800m			
	阿伦阶	断层				?
J_1	托阿尔阶	川里群 Chonri Gr. 2. 上组：砾岩、粗长石砂岩、黑色粉砂页岩，向上以砂页岩互层为主； 1. 下组：灰色长石砂岩、粉砂岩与黑色页岩互层，并含无烟煤（0.6~0.8m） 植物 *Neocalamites* 400m		方城群 Panson Gr. 底部砾岩，主要为砂岩、页岩互层夹薄煤层，分3~9组产植物 *Clathropteris*、*Dictyophyllum*、*Chiropteris*、*Anomozamites*、*Neocalamites*	内浦群 Rampho Gr. 自下而上分5组，第2、3组含数层煤，第2、5组含植物 *Neocalamites*、*Dictyophyllum*、*Dismiophyllum*、*Annulariopsis*、*Labatannularia*、*Clathropteris*、*Hausmannia*、*Stenorachis*	松林山群（下部）Songnimsan Gr. 砂砾岩、中细砂岩夹黑色砂页岩、页岩，砂、砾岩硅质胶结，由下而上变细，页岩贫钙，产植物 *Ginkgoites sibiricus*、*Coniopteris hymenophyloides*、*Cladophlebis* cf. *denticulata*、*C. nebbensis*、*Podozamites lanceolatus* 100~130m
	普林斯巴阶					
	辛涅缪尔阶					
	赫塘阶					
下伏地层		断层 Pt 京畿地块基底 Makchon或Myoraksan群	Ar	Pz_2 平安群、Pz_1 黄州群-Pt	前寒武褶皱基底	（未见底？）

朝鲜半岛白垩系（1）

统	阶	半岛	鸭绿江盆地11, 12, 14		大宁江、清川江盆地15,16		大同江、载宁江盆地17,18		礼成江盆地 19		图们江盆地 1~3	
上覆地层			Q 玄武岩		E_2 Sinri群		?		?		Cz Hamyon群	
K_2	马斯特里赫特阶	大宝系 庆尚系							方岩山群 Pongwasan Gr.	深灰、紫红色砂岩、粉砂岩、粉砂质泥岩数十米互层，多凝灰质层，含植物*Onychiopsis elongata*、*Frenelopsis parceramosa*、*Brachyphyllum ningshiense*、*Platanus embicola*等，双壳类*Leptesthes coreanica*、*Corbicula triangularis*、*Pseudolyra-Nippononcia-Nakamuranaia-Plicatounio-Trigonoides*等，介形类*Cypridea*，轮藻*Porochara*等		
	坎潘阶											
	桑顿阶	超群（Supergr.）Taebo system Kyongsang system	水津群 Sujin Gr. Or Pongchonbong Gr.	? 浅紫至深紫色夹灰绿至褐色粉砂岩、砾岩、泥岩、中性火山岩，夹石膏泥岩，含植物*Brachyphyllum ningshiense*、*B. japonicus*、*Onychiopsis elongata*、*Cladophlebis exiliformis* 390~1680m	博川群 Pakohon Gr. Kun-Uri	紫红、褐色砾岩、凝灰质砂岩、粉砂岩，红黄、灰绿杂色层常见，顶部有凝灰岩，含植物*Onychiopsis elongata*、*O. Mantelli*、*Podozamites angustifolia*、*Brachyphyllum*、*Frenelopsis*，腹足类*Campeloma yinsiensis*，介形虫*Lymnocypridea parra*等 >2000m	汉峰山群 Hanbongsan Gr.	3. Anri组凝灰砂岩、钙质泥岩夹砾岩，上部灰红杂色砂泥岩；2. Oeampho组凝灰砾岩、砂泥岩互层；1. Choldori组紫红砾岩砂砾岩、红灰杂色砂泥岩。产植物*Brachyphyllum ningshiense*、*B. japonicum*、*Manica foveolata*、*M. papilosa*、*M. dalatzensis*等及孢粉 3000~5000m	山城里群 Sansongri Gr.	紫红砾岩、砂岩、粉砂岩、粉砂质泥岩，含凝灰质 900~1000m	洗先群 Seson Gr.	3. 上组灰白色杂砂岩夹砾岩、粉砂岩；2. 中组粉砂质泥岩、粉砂岩、泥灰岩；1. 灰色砾岩、粗砂岩 中组含叶肢介*Yanjiestheria kyongsangensis*、*Neodiestheria gigantea*，植物*Eladocladus manchuricus*、*Brachyphyllum japonicum*、*B. ningshiense*、*Onychiopsis elongata*、*Ruffordia goepperti*，鱼*Onsongia sesonensis*
	康尼亚克阶											
	土伦阶											
	赛诺曼阶											
K_1	阿尔布阶	鹤城系 超群（Supergr.）Jasong system	新义州群 Sinuiju Gr.	? 底部紫红块状粉砂岩、灰黄色砂岩、粉砂岩，中部中性火山岩与粉、细砂岩、中上部灰夹紫色碎屑岩和煤层，含植物*Coniopteris burejensis*、*Ruffordia goepperti*、*Equisetites ushmarensis*、*Cladophlebis denticulata*、*C. hymenophylloides*、*Sphenopteris nitidula*、*Ginkgo sibirica*、*Ginkgoites jampolensis*等10余种，叶肢介*Eoestheria*、*Yanjiestheria*及三尾类蜉蝣*Ephemeropsis trisetalis*，狼鳍鱼*Lycoptera middendorfii*等。Ryonmuri群、Ryongsong群与新义州群相当 >2500m	方水群 Pongsu Gr.（Sohwari Gr.）	3. 上组砾岩、砂砾岩、含砾砂岩、凝灰砾岩、砂岩、粉砂岩；2. 中组砾岩、凝灰质砂岩、粉砂岩、黑色泥岩，含植物、双壳类、介形虫化石；1. 下组砾岩及紫红、灰黄色凝灰质粉砂岩、含砾凝灰岩、安山玢岩。产双壳类*Sphaerium anderssoni*、*Cyrena* cf. *hupanensis*，介形虫*Cypridea*、*Mongolianella*、*Limnocypridea*，植物*Coniopteris*、*Baiera*、*Sphenobaiera*，有劣质煤	大宝山群 Taebosan Gr.	浅灰、深灰、紫红色安山岩、凝灰岩、凝灰砂岩、凝灰角砾岩 1288m	平岩里群 Phyonghwari Gr.	紫红色砾岩、紫红色砾岩与砂岩粉砂岩互层，砾石成分有灰岩、石英岩、片岩 230~290m	龙南群 Ryongnam Gr.	安山岩、安山玢岩
	阿普特阶											
	巴雷姆阶											
	欧特里夫阶						竹川群 Chimchon Gr.	紫红、褐灰、灰绿、灰白杂色砾岩、砂岩、粉砂岩、长英凝灰岩、凝灰砂岩，含腹足类、双壳类、介形虫等（化石层在中部）灰岩砾石含志留纪珊瑚等 225m				
	凡兰吟阶											
	贝里阿斯阶											
下伏地层			Pt_1^1		Pt 花岗岩 Ar		J_{1-2} 松林山群 Pz		前寒武纪Kuhyon群 Myoraksan群			

朝鲜半岛白垩系（2）

统	阶	惠山、虚川地区 4~6		江界-咸兴 7~13		洛东江盆地 25，26，28		朝韩东海（日本海）	群山湾（黄海）
上覆地层			?		Q 玄武岩		E同套地层连续	E_1 玄武岩	$E_{2\text{-}3}$
K_2	马斯特里赫特阶					永川群 Ryuchon Gr.	上部酸性、下部中性火山岩 相当Silla群(?) 2000~3000m		
	坎潘阶								
	桑顿阶			方川峰群 Pongchonbong Gr.	巨厚砾岩、含砾粉砂岩、砂岩、粉砂岩、泥岩，产植物 *Onychiopsis elongata*、*Cladophlebis exiliformis*、*Brachyphyllum japonicum*、*B. ning-shiense*	海阳群 Hayang Gr.	红、肉红、灰、深灰色砂页岩、砾岩、凝灰岩大套不等厚互层 3500m	未名（南中央隆起水下600~950m）英安岩、流纹岩、中酸性凝灰岩，被距今74~67Ma的花岗岩墙侵入	上组：钙质砾岩、泥质粉砂岩，含轮藻 *Euaclistochara mundula*、*E. Oresa*；孢粉Classopollis等裸子植物分子； 中组：钙质砾岩与浅紫色砂岩，无化石； 下组：杂色钙质砾岩、浅灰色砂岩为主，夹浅灰色泥岩以及紫红色钙质泥岩-粉砂质泥岩互层，含轮藻 *Euaclistochara lufengensis*、*E. mundula* var. *elliptica*、*E. muguisanensis*、*E. podetia*、*E. supraplana*、*Maedlerisphaera ellipsoidalis*、*M. sanshuiensis*，孢粉 *Classopollis annulatus*
	康尼亚克阶								
	土伦阶					新东群 Sindong Gr.	3. 锦州Jinju组灰色砂页岩、砾岩； 2. Hasandong组红灰色粉砂质页岩； 1、Raktong组砾岩、砂岩、砂页岩、碳质页岩 2000~3000m		
	赛诺曼阶								
K_1	阿尔布阶	龙城群 Ryongsong Gr.	2. Koam组 长英岩、流纹岩、安山玢岩互层； 1. Jung-am组 灰、灰褐色砾岩、砂岩、粉砂岩、页岩互层，含4层煤与植物 *Eladocladus*、*Carpolithes*、*Phoenicopsis*、*Czekanowskia*、*Ginkgoites*、*Baiera*、*Coniopteris*、*Brachyphyllum*、*Pterophyllum*、*Nilssonia* 260~360m	龙城群 Ryongsong Gr.	同左栏 与Ryonmuri群相当	米谷群 Myogok Gr.	深灰、黑色页岩、粉砂岩为主，有时夹较浅色粉砂岩、砂岩，下部有2~3层薄煤，含植物*Cladophlebis*、*Adiantites*、*Onychiopsis*、*Equisetites*、*Ginkgodum*、*Nilssonia*、*Podozamites*，双壳类 *Koreanaia cheongi*、*Nogdongia*、*Chuneopsis kihongi*、*Viviparus* sp.	? 未名（北中央隆起水下750~920m）粉细砂岩、长石砂岩、凝灰质硅质砂岩粉砂岩，含孢粉*Cyathidites minor*、*C. australes*、*Osmudacidites* sp.、*Leptolepidites* sp.、*Cicatricosisporites australiensis*、*Laevigatosporites ovatus*、*Gleicheniidites laetus* (与南库页岛Albian和日本Tokohama群组合对比为K_1)	
	阿普特阶								
	巴雷姆阶								
	欧特里夫阶								"大宝山群" 粗面玢岩、粗面岩、安山凝灰集块岩、凝灰岩，碱性岩与中性岩互层
	凡兰吟阶								
	贝里阿斯阶								
下伏地层			Ar 片麻岩 K? 花岗岩		同左栏		断层 前寒武系	? Pz_2 花岗岩	J_2 煤层

俄罗斯东北亚、远东三叠系（1）

<table>
<tr><th>统</th><th>阶</th><th>德国相</th><th>柯里亚克山地
Khatyrka河上游—
Pekulyneyskovo湖</th><th>柯里亚克山地
Aekonay 山</th><th>柯里亚克山地
Vaamochka-Podgornaya
河间地带</th><th>柯里亚克山地
Vykhodnaya河谷</th></tr>
<tr><td colspan="3">上覆</td><td>J_1 Vaamochka
硅质岩上部</td><td>蛇绿岩(向南)推覆体</td><td>?</td><td>?</td></tr>
<tr><td rowspan="3">T_3</td><td>瑞替阶</td><td rowspan="3">考依波统</td><td rowspan="5">Vaamochka硅质岩中部灰色、蓝灰色薄层燧石，中夹10~20m 灰、白色块状大理岩化生物碎屑灰岩外来岩块（含P面貌䗴）；燧石含瑞替阶—上诺利阶放射虫Canoptum triassicum、Betraccium deweveri、Kozurastrum quinquespinosa, 牙形石Misikella posthernsteini.
诺利阶(?)—上卡尼阶放射虫 Triassocampe nova、Capnodoce anapetes, 牙形石 Epigondolella apneptis, 卡尼阶牙形石 Neogondole-lla polygnathiformis,上拉丁阶牙形石N. Bakalovi, 放射虫Sarla dispiralis、Yeha-raia elegans。下拉丁阶—上安尼阶N. excelsa, 放射虫“Stylosphaera”japonica、“S.” spinulosa、“S.”acrior、Pentactinocarpus fusiformis、Triassocampe deweveri。
下安尼阶牙形石Neospathodus timorensis
30~40m</td><td rowspan="3">Podgornaya硅质岩、基性岩：绿、绿灰、绿褐、黑绿、红褐色块状，局部碎裂状细碧岩与绿灰、蓝灰、灰色条带状燧石大套(8~60m)互层，细碧岩夹鲜红玛瑙，燧石夹块状硅质凝灰岩，含瑞替阶—上诺利阶放射虫Canoptum triassicum、Betraccium deweveri、Misikella posthersteini, 牙形石Epigondolella bidentata, 含中诺利阶—下卡尼阶牙形石E. abneptis、E. postera、E. Spatulata, 放射虫Triassocampe nova、Capnodoce anapetes、C. traversi、Eucyrtidiella pessagnoi
200m</td><td rowspan="5">T_{2-3}凝灰岩夹硅质岩凝灰岩、凝灰粉砂岩、凝灰砂岩夹硅质岩，含T_{2-3}放射虫
数百米</td><td rowspan="5">Nytymokinskaya组：
上部为安山玄武岩、安山岩夹凝灰岩 150m。
中上部为枕状杏仁状玄武岩、玢岩、晶屑凝灰岩、酸性潜火山岩夹玛瑙与灰岩。玛瑙中含上拉丁阶—卡尼阶放射虫Sarla dispiralis、Plafker-ium cochleatum, 牙形石Neogondolella tadpole; 灰岩中含卡尼阶双壳类Halobia, 上卡尼阶—中诺利阶放射虫Triasso-campe nova、Eucyrtidi-ellum pessagnoi, 诺利阶菊石Pinacoceras ex gr. metternichi; 向上夹粉砂岩、硅质凝灰页岩与燧石，含中诺利阶—瑞替阶放射虫Canoptum triassi-cum、Betraccium dewereri
300m
中下部为粗角砾凝灰岩、杏仁状玄武质玻屑角砾岩
150~200m
下部为杂矿砂岩，常具斜层理，夹熔岩与砾岩，砂岩中含木贼茎化石，硅质砾石中含T_2放射虫
100m
总厚700m</td></tr>
<tr><td>诺利阶</td></tr>
<tr><td>卡尼阶</td></tr>
<tr><td rowspan="2">T_2</td><td>拉丁阶</td><td rowspan="2">介壳灰岩统</td><td rowspan="2">Rynatanmelygin硅质岩：
（岩性与上组近同）
含下拉丁阶、上安尼阶
放射虫“Stylosphaera”
japonica、S.”compacta、
Triassocampe deweveri</td></tr>
<tr><td>安尼阶</td></tr>
<tr><td rowspan="2">T_1</td><td>奥伦尼克阶</td><td rowspan="2">斑砂统</td><td rowspan="2">Vaamochka硅质岩下部：上部13m黑色块状辉绿岩夹红色块状玛瑙与红色铁、硅质微晶灰岩(1~2m)含放射虫Albaillellaria, 牙形石Neogondolella；中部15~30m浅灰蓝色燧石夹浅灰、灰色硅质微晶灰岩，含与上部同样的化石，另有牙形石Anchignatho-dus;
下部6m红色块状玛瑙
注：虽无确切T_1化石，但与P_3和上覆T_2确为连续沉积；下与时代不明凝灰岩或T_{2-3}硅质岩断层接触
34~45m</td><td rowspan="2">Podgornaya硅质岩(断块)：灰、暗灰色层理不明显（块状）的燧石，含放射虫Follicucullus sp.该化石主要为P_3，但也有T_1的种</td><td rowspan="2">?</td><td rowspan="2">?</td></tr>
<tr><td>印度阶</td></tr>
<tr><td colspan="3">下伏</td><td></td><td>蛇绿岩</td><td>下伏不明</td><td>下伏不明</td></tr>
</table>

俄罗斯东北亚、远东三叠系（2）

统	阶	德国	Mayn 河–安纳德尔河 柯里亚克–堪察加半岛	绥芬河–Daubin河 兴凯地块南、东部	Alchan-Bikin拗陷	Tetuykhe-Khabarovsk 东–北锡霍特岭 （综合柱状）
上覆相			K_1^2	J、K_2	?	J
T_3	瑞替阶	考依波统	Mukarylyanskaya 组或 Iomrautskaya 组： 砂岩、粉砂岩、板岩、凝灰质砂岩、凝灰岩、安山岩、底部有砾岩；		?	东锡霍特岭： Tetuykhinskaya 组； Kinitskhinskaya 组； Silinskaya 组 北锡霍特岭： Kjaurskaya 组； Krasnorechenskaya 组 下部为变基性岩、细碧岩、辉绿岩，上部为硅质岩、页岩，夹大量灰岩、礁灰岩块体，灰岩含特提斯型化石：二叠纪有孔虫、上拉丁阶、卡尼阶、诺利阶双壳类、腕足类等，硅质岩所含放射虫为T_3或J_3有争议（详见分区柱状） 厚数百米到3400m不等
	诺利阶		中部（诺利阶）产头足类 *Arcestes colonus*、*Siberionautilus*、*Atractites*，双壳类 *Monotis ochotica*、*M. typica*、*Entolium kolymaense*、*Oxytoma mojsisovicsi*；	Perevozninskaya 组：砂岩夹粉砂岩、页岩，含 *Monotis ochotica*、*M. Jakutica*、*Tosapecten*、*Oxytoma* 120m Ambinskaya 组：硬砂岩、粉岩夹煤层，含 *Clathropteris-Dictyophyllum* 植物群（注2） 348~400m	下部砾岩、长石凝灰质砂岩、粉砂岩夹碳质页岩，含植物群同Ambinskaya组或上蒙古盖组，厚800m；上部砂岩、粉砂岩，下夹煤层，含双壳类 *Monotis ocho-tica*，厚 350m	
	卡尼阶		下部（卡尼阶）产双壳类 *Halobia* ex gr. *superba* 250~1500m	Peshankinskaya组：硬砂岩、粉砂岩夹页岩、凝灰角砾岩，含 *M. scutiformis* var. *typica*、*Otapiria ussuriensis*、*Tosapecten suzukii*、*Oxytoma zitteli* 等（注1） 450~520m Sadgorodskaya组：煤系，底部有砾岩，含植物 *Neocalamites carrerei*（注1） 760m	砾岩、砂岩化石相当于 *Peshankinskaya* 组或下蒙古盖组 300m	
T_2	拉丁阶	介壳灰岩统		Kiparisovskaya 组：薄板状砂岩、粉砂岩 100~600m Daonella 层：黑、暗灰色粉砂岩、页岩、砂岩，含菊石 *Protrachyceras*，双壳类 *Daonella moussoni*，底部介壳层含 *Myophoria* 最大500m，一般40~120m		
	安尼阶			安尼阶：黑灰色斑状粉砂岩、中细砂岩，频见滑塌砂岩块体，含菊石 *Hollandites*、*Japonites*、*Acrochordiceras*、*Beyrichites*、*Paraceratites*、*Gymnites*、*Ptychites* 及 *Neocalamites* 枝干最大600m，一般大约为100m		
T_1	奥伦尼克阶	斑砂统		奥伦阶：暗灰、黑色薄层粉砂岩夹页岩、灰岩，顶部含 *Columbites*，中下部含 *Owenites* 带的化石 *Trematoceras*、*Grypoceras*、*Xenoceltites*、*Arctoceras*、*Pseudosageceras*、*Dieneroceras*、*Anaxenaspis*、*Flemingites*、*Proptychites*、*Parussuria*、*Meekoceras*、*Paranorites*、*Nannites* 以及双壳类 245m		?
	印度阶			印度阶：粗、巨砾岩（底部）、硬砂岩夹砾岩、砂质生物灰岩，中部含双壳类 *Gervillia*，上部含 *Nucula goldfussi*、*Pteria ussurica*、*Claraia aurita*、*Eumorphotis multiformis*、*Entolium microtis*、*Anodotophora fassaensis*、*Myophoria laevigata* 230m		
下伏			辉长岩、D、P	P 花岗岩、沉积层	P	?

注1：相当于下Mongugayskaya 组；
注2：相当于上Mongugayskaya 组

俄罗斯东亚边缘三叠系（3）

统	阶	德国相	萨哈林岛 南部Yunony Mts	萨哈林岛 中部Khanovskyi山	北锡霍特岭伯力城郊 Dalynedizely工厂河岸	东锡霍特岭 Dalynegorsk 地区
上覆			J Yunony Jaspers中部	?	J khabarovsk杂岩中部	J Gorbushinskaya组上部
T_3	瑞替阶 诺利阶 卡尼阶	考依波统	Yunony Jaspers下部 红色薄层、红绿杂色条带状玛瑙与粉红、黄色块状玛瑙互层，含放射虫： 瑞替阶—上诺利阶(15~30m) *Betraccium deweveri*、*Pentactinosphaera rudis*、*Canoptum triassicum*； 中诺利阶—上卡尼阶(25m)： *Capnodoce antiqua*、*Sarla dispiralis*、*Triassocampe nova;* 卡尼阶—上拉丁阶(35 m)： *Sarla dispiralis*、*Plafkerium cochleatum*、*Capnodoce anapetes*； 下拉丁阶—上安尼阶(>14 m): *Triassocampe deweveri*、"*Stylosphaera*" *acrior* 89~104m	Khanovskyi变质硅质岩：构造杂乱的变质硅质岩，未见系统剖面，其中仅见下安尼阶牙形石*Neospathodus timorensis*	Khabarosk杂岩下部 (Djaurskaya组之硅质岩部分)：中、上三叠统(43m)红色薄层质纯玻璃状或含泥质玛瑙，上部层位有灰绿色条带燧石，自上而下含牙形石与放射虫： 卡尼阶 (18m)*Neogondolella polygnathiformis*、*Sarla dispsralis*、*Plafkerium cochleatum*、*Triassocampe* sp.； 上拉丁阶 (?) (15m) 未获化石下拉丁阶—下安尼阶(18m)*Neogondolella mombergensis*、*N. burgarica*、*Triassocampe deweveri*、*T.* sp.、*Hozmadia* sp.、*Neospathodus timorensis*	Gorbushinskay组：下部瑞替阶—诺利阶 (46m)：浅灰、暗灰色薄层石夹黄色块状燧石，含瑞替阶牙形石*Misikella hornsteini*、*M. Posthernsteini*, 放射虫 *Livarella gifuensis*、*Canoptum triassicum*，诺利阶牙形石*Epigondolella abnepsis*、*E. postara*, 放射虫*Capnodoce traversi*、*Triassocampe nova*
T_2	拉丁阶 安尼阶	介壳灰岩统				连续 卡尼阶—拉丁阶 (8m): 暗灰色厚层基性火山岩夹浅灰、浅黄、红色块状玛瑙(上部)与浅灰、白、灰-绿灰色薄-厚层燧石(下部)。含卡尼阶牙形石*Neogondolella polygnathiformis*, 放射虫*Cap-nuchosphaera theloides*、*Plafkerium cochleatum*、"*Stylosphatra*" *inaequata*，拉丁阶牙形石*Neogondolella mungoensis*, 放射虫*Pentactinicarpus fusiformis*、*Eptigium manfredi*、*Triasso-campe deweveri* 连续 安尼阶—奥伦阶 (17m)：浅灰、灰、绿灰色薄板状玻璃状，燧石(上部为主)与灰、绿灰、红、黑色硅质泥岩夹石(下部为主)。含安尼阶牙形石*Neogondolella burgarica*、*N. timorensis*, 放射虫"*Stylosphaera*" *japonica*、*Triassocampe diordinis*、*Hozmadia reticulata*； 上奥伦阶牙形石*Neospathodus homeri*、*N. triangularis*, 放射虫 "*Stylosphaera*" *fragilis*、*Follicuculis excelsior*； 下奥伦阶牙形石*Neospathodus waageni*、*N. pakista-nensis*
T_1	奥伦尼克阶 印度阶	斑砂统	?	?	连续 下三叠统（可见厚度25m）红色薄层、红绿色条带状玛瑙（5m）与灰色错乱燧石层（20m）含牙形石（奥伦阶）*Neospathodus homeri*、*N. triangularis*、*N. spathi*，另含腕足类*Lingula* sp. T 总厚>76m 推覆断层	T 总厚81m 推覆断层
下伏					K_1^{1-2} (?)混杂岩	K_1^{1-2} (?)砂岩

俄罗斯东北亚、远东三叠系（4）

统	阶	德国相	维柳依台坪（钻孔）	西伯利亚地台东缘拗陷	东南维尔霍扬山	Kharaulakskie 山地维尔霍扬山北延
上覆			J_1 Ukugutskaya 组	J_1	瑞替阶—里阿斯统: Maganskaya 组：砂岩、粉砂岩、页岩互层，夹岩屑凝灰岩,具虫迹与波痕,含双壳类 *Cardinia*、*Myophoria*、*Ostrea* 2000m	瑞替阶—里阿斯统
T_3	瑞替阶	考依波统	Irelyekhshkaya 组（未细分）：灰色砂岩夹页岩、粉砂岩	Muosuchanskaya 组：白色巨厚层石英砂岩夹砂岩粉砂岩、碳质页岩，底部有砾岩，含植物 *Dictyophyllum*, *Podozamites*、*Thinnfeldia* 70~500m		
	诺利阶			Khedalichenskaya 组：石英砂岩夹少量粉砂岩、页岩，具砾岩夹层，砾石有石英、石英岩、硅质页岩、火山岩，含植物 *Equisetites arenaceus*、*Neocalamites ferganensis*、*N. carrerei Schizoneura* 420~460m	诺利阶: 浅灰色砂岩夹黑色泥页岩，含双壳类 *Monotis ochotica* 80~550m	上部(上卡尼阶—诺利阶)黑色页岩、绿灰色细砂岩夹细砾岩，含 *Spiriferina*、*Oxytoma*、*Tosapecten*、*Monotis*及植物; 中部(上卡尼阶)为绿灰色杂矿细砂岩与暗灰色粉砂岩互层，含*Trigonodus*、*Cardinia*、Halobia; 下部(下卡尼阶)为黑色页岩具结核，含 *Sirenites*、*Halobia*、*Anodontophora* 60~200m
	卡尼阶				卡尼阶: 上部砂岩夹砾岩、页岩,含双壳类*Tosapecten*、*Cardinia*、*Oxytoma*、*Halobia*及鹦鹉螺 *Siberionautilus*；下部粉砂岩、页岩夹细砂岩含菊石 *Sirenites*、*Pinacoceras*及双壳类 *Trigonodus*、*Halobia* 总厚460~500m	
T_2	拉丁阶	介壳灰岩统		Tolbonskaya组 硬砂石英砂岩夹粉砂岩、页岩、石英细砾岩，产双壳类 *Ostrea*, 植物 *Paracalamites*、*Neocalamites*、*Lepidopteris* 450~550m	Maltanskaya 组：粉砂岩、页岩、细砂岩互层，东维尔霍扬山南为砂岩夹砾岩、粉砂岩、碳质页岩（海陆过渡相）上部（拉丁阶）含 *Indigirites*、*Indigirophyllites*、*Paraindigirites*、*Nathorstites*、*Schafhaeutlia*、*Daonella*；400m 下部（安尼阶）含*Arctohungarites-Epiczekanowskites-Parapopanoceras* 700m 组厚1100m	拉丁阶: 暗灰色砂岩、粉砂岩,上部有介壳层，上部产 *Trigonodus*；下部产 *Amphipopanoceras*, *Aristoptychites*, *Daonella* 90~130m
	安尼阶					安尼阶：杂矿砂岩、绿、暗灰色钙质砂岩夹介壳层、砾岩层，产菊石 *Arctohungarites*、*Danubites*、*Hollandites*，双壳类 *Myophoriopsis*、*Trigonodus*、*Gervillia*？ 200~400m
T_1	奥伦尼克阶	斑砂岩统	700~820m 红色为主页岩夹粉砂岩、砂岩 120~140m	Sygynkanskaya 组：绿灰色硬砂长石砂岩与暗色粉砂岩、页岩互层夹红褐色层，含T_1叶肢介、植物 *Neocalamites*、*Yuccites* 100~120m Monomskaya 组：黑间红褐色页岩夹菱铁矿、粉砂岩、灰岩、砂岩，含菊石*Paranorites*, *Anasibirites*, *Hedenstroemia*等 40~270m	Kharchanskaya 组：泥岩、砂质泥岩，富含钙质结核，夹薄层黑磷灰石，含菊石。上部：*Olenekites*、*Dieneroceras*、*Nordophyceras*、*Keyserlingites*；下部：*Paranorites*、*Meekoceras*、*Hendestroemia*、*Xenaspis* 200~350m	奥伦阶: 砂岩、绿灰色页岩、暗灰色粉砂岩具泥质结核，上部含菊石 *Sibirites*、*Olenekites*、*Keyserlingites*、下部含菊石 *Dieneroceras*、*Clypeoceras*、*Nordophyceras*, 双壳类 *Posidonia* 220~340m
	印度阶		杂色为主页岩、粉砂岩夹砂岩，底部含叶肢介（80~105m）；上部灰色为主粉砂岩、砂岩（400~440m） 480~545m	Ustykelyterskaya 组 (Nijnekelyterskaya组)：杂色页岩、粉砂岩、硬砂岩，含叶肢介*Pseudoestheria sibirica*、*Lioestheria gutta*, 腕足类 *Lingula borealis* 110~390m	Nekuchanskaya 组上亚组浅灰、绿色砂质页岩、砂岩互层，风化为红绿杂色层,含 *Myalina*、*Lingula*、*Pseudoestheria*、*Pachyproptychites* 300~500m Nekuchanskaya组下亚组黑色粉砂岩泥岩夹砂岩、结核，含 *Otoceras*、*Glyptophyceras*、*Tompophyceras*、*Episageceras*、*Myalina*、*Nucula* 10~120m	印度阶: 暗灰色粉砂岩、页岩夹扁椭结核、沥青质灰岩，含菊石*Metophiceras*, 双壳*Myalina*, 叶肢介 *Pseudoestheria*, 植物 *Pseudoaraucarites* 100m
下伏			P_3	P_3	P_3 Imtachanskaya 组	P_3

俄罗斯东北亚、远东三叠系（5）

统	阶	德国相	扬纳河盆地 扬纳-柯累姆拗陷	柯累姆河盆地 扬纳-柯累姆拗陷	柯累姆河上游 柯累姆地块南部	Alazeyskie 山地 柯累姆地块中北部
上覆			J_1赫唐阶页岩、粉砂岩	瑞替阶—里阿斯统薄层粉砂质、泥质，局部凝灰质页岩夹粉砂岩,砂岩，含双壳类Pecten以及难鉴定的菊石、植物等 1000~1200m	J_3	?
T_3	瑞替阶	考依波统	瑞替阶或诺利阶—瑞替阶：底部石英砂岩，向上变为粉砂岩、页岩为主，夹砂岩，含腕足类与双壳类 Athyris、Septaliphoria、Moisseievia、Chlamys、Nucula、Ochotomya 东部500~600 m 西部180~220m			瑞替阶(?)岩性同下，产 Plagiostoma、Entolium kolymaense、Tosapecten hiemalis、Harpax aff. difficilis、Palaeopharus 150m
	诺利阶		诺利阶：钙质页岩为主，夹细砂岩、粉砂岩具球状结核，上部粉砂岩为主，含双壳类 上部：Monotis ochotica; 下部：Monotis typica、M. Jakutica 东部 1300m 西部 200~270m	诺利阶：上部 页岩含Monotis ochotica；下部 粉砂岩、黑色页岩含M. typica；最大厚度600~700m，一般 200~250m	诺利阶：暗灰、绿灰色页岩、泥质灰岩，含Monotis ochotica、M. Jakutica、M. Subcircularis	诺利阶：岩性同下，产 Monotis ochotica、M. sculiformis、M. typica、M. Jakutica、M. zabaicalica 150m
	卡尼阶		卡尼阶：粉砂岩、页岩与较薄细砂岩互层，具泥钙质球状结核，上部砂岩增多，含化石 上部：Halobia、Oxytoma、Cardinia、Otapira、Gryphaea、Palaeopharus；下部：Sirenites, Halobia 东部 1420~1620m 西部 420~1100m	卡尼阶：粉砂岩、粉砂质页岩，具大量结核，向上页岩变少。上部含Sirenites、Neosirenites、Worthenia, Halobia；下部含Clionites、Sirenites、Neosirenites、Proarcestes、Halobia 450~600m	卡尼阶：上部暗灰色钙质页岩、泥质灰岩，含Monotis typica、M. scutiformis、Halobia zitteli；中部暗灰色泥质灰岩、钙质页岩，含大型泥钙质结核，产Sirenites、Siberionautilus；下部凝质砾岩、凝灰岩、凝灰砂岩（安山质） 320~350m	卡尼阶：安山质凝灰岩、层凝灰岩、凝灰砂岩夹介壳灰岩，含上卡尼阶的 Halobia austriaca、Otapira ussuriensis 50m
T_2	拉丁阶	介壳灰岩统	中三叠统：砂岩（中细粒）、粉砂岩、页岩互层，以砂岩为主，含丰富碳化植物、虫洞、流水痕或波痕；下部含安尼阶菊石，双壳类 Arctohungarites、Hungarites、Gymnotoceras、Neodalmatites、Longobardites、Gresslya、Gervillia？另有腕足类Lingula；上部含拉丁阶菊石，双壳类 Indigirites、Nathorstites、Clionites、Cardinia、Trigonodus 西部400~1200m 东部2300~2600m	拉丁阶：页岩、粉砂岩，下部含Amphipopanaceras Indigirites、Daonella；上部含 Monophyllites、Nathorstites及腕足类 Pennospiriferina、Spiriferina	拉丁阶：上部暗灰色薄层灰岩与钙质页岩，含丰富菊石 Nathorstites、Paraindigirites、Metasphingites、Cladiscites，双壳类Gervillia，腕足类Spiriferina；下部页岩、含黄铁矿结核、凝灰岩，产Aristoptychites、Proarcestes 95~125m	
	安尼阶			安尼阶：粉砂岩、页岩、凝灰质页岩，含菊石、双壳类Parapopanoceras、Arctohungarites、Malletoptychites、Frechites、Gresslia、Avicula 1500m	安尼阶：底部粗砾、巨砾岩，其成分为古生代沉积岩、火山岩，向上为钙质页岩夹砾岩，含Arctohungarites、Gymnotoceras 12~15m	
T_1	奥伦尼克阶	斑砂统	奥伦阶：下部薄层状粉砂岩、页岩互层夹细砂岩、灰岩透镜体与椭球状泥钙质结核，90m，含菊石 Nordophiceras，叶肢介Pseudoestheria、Wetlugites、Cyclotunguzites；上部中细砂岩为主夹粉砂岩、黄铁矿结核，具叠锥构造，含菊石Sibirites、Olenekites、Keyserlingites，320m 总厚410m	奥伦阶：暗灰色薄片状页岩夹暗色灰岩，大钙泥质结核中含大个体菊石 下部：Pseudosageceras、Hedenstroemia、Paranorites；上部：双壳类 Posidonia、Gervillia 500m		
	印度阶		印度阶：下部页岩为主夹粉砂岩、细砂岩、泥质灰岩，具泥钙质结核含Discophiceras、Claraia、Pseudoestheria、Wetlugites、Loxomicroglypta、Myalina；上部粉砂岩、细砂岩为主，夹页岩具黄铁矿结核，含菊石Ophiceras及植物 220~260m	印度阶：底部含砾岩，向上为页岩、粉砂岩互层，结核中含叶肢介Lioestheria、Pseudoestheria 400~500m		
下伏			P_3	P_3 砂岩	P，S	Pz^2

俄罗斯东北亚、远东三叠系（6）

统	阶	德国相	因迪吉尔卡河上游－Tas-khayakhtakh山柯累姆地块西缘Inyyali-debinskaya拗陷	奥莫隆河上游奥莫隆地块	奥莫隆河中游奥莫隆地块西北部	奥莫隆边缘拗陷奥莫隆地块
上覆			?	J_1^1砂页岩	J_1^1凝灰质粉砂岩、砂岩	J_1
T_3	瑞替阶	考依波统	瑞替阶（?）Berelekhskaya组：粉砂岩、页岩、硅质板岩、硬砂岩、凝灰岩，含*Aequipecten*、*Tosapecten*、*Pentacrinus* 250~800m	瑞替阶：浅灰、蓝灰色硅质页岩、粉砂岩与细砂岩互层夹介壳灰岩，含双壳类*Parallelodon*、*Cardita*、*Otapiria*、*Oxytoma*、*Tosapecten*、*Palaeopharus*等 42~150m	瑞替阶：蓝灰、褐灰色硅质页岩、粉砂岩夹层凝灰岩，含双壳类*Minetrigonia*、*Otapiria*、*Oxytoma*、*Chlamys*、*Tosapecten*、*Entolium*、*Gryphaea*、*Palaeopharus* 130~150m	瑞替阶：硬砂质粉砂岩、砂岩夹砾岩透镜体，含大量*Tosapecten suzukii*、*Oxytoma koniense*、*Lima subdupla* 100m
	诺利阶		诺利阶：泥质板岩、粉砂岩互层，含黄铁矿结核，产*Monotis ochotica*、*M. jakutica*、*M. typica*、*M. zabaicalica* 300~1100m	诺利阶：钙质砂岩夹介壳灰岩、页岩，底部有砾岩，含菊石*Halorites*，双壳*Monotis ochotica*等，砾石中有安尼阶、拉丁阶化石 2~5m	诺利阶：下部砾岩，缺失下诺利阶大部*Monotis Scutiformis*层，中上部钙质细砂岩、砂质灰岩、介壳灰岩，含*M. Ochotica*、*M. Jakutica*、*Dxytoma*、*Tosapecten*、*Gryphaea*、*Entolium* 17~43m	诺利阶：粉砂岩、砂岩，底部介壳层，含*Monotis ochotica*、*M. Jakutica*、*Gryphaea*、*arcuataeformis* 20~50m
	卡尼阶		卡尼阶：钙质、泥质、碳质板岩夹粉砂岩、砂岩，产*Monotis* ex gr. *scutiformis*、*Halobia superba*、*H. Austriaca* 500~900m	卡尼阶：粉砂岩、粉砂质页岩夹暗灰色砂质泥灰岩、硅质页岩，下部含*Protrachyceras*、*Discophyllites*、*Neosirenites*、*Sirenites*、*Arctosirenites*；上部含*Grypoceras*及腕足类、双壳类、鱼龙等 50~115m	卡尼阶：粉砂岩、粉砂质页岩夹砂质泥灰岩、砂质灰岩、砂岩、硅质页岩，下部含*Protrachyceras*、*Discophyllites*、*Neosirenites*、*Sirenites*、*Arctosirenites*、*Hallobia zitteli*、*H. Austriaca*；上部含*Halobia fallax*、*Tosapecten*、*Spiriferina*、*Grypoceras* 50~115m	卡尼阶：泥质板岩夹灰岩、介壳灰岩透镜体，含*Halobia austriaca*、*H. superba*、*Sirenites haysi* 80m
T_2	拉丁阶	介壳灰岩统	中三叠统：泥质板岩、页岩夹砂岩和结核，含拉丁阶化石（中上部）*Nothorstites*、*Epiczekanowskites*、*Amphipopanoceras*、*Daonella subarctica* 350~600m	拉丁阶：页岩、粉砂岩夹稀少沥青灰岩和结核，产*Nathorstites*、*Amphipopanoceras*、*Daonella dubia* 18~20m	中三叠统：泥质板岩夹沥青质、多灰分油页岩，含球形、椭球形钙质结构，后者含安尼阶、拉丁阶菊石与双壳类，其中拉丁阶有*Nathorstites*、*Daonella* 50m	拉丁阶：泥质、粉砂质板岩夹球状泥钙质结核，后者含*Daonella dubia*、*Aristoptychites*、*Nathorstites*、*Sphaero-cladiscites* 100m
	安尼阶			安尼阶：暗灰色沥青页岩夹油页岩、含磷页岩，产*Longobardites*、*Ptychites*、*Aristoptychites*、*Gymnotoceras*、*Beyrichites* 6m		安尼阶：粉砂质、泥质板岩，所夹钙质透镜体和结核中含*Arctohungarites*、*Czekanowskites*、*Parapopanoceras* 40m
T_1	奥伦尼克阶	斑砂统	下三叠统：黑色泥质板岩含奥伦阶菊石*Dieneroceras* 250m	下三叠统：泥质、沥青质页岩（含球状结核）、沥青质灰岩互层，顶部含*Claraia aranea*；上部含*Hedenstroemia*、*Paranorites*、*Posidonia*、*Gervillia*、*Claraia* cf. *stachei*、*C. Aranea*、*Lingula tenuissima*（上述为奥伦尼克阶化石） 10~30m	下三叠统：顶部沥青质板岩与灰岩互层含大量*Claraia aranea*；中上部沥青质灰岩含*Hedenstroemia*、*Paranorites*、*Posidonia*、*Gervillia*（下奥伦尼克阶化石） 15~45m	奥伦阶：泥质、钙质板岩含具结核的灰岩层，结核中含*Paranannites*、*Hedenstroemia*、*Xenaspis*、*Posidonia*、*Gervillia* 30m
	印度阶					印度阶：泥质、钙质页岩、板岩，含*Pachyproptychites* 20m
下伏				P_3	P_3	P_3

俄罗斯东北亚、远东三叠系（7）

统	阶	德国相	马加丹西北侧 Armany 拗陷	鄂霍塔河 鄂霍茨克-塔依戈诺依地块	南、北安组依岭-查翁半岛楚柯奇-安组依拗陷	科尼半岛鄂霍茨克-安纳德尔拗陷
上覆			J_1^1火山-沉积岩系	J_3含植物化石砂岩	J_1?	J_1板岩
T_3	瑞替阶	考依波统	瑞替阶：暗灰色层凝灰岩、凝灰板岩、凝灰岩、安山岩、流纹岩、安山玄武岩，含*Zeilleria austriaca*、*Palaeopharus buriji*、*Ochotomya* 200~250m	Usmuchanskaya组细砂岩，含*Rhynchonella*, *Palaeomeilo*、*Tosapecten*、*Oxytoma* 300~350m Khavakchanskaya组板岩含*Placites* cf. *platyphyllus*、*Tosapecten* 250~300m	瑞替阶(?) 砂岩为主，含*Tosapecten subhiemalis*、*T. suzukii*、*Oxytoma*、*Pentacrinus* 300~400m	Kirasskaya组：薄层中性凝灰岩夹层凝灰岩、凝灰砂岩、灰岩，含*Tosapecten subhiemalis*、*T. suzukii*、*Palaeopharus magadanicus* 400~450m
	诺利阶		诺利阶：暗灰色泥质介壳灰岩。上部含大量*Monotis ochotica*、腕足类、鱼龙；下部含*M. typica*、*M. Jakutica*、*Halobia* cf. *Fallax*、*Atractites* 20~40m	诺利阶—卡尼阶：下部石英砂岩、中部泥质砂质板岩、上部泥钙质板岩。上部含*Monotis ochotica*、*Siberionautilus*、*Anatomites*(上诺利)；中部含*Halobia fallax*、*Otapiria ussuriensis*、*M. scutiformis*、*M. typica Chlamys*(下诺利—卡尼阶)；下部250m无化石 360m	诺利阶：下部暗灰色泥质板岩为主，向上石英砂岩、粉砂岩增多，含*Monotis ochotica*、*M. jakutica*、*M. subcircularis* 1000m	Siglanskaya组：凝灰角砾岩、凝灰岩、集块岩、安山玄武岩夹凝灰板岩，含*Neocalamites*、*Pityophyllum*、*Retzia*、*Euxinella*、*Myophoria* 1550~1600m
	卡尼阶		卡尼阶：黑(下部)、暗灰色(上部)板岩、粉砂岩，上部含*Mojsvaroceras*, *Monotis typica*、*Hallobia indigirensis*、下部含*Trachyceras*、*Sirenites*、*Clionites*、*Halobia gigantea*、*H. obruchevi* 900~1050m		卡尼阶：下、上部板岩为主、中部砂岩为主的互层，含*Sirenites*、*Neosirenites*、*Siberionautilus*、*Halobia superscens*、*H. superba*、*H. kolymensis* 1400~1900m	卡尼阶：粉砂质泥质页岩夹粉砂岩、介壳灰岩透镜体，结核含*Sirenites hayesi*、*Halobia zitteli*、*Oxytoma mojsisovicsi* 150m
T_2	拉丁阶	介壳灰岩统	拉丁阶：粉砂岩、砂岩、板岩，含*Nathorstites*、*Paraindigirites*、*Amphipopanoceras*、*Daonella*、*Pennospiriferina* 900m		中三叠统：砂岩，含大量植物碎屑 600~700m	?
	安尼阶		安尼阶：粉砂岩(斜层理)、泥质、粉砂质板岩，含*Parapopanoceras*、*Arctohungarites* 700~800m			
T_1	奥伦尼克阶	斑砂岩统	下三叠统：泥质板岩、斜层理粉砂岩，含菊石 上部(相当于*Olenekites*带)：*Tirolites gerbensis*、*T.* ex gr. *cassianus*; 中部(相当于*Paranorites*带)：*Hedenstroemia hedenstroemi*； 下部：*Ophiceras* 650~800m		下三叠统：下部凝灰质砂页岩、细碧岩，中上部钙质砂岩与暗灰色粉砂岩、页岩互层。 中上部含奥伦尼克阶化石：*Glypeoceras*、*Paranannites*、*Pseudohedenstroemia*、*Dieneroceras*、*Anasiberites*、*Claraia clarai*、*Posidonia mimer*、*P. christophori* 1500m	?
	印度阶					
下伏			P_3	P	P基性火山岩、凝灰岩、砂岩	?

俄罗斯东北亚、远东三叠系（8）

统	阶	德国相	雅布隆地块 大安纽依河上游	新西伯利亚群岛与 兰格尔岛地块	赤塔以东 外贝加尔东南部	Uda河-滨鄂霍茨克西 部布里亚地块边部
上覆			J_1^1凝灰砂岩、粉砂岩	J?	J?	J_1
T_3	瑞替阶	考依波统	瑞替阶：灰、绿灰色火山碎屑粉砂岩夹砂岩、层凝灰岩，含*Arcestes*、*Megaphyllites*、*Rhacophyllites*、*Cladiscites*、*Placites*、*Pentacrinus*、*Phynchonella* 75~100m	瑞替阶(?)：页岩、砂岩夹少量灰岩，含*Schizoneura* 500m		瑞替阶（?）泥质板岩夹粉砂岩，含*Neocalamites*、*Aequipecten*、*Macrodon* 90~100m
	诺利阶		诺利阶：灰、绿灰色火山岩屑砂岩、粉砂岩，含上诺利阶化石*Monotis ochotica*、*M. Jakutica*、*M. salinaria*、*Tosapecten hiemalis*、*Arcestes*、*Juvavites*、*Holorites*、*Clionites* 200~220m	黑色千枚岩化页岩、板岩夹砂岩、沥青质含黄铁矿泥质灰岩结核。含化石 诺利阶：*Monotis ochotica*、*M. Jakutica*、*M. typica*； 卡尼阶：*Otapiria ussuriensis*、*Monotis* ex gr. *scutiformis*、*Halobia austriaca*、*H. zitteli*、*Cladiscites*、*Sirenites*、*Pinacoceras*、*Arcestes*； 中三叠统：*Frechites*、*Amphipopanoceras*、*Arctohungarites*； 奥伦尼克阶：*Hedenstroemia*、*Paranorites* >2000m	Bichektuyskaya组：砂岩夹粉砂岩，含大量*Monotis* 650~1100m Tuleyskaya组：底部砾岩，上部含砾砂岩，含少量*Monotis* 600~1600m Tyrgetuyskaya组：粉砂岩夹砂岩细砾岩与硅质岩透镜体，含*M. ochotica*、*M. Scutiformis* 400~1300m	诺利阶：泥质板岩、粉砂岩夹砂岩、灰岩，中上部含*Monotis ochotica*，下部含*M. Ochotica*、*M. jakutica*、*M. scutiformis*、*Halobia* 420~580m
	卡尼阶		卡尼阶：火山岩屑钙质粗砂岩，含*Oxytoma mojsisovics*、*Otapiria ussuriensis*、*Hal-obia superba*、*Tosapecten hiemalis*、*Sirenites hayesi* 25m		Badonovskaya组：砂岩、砾岩，顶部含诺利阶*M. Ochotica*，中下部含*M. scutiformis*、*Myalina*、*Trigono dus*、*Tosepecten* 1600m Bain—tsaganskaya组：粉砂岩、页岩夹砂岩，含*Sirenites*、*Halobia*、*Spiriferina* 1500~2000m	卡尼阶：下部砾岩、粗砂岩；中部砂岩夹粉砂岩，含*Tosapecten* cf. *Suzukii*、*Oxytoma*、*Spiriferina*、*Rhychonella*；上部粉砂岩、砂岩互层，含*Halobia austriaca*、*Otapiria ussuriensis*、*Phacophyllites* 400~450m
T_2	拉丁阶	介壳灰岩统	拉丁阶：凝灰砂岩夹安山质层凝灰岩，底部有砾岩，含*Nathorstites*、*Daonella* 90m		?	拉丁阶：中细砂岩、粉砂岩互层，含*Daonella* 600m
	安尼阶					安尼阶：长石、石英长石砂岩。上部含*Amphipopanoceras*、*Ussurites*、*Japonites*、*Beyrichites*、*Sturia*、*Acrohordiceras*、*Stenopopanoceras*；下部含*Leiophyllites*、*Eophyllites*、*Arctohunqarites*、*Ussurites*、*Amphipopan-oceras*、*Parapopanoceras* 500m
T_1	奥伦尼克阶	斑砂统			Khapcheranginskaya组下部薄层砂岩、粉砂互层含硅泥质、砂质结核，底部有细砾岩，含*Ophiceras* (*Discophiceras*)、*O.* (*Metophiceras*)、*Glyptophiceras*、*Gyronites*、*Xenodiscus* 800m 上部粉砂岩、砂岩互层，向上变为砂岩为主，其下部含菊石*Euflemingites*(?)；上部变为陆相，含*Paracalamites*、*Neocalamites* 1000m 总厚1800m	奥伦阶：上部(40m)砂岩，含*Karangatites*、*Prosphingites*、*Anasibirites*、*Olenekites*； 下部(60m)薄层粉砂岩、砂岩互层，含*Meekoceras boreale*、*Koninckites*、*Flemingites*、*Eumorphotis*、*Posidonia*、*Bakevellia* （小兴安岭1200m） 100m
	印度阶					印度阶： (4) 中粒砂岩夹灰岩，含*Gyronites*、*Pachyproptychites*、*Proptychites*、*Myalina*、*Myoconcha*； (3) 粉砂岩，含*Vishnuites*、*Claraia clarai*、*C. aurita*； (2) 粉砂岩，含*Glyptophiceras*； (1) 粗砂岩夹细砾岩、砂岩，含*Otoceras* (*Metotoceras*)、*Ophiceras*、*Posidonia* （小兴安岭470m） 60m
下伏			Pz 火山岩系	中古生界强烈变形岩石	Pz	Є P

俄罗斯东北亚、远东侏罗系(1)

统	阶	贝加尔-斯坦诺夫带：西外贝加尔	蒙古鄂克斯克带：东外贝加尔		蒙古鄂克斯克带：上阿穆尔至结雅盆地	蒙古鄂克斯克带：乌第斯科郎与托罗姆盆地
上覆地层		K_1 Galgatai 组	K_1 Shadoron-Ustykar 组		K_1 Umakov-Uskalin 组	K_1^1 含Subcraspedites砂岩
J_3	提塘阶				?	Djelon组：砾岩、砂页岩含凝灰质或凝灰岩，细砂岩夹粉砂岩页岩，含植物：①组合*Cladophlebis aldanensis*、*C. orientalis*、*Coniferites marchaensis*；②组合*Coniopteris* ex gr. *arctica*、*Eboracia*(?) *udensis*、*Butefia burejensis*、*Ctenis burejensis*、*Pterophyllum burejense*、*Tyrmia polynovii*、*Baiera gracilis*、*Czekanowskia rigida* 300~2300m
	基默里阶				?	
	牛津阶				Umakov—Uskalin组：砂岩夹粉砂岩与页岩含煤层，时有凝灰质，含双壳类*Modiolus* spp.、*Bureiamya* spp.、*Arctotis* spp.，箭石*Cyclindroteuthis puzosi*及菊石*Arctocephalites*(?) 1650~3150m	
J_2	卡洛阶					伏尔加阶：细砂岩夹粉砂岩，含菊石*Perisphinctidae*、*Partschiceras schetuchaense*，双壳类*Aucella* ex gr. *keyserlingi*, *A.* ex gr. *mosquensis*、*Entolium dimissum*及*Oxytoma* sp.、*Burejmya*、*Modiolus*等 1500m
	巴通阶	Tugnui组：粉砂岩、页岩、砂岩互层夹煤层，含双壳类*Pseudocardinia sibirensis*、*Tutuella crassa*、*Sibireconcha lankoviensis*、*Ferganoconcha erdemica*，叶肢介*Pseudoestheria halgataica*，介形虫*Timiriasevia tugnuica* 500m	Bukachachin组：砂岩、粉砂岩、页岩夹煤层，含双壳类*Ferganoconcha subcentralis* 等 100m	上Gazimur组：砾岩夹砂岩、粉砂岩透镜体	上部Oshurkov组：砂页岩韵律层，含菊石*Normannites*，箭石*Mesotenthis inornata*，双壳类*Nucula eudorae*、*Meleagrinella* cf. *elegans*、*Isognomon isognomonoides*、*Retroceramus ambiguus*、*R.* cf. *ussuriensis* 等	
	巴柔阶			海相Onon-Borzya组：上部砂岩夹砾岩，含双壳类*Isognomon khudaevi*, *Cyprina loweana*、下部粉砂岩、砂岩、页岩、砂砾岩互层，含菊石*Pseudolioceras compactile*、*P. lectum*、*Dactylioceras gracile*等 2000m	下部Skovorodin组：砂岩，粉砂岩韵律层，含植物*Czekanowskia rigida*、*Phoenicopsis angustifolia*, *Phyllotheca sibirica*及*Cladophlebis* 2300~2600m	
	阿伦阶		Bukhtin组：砾岩、砂岩、页岩（=Bazanov组） 100~500m			上巴通阶—牛津阶：砂岩夹砾岩、粉砂岩，含菊石*Partschiceras udense*、*Ochetoceras elgense*、*Amoeboceras*，双壳类*Bureiamya* spp.，顶部含双壳类*Aucella ochotica*、*A. gerbicanensis*与菊石*Ochetoceras* 1200~4000m
J_1	托阿尔阶	Ichetui 组 上亚组：斑岩粗面岩 500m	Akatuev组：砾岩、砂岩夹粉砂岩、页岩，含双壳类*Sibireconcha brevis*、*Tutuella* cf. *trapezoidalis*、*Utschamiella* sp.、*Ferganoconcha* aff. *minor*，植物*Cladophlebis haiburnensis*、*Podozamites lanceolatus*、*Phoenicopsis angustifolia* 500~800m		砾岩、砂砾岩、砂岩、粉砂岩、页岩，含托阿尔期化石*Passaloteuthis* cf. *tolli*、*Nucula hammeri*、*Arctotis*等	
	普林斯巴阶	中亚组：粗面玄武岩 1000~1200m		海相Sivachin组：砾岩夹砂岩、粉砂岩，含菊石*Amaltheus margaritatus* 800m		普林斯巴阶—巴柔阶：砂岩夹粉砂岩与砾岩，含巴柔期菊石*Tugurites*-*Erycitoides*，阿伦期菊石*Pseudolioceras*，托阿尔期菊石*Dactylioceras*、*Zugdactylites*，普林斯巴期菊石*Uptonia*等 1170~3500m
	辛涅缪尔阶	下亚组：粗面玄武岩、粗面岩、硅泥质页岩，含双壳类*Sibiriconcha* cf. *sitnikovae*、*Tutuella* cf. *kalganensis*、*Ferganoconcha* spp.及昆虫，植物*Cladophlebis williamsoni*、*Czekanowskia rigid* 200~300m		海相Ontagain组：页岩、粉砂岩、砂砾岩互层，含菊石*A. marfartaitus*、*Epideraoceras*、*Beaniceras centaurum*，双壳类*Oxytoma* spp. 500~3500m	砂砾岩、粉砂岩，含普林斯巴期化石，如*Plicatula* (*Harpax*) *spinosa*	
	赫塘阶				上、下部分别归为*Dugin*组与*Yapan*组 600~2000m	
下伏地层		Pz_1, T	T_3(或Pz)		?	T_3

俄罗斯东北亚、远东侏罗系(2)

统	阶	锡霍特岭带：中阿穆尔布里亚		锡霍特岭带：下阿穆尔阿姆贡	锡霍特岭带：下阿穆尔哥里（西锡霍特北段）	锡霍特岭带：西锡霍特中南段比金河下游	锡霍特岭带：中锡霍特西坡海参崴	锡霍特岭带：东锡霍特
上覆地层		K_1 Soloniy 组		K_1 与 J_3 同套连续	K_1 共青城群			
J_3	提塘阶	Bureya群	Dublikan组：砂岩粉砂岩、泥页岩夹砾岩与煤层，含半咸水双壳类与植物	Cratov组：砂岩、沉积角砾岩、砾岩、细砾岩、页岩，含箭石*Cylindroteuthis*，上部粉砂岩、页岩、砂岩、硅泥质页岩、细砾岩、沉积角砾岩 上部1500~1700m 下部 1000m	Padalin组：粉砂岩、泥页岩、砂岩、硅质岩、硅泥质岩，含菊石"*Perisphinctes*"、*Partschiceras* 与放射虫 1100~1600m	伏尔加期粉砂岩、泥岩与火山碎屑岩，含双壳类 *Aucella* cf. *fischiriana*、*A.* sp.	底部砾岩，向上为砂岩夹粉砂岩，顶部过渡到煤系。含化石：中提塘期菊石*Berria sella*、"*Perisphinctes*"，双壳类*Pinna*等，下提塘菊石*Primorytes*、*Subplanites*, *Aulocosphinctes*，基默里—牛津期双壳类 *Aucella* ex gr. *Mosquensis*、*A.* ex gr. *Bronni* 300m	砂岩、粉砂岩、泥页岩夹硅质岩、灰岩、细砾岩透镜体，间夹细碧岩、辉绿玢岩、火山灰层。含提塘期菊石*Perisphinctes*，双壳类*Pinna*、*Camptonectes*、*Tancredia*、*Nucula*，J_3双壳*Aucella tenuicollis*、*A.* cf. *russiensis*、*A.* cf. *telebratuloides*、*A.* cf. *mosquensis* 100m
	基默里阶		Talyndjan组：砂页岩、煤层夹凝灰岩，含植物化石(J_3)、菊石*Arctocephalites*(?) 400m			基默里期砂岩、砾岩、粉砂岩，含菊石*Rasenia*、*Lytoceras*、*Tellina*		
	牛津阶		Chaganyi组：粉砂岩、砂岩，含植物与丰咸水双壳类，保存不佳 600m			?		
J_2	卡洛阶				Silin组：砂岩、细砾岩、粉砂岩，含双壳类 *Aucella*、*Retroceramus*、*Aldania*，植物*Carpolites cinctus* 1100~1500m	凝灰质砂岩、粉砂岩细砾岩，含菊石*Arctocephalites*，双壳类*Bureiamya orientalis*、*B. cardissoidoformis*、*Modiolus*, *Camptonectes*、*Meleaginella*、*Nucula*等	?	?
	巴通阶	Elygin组：粉砂岩、砂岩，含菊石*Arctocephalites orientlis*、*Cranocephalites*，双壳类*Modiolus*、*Brejmya*、*Camptonectes* 多种 2800~3000m		?		?		
	巴柔阶	Epican组：页岩、粉砂岩，无化石但，与下伏层连续 1000~1200m		Tokhareu组与Elygon组：砂岩、粉砂岩、细砾岩、凝灰砂岩，含双壳 *Retroceramus* spp. 3300~3700m	Ulybin组(上)与Khorbin组(下)：砂岩、粉砂岩、硅泥质岩与硅质岩，上含放射虫，下含双壳类 *Retroceramus* spp. 2000~2500m	砂岩、页岩，含双壳类 *Retroceramus formosulus*、*Camptonectes arratus*	砂岩夹粉砂岩，含菊石*Holcophylloceras*与大量双壳类 *Retroceramus* 500m	砂岩、粉砂岩，含菊石*Stephanoceras*，双壳类 *Retroceramus* spp.
	阿伦阶	Umalytin组	上部砂岩、粉砂岩，含双壳*Retroceramus* spp.、*Ludwigia* cf. *brasile*，菊石"*Hammatoceras*" sp. 500~600m					
J_1	托阿尔阶		中部粉砂岩、砂岩，含菊石*Pseudolioceras* spp.	Mikhalicyn组：粉砂岩、页岩、砂岩、硅质岩、细碧岩、辉绿岩夹钙质结核，含菊石*Harpoceras*、*Pseudolioceras* 1300m	Budiur组：砂岩、细砾岩、粉砂岩，未见化石 1000~1200m	?	砂岩夹细砾岩、粉砂岩含双壳类*Trigonia* spp.、*Vaugonia* spp.、*Chlamys* spp.、*Oxytoma* spp. 250m	Khungariy组(上)与Djaur组(下)：硅质、硅泥质页岩，含菊石*Phymatoceras* (托阿尔期)、*Arnioceras*, *Amaltheus* (普林斯巴期)，另含放射虫 上:1200~2000m 下:1500m
	普林斯巴阶		下部底砾岩、砂岩、粉砂岩，含菊石*Amaltheus margaritatus*，双壳类*Plicatula (Harpax) spinosa* 1200~1300m				细砾岩、凝灰砂岩，含普林斯巴期菊石*Uptonia*，双壳类*Oxytoma* spp.、*Plicatula* spp. 250~270m	
	辛涅缪尔阶	未名，粗砂岩夹砾岩，含双壳类*Otapiria limaeformis* 数十米?		Demyyanov组：砂岩、粉砂岩、页岩夹硅质岩，含植物 *Podozamites* sp.，T_3^3—J_1孢粉，硅质岩含放射虫 2000m	Kiselevsk组：红绿杂色硅质岩、黑色粉砂岩夹凝灰砾岩、辉绿岩与灰岩透镜体，含赫塘期—辛涅缪尔期菊石*Juraphyllites amurensis*，双壳类*Cardina amurensisi*，另有腹足类、腕足类等 700~4000m		砂岩、粉砂岩夹砾岩，含西涅缪尔期菊石*Coroniceras*，双壳类*Cardinia mesowensis*、*Chlamys* cf. *mojsisovicsi* 及植物*Podozamites lancealatus*、*P. gramineus*、*Nilssonia ussuriense*，赫塘菊石*Psiloceras*	粉砂岩、砂岩夹硅质岩，含辛涅缪尔期菊石*Oxynoticeras* 760~1250m
	赫塘阶							
下伏地层		Pt, Pz 花岗岩		?	?		P，T	注：全硅质岩侏罗系见于Tetiukhe

俄罗斯东北亚、远东侏罗系（3）

统	阶	萨哈林（库页）岛	维尔霍扬–楚柯奇带：鄂克斯克沿海Alman-Gidjiga	维尔霍扬–楚柯奇带：亚纳–塔雷Yano-Tarym	维尔霍扬–楚柯奇带:Polousnen亚纳河–因迪吉尔卡河中下游
上覆地层					
J_3	提塘阶	Nabilysk Gr. 纳比利群 Nidjne—khoysk组(J_3—K_1)：泥质、硅质、凝灰质页岩，以大量凝灰质页岩、砂岩为特征，含放射虫，可能上延至K_1 700~1100m	泥页岩、粉砂岩，向上凝灰质增加，上部有中性、较少酸性与基性火山岩，含化石： J_3^2: *Aucella mosquensis*; J_3^1—J_2^4 *A. aviculoides*、*A.* ex gr. *bron-ni*、*Meleagrinella ovalis*、*M. umalth-ensis*、*Isognomon*? cf. *rikurenicus*、*Panope tzaregradskii* 等 500~2000m	未 见	复成分凝灰质砂岩、砂泥质页岩含化石：下部双壳类 *Aucella* sp.、*A. bronni* (1100 m)，向上出现菊石*Subplanites so-kolovi* (下伏尔加阶)、“*Peris-phincte*”、*phylloceras*，双壳类 *Aucella*、*A.rigpsa*(1600~1800m) 3000~3200m
	基默里阶	Ostin组：泥岩、硅泥质页岩夹灰岩、砂岩、彩色玛瑙、细碧岩、辉绿玢岩，含放射虫*Conosphaera* aff. *haeckeli*、*Dictyomitra* spp., 灰岩含珊瑚 *Stylina sachalinica*、*Convexastrea fukazawaensis*、*Thamnasteria vere-tschagini*、*Calamophyllia flabellum* 2000m			
	牛津阶				
J_2	卡洛阶				J_2^4砂质泥质页岩，很少砂岩，含菊石*Arcticoceras*, 双壳类*Retroce-ramus* ex gr. *retrorsus* 300m
	巴通阶		粉砂岩、页岩，向上砂岩增多，中上部砂岩为主含化石： J_2^2: *Arctocephalites*、*Retroceramus* spp.、大个体*Phylloceratids*、*Ret-roceramus* spp. J_2^1: *Pseudolioceras*、*Nucula*、*Oxy-toma*、*Leda*、*Retroceramus*及大量箭石 600~1200m	页岩、砂质页岩、较少砂岩，含晚巴通期菊石*Arctocephalites*, 双壳类 *Retroceramus ex gr. retrorsus*、*Bureiamya cf. aleutica*、*Meleagrinella cf. doneziana*、*Holcobelus* 等 420~1025m	复成分或较少钙质砂岩夹泥页岩，含稀少双壳类 *Retroce-ramus* spp. 与箭石 *Mesoteuthis* sp.
	巴柔阶				
	阿伦阶				
J_1	托阿尔阶		薄层、斜层理粉砂岩、泥岩常含凝灰质并夹火山灰层，菊石、腕足类、双壳类、海百合多。 J_1^4: *Harpoceras elegans*等; 200~350m J_1^3: 腕足类*Septaliphoria*、*Rudirhynchia*、*Rimirhynchia*、*Loboidothyris*、*Zeilleria*, 双壳类*Leda*、*Chlamys*、*Velata*、*Plicatula*, 菊石*Amaltheus*; 200~1300m J_1^2: *Arietites bucklandi*、*Angulaceras* sp., 大量双壳类*Otapira originalis*、*Oxyto-ma sinemuriense*、*Monotis inopinata* 等及海百合; J_1^1: *Psiloceras planorbis*、*Alsatites liasicus*、*Schlotheinia neymayri*, 中厚、东西薄 J_1总厚400~2000m	薄层为主的泥页岩夹砂岩或砂岩、细砂岩为主夹泥页岩，富含钙质结核和凝灰质。下部数百米含双壳类 *Modiolus* (*volsela*) *liassica*、*Cardinia listeri*等，属J_1^1; 向上出现菊石*Oxynoticeras*、*Quenstedtia*、*Dactylioceras*、*Amaltheus*、*Schlo-theimia*、*Uptonia* 等以及双壳类 *Camptonectes*、*Otapira*、*Plicatula* 等，另有海百合、腕足类 825~1830m	泥质或砂泥质页岩，较少复成分凝灰质砂岩或钙质砂岩，含稀少化石，如海百合 *Pentacrinus* ex gr. *basaltiformis*, 双壳类*Pseudomytiloides*(?) ex gr. *oviformis* 750~2900m
	普林斯巴阶				
	辛涅缪尔阶				
	赫塘阶				
下伏地层		未见底	T_3		T_3

俄罗斯东北亚、远东侏罗系(4)

统	阶	维尔霍杨–楚柯奇深：Inyyali-Debin, 亚纳–因迪吉尔卡河中上游	维尔霍扬–楚柯奇带：柯累木Kolym	维尔霍扬–楚柯奇带：奥莫隆 Omolon	楚柯奇	柯利亚克–堪察加带
上覆地层			Bastakh组：上部石英长石粉砂岩、砂岩，下部粉砂页岩，含植物 *Pityophyllum*、*Gingko*、*Equisetites* 1700~1900m			K_1
J_3	提塘阶	海退相、陆相页岩、粉砂岩、碳质页岩夹煤层，中上部含植物化石 *Cladophlebis* cf. *aldanensis*、*Heilongia* cf. *Amuriensis*、*Nilssonia*，底部100m砂砾岩、砂岩含海相双壳类 *Aucella* cf. *rugosa*、*A. orbicularis*、*A. piochii*、*A. circula*、*A. flexuosa*、*A.* cf. *lahuseni* 500~700m		粗–细碎屑岩与各种火山碎屑岩、玄武岩，含伏尔加三亚期菊石与双壳类，部分地区有含植物化石的陆相层 1000~1100m	伏尔加期页岩、粉砂岩、火山碎屑砂岩、砾岩，含双壳类 *Aucella* cf. *mosquensis*、*A. fischeriana*、*A.* spp. 600~800 m	粉砂岩、凝灰岩夹钙质结核、中酸性火山熔岩，含双壳类 *Aucella* cf. *mosquensis*、*A. rugosa*、*A. mniovnikensis*、*A. krotovi*、*A. jasikovi*、*A terebratuloides*、*A.* spp.、*Meleagrinella* sp. 1000m
	基默里阶		Ilinytas组：中性火山碎屑岩、凝灰岩、安山岩，含菊石 *Cadoceras*，双壳类 *Pleuromya rugosa*、*Aucellagronni*、*A. tenuistriata* 740~970m	页岩、粉砂岩与火山碎屑岩互层（基性为主、较少中性），含 *Amoeboceras*、*Aucella mosquensis* 300~400m		
	牛津阶	伏尔加早期粉砂岩、页岩顶部夹安山质凝灰岩，含双壳 *Aucella rugosa*、*A. mosguensis*、*A. piochii* 800~1000m		底部火山物质砂、砂砾岩，向上页岩、粉砂岩夹砂岩，含 *Cardioceras*-*Aucella jeropolensis* 300~400m	砂岩 上部含双壳 *Aucella* cf. *bronni*; 下部含 *Retroceramus* sp.	凝灰砂岩：凝灰岩、较少粉砂岩、凝灰角砾岩、中性火山碎屑岩，含巴通期菊石 *Arctocephalites*、*Lissoceras*、*Retroceramus tongusensis*；晚巴柔期 *Chondroceras* cf. *marshalli*、*R.* ex gr. *eximius*; 早巴柔期 *Arkelloceras*, *Calliphylloceras*、*R. lucifer*; 晚阿伦期 *Tugurites*、*Leioceras*, *R. sibirica*、*R.* cf. *lungershauseni*; 早阿伦期 *Pseudolioceras*, *Mesoteuthis*、*Retroceramus*, *Camptonectes*、*Variamussium*, *Trigonia* 400~700m
J_2	卡洛阶	底部粉砂岩、页岩，向以砂岩为主，上部J_3部分又以粉砂岩、页岩为主，皆呈复理石状，自上而下含化石：*Aucella bronni*、*A. rugosa*、*A. mosquensis*、*A. russiensis*，菊石 *Amoeboceras* sp.、*A. alternans*、*Cardioceras cordatum*、*Cadoceras* cf. *subcalys*，双壳类 *Aucella* aff. *bronni*、*Arctotis* sp.、*Aucella reticulata*、*Meleagrinella subechinata*、*Nucula* sp.，菊石 *Quenstedtoceras* sp.(J_3^3—J_2^4)。近Kolym地块有同期火山–沉积岩含一些双壳类与上述种一致，火山岩系以酸性、中性、中基性火山碎屑岩为主沉积剖面2000~2200m；火山岩1000~1500m		火山物质砂岩夹砾岩、砂砾岩，上部有粉砂岩夹层，顶部以页岩、粉砂岩夹中性凝灰岩为主，含由阿伦至卡洛期菊石、双壳类、箭石，如 *Pseudo-lioceras*、*Retroceramus* spp. *Macrocephalitids*等；Omolon河流域J_2下部不整合面以上有含银杏、苏铁类化石的陆相层 300~1400m		
	巴通阶		底部巨砾岩，向上砂砾岩、砂岩、凝灰岩、火山灰，含菊石 *Holcophylloceras kumuchense*、*Calliphylloceras* ex gr. *disputable*，双壳类 *Retraceramus formosulus* 400m			
	巴柔阶					
	阿伦阶					
J_1	托阿尔阶	下部J_1^1—J_2^3部分含 *Retroceramus* spp.、*Arkelloceras*、*Cranocephalites*、*Arctocephalites*、*Morrisiceras* sp.，这部分剖面厚600~1200m（近Kolym） 1500~2500m	火山灰凝灰岩夹砾岩，含托阿尔期菊石 *Dactylioceras* aff. *annulatum*、*Pseudolioceras* cf. *whitbiense*，双壳类 *Oxytoma cygnipes*、*Plicatula laevigata*以及普林斯巴赫期菊石 *Amaltheus margaritatus* 300m	J_1^4钙质粉砂岩与灰岩、页岩钙质砂岩互层夹钙、磷质结核，含图阿尔三亚期菊石 *Ovaticeras*、*Harpoceratoides*、*Harpoceras*、*Dactylioceras*、*Zugodactylites*、*Peronoceras*，箭石与双壳类； 50~70m J_1^3砂岩粉砂岩、钙质砂岩，含菊石 *Amaltheus* spp.、*Arieticeras*以及大量双壳类，北部有陆相层与玄武岩； 70~160m J_1^1+J_1^2硅质页岩、粉砂岩夹凝灰岩、凝灰砂岩、灰岩透镜体，含 *Psiloceras planorbis*、*Asaltites liassicus*、*Schlotheimia angulata*、*Arietites bucklandi*及双壳类、腕足类 80~200m	长石砂岩夹较少页岩、粉砂岩，底部页岩中含双壳类 *Otapiria originalis*、*O. limaeformis* 本区J总厚2200m	砂岩、凝灰砂岩、底部砾岩、顶部缺失J_1^4大部和J_2^1下部，底部缺失J_1^1—J_1^2，含下普林斯巴期化石 *Oxytoma cygnipes*、*Chlamys textoria*、*Plicatula* (*Harpax*) cf. *spinosa*，托阿尔期化石 *Pseudolioceras compactile* (?)，其他J_1化石 *Meleagrinella* cf. *olifex*、*Otapiria* ex gr. *marshalli* >300m
	普林斯巴阶	暗灰色泥页岩、粉砂岩多含凝灰质夹亮灰色火山灰层、硅质页岩、砂砾岩透镜体。Arensk层（上部）含图阿尔期或至阿伦早期的箭石 *Dactyloteuthis*, *Hastites*、*Salpinogoteuthis*、*Homaloteuthis*、*Pseudodicoelites*、Kadykchan层（下部）含 *Otapira originalis*、*Pseudomytilides*、*Posidonia*、*Leda*, *Lima*、*Chlamys*、*Oxytoma*、*Meleagrinella*、*Aequipecten*以及菊石 *Amaltheus* 和大量海百合 西厚1500m；东薄500~1100m				
	辛涅缪尔阶					
	赫塘阶					
下伏地层				T_3与J_1下部岩性近同	T_3	C_1

俄罗斯东北亚、远东白垩系（1）

统	阶	贝加尔–斯坦诺夫荼：西外贝加尔	蒙古鄂克斯克荼：东外贝加尔		蒙古鄂克斯克荼：上阿穆尔–结雅盆地	蒙古鄂克斯克荼：乌第斯科耶与托罗姆盆地
上覆地层					E_1 Tsagayan 组顶部（Kivdin组）	
K_2	马斯特里赫特阶、坎潘阶、桑顿阶	注：Nojii 组为巨砾岩夹砂泥岩，含孢粉与Baiguly组近同 50~70m	Baiguly 组：无露头剖面，仅见于钻孔。湖相泥岩、粉砂质泥岩、粉砂岩水平层，有时夹"再沉积"泥岩岩屑，含花粉 *Aquilapollenites*、*Ocellipollis*、*Mancicorpus*, 孢子 *Aequitriradites*、*Kuylisporites lunaris*、*Foraminisporis wonthaggiensis* 170m		Tsagayan 组：底部砂砾岩，中部粉砂岩泥岩，上部泥页岩夹砂层，岩石绿灰色含恐龙 *Mandschurosaurus amurensis*, 孢粉 *Aquilapollenites*、*Parviprojectus*、*Mancicorpus*、*Wodehouseia*等, 植物*Metasequoia disticha*、*Toxodium dubium*、T. *tinjorum*、*Glyptostrobus europaeus*、*Taxites olrikii*、*Trochodendroides*、*Platanusraynoldsii*。小兴安岭相当层位火山岩（流纹质）为主 50~550m	?
K_2	康尼亚克阶、土伦阶、赛诺曼阶				Zavitin 组（钻孔）：下部细砾岩、砂岩，向上变为黑绿色页岩；中部砂粉砂与泥岩互层，绿灰色；上部杂色泥岩、粉砂岩、砂岩，不含煤，不含火山物质，含植物*Asplenium dicksonianum*、*Onychiopsis psilotoides*、*Ginkgo* cf. *laramiensis*、*Nilssonia alaskana*、*Cephalotaxopsis heterophylla*、*Sequoia* aff. *rigida*、*Quereuxia andgulata*、*Trochodendroidesarctica*, 孢子*Tricolpites-Duplosporis Aquilapollenites-Tricolporopollenites* 以及淡水软体类 70~590m	?
K_1	阿尔布阶	Altan 组：厚层粉砂岩、页岩夹砂岩 150~300m	Kutin组：与Tignin组近同，唯仅褐煤并夹大量中基性熔融与酸性碎屑岩，含植物 *Ohychiopsis* 等 约1200m		Taldan组：中基性火山岩、凝灰岩、凝灰砂岩、碳质页岩，含双壳类*Limnocyrena* spp. 300m	Tyli组：砾岩上部含阿尔必期被子植物 450m
K_1	阿尔布阶—阿普特阶	Altano-Kirin 群分以砂岩、砂砾岩为主的上部Tignin组和以页岩、粉砂岩为主的下部Doronin组。煤层主要在上部，有时夹安山玄武岩、玄武岩，含植物 *Onychiopsis psilotoides* 等8种，双壳类 *Ferganoconcha*, *Tutuella* 1000~2000m	Turgin组：沥青质粉砂岩，有时夹砂岩、白云质灰岩、凝灰岩，含*Lycoptera middendorfii* 等 700~1000m		Peremykin组：砾岩、粗砂岩、页岩，含植物*Coniopteris-Nilssonia-Sphenobaiera-Podozamites* 1300~1500m	
K_1	阿普特阶、巴雷姆阶、欧特里夫阶	Khilok组：粗面安山岩、粗面玄武岩粉砂岩、页岩、砂岩，上部沉积含软体类 *Arguniella*、*Corbicula*、*Ferngano-concha*、*Tutuella*、*Bithynia*、*Probaicalia*、*Lioplax*, 植物 *Coniopteris burejensis*等几种，介形虫*Cypridea prinadai*等以及鱼化石 1500~1600m	Shaderon群玄武岩–英安岩–石英斑岩系列火山岩，底部时有砾岩，与以沉积岩为主的Ustykar组为相变关系 2000m	Ustykar群（组）：砂岩、砾岩、粉砂岩，常含凝灰质并夹斑岩、凝灰岩。包括3个地层单位：①Arguna层；②Shilkin组；③Godymboi组。所含化石与上覆Turgin组很接近，鱼类 *Lycoptera middendorfii*、*Neococcolepis altanicus*, 介形虫 Daurinov 组合，叶肢介*Nestoria* spp.,植物*Coniopteris-Pseudotorellia-Raphaella-Podozamites-Czekanowskia*以及昆虫 300~1900m	Osedjin组及同期 Tolbuzin 组、Uralovkin组、Ayak组、Depsk组、Molchan组：砂岩夹细砾岩、粉砂岩、页岩和煤层或透镜体，含双壳类*Arguniella curta*、*A. elongata*、*A. triangularis*、*A. ventricosa*, 腹足类*Bithynia* sp.、*Valvata transbaicaliensis*, 植物 *Coniopteris hymenophilloides*、*C. burejensis*、*Czekanowskia rigida*、*C. stacea*、*Podozamites lanceolatus* 2500~5500m	Chumanyar组：砂岩、粉砂岩、偶夹砾岩，下部含两个双壳类化石层，中上部无化石。 早凡兰吟期下化石层：*Buchia volgensis*、*B. okensis*、*B. keyserlingi*、*B. sibirica*、*B.* cf. *bulloides*、*B. uncitoides* 早凡兰吟晚期上化石层：*B.* cf. *keyserlingi*、*B. sibirica*、*B. uncitoides*、*B. wollossowitschi*、*B.* cf. *inflata*、*B. nuciformis* 400~450m
K_1	凡兰吟阶、贝里阿斯阶	Galgatai 组：砂岩、砂砾岩、粉砂岩、煤层、含叶肢介 *Pseudoestheria mailoensis*, 介形虫 *Timiriasevia galgataica*、*T. sutaica*、*T. corrupta*, 鱼*Turgoniscus reissi*, 植物 *Coniopteris burejensis*、*Czekanowskia rigida*、*Podozamites eichwaldii* 360m				Ilinurek组：砂岩，含贝里阿斯期菊石*Subcraspedites* aff. *bidevexus*, 双壳类*Corbicula tetoriensis*、*Exogyra ryosekiensis*、*Gervillia* cf. *shinanoensis*与植物（与布里亚K_1组合一致）
下伏地层		J_2 Tugnui 组	J_2 Bukachachin 组或上Gazimur 组		J_2 Oshurkov–Skvorodin组或 $J_{2\text{-}3}$ Umakov–Uskalin组	J_3

俄罗斯东北亚、远东白垩系(2)

统	阶	锡霍特带：布亚里中阿穆尔	锡霍特岭带：西锡霍特北段 下阿穆尔-比金下游	锡霍特岭带：中锡霍特西坡	锡霍特岭带：中锡霍特-兴凯地块
上覆地层		E_1 Kivdin 组	E_1 Malomikhaylov 组中性中基性火山岩		
K_2	马斯特里赫特阶	Tsaganyan 组：砂岩为主、粉砂岩、页岩、较少砾岩，夹煤层 （参见上阿穆尔结雅同名组）	Tatarkin组：酸性熔岩与碎屑岩，大量石英-霏细玢岩、流纹岩，含植物*Onoclea sensibilis*、*Metasequoia disticha*、*Glyptostrobus europaeus*、*Trochodendroides arctica*、*Biburnum asperum*，时代为是桑顿晚期到E_1 150~700m		Porofeev组：上部安山岩、英安岩下部流纹质凝灰碎屑岩，含植物*Gingko*、*Cephalotaxopsis*、*Sequoia*、*Trochodendroides*、*Menispermites* 1200m
	坎潘阶				"Primorsk"群：火山-沉积岩系（见东锡霍特 K） 1600m
	桑顿阶	Olonoy 组：巨厚火山岩系，为上阿穆尔结雅 Zavitin 组的同期异相	Bolibin组：安山质、安山玄武质与英安质玢岩、凝灰岩、砾岩、砂砾岩、凝灰砂岩，含*Asplenium*、*Cephalotaxopsis*、*Seguoia*、*Platanus* 等植物 800m		Dostoev 组：粉砂岩、砂岩夹煤层，含植物*Sequoia fastigiata*、*Cupressinocladus* sp.、*Quereuxia angulata* 300m Dadyashan组：底部砾岩，向上为砂岩粉砂岩、安山质凝灰岩、英安岩300m
	康尼亚克阶		Udomin 组：底部砾岩，向上中细砂岩、粉砂岩夹煤层，含植物 *Asplenium*、*Gleichenia*，双壳类*Actaeonella*、*Inoceramus* spp. 2500m		Korkin 群上部Romanov组：杂色粉砂岩、砂岩，少量凝灰岩，含植物 *Asplenium*、*Cladophlebis*、*Platanus*，双壳类*Pseudohyria*、*turitschewi* 2000m
	土伦阶				Korkin群下部Kangauz组：绿灰色粉砂岩、砂岩，含植物 *Asplenium dicksonianum*、*Nilssonia yukonensis*、*Agathis* cf. *borealis* 650m
	赛诺曼阶		Largasin组：粉砂岩与砂泥岩互层，含大型*Inoceramus* spp. 与海胆*Hemiaster*，据*I. nipponicus*、*I. pressulus*、*I. ginterensis* 定为赛诺曼阶 1700m		
K_1	阿尔布阶	Kyndal组：底部砾岩，向上为泥岩、粉砂岩、砂岩互层，含植物 *Ruffordia*、*Asplenium*、*Birisia*、*Elatocladus*、*Polypodites*、*Acrostichopteris*、*Gingko*、*Araliaeophyllum*、*Cinnanomoides*等 600~800m	Uktur组(=Kholdomin组或Alchan组)：细碎屑岩，含数量不等的安山玢岩、凝灰岩、硅质页岩，含巴雷姆期菊石*Spitidiscus*，阿普特期菊石*Tetragonites*，阿普特期—阿尔布期双壳类*Aucellina ucturiensis*、*A.caucasica*、*A. aptiensis* 和菊石 *Cleoniceras* 1200m	Uktur 组：与比金同名组，岩性化石近同，但此处除菊石*Spitidicus*、*Tetragonites*外，另有*Hulenites*、*Phyllopachiceras*、*Puzosia alaskana*、植物有*Onychiopsis psilotoides*、*Cladophlebis exiliformis* 注：Kholminsk组与Ukfur组同时同相，海陆相比石也近同，但有大量中酸性火山岩，厚1500m 非火山岩相700m	苏昌群 Suchan Gr Severosuchan 组：砂页岩，较少细砾岩夹20层煤，含植物 *Onychiopsis psilotoides*、*Cladophlebis novopokrovskii*、*Anthrotaxopsis expansa*、*Ctenis latiloba*、*Aralia lucifera*，双壳类*Quadratotrigonia*、*Ussuritrigonia*、*Pterotrigonia*、*Callista*、*Limnocyrena*、*Campeloma* 800m
	阿普特阶	Iorek组：下部砾岩上部砂页岩 300m			
	巴雷姆阶	Chemchukin组：中细砂岩、粉砂岩、凝灰岩，中下部多煤层，含植物 *Coniopteris arctica*、*Ctenis formosa*、*Jacutiella amurensis*、*Athrotaxopsis expansa* 等10余种 600~800m			Starosuchan 组：砾岩、砂砾岩、砂岩夹粉砂岩夹6层煤，含植物 *Polypodites verestchagini*、*Cladophlebis novopokrovskii*、*Nilssonia brongniartii*、*Araucaridendron oblongifolium*、*Cyrarissidium gracile* 600m
	欧特里夫阶	Soloniy 组：浅灰色长石砂岩、页岩、粉砂岩夹煤层，含植物*Coniopteris nympharum*、*C. Saportana*、*Hausmannia leeana*、*Disorus nimakanensis*、*Pterophyllum burejensis*、*Nilssonia prynadii* 等10余种；与下伏J_3植物群的区别是缺失 *Raphaelia diamensis*、*R. stricta*、*Cladophlebis laxipinnata*、*C. orientalis* 300~500m	共青城群 Komsomolysk 群 Pivan组：粉砂岩、页岩、较少砂岩，含双壳类*Buchia inflata*、*B. bulloides*、*B. Sublaevis*、*B. crassicollis*等 1500m	Kliuchevsk组：岩性与化石近同于共青城群，但底部有菊石*Thurmanniceras*，上部有Dichotomites，除大量双壳类*Buchia* spp.外，另有植物*Cladophlebis denticulata*、*Dictyozamites kawasakii*，可能主要相当于共青城群上部Pivan组 650~1700m	Kliuchevk 组（见左栏）
	凡兰吟阶		Pioner组：粉砂岩、页岩，含双壳类*B. uncitoides*、*B. terebratuloides*、*B. pacifica*、*B. bulloides*、*B. sibirica*、*Inoceramus vereshagini* 2000m		
	贝里阿斯阶		Goriun(Kultukhin)组：页岩、粉砂岩、砂岩互层夹硅质页岩、硅质岩，含双壳类*B. fischeriana*、*B. terebratuloides*、*B.* cf. *okensis*–*B. volgensis* 1700m		
下伏地层		J_3 Dublikan 组	J_3 Padalin组	J, T	J, T 或更老地层

俄罗斯东北亚、远东白垩系(3)

统	阶	锡霍特岭带: 东锡霍特	锡霍特带: 东锡霍特滨海隆起	萨哈林岛南部	萨哈林岛中、北部
上覆地层		E_1^1 Takhobinsk 组火山泥流层	E_1^1 Tadushin组 凝灰岩夹褐煤	E_1^1 上部: 大量火山碎屑岩	E_1^1 上部: 陆相砂岩（含下列植物）
K_2	马斯特里赫特阶	Dorofeev 组、Levosobolev组、Samargin组: 分别为酸性、中酸性、中基性火山碎屑岩、熔结凝灰岩、火山泥流层含马斯特里期植物（见中锡霍特K） 900~1200m	Bogopoly组: 酸性火山岩及其碎屑石 800m Siyanov组: 中、中基性火山岩及其碎屑岩 800m	Krasnoyarsk 组 840m: 下部: 砂质粉砂质凝灰岩，顶部块状砂岩; 中下部含*Canadoceras*、*Saghalinites*、*Pachydiscus*、*Pseudoxybeloceras*、*Inoceramus schmidti*; 上部含大量*Pachydiscus*、*Inoceramus* 650m	Krasnoyask 组 1400 m: 下部: 下部凝灰质粗砂岩，向上粉砂岩、页岩,含大型放射脊的 *Inoceramus schmidti*、*I. sachalinensis* 与巨壳 Patellidae, 往上有菊石*Canadoceras*、*Pachydiscus*; 上部海相化石与植物化石 *Asplenium*、*Nilssonia*、*Cladophebis cleichenia* 等混生 （200~1000）900m
	坎潘阶	滨海群 Primarsk Gr. 上部: 凝灰岩、流纹熔结凝灰岩，含植物 *Cephalotaxopsis heterophylla*、*Sequoia reichenbachii*、*Trochodendroides sachalinensis*、*Platanus newberyana*、*Protophyllum ignatianum*	滨海群 Primorsk Gr. Monastyr 组: 凝灰岩、熔结凝灰岩、流纹岩夹凝灰砂岩粉砂岩，含植物 *Selaginella* sp.、*Metasequoia disticha*、*Sequoia reichenbachii*、*Trochodendroides sachalinensis*、*Corylus jeliseevi* 1000m	贝柯夫组 Bykov Fm 2130m 上亚组: 块状泥岩中部夹砂岩，化石丰富，下部菊石、双壳类与下亚组一致，中部*Peroniceras*属桑顿期，上部*Anapachydiscus*属早坎潘期 630m	Djonkier组: 页岩含菊石 *Anapachydiscus*, *Eupachydiscus*、*Gaudryceras*，双壳类 *Inoceramus uwajimensis*、*I. nagaoi* ＞500m
	桑顿阶				
	康尼亚克阶	下部: 凝灰岩、熔结凝灰岩、流纹英安岩、凝灰砂岩、较少砾岩，含植物 *Cladophlebis frigida*、*Pseudocycas* cf. *dicksonia*、*Pterophyllocladus polymorphus*、*Sequoia fastigata*、*Platanus* sp.、*Viburnum tjutichoense*	Arzamazov组: 中酸性火山岩与火山碎屑岩，含丰富植物*Cladophlebis*、*Torreya*、*Widdringtonites*、*Platanus*、*Viburnum*、*Quereuxia* 800m	中亚组: 页岩、粉砂岩，上部夹砂岩，含菊石 *Gaudryceras*、*Hypophylloceras*、*Epigoniceras*、*Damesites*与双壳类 *Inoceramus teschioensis* 520m	Verbliudjegor组: 坚硬中细砂岩，含双壳类 *Inoceramas uwajimensis*、*Apiotrigonia minor* 400~1000m
	土伦阶	Sinanchin 组: 安山岩、凝灰岩，含植物与下伏 Petrozuev组同 400m	Sinanchin 组: 安山岩、安山英安岩及其火山碎屑岩 800m	下亚组: 底部砂泥岩，含丰富植物碎屑，呈"垃圾状"，与Naybin组同属 *I. nipponicus*带; 中上部*Scaphites*带与*Jimboiceras*带 980m	Tymov 组: 粉砂岩、页岩、薄层砂岩，含菊石*Nipponites*、*Scaphites*、*Hypophylloceras*、*Qaudryceras*，双壳类 *Inoceramus iburiensis*、*Apiotrigonia minor* 1600m
	赛诺曼阶	Pctrozuev 组（Sabuin组）: 砂岩、粉砂岩或酸性火山碎屑岩，含植物Asplenum、*Cladophlebis*、*Gingko*、*Baier*、*Sequoia*、*Platanus* 200m	Petrozuer组: 砾岩、角砾岩、砂岩、粉砂岩、中酸性火山碎屑岩、安山岩，含植物 *Asplenium*、*Sequoia*、*Platanus*、*Palaeolyneeus* 800m	Naybin组: 下、上部砂岩为主, 中部泥岩为主, 含丰富K_2^1菊石及双壳类: *Desmoceras japonicum*、*Parajaubertella kawakitana*、*Anagaudryceras budha*、*Acantoceras sussexiense*、*Marshalites japonicum*、*Mikasaites orbicularis*、*Inoceramus japonicum* 1130m	Pobedinsk组: 砂岩、粉砂岩互层夹泥灰岩结核、细砾岩、凝灰岩，含菊石，双壳类 *Puzosia* sp.、*Inoceramus* cf. *nipponicus* 1000m
K_1	阿尔布阶	中上: Ludjkin组砂岩粉砂; 2500m 中: Svetlovodnin 组+Addjalam组砂页岩互层 1300~2500m 下: Divnin组+上Kem组粉砂岩或复理石。三期菊石与双壳类丰富		Aysk组（Novikov组）: 薄层状粉砂岩、页岩、砂岩互层夹凝灰岩与生屑灰岩(下伏层位即Novikov组硅泥质页岩与玛瑙)，含双壳类 *Inoceramus dunveganensis ainensis*、*Pterotrigonia hokkaidoana*、*Sonneratia* sp., 有孔虫 *Orbitolina*, 菊石*Brewericeras hulenense*、*Anahoplites* sp. 580m	Bayuklin组（Khoysk组）: 粉砂岩、页岩与砂岩互层夹灰岩、碎质岩、玛瑙、辉绿岩、细碧岩，灰岩含珊瑚（J_3 或 K_1） 500~1500m
	阿普特阶	Katalev 组: 砂岩夹其他碎屑岩; 下Kem组泥砂复理石夹安山岩。含菊石*Hulenites*、*Acanthohoplites*, *Tetragonites*、*Hamites*、*Hamiticeras*、*Propalum*, 双壳类*Aucellina aptiensis*、*A. caucasica*等 1200~1300m			?
	巴雷姆阶	Ustykolumbin组: 砂岩偶夹粉砂岩或硅质页岩(Primakin组)，含菊石 *Crioceratites*、*Haplocrioceras*, 双壳类*Inoceramus colonicus*等，更像复理石沉积的地层称*Meandrovsk*组 1000~1900m			Nidjne-khoys组: 凝灰质、泥质、硅质页岩夹砂岩灰岩、细碧岩、辉绿岩、凝灰岩、玛脑等，含放射虫（J_3—K_1? ）（参见萨哈林J）
	欧特里夫阶	Komsomolysk 群 Pivan组: 砂岩、粉砂岩互层夹砾岩、砂砾岩，含菊石 *Thurmanniceras*、*Dichoto- mites*、*Neochoploceras*, 双壳类*Buchia crassicollis*与植物 1900m	Kliuchev组: 砂岩、粉砂岩、少量砂砾岩。上部含*Buchia solida*等，下部含*B. inflata*、*B. solida*、*Inoceramus vassilenkovi*及菊石 *Polyptychites* 1600m	?	
	凡兰吟阶	Djuravlev组（=Pioner组）: 粉砂岩、砂岩互层偶夹砂砾岩、硅泥质岩，含菊石 *Thurmanniceras*、*Buchia pacifica*等 2300m	Taukhin 组: 粉砂岩、砂岩夹安山岩、凝灰岩、砾岩，含菊石 *Thurmanniceras*、*Neocomites*、*Olcostephanus*、*Neohoploceras*, 双壳类 *Buchia volgensis*等，植物 *Alsophilites nipponensis*、*Sphenopteris*、*Dictyozamites*、*Nilssonia*等 2000m		
	贝里阿斯阶	Goriun组: 砂岩、粉砂岩互层夹燧石岩、细碧岩、砾岩，含*Buchia volgensis*、*B.* spp.、*Fauriella* 1500m			
下伏地层		J_3 伏尔加阶	前白垩系		

俄罗斯东北亚、远东白垩系(4)

统	阶	Omsukchan 盆地科累木河右支流	南雅库特盆地	斯坦诺夫岭北坡	Arkagalinsk
上覆地层					
K_2	马斯特里赫特阶				
	坎潘阶				
	桑顿阶				
	康尼亚克阶				
	土伦阶	Nayakhansk组: 流纹岩 800~1000m Tavatumsk组: 安山岩、玄武岩 1100~1200m			
	赛诺曼阶	Zorin组: 凝灰砂岩、砾岩、安山质凝灰岩1200~1600m Toptan组: 粉砂岩、页岩夹砂岩, 含*Cinnamomoides ievlerii*、*Nelumbites* aff. *minimus*、*Celastrophyllum serrulatum*、*Dictyophyllum* sp.、*Sequoia* cf. *minuta*、*Cephalotaxopsis sangarensis*、*Menispermites*、*Cissites* 1200m			Arkagalin组: 上部砂岩、粉砂岩; 中部含煤砂岩; 下部砾岩 560m Dolgin组: 砾岩为主夹砂页岩 300~350m Arkagalin组含植物 *Cladophlebis* cf. *frigida*、*Ginkgo pilifera*、*Sphenobaiera* aff. *longifolia*、*Czekanowskia* ex gr. *rigida*、*Phoenicopsis steenstruppii*、*Cephalotaxopsis intermedia*、*Torreya gracillima*、*Sequoia ambigua*、*S. fastigiata*、*Metasequoia cuneata*、*Thuja cretacea*、*Trochodendroides arctica*、*Quereuxia angulata*; Dolgin组: 含植物 *Phoenicopsis steenstruppii*、*Torreya gracillima*、*Thujacretacea*、*Quereuxia angulata*
K_1	阿尔布阶	Omsukchan组: 上亚组粉砂岩、砂岩, 含植物*Eladocladus manchurica*、*Florinia borealis*、*Onychipsis psilotoides* 1000~1300m 中亚组页岩、碳质页岩夹煤层、砂岩, 含植物 *Osmunda cretacea*、*Adiantopteris gracilis*、*Arctopteris kolymensis*、*Onychiopsis psilotoides*、*Birisia onychioides*、*Asplenium dicksonianum*、*A. rigidum*、*Anomozamites arcticus*、*Neozamites verchojanensis*、*Ginkgo* ex gr. *adiontoides*、*Sphenobaiera flabellata*、*Cephalotaxopsis borealis*、*Seguoia* sp. 500~1300m 下亚组浅灰色粉砂岩、砂岩、页岩, 含植物 *Coniopteris nympharum*、*Claotophlebis kolymensis*、*Jacutiella amurensis*、*Ginkgo* sp. 1000m			
	阿普特阶			"砂砾岩层": 底部砾岩(100m) 含巨砾, 中上部绿灰、灰色砂岩、粉砂岩, 含植物, 砂岩段: *Equisetites rugosus*、*Ctenis harrisii*、*Qinkgo* ex gr. *adiantoides*、*Phoenicopsis* ex gr. *speciosa*、*Florinia borealisi*; 砾岩段: *E. burejensis*、*E.* cf. *rugosus*, *Cladophlebis sangarensis*、*Nilssonia* ex gr. *orientalis*、*Ctenis stanovensis*, *Ginkgo* ex gr. *adiantoides*、*Pityotrobus* aff. *guserii* 600~700m	
	巴雷姆阶		Undytkan组: 绿灰、暗灰色中细砂岩富含钙质, 粉砂岩和页岩较少, 含植物*Equisetites rugosus*、*E.* aff. *ramosus*、*Coniopteris nympharum*、*C. saportana*, 含可采煤层, 底部80~100m 砾岩		
	欧特里夫阶		Kholodnikan组: 灰、绿灰色砂岩、砂砾岩, 很少粉砂岩页岩, 含可采煤层, 产植物*Coniopteris burejensis*、*C.* cf. *saportana*、*Labifolia labifolia*、*Cladophlebis* ex gr. *haiburnensis*、*Ctenis* cf. *yokoyamai* > 300m	Karaulov组 喷出岩、无化石	
	凡兰吟阶				
	贝里阿斯阶	Askolydin组: 酸性火山岩夹砂页岩 900m			
下伏地层		J	J_3 Neriungrin 组含*C. aldanensis*	前寒武系	T

俄罗斯东北亚、远东白垩系(5)

统	阶	维尔霍扬(-勒纳-安纳巴尔)北段	维尔霍扬中段	维尔霍扬南段（-维柳依）	Zyryan盆地科累木-因迪吉尔卡河中游
上覆地层					
K_2	马斯特里赫特阶			Lindensk组：强高岭土化砂层、泥岩，含典型K_2孢粉 Chirimyisk组：灰色浅色高岭土化砂层、砂岩、泥岩夹细砾、褐煤，含上、下植物组合： 上组合：*Anemia arctopteroides*等13种； 下组合：*Asplenium onychioides*等13种 400~500m	
	坎潘阶				Vstrechninsk组：火山沉积岩系含植物*Cepholotaxopsis heterophylla*、*Thuja* cf. *cretacea*、*Trochodendroides arctica*, *Platanus newberryana*、*Celastrophyllum subundulatum*、*Rulac quercifolium*、*Ziziphus kolymensis*、*Cissus kolymensis*、*Quereuxia angulata*、*Hedera ochotica*、*Pseudoprotophyllum parraefolium* 300~350m 或400~600m
	桑顿阶				
	康尼亚克阶	Charchyk 组：砂岩夹5套煤层；46m Meng-Iuryak 组：砂岩；700m Ukin组：粉砂岩、页岩夹泥炭；400~470m Lukumay组：砂岩夹1~2套煤层；40~550m 4组皆含植物化石属阿尔布期，以Lukumay组为代表：*Birisia onychioides*、*Asplenium rigidum*、*Anomozamites arcticus*、*Sphenobaiera flabellata*、*Podozamites* ex gr. *eichwaldii*、*Taeniopsis pocrovskii*、*Pityophyllum arcticum*、*Scleropteris ermolaevii*、*Onychiopsis psilotoides*、*Florinia borealis*、*Eladocladus ketovae* 2000m	Mengkerin组：砂层或松散砂岩夹钙质砂岩、磁铁砂岩楔层、粉砂岩、煤、砾岩小透镜体，含植物 *Asplenium dicksonianum*、*Sequioa* sp.、*Cyparissidium* sp.，被子植物*Cratae-gites* cf. *borealis* 100~500m	Khatyryk组：弱胶结高岭土化砂岩和砂层、粉砂岩、泥页岩夹煤，较少砂砾岩、砾岩透镜体，所含植物化石除与下伏组共有外，新出现阿尔必期*Cyparissidium gracile*、*Sequaoia ambigua*，小叶被子植物 *Prototrochodendroides jacutica*、*Morophyllum dentatum*等 根据植物组合本组分为上亚组、下亚组或自上而下共4个套层： (4) Agrafenov 套层：相当于Mengkerin组，但上部K_2； (3) Khatyryk套层：*Adianopteris*、*Actopteris*； (2) Eksenyakh套层：*Birisia onychioides*富集，新出现*Anomozamites arcticus*、*Neozamites verchojanensis*，消失了*Heilongia*、*Aldania*； (1) Batylykh套层：*Equisetites rugosus*、*Coniopteris burejensis*、*C. setacea*、*C. kolymensis*、*Claclophlebis lenaensis*、*Aldania*、*Jacutiella* 注：层名与下伏组名重复 60~1000m	Buorkemius组：中粗砂岩为主，粉砂岩，页岩为次，大量煤层色调较浅，夹大套砾岩250m厚（独立名为kamykin组），有许多层间冲刷面。含植物*Osmunda cretacea*、*O. denticulata*、*Birisia alata*、*Arctopteris kolymensis*、*Onychiopsis psilotoides*、*Asplenium dicksonianum*、*A. rigidum*、*Neozamites verchojanensis*、*Gingko paradiantoides*、*Sphenobaiera flabellata*、*Cephalotaxopsis borealis*、*Florinia borealis*, *Cyparissidium gracile*以及小叶被子植物*Sassafras kolymensis*、*Cercidiphyllum potomacense*、*Crataegites borealis*, *Celastrophyllum kolymensis* 250~3000m
	土伦阶				
	赛诺曼阶		Dajarddjan 组：砂岩、硬砂层夹粉砂岩、页岩和煤层，含植物*Birisia onychioides*、*Onychiopsis elongata*、*Anomozamites arcticus*、*Neozamites verchojanensis*、向上出现 *Asplenium dicksonianum*、*Coniopteris vachrameevii*、*Cyparissidium gracile* 300~1100m		
K_1	阿尔布阶		Eksenyakh组：砂岩夹砂层、砾岩 400~600m		Silyap组：浅灰色粉砂岩、页岩、砂岩、大量煤层，含植物*Coniopteris setacea*、*Birisia onychioides*、*Asplenium dicksonianum*、*Ginkgo paradiantoides* 2600m
	阿普特阶	Ogoner-Iuryakh组：粉砂岩夹40层煤；190~950m Bakh组：长石砂岩夹钙、铁质砂岩结核，80~400m 除含与阿尔布期共有分子外，另有植物 *Gleichenia lobata*、*Tchaunia petiolipinnulata*、*Gingko* ex gr. *adiantoides*、*Parataxodium jacutensis*、*Arctopteris lenaensis* 270~850m	Khos—Iuryakh组：上、下两套含煤，含植物 *Coniopteris setacea* 850~1300m Siktyakh组 硬砂层、亮灰色砂岩夹钙质砂岩楔体 100~400m	Eksenyakh 组：砂岩，较少泥页岩夹薄煤层，含植物*Gleichenia lobata*、*Birisia onychioides*、*Onychiopsis psilotoides*、*Anomozamites areticus*、*Neozamites verchojanensis*、*Gingko* ex gr. *adiantoides*、*Sphenobaiera flabellata*、*Sequoia ambiguo* 100~600m	
	巴雷姆阶	Bulun组：粉砂岩、碳质砂页岩 40~100m Chonkogor组：长石砂岩夹钙铁砂岩结核 100~600m Bulum组含植物*Nissonia orientalis*、*Jacutiella amurensis*、*Birisia onychioides*，另有若干分布于J_3—K_1的相近种 140~700m		Batylykh组：中细砂岩、含煤泥页岩和砂岩大套互层，含植物*Coniopteris nympharum*、*C. ketovae*、*C. setacea*、*Cladophlebis fallax*、*C. lenaensis*、*C. pseudolobifolia*、*Heilungia auriculata*、*Jacutiella amurensis*、*Nilssonia lobatidentata*、*Nilsoniopteris ovalis*、*Pseudotorellia nordenskioldii*等，据化石划上、下亚组。 上亚组：*C. lenaensis*、*J. amurensis*、*N. ovalis*； 下亚组：*C. ketovae*、*C. psoeudolobifolia*、*H. aurichlata*、*P. nordenskioldii*	Odjogin组：本组上部由砂岩、粉砂岩、页岩、砾岩和较少薄煤层组成，含Neocomian期植物*Coniopteris setacea*、*C. selapensis*、*Heilungia* cf. *auriculata*、*Nilssonia borealis*、*Ginkgo* ex gr. *sibirica* 注：本组下部因含*Raphaelia diamensis* *Cladophlebis serrulata*而划为J_3
	欧特里夫阶	Kiusiur 组：粉砂岩、页岩、砂岩夹33层煤，含植物*Coniopteris setacea*、*Cladophlebis atyrkanensis*、*C. lenaensis*、*Jacutopteris lenaensis*、*Heilungia auriculata*、*Nilssonia lobatidentata*、*Nilssoniopteris ovalis* 45~400m	Yngyr组：上、下皆为含煤岩层，中部砂岩，含植物*Coniopteris ketovae*、*C. setacea*、*Cladophlebis pseudolobifolia*、*Heilungia auriculata*、*Cladophlebis* (*Gonatosorus*) *ketovae*、*Pseudotorellia nordenskioldii*		
	凡兰吟阶	Kigilyakh组：砂岩、硬砂层，较少页岩和煤，含菊石*Neotollia*、*Polyptychites*、*Astieriptychites*，双壳类*Buchia bulloides*、*B. crassa*、*B. crassicollis* *B. keyserlingi*，另有植物*Coniopteris ketovae*、*Cladophlebis* sp. 80~300m			
	贝里阿斯阶	Khairgas组：暗灰、黑色页岩、暗灰色粉砂岩与砂岩，含大量菊石与双壳类*Peregrinoceras*、*Surites*、*Tollia*、*Subcraspedites*、*Hectoroceras*、*Buchia fischeriana*、*B. lahuseni*、*B. terebratulloides* 240m	120~1000m	注：钻井剖面较全 870~1800m	1500~2000m
下伏地层		J_3伏尔加海相层	J_3伏尔加海相层		本组下部J_3

参考文献

安太庠.1987. 中国南部早古生代牙形刺. 北京：北京大学出版社.

安太庠，郑昭昌.1990. 鄂尔多斯盆地周缘的牙形刺. 北京：科学出版社

安太庠，张放，向维达.1983. 华北及邻区牙形刺. 北京：科学出版社

陈均远，周志毅，林尧坤等.1984. 鄂尔多斯地台西缘奥陶纪生物地层研究的新进展. 中国科学院南京地质古生物研究所集刊，20：1～32

陈朋飞，詹仁斌.2006. 扬子区下，中奥陶统大湾组及其同期地层. 地层学杂志，30（1）：11～20

陈旭，戎嘉余.1988. 亚洲东部的志留系. 现代地质，2（3）：328～341

陈旭，戎嘉余.1996. 中国扬子区兰多维列统特列奇阶及其与英国的对比. 北京：科学出版社.1～162

陈旭，戎嘉余.1999. 从生物地层学到大地构造学——以华南奥陶系和志留系为例. 现代地质，13（4）：385～389

陈旭，王志浩.2003. 上奥陶统底界全球辅助层型剖面在我国的建立. 地层学杂志，27（3）：264～265

陈旭，Mitchell C E，张元动等.1997. 中奥陶统达瑞威尔阶及其全球层型剖面点（GSSP）在中国的确立. 古生物学报，36（4）：423～431

陈旭，林焕令，许汉奎等.1998. 新疆西北部早古生代地层. 地层学杂志，22（4）：241～251

陈旭，戎嘉余，樊隽轩等.2000. 奥陶-志留系界线地层生物带的全球对比. 古生物学报，39（1）：100～114

陈旭，戎嘉余，汪啸风等.1993. 中国奥陶纪生物地层学研究的新进展. 地层学杂志，17（2）：81～88

陈旭，戎嘉余，张元动等.2000. 奥陶纪年代地层学研究评述. 地层学杂志，24（1）：18～26

陈旭，张元动，许红根等.2004. 浙江常山黄泥塘奥陶系达瑞威尔阶研究的新进展. 地层古生物论文集，28：29～39

陈旭，周志毅，戎嘉余等.2000. 奥陶系. 见：中国科学院南京地质古生物研究所. 中国地层研究二十年（1979～1999）. 合肥：中国科学技术大学出版社.39～58

成守德.1979. 新疆寒武系. 见：新疆地质局区域地质调查队. 新疆区调（地层专辑），1：2～32

程立人，王天武，李才等.2002. 藏北申扎地区上二叠统木纠错组的建立及皱纹珊瑚组合. 地质通报，21（3）:140～143

程立人，张以春，张子杰.2005. 藏北申扎地区早奥陶世地层的发现及意义. 地层学杂志，29（1）：38～41

程裕祺，王泽九，黄枝高.2009. 中国地层典总论. 北京：地质出版社

段吉业，夏德馨，安素兰等.2002. 华北板块东部奥陶纪地层与古地理的多重分析. 长春：吉林科学技术出版社

方一亭，王海峰，冯洪真等.1991. 论宁国组和胡乐组. 地层学杂志，15（3）：226～229

傅力浦.1983. 陕西紫阳笆蕉口志留纪地层. 中国地质科学院西安地质矿产研究所所刊，6：1～18

傅力浦，宋礼生.1986. 陕西紫阳地区（过渡带）志留纪地层及古生物. 中国地质科学院西安地质矿产研究所所刊，14：1～190

傅力浦，张子福，耿良玉.2006. 中国紫阳志留系高分辨率笔石生物地层与生物复苏. 北京：地质出版社

傅力浦，胡云绪，张子福等.1993. 鄂尔多斯中、上奥陶统沉积环境的生物标志. 西北地质科学，14（2）:1～88

广西壮族自治区地质矿产局.1997. 广西壮族自治区岩石地层. 武汉：中国地质大学出版社

郭铁鹰，梁定益，张宜智等 . 1991. 西藏阿里地质 . 武汉：中国地质大学出版社
何幼斌，高振中，李建明 . 1999. 浙江桐庐上奥陶统堰口组岩石特征及沉积环境分析 . 古地理学报，1（3）:65 ~ 71
侯鸿飞，王士涛，高联达等 . 1982. 中国的泥盆系 . 北京：地质出版社
金淳泰，万正权，叶少华等 . 1992. 四川广元、陕西宁强地区志留系 . 成都：成都科技大学出版社
赖才根等 . 1982. 中国的奥陶系，中国地层 5. 北京：地质出版社
赖才根，金若谷，林宝玉等，1993. 下杨子地区奥陶纪生物相、沉积相及古地理特征 . 北京：地质出版社
李晋僧，曹宣铎，杨家禄等 . 1994. 秦岭显生宙古海盆沉积和演化 . 北京：地质出版社
李志宏，王志浩，汪啸风等 . 2004. 湖北宜昌黄花场剖面中/下奥陶统附近的牙形刺 . 古生物学报，43（1）:14 ~ 31
梁定益，聂泽同，郭铁鹰等 . 1983. 西藏阿里喀喇昆仑南部的冈瓦纳–特提斯相石炭二叠纪 . 地球科学，19（1）：9 ~ 28
林宝玉等 . 1984. 中国的志留系 . 中国地层 6. 北京：地质出版社
林宝玉，苏养正，朱秀芳等 . 1998. 中国地层典（志留系）. 北京：地质出版社
米兰诺夫斯基 . 2010. 俄罗斯及毗邻地区地质 . 陈正译 . 北京：地质出版社 . 295 ~ 299
穆恩之，朱兆玲 . 1979. 西南地区的奥陶系 . 见：中国科学院地质古生物研究所 . 西南地区碳酸盐岩生物地层 . 北京：科学出版社 . 108 ~ 154
穆恩之，陈旭，倪寓南等 . 1982. 关于中国志留系的划分与对比问题 . 见：中国科学院南京地质古生物所. 中国各纪地层表及其说明书 . 北京：科学出版社 . 73 ~ 89
南润善，郭胜哲等 . 1992. 内蒙古–东北地槽区古生代生物地层及古地理 . 北京：地质出版社
倪寓南，陈挺恩，蔡重阳等 . 1982. 云南西部的志留系 . 古生物学报，21（1）：119 ~ 132
倪寓南，许汉奎，陈挺恩 . 1981. 西藏申扎地区奥陶系与志留系的分界 . 地层学杂志，5（2）：146 ~ 147
全国地层委员会 . 2002. 中国区域年代地层（地质年代）表说明书 . 北京：地质出版社 . 1 ~ 72
饶靖国，张正贵，杨曾荣 . 1988. 西藏志留系、泥盆系及二叠系 . 成都：四川人民出版社
任纪舜，王作勋，陈炳蔚等 . 1999. 从全球看中国大地构造——中国及邻区大地构造图简要说明 . 北京：地质出版社 . 1 ~ 50
戎嘉余，陈旭，樊隽轩等 . 2004. 志留系全球界线层型的“再研究”——志留系底界与温洛克统底界 . 地层古生物论文集，第 28 集：41 ~ 60
戎嘉余，陈旭，哈帕尔等 . 2000. 关于奥陶系最上部赫南特（Hirnantian）亚阶全球层型的建议 . 地层学杂志，24（3）：176 ~ 181
戎嘉余，陈旭，王怿 . 2000. 志留系 . 见：中国科学院南京地质古生物研究所 . 中国地层研究二十年（1979–1999）. 合肥：中国科学技术大学出版社 . 59 ~ 72
盛莘夫 . 1974. 中国奥陶系划分和对比 . 北京：地质出版社
谭雪春，董致中，秦德厚 . 1982. 滇西保山地区下泥盆统兼论志留泥盆系的分界 . 地层学杂志，6（3）：199 ~ 208
汪啸风，陈孝红 . 2005. 中国各地质时代地层划分与对比 . 北京：地质出版社
汪啸风，陈孝红，王传尚等 . 2004. 中国奥陶系和下志留统下部年代地层单位的划分 . 地层学杂志，28（1）:1 ~ 17
汪啸风，陈旭，陈孝红等 . 1996. 中国地层典（奥陶系）. 北京：地质出版社
汪啸风，倪世钊，曾庆銮等 . 1987. 长江三峡地区生物地层学，（2）早古生代分册 . 北京：地质出版社
王鸿祯，杨森楠，刘本培等 . 1990. 中国及邻区构造古地理和生物古地理 . 北京：中国地质大学出版社
王玉净，罗辉，邝国敦等 . 1998. 广西钦州小董–板城上古生代硅质岩相地层 . 微体古生物学报，15（4）：

351 ~ 366
文世宣，1979. 西藏北部地层新资料．地层学杂志，3（2）：150 ~ 156
武桂春，姚建新，纪占胜等．2005. 山东省青州地区寒武－奥陶系界线研究的新进展．古生物学报，44（1）:106 ~ 116
武桂春，姚建新，纪占胜．2009. 西藏北羌塘中部地区晚石炭世的䗴类动物群．地质通报，28（9）：1276 ~ 1280
项礼文，李善姬，南润善．1981. 中国的寒武系．中国地层 4. 北京：地质出版社
项礼文，朱兆玲，李善姬等．1999. 中国地层典（寒武系）．北京：地质出版社．
肖兵．1979. 新疆奥陶系．见：新疆地质局区域地质调查队．新疆区调（地层专辑），1. 38 ~ 88，附表 1 ~ 7
肖兵．1985. 新疆奥陶系概述．见：新疆地质局地质科学研究所．新疆地质研究论文集．乌鲁木齐：新疆人民出版社．59 ~ 74
新疆维吾尔自治区区域地层编写组．1981. 西北地区区域地层表．新疆维吾尔自治区分册．北京：地质出版社．449 ~ 454
亚洲地质图编图组．1982. 亚洲地质．北京：地质出版社．1 ~ 314
俞昌民．1962. 北祁连山中志留世珊瑚化石．见：中国科学院地质古生物研究所，中国科学院地质研究所，北京地质学院．祁连山地质志．4 卷 3 分册．北京：科学出版社．13 ~ 109
云南省地质矿产局．1996. 云南省岩石地层．武汉：中国地质大学出版社
张师本等．1994. 塔里木盆地志留系－泥盆系地层划分对比研究（内刊）
张文堂．1962. 中国的奥陶系．北京：科学出版社
张元动，Lenz A C. 1999. 云南墨江志留纪地层及其笔石序列．地层学杂志，23（3）：161 ~ 169
赵文金，王士涛，王俊卿等．2009. 新疆柯坪－巴楚志留纪含鱼化石地层序列与加里东运动．地层学杂志，33（3）：225 ~ 240
中国地质科学院亚洲地质图编图组．1980. 亚洲地质资料汇编（第四册）．231 ~ 234（未出版）．
中国科学院南京地质古生物研究所．1979. 西南地区碳酸岩生物地层．北京：科学出版社
中国科学院南京地质古生物研究所．2000. 中国地层研究二十年（1979—1999）．合肥：中国科学技术大学出版社
中国科学院青藏高原综合考察队．1984. 西藏地层．北京：科学出版社
钟端，郝永祥．1990. 塔里木盆地震旦纪至二叠纪地层古生物（1），库鲁克塔格地区分册．南京：南京大学出版社
周名魁，王汝植，李志明等．1993. 中国南方奥陶－志留纪岩相古地理与成矿作用．北京：地质出版社
周志毅，陈丕基．1990. 塔里木生物地层和地质演化．北京：科学出版社
周志毅，林焕令．1995. 西北地区地层．古地理和板块构造．南京：南京大学出版社
朱慈英，赵武锋．1989. 黑龙江省尚志县小金沟中奥陶世腕足动物．沈阳地质矿产研究所所刊，第 18 号
朱鸿，郑昭昌，何心一．1987. 阿拉善地块边缘古生代生物地层及构造演化．武汉：武汉地质学院出版社
朱怀诚，罗辉，王启飞等．2002. 论塔里木盆地“东河砂岩“的地质时代．地层学杂志，（3）：197 ~ 201.
Bardashev I A，Ziegler W. 1985. Conodonts from a middle Devonian section in Tadzhikistan（Kalaach Formation，Middle Asia，USSR）．In：Ziegler W，Werner R（eds）．Devonian Series Boundaries- Results of World-wide Studies. Courier Forschungsinstitut Senckenberg，75：65~ 78
Chen X，Ni Y N，Mitchell C E，*et al.* 2000. Graptolites from the Qilang and Yingan formations（Caradoc，Ordovician）of Kalpin，western Tarim，Xinjiang，China. Journal of Paleontology，74（2）：282~ 300
Chen X，Rong J Y，Wang X F，*et al.* 1995. Correlation of the Ordovician Rocks of China：Charts and

Explanatory Notes. IUGS Publication, 31. 1~104

Chen X, Rong J Y, Zhou Z Y, 2003. Ordovician biostrtigraphy of China. In: Zhang W T, Chen P J, Palmer A R (eds). Biostratigraphy of China. Beijing: Science Press. 121~171

Dai S. 1987. Geology of Korea. Kyohak-Sa: Geological Society of Korea: 514

Gladkochub D, Pisarevsky S, Donskaya T, *et al.* 2006. The Siberian Craton and its evolution in terms of the Rodinia hypothesis. Episodes, 29 (3): 169~174

Hamada T. 1961. The Middle Paleozoic Group of Japan and its bearing on her geological history. Journal of the Faculty of Science, the University of Tokyo Sec 2, 13, 1~79

Hou H F. 2000. Devonian stage boundaries in Guangxi and Hunan, South China. In: Bultynck P (ed). Subcommission on Devonian stratigraphy recognition of Devonian series and stage boundaries in geological areas. Courier Forschungsinstitut Senckenberg, 225: 285~298

Igo H, Koike T, Igo H. 1975. On the base of the Devonian System in Japan. Proceedings of the Japan Academy, 51: 653~658

Jell P A, Hughes N C. 1997. Himalayan Cambrian Trilobites. The Palaeontological Association London, Special Papers in Palaeontology, No. 58.

Kanygin A V, Moskalenko T A, Yadrenkina A G. 1988. The Ordovician system of the Siberian platform. Correlation chart and explanatory notes. IUGS Publication, 26: 1~27

Kim A L, Erina M V, Yolkin E A, *et al.* 1985. Subdivision and correlation of the Devonian of the Tien Shan and the south of Western Siberia. In: Ziegler W, Werner R (eds). Devonian Series Boundaries- Results of World-Wide Studies. Courier Forschungsinstitut Senckenberg, 75: 79~82

Kimura T, Hayami I, Yoshida S. 1991. Geology of Japan. Tokyo: University of Tokyo Press.

Kobayashi T, Hamada T. 1988. Present status of studies on Silurian trilobites and cephalopods in Japan. Journal of Geography, 97 (6): 543~554 (in Japanese with English abstract)

Letnikova E F, Geletii N K. 2005. Vendian- Cambrian carbonate sequences in sedimentary cover of the Tuva-Mongol microcontinent. Lithology and Mineral Resources, 40 (2): 167~177

Levashova N M, Van der Voo R, Bazhenov M L. 2009. Paleomagnetism of mid- Paleozoic subduction-related volcanics from the Chingiz Range in NE Kazakhstan: the evolving paleogeography of the amalgamating Eurasian composite continent. GSA Bulletin, 121 (3-4): 555~573

Moskalenko T A. 1983. Conodonts and biostratigraphy in the Ordovician of the Siberian Platform. Fossils and Strata, 15: 87~94

Ni Y N, Lenz A C, Xu C. 1998. Predoli graptolites from northern Xinjiang, Northwest China. Canadian Journal of Earth Sciences, 35: 1123~1133

Peng S C, Hughes N C, Heim N A, *et al.* 2009. Cambrian trilobites from the Parahio and Zanskar Valleys, Indian Himalaya. Paleontological Society Memoirs (supplement to Journal of Paleontology), 71: 1~95

Pickering K T, Koren T N, Lytochkin V N, *et al.* 2008. Silurian- Devonian active- margin deep- marine systems and palaeogeography, Alai Range, Southern Tien Shan, Central Asia. Journal of the Geological Society, London, 165: 189~210

Rong J Y, Chen X. 2003. Silurian biostratigraphy of China. In: Zhang W T, Chen P J, Palmer A R (eds). Biostratigraphy of China. Beijing: Science Press. 173~236

Sennilov A V, Petrunina Z E, Yolkin E A, *et al.* 1988. The Ordovician system of the Western Altai-Sayan folded region: correlation chart and explanatory notes. IUGS Publication, 26: 53~83

Suyari K. 1961 Geological and Paleontological Studies in Central and Eastern Shikoku, Japan, Part I. Geology.

Journal of Gakugei, Tokushima University, 11, 11 ~ 76

Thomas J C, Cobbold P R, Shein V S, *et al.* 1999. Sedimentary record of late Paleozoic to recent tectonism in central Asia- analysis of subsurface data from the Turan and south Kazak domains. Tectonophysics, 313: 243 ~ 263

Vladimirskaya E V, Krivobodrova A V. 1994. The Ordovician system of the East European platform and Tuva (Southeastern Russia): correlation chart and explanatory notes. IUGS Publication, 28: 1 ~ 61

Wang X F, Stouge S, Erdtmann B D, *et al.* 2005. A proposed GSSP for the base of the Middle Ordovician Series: the Huanghuachang section, Yichang, China. Episodes, 28 (2): 105 ~ 117

Yolkin E A, Gratsianova R T, Izokh N G, *et al.* 2000. Devonian standard boundaries within the shelf belt of the Siberian Old Contient (southern part of western Siberia, Mongolia, Russian Far East) and in the South Tien Shan. In: Bultynck P (ed) . Subcommission on Devonian Stratigraphy Recognition of Devonian Series and Stage Boundaries in Geological Areas. Courier Forschungsinstitut Senckenberg, 225: 303 ~ 318

Zhan R B, Jin J S. 2007. Ordovician—Early Silurian (Llandovery) Stratigraphy and Palaeontology of the Upper Yangtze Platform, South China. Beijing: Science Press. 169

Алексеева Р Е, Шишкина Г Р, Оленева Н В и др. 2006. Брахиоподы и стратиграфия девона Монголо-Охотской области: Дальний Восток и Восточное Забайклье России, Монголия. Труды Палеонтологеческого нститута, Том 285, Наука, 365с

Ергалиев Е Х, Покровская Н В, 1977. Нижнекембриискиe Трилобиты Малого Каратау. Алма- Ата, Наука, Каз ССР

Журавлева И Т, 1973. Проблемы палеонтологии и Биостратиграфии Нижнего кембрия Сибири и Дальнего Востока. М, Наука

Лихарев Б К и др. 1966. Пермская система, Стратиграфия. СССР. стр. 296 ~ 304. Недра

Никитин И Ф, 1972. Ордовик КАЗАХСТАНА, Частъ 1 Стратигафия .Изд- во. Наука, Казахской ССР

Никифорова О И, Обут А М, 1965. Силурийская Система. - Стратиграфия СССР. В. 14 томах. - Недра. Москва, 529с

Репина Л Н, Хоментовский В В, Журавлева И Т и Розанов А Ю, 1964, БиостратиграФии Нижнего Кембрия Саяно- Алтайской Складчатой области. М, Наука

Розман Х С, Минжин Ч. 1988. К Стратиграфии Силура Гобийского Алтая (Южная Монголия). Доклады АН СССР, Том 301, (4): 932 ~ 935

Розман Х С, Стукалина Г А, Краснлова И Н, Сытова В А и др. 1979. Фауна Ордовика Средней Сибири М, Наука, Труды гин АН СССР, Вып 330

Розман Х С, Минжин Ч, Бодареко О Б, Чайд Т, 1981. Атлас Фауны Ордовика Монголии. Тр геол ин-та АН СССР М, Наука, Вып 354, 228с

Чернышева Н Е и др. 1965. Кембрийская Система. Стратиграфня СССР, М, Недра